Adobe InDesign CS6
中文版经典教程

〔美〕Adobe公司　著　　张海燕　译

人 民 邮 电 出 版 社
北 京

图书在版编目（C I P）数据

Adobe InDesign CS6中文版经典教程 / 美国Adobe公司著 ; 张海燕译. -- 北京 : 人民邮电出版社, 2014.5(2019.1重印)
ISBN 978-7-115-34237-9

Ⅰ. ①A… Ⅱ. ①美… ②张… Ⅲ. ①电子排版—应用软件—教材 Ⅳ. ①TS803.23

中国版本图书馆CIP数据核字(2013)第307369号

版权声明

◆ 著　　[美] Adobe 公司
译　　张海燕
责任编辑　俞 彬
责任印制　彭志环　杨林杰

◆ 人民邮电出版社出版发行　　北京市丰台区成寿寺路 11 号
邮编 100164　　电子邮件 315@ptpress.com.cn
网址 http://www.ptpress.com.cn
固安县铭成印刷有限公司印刷

◆ 开本：800×1000 1/16
印张：26.25
字数：65 千字　　2014 年 5 月第 1 版
印数：14 601－15 600 册　　2019 年 1 月河北第 15 次印刷

著作权合同登记号　图字：01-2012-6484 号

定价：59.00 元（附光盘）

读者服务热线：(010)81055410　印装质量热线：(010)81055316
反盗版热线：(010)81055315
广告经营许可证：京东工商广登字 20170147 号

内容提要

本书是畅销丛书“经典教程”之一，为读者学习 Adobe InDesign CS6 提供了最快速、最轻松、最系统的途径。“经典教程”丛书是 Adobe Systems 公司的官方培训教程，是在 Adobe 产品专家的帮助下编写而成的。

全书共 16 课，涵盖了主页的创建、编辑和应用、文本的导入和编辑、排版艺术、颜色的使用、样式的创建和应用、导入和修改图形、创建表格、透明度处理、输出和导出、创建 PDF 表单、制作 EPUB 电子书、处理长文档以及色彩管理等内容。

本书语言通俗易懂，并配以大量图示，特别适合 InDesign 新手阅读；有一定使用经验的用户也可从中学到大量高级功能和 InDesign CS6 新增的功能；本书也适合各类相关专业的培训班学员及广大自学人员参考。

前　言

欢迎使用 Adobe InDesign CS6。InDesign 是一款功能强大的设计和制作应用程序，提供了精确的控制以及同其他 Adobe 专业图形软件的无缝集成。使用 InDesign 可制作出专业品质的彩色文档，用于在高速彩色印刷机印刷、打印到各种输出设备（如桌面打印机和高分辨率排印设备）或导出为各种格式（如 PDF 和 EPUB）。

作者、美术师、设计人员和出版商能够通过各种空前的媒介，比以前任何时候都能广泛地交流。InDesign 通过与其他 CS6 应用程序无缝地集成，为此提供了支持。

关于经典教程

本书是在 Adobe 产品专家支持下编写的 Adobe 图形和出版软件官方培训丛书之一。

读者可按自己的节奏阅读其中的课程。如果读者是 Adobe InDesign CS6 新手，将从中学到掌握该程序所需的基本知识；如果读者有一定的 Adobe InDesign CS6 使用经验，将发现本书介绍了很多高级功能，其中包括有关如何使用 InDesign 最新版本的提示和技巧。

每个课程都提供了完成项目的具体步骤。读者可按顺序从头到尾阅读本书，也可根据兴趣和需要选读其中的课程。每课的末尾都有复习题，对该课介绍的内容做了总结。

必须具备的知识

要使用本书，读者应能够熟练使用计算机和操作系统，包括如何使用鼠标、标准菜单和命令以及打开、保存和关闭文件。如果需要复习这方面的内容，请参阅使用的操作系统的印刷文档或联机文档。

安装 Adobe InDesign CS6

使用本书前，应确保系统设置正确并安装了所需的软件和硬件。

本书配套光盘中没有 Adobe InDesign CS6 软件，读者必须单独购买该软件。有关安装该软件的详细说明，请参阅软件自带或 www.adobe.com/support 处的 Adobe InDesign CS6 自述文件。

安装本书使用的字体

本书课程使用的字体都是 Adobe InDesign CS6 自带的。这些字体安装在如下位置。

- Windows：[操作系统盘]/Windows/Fonts。
- Mac OS：[操作系统盘]/Library/Fonts。

有关字体及安装方法的更详细信息，请参阅 Adobe InDesign CS6 自述文件。

复制课程文件

只要购买了本书，就可使用其中涉及的项目文件。如果你购买的是纸版书，可在配套光盘中找到这些文件；如果你购买的是电子书，可前往指定的网址下载（详情请参阅电子书中的说明）。每个课程都有一个单独的文件夹，阅读这些课程时，必须将相应文件夹复制到硬盘。为节省硬盘空间，可只复制当前阅读课程的文件夹，并在阅读完后将其删除。

要复制课程文件如下。

1. 执行下述操作之一：

- 将配套光盘插入光驱；
- 访问本书电子版中提供的下载网站。

2. 在硬盘中创建一个名为 InDesignCIB 的文件夹。

3. 执行下列操作之一：

- 将文件夹 Lessons 复制或下载到文件夹 InDesignCIB；
- 将当前课程的文件夹复制或下载到文件夹 InDesignCIB。

保存和恢复文件 InDesign Defaults

文件 InDesign Defaults 存储了程序的首选项和默认设置，如工具设置和默认度量单位。为确保你的 Adobe InDesign CS6 首选项和默认设置与本书使用的相同，阅读本书的课程前，应将文件 InDesign Defaults 移到其他文件夹。阅读完本书后，可将保存的文件 InDesign Defaults 重新移到原来的文件夹，这将恢复以前使用的首选项和默认设置。

要保存当前的文件 InDesign Defaults，要做以下操作。

1. 退出 Adobe InDesign CS6。

2. 找到文件 InDesign Defaults。

- 在 Windows Vista 和 Windows 7 中，该文件所在的文件夹为 C:\ 用户 \ 用户名 \AppData\Roaming\Adobe\InDesign\Version 8.0-J\zh_CN\；在 Windows XP 中，该文件所在的文件夹为 Documents and Settings\ 用户名 \Application Data\Adobe\InDesign\Version 8.0-J\zh_CN\。

注意：在 Windows Vista 和 Windows 7 中，如果文件夹 AppData 被隐藏，可从“组织”下拉列表中选择“文件夹和搜索选项”，再单击“查看”标签，并选中单选按钮“显示隐藏的文件、文件夹和驱动器”，然后单击“确定”按钮关闭“文件夹选项”对话框并保存所做的修改。

在更早的 Windows 版本中，如果文件夹 Application Data 被隐藏，可选择菜单“工具”→“文件夹选项”，再单击“查看”标签，然后选中复选框“显示隐藏的文件和文件夹”，最后单击“确定”按钮关闭“文件夹选项”对话框并存储所做的修改。

- 在 Mac OS 中，该文件所在的文件夹为 /Users/ 用户名 /Library/Preferences/Adobe InDesign/Version 8.0-J/zh_CN。

注意：在 Mac OSX 10.7 和更晚的版本中，文件夹 Library 被隐藏。要访问这个文件夹，可选择 Finder 菜单“前往”→“前往文件夹”。在“前往文件夹”对话框中，输入 ~/Library，再单击“前往”按钮。

3. 将文件 InDesign Defaults 拖放到硬盘的另一个文件夹。

移动文件 InDesign Defaults 后，当你启动 Adobe InDesign CS6 时，将自动新建一个 InDesign Defaults 文件，其中所有的首选项和默认设置都为出厂设置。

阅读本书后，要恢复保存的文件 InDesign Defaults：

1. 退出 Adobe InDesign CS6；

2. 将保存的文件 InDesign Defaults 拖放到原来的文件夹中，并替换当前的文件 InDesign Defaults。

其他资源

本书并不能代替程序自带的帮助文档，也不是全面介绍 InDesign CS6 中每种功能的参考手册。本书只介绍与课程内容相关的命令和选项，有关 InDesign CS6 功能的详细信息，请参阅以下资源。

- Adobe Community Help：Community Help 将活跃的 Adobe 产品用户、Adobe 产品开发小组成员、作者和专家聚集在一起，向你提供有关 Adobe 产品的最新、最有用、最相关的信息。

- 访问 Adobe Community Help：可按 F1 键或选择菜单“帮助”→“InDesign 帮助”。

将根据社区反馈和投稿更新 Adobe 内容。你可对内容发表评论（包括到 Web 内容的链接）、使用 Community Publishing 发布内容、发布 Cookbook Recipe。有关如何投稿的更详细信息，请访问 www.adobe.com/community/publishing/download.html。

有关 Community Help 的常见问题答案，可以访问 http://community.adobe.com/help/ profile/faq.html。

- Adobe InDesign 帮助和支持（http://helpx.adobe.com/indesign.html）：在这里可以搜索并浏览 Adobe.com 中的帮助和支持内容。

- Adobe 论坛（http://forums.adobe.com）：可就 Adobe 产品展开对等讨论以及提出和回答问题。

- Adobe TV（http://tv.adobe.com）：在线提供专家探讨 Adobe 产品的视频，其中的 How To 频道让你能够对产品有大致了解。

- Adobe 设计中心（www.adobe.com/designcenter）：提供精心构思的有关设计和设计问题的文章，展示顶级设计师的作品，还有教程等内容。

- Adobe Developer Connection（www.adobe.com/devnet）：提供技术文章、代码示例以及有关 Adobe 开发产品和技术方面的入门视频。

- 教育资源（www.adobe.com/education）：为讲授 Adobe 软件课程的教员提供珍贵的信息。可在这里找到各种级别的教学解决方案（包括使用整合方法介绍 Adobe 软件的免费课程），可用于备考 Adobe 认证工程师考试。

另外，请访问下述链接。

- Adobe Marketplace & Exchange（www.adobe.com/cfusion/exchange/index.cfm?promoid = DTEFM）：可在这里寻找工具、服务、扩展、代码示例等，以扩展和补充 Adobe 产品。

- Adobe InDesign CS6 主页（www.adobe.com/products/InDesign）。

- Adobe Labs（http://labs.adobe.com）：访问最新开发的尖端技术，并通过论坛同 Adobe 开发小组以及与有相同爱好的其他社区成员交流。

Adobe 认证

Adobe 培训和认证计划旨在帮助 Adobe 客户改善和提升其产品使用技能。有四种等级的认证：

- Adobe 认证工程师（ACA）；
- Adobe 认证专家（ACE）；
- Adobe 认证教员（ACI）；
- Adobe 授权的培训中心（AATC）。

ACA 证书表明个人具备使用各种数字媒体规划、设计、组建和维护高效地交流环境所需的基本技能。

ACE 计划让专家级用户能够进一步证明其技能。Adobe 证书有助于你得到提升、找到工作或提高专业技能。

如果你是 ACE 级教员，那么 Adobe 认证教员计划将让你的技能更上一层楼，让你有资格使用更多的 Adobe 资源。

Adobe 授权的培训中心只聘用 Adobe 认证教员，提供由教员讲授的有关 Adobe 产品的课程和培训。有关 AATC 名录，可以访问 http://partners.adobe.com/。

有关 Adobe 认证计划的信息，可以访问 www.adobe.com/support/certification/index.html。

检查更新

Adobe 定期地提供软件更新，只要有 Internet 连接，就可通过 Adobe Application Manager 轻松地获得这些更新。

1. 在 InDesign 中，选择菜单“帮助”→“更新”，Adobe Application Manager 将自动检查可用的 Adobe 产品更新。

2. 在 Adobe Application Manager 对话框中，选择要安装的更新，再单击“下载并安装更新”安装它们。

注意：要设置更新首选项，可单击 Adobe Application Manager 窗口中的“首选项”，然后指定希望的通知方式以及希望要更新的应用程序，再单击“完成”按钮。

目 录

第 1 课 工作区简介

第 2 课 InDesign 简介

第 3 课 设置文档和处理页面

第 4 课 使用对象

第 5 课 排文

第 11 课　制作表格

第 12 课　处理透明度

第 13 课　打印及导出

第 14 课　创建包含表单域的 Adobe PDF 文件

第 15 课 制作并导出电子书

第 16 课 处理长文档

第1课 工作区简介

在本课中，读者将学习以下内容：

- 选择工具；
- 使用应用程序栏和控制面板；
- 管理文档窗口；
- 使用面板；
- 保存定制的工作区；
- 修改文档的缩放比例；
- 导览文档；
- 使用上下文菜单。

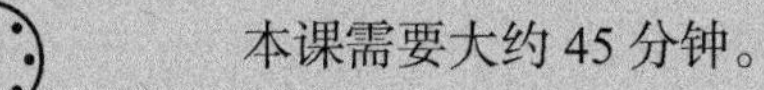

本课需要大约45分钟。

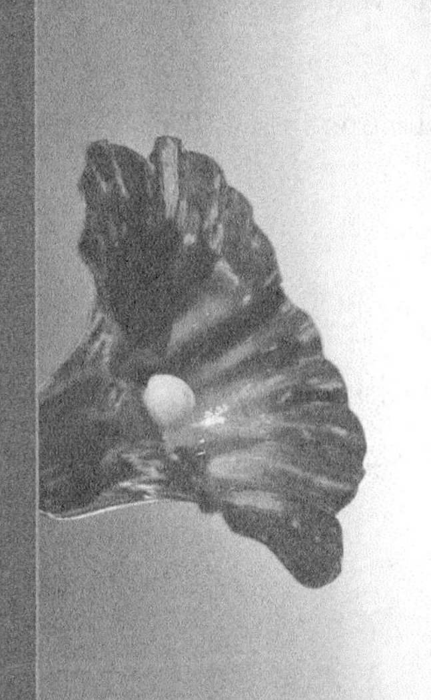

InDesign CS6 的用户界面非常直观，让用户很容易创建像上图这样引人注目的排版文件。要充分利用 InDesign 强大的排版和设计功能，必须熟悉其工作区。工作区由应用程序栏、控制面板、文档窗口、菜单、粘贴板、工具面板和其他面板组成。

1.1 概述

在本课中，读者将练习使用工作区以及浏览几个简单排版文件的页面。这是文档的最终版本：读者不修改对象、添加图形或编辑文本，而只使用它来探索 InDesign CS6 的工作区。

注意：如果还没有将本课的资源文件从配套光盘复制到硬盘，现在复制它们，详情请参阅“前言”中的“复制课程文件”。

1. 为确保你的 Adobe InDesign CS6 首选项和默认设置与本课使用的一样，将文件 InDesign Defaults 移到其他文件夹，详情请参阅“前言”中的“存储和恢复文件 InDesign Defaults”。
2. 启动 Adobe InDesign CS6。为确保面板和菜单命令与本课使用的相同，选择“窗口”→“工作区”→“高级”菜单，再选择菜单“窗口”→“工作区”→“重置‘高级’”菜单。
3. 选择“文件”→“打开”菜单，打开硬盘中文件夹 InDesignCIB\Lesson_01 中的文件 01_Start.indd。向下滚动以查看第 2 页和第 3 页。
4. 选择“文件”→“存储为”菜单，将文件重命名为 01_Introduction.indd，并将其存储到文件夹 Lesson_01 中。

1.2 工作区简介

InDesign 工作区包括用户首次打开或创建文档时看到的一切（如图 1.1 所示）：

- 菜单栏；
- 应用程序栏；
- 控制面板；
- 工具面板；
- 其他面板；
- 文档窗口；
- 粘贴板和页面。

提示：如果读者熟悉 InDesign CS5，可通过选择菜单“窗口”→“工作区”→“[CS6 新增功能]”来了解 CS6 新增的功能。单击每个菜单时，新增的命令将呈高亮显示。要切换到其他工作区，可从菜单“窗口”→“工作区”中选择一个选项。

用户可以根据工作方式定制并存储 InDesign 工作区。例如，可以只显示常用的面板、最小化和重新排列面板组、调整窗口的大小、添加文档窗口等。

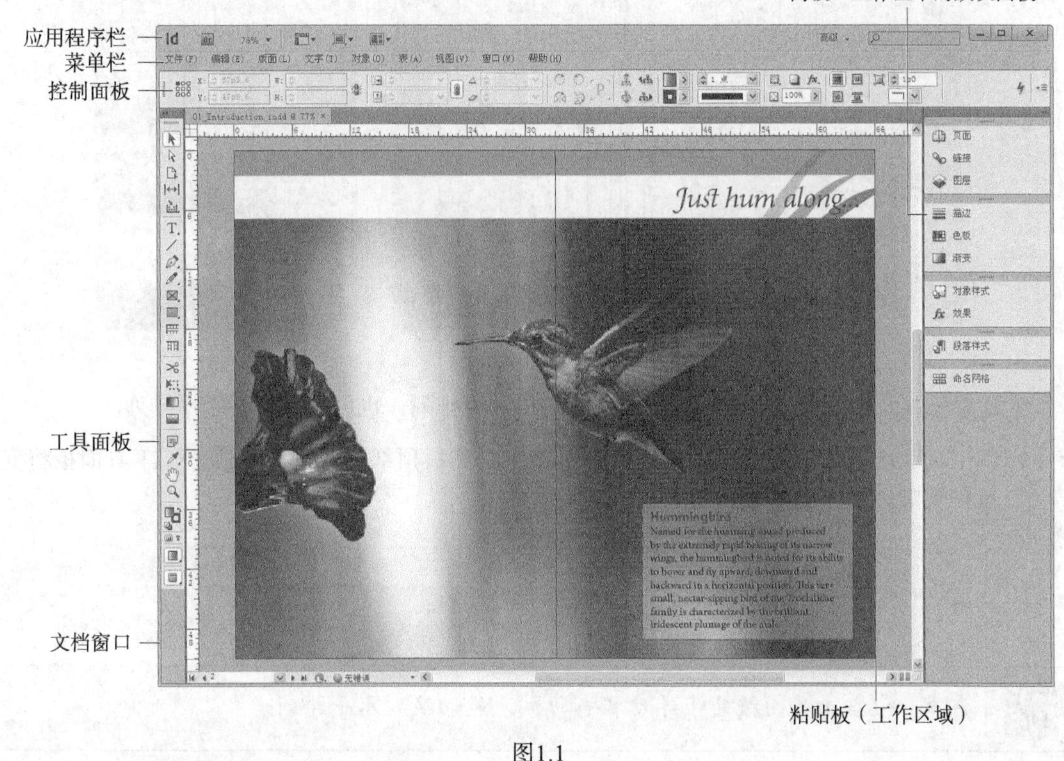

图1.1

> 注意：工作区不会保存文档窗口的配置。

工作区域的配置简称为工作区。读者可从专用工作区（如"数字出版"、"印刷和校样"和"排版规则"）中选择，也可存储自己的工作区。

1.2.1 工具面板

工具面板包含用于创建和修改页面对象、添加文本和图像及设置其格式、处理颜色的工具。默认情况下，工具面板停靠在工作区的左上角。在本节中，读者将把工具面板置于浮动状态、让其水平放置并尝试使用选择工具。

1. 找到屏幕左上角的工具面板。

2. 取消工具面板停靠并使其浮动在工作区中，拖曳其灰色标题栏并将其放到粘贴板中，如图 1.2 所示。

> 提示：要取消工具面板停靠，可拖曳其标题栏或标题栏下方的虚线。

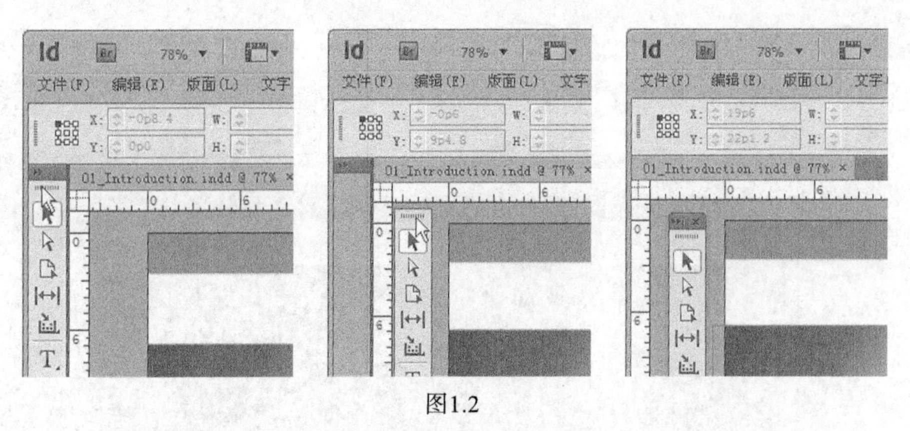

图1.2

工具面板进入浮动状态后，可让其双栏或单栏垂直排列，也可让其单行水平排列。

3. 在工具面板处于浮动状态的情况下，单击工具面板顶部的双箭头（ ），工具面板将变成单行水平排列，如图 1.3 所示。

图1.3

注意：仅当工具面板处于浮动状态时，才能切换到水平排列。

在阅读本书的过程中，读者将学习每个工具的具体功能。在本节中，读者将熟悉如何选择工具。

提示：可以通过单击工具或按工具快捷键来选择它（条件是没有文本插入点）。工具提示中显示了快捷键，例如，在选择工具的提示中，在工具名称旁边有（V,Esc），这意味着可按 V 或 Esc 来选择该工具。另外，可通过按住一种工具的快捷键暂时选择该工具，松开该快捷键后，可恢复到以前使用的工具。

4. 将鼠标指向工具面板中的选择工具（ ），将在工具提示中显示其名称和快捷键，如图 1.4 所示。

图1.4

在工具面板中，有些工具的右下角有一个黑色三角形，这表明它隐藏了其他相关的工具。要选择隐藏的工具，可单击并按住鼠标以显示一个菜单，然后选择所需的工具。

5. 单击铅笔工具（ ）并按住鼠标按钮，将显示一个包含工具的弹出式菜单。选择抹除工具（ ），注意到它将替换铅笔工具，如图 1.5 所示。

6. 再次单击抹除工具并按住鼠标按钮以显示菜单，然后选择铅笔工具，这是默认显示的工具。

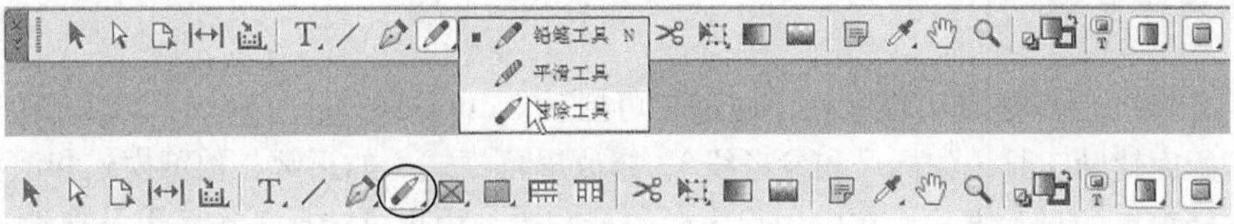

图1.5

> **注意**：工具面板右端（或底部）的控件让用户能够应用颜色和修改视图模式。

7. 将鼠标指向工具面板中的每个工具，以查看其名称和快捷键。对于有黑色三角形的工具，单击并按住鼠标以显示包含其他工具的菜单。包含菜单的工具如下：

- 内容收集器工具；
- 文字工具；
- 钢笔工具；
- 铅笔工具；
- 矩形框架工具；
- 矩形工具；
- 自由变换工具；
- 吸管工具。

8. 单击工具面板中的双箭头（ ）将工具面板恢复到两栏垂直排列方式，再次单击双箭头恢复到默认排列方式。

9. 要重新停靠工具面板，通过工具面板顶部的灰色虚线将工具面板拖曳到屏幕最左边。工作区边缘出现蓝色线条时松开鼠标，如图 1.6 所示。

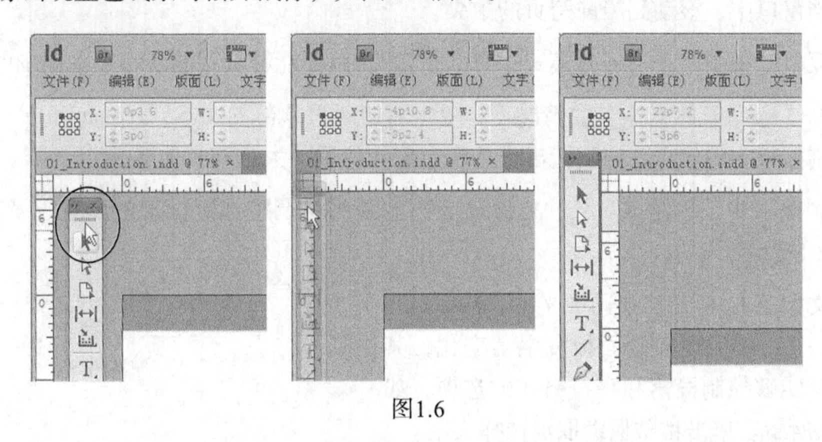

图1.6

10. 如有必要，选择菜单“视图”→“使跨页适合窗口”命令将页面放到文档窗口中央。

1.2.2 应用程序栏

默认工作区的顶部是应用程序栏，通过它可启动 Adobe Bridge CS6、修改文档的缩放比例、显示和隐藏版面辅助工具（如标尺和参考线）、修改屏幕模式（如正常、预览模式和演示文稿）以及控制多文档窗口的显示方式。在应用程序栏的最右边，用户可选择工作区以及搜索 Adobe 帮助资源。

- 为熟悉应用程序栏中的控件，将鼠标指向它以显示工具提示，如图 1.7 所示。
- 在 Mac OS 中，要显示 / 隐藏应用程序栏，可选择菜单“窗口”→“应用程序栏”。

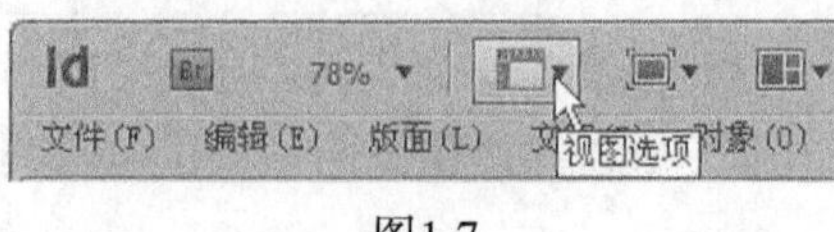

图1.7

- 在 Mac OS 中，可将应用程序栏、文档窗口和面板组合成一个整体，这称为应用程序框架，这模仿了 Windows 应用程序的结构。要激活应用程序框架，可选择菜单“窗口”→“应用程序框架”。
- 在 Mac OS 中，如果选择了“窗口”→“应用程序框架”，就不能隐藏应用程序栏；而在 Windows 中，根本就不能隐藏应用程序栏。

提示：在 Mac OS 中隐藏应用程序栏后，视图缩放控件将显示在文档窗口的左下角。

1.2.3 控制面板

控制面板（可通过选择菜单“窗口”→“控制”显示 / 隐藏它）让用户能够快速访问与当前选择的页面元素或对象相关的选项和命令。默认情况下，控制面板停放在屏幕顶部（在 Mac OS 中，位于应用程序栏下方；在 Windows 中，位于菜单栏下方），但可将其停放在文档窗口底部、变成浮动的或隐藏起来。

1. 在文档窗口中，滚动到当前跨页的中央。
2. 选择菜单“视图”→“屏幕模式”→“正常”，以便能够看到图形和文本周围的框架。
3. 在选择了选择工具（ ）的情况下，单击右边对页顶部的文本“Just hum along…”。请注意控制面板中的信息，它们指出了选定对象的位置、大小和其他属性。
4. 在控制面板中，单击 X、Y、W 和 H 旁边的箭头可调整选定框架的位置以及修改其大小，如图 1.8 所示。

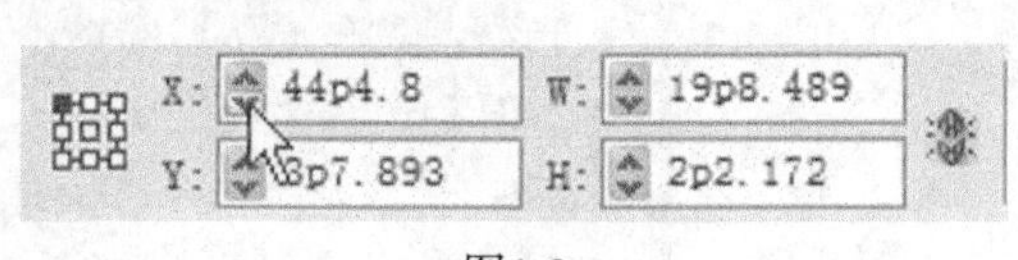

图1.8

5. 选择文字工具（ T ）并选中文本“Just hum along…”，将发现控制面板发生了变化，其中包含能够控制段落和字符格式的选项，如图 1.9 所示。单击粘贴板以取消选择文本。
6. 选择菜单“视图”→“屏幕模式”→“正常”，将框架隐藏。

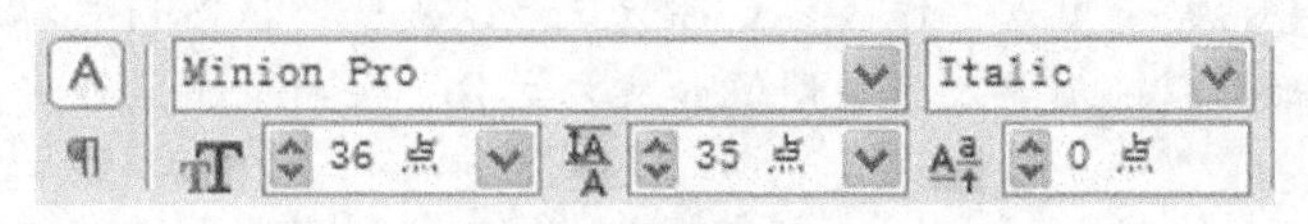

图1.9

如果不喜欢控制面板停靠在文档窗口顶部，也可移动它。

7. 单击控制面板最左端的虚线垂直条，并将其拖曳到文档窗口中，松开鼠标后，控制面板将变成浮动的，如图 1.10 所示。可将控制面板停放到工作区顶端或工作区底部。

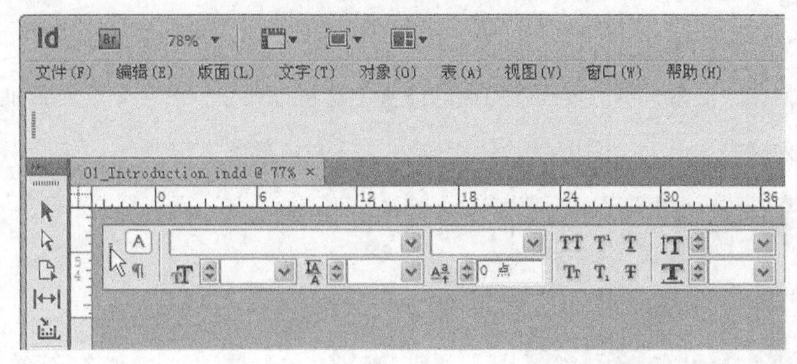

图1.10

提示：要移动控制面板或使其变成浮动的，也可使用其面板菜单：单击该面板右端的箭头，再选择“停放于顶部”、“停放于底部”或“浮动”。

8. 要重新停靠控制面板，可通过其左端的垂直条将其拖曳到应用程序栏的下方，将出现一条蓝线，提示如果此时松开鼠标将停放它。

1.2.4 文档窗口和粘贴板

文档窗口包含文档中的所有页面，每个页面或跨页周围都有粘贴板，可用于存放排版时需要使用的对象。粘贴板中的对象不会打印出来。粘贴板还在文档周围提供了额外空间，让对象能够延伸到页面边缘的外面，这被称为出血。在必须打印跨越页面边缘的对象时使用出血，用于显示文档不同页面的控件位于文档窗口左下角。

1. 为查看该文档的更多页面，从应用程序栏的“缩放级别”下拉列表中选择 25%，结果如图 1.11 所示。

2. 如果必要，单击最大化按钮以扩大文档窗口。

- 在 Windows 中，最大化按钮是窗口右上角的中间那个按钮。
- 在 Mac OS 中，最大化按钮是窗口左上角的绿色按钮。

> **提示**：可将粘贴板用作工作区域或存放区域。例如，很多用户都在粘贴板上处理复杂图形，或一次导入多个图像和文本文件，并将它们放在粘贴板中以方便使用。

3. 为查看页面的完整粘贴板，选择菜单“视图”→“完整粘贴板”。

4. 为查看该文档页面的出血设置，选择菜单“视图”→“屏幕模式”→“出血”。

5. 选择菜单“视图”→“屏幕模式”→“预览”，再选择菜单“视图”→“使跨页适合窗口”恢复到原来的视图。

下面移到另一个页面。

6. 在文档窗口左下角，单击页码框右边的箭头，这将打开一个包含文档页面和主页的列表。

7. 从下拉列表中选择 1，将在文档窗口中显示第 1 页，如图 1.12 所示。

图1.11

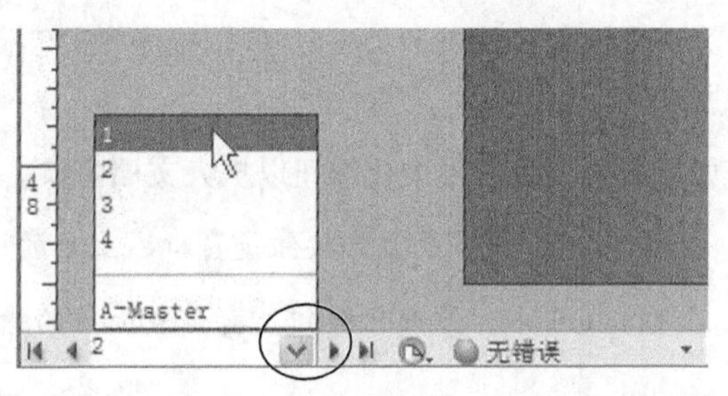

图1.12

8. 单击页码框左边的箭头以返回到第 2 页。

1.2.5 使用多个文档窗口

可同时打开多个文档窗口，下面将打开另一个文档窗口，以便能够同时看到文档的两个不同视图。

1. 选择菜单“窗口”→“排列”→“新建‘01_Introduction.indd’窗口”。

将出现一个名为 01_Introduction.indd:2 的新窗口，而原来的窗口名为 01_Introduction.indd:1。

2. 在 Mac OS 中，如果必要，选择“窗口”→“排列”→“平铺”以同时显示这两个窗口。

> **提示：**使用应用程序栏能够快速访问用于管理窗口的选项。要查看所有这样的选项，请单击“排列文档”按钮。

3. 从工具面板中选择缩放工具（ ）。

4. 在一个文档窗口中拖曳出一个环绕文本“Just hum along…”的选框以放大它。

注意到另一个文档窗口的缩放比例保持不变，如图 1.13 所示。这种布局让用户能够看到修改这些文本带来的影响。

图1.13

5. 选择菜单“窗口”→“排列”→“合并所有窗口”，这将为每个窗口创建一个选项卡。

6. 单击左上角（控制面板下方）的选项卡可选择显示哪个文档窗口，如图 1.14 所示。

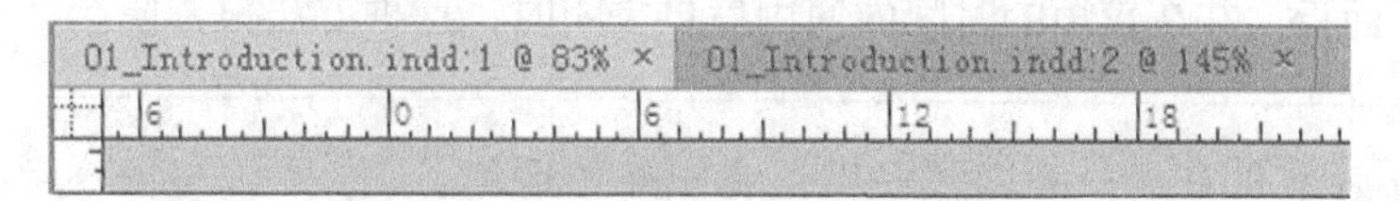

图1.14

7. 单击选项卡中的关闭窗口按钮（X）将窗口 01_Introduction.indd:2 关闭，但让原来的文档窗口打开。

8. 在 Mac OS 中，单击文档窗口顶部的最大化按钮，以调整余下的文档窗口的大小和位置。

9. 选择菜单“视图”→“使跨页适合窗口”。

1.3 使用面板

面板让用户能够迅速使用常用的工具和功能，默认情况下，面板停靠在屏幕右边（但前面提到的工具面板和控制面板除外）。默认显示的面板随当前使用的工作区而异，每个工作区都存储其面板配置。用户可以采取各种方式重新组织面板，下面将练习打开、折叠和关闭“高级”工作区中的默认面板。

1.3.1 展开和折叠面板

在本节中，读者将展开和折叠面板、隐藏面板名以及展开停靠区中的所有面板。

1. 必要时滚动文档窗口，让展开的面板出现在粘贴板而不是文档上。

2. 在文档窗口右边的默认停靠区中，单击页面面板的图标以展开该面板，如图 1.15 所示。

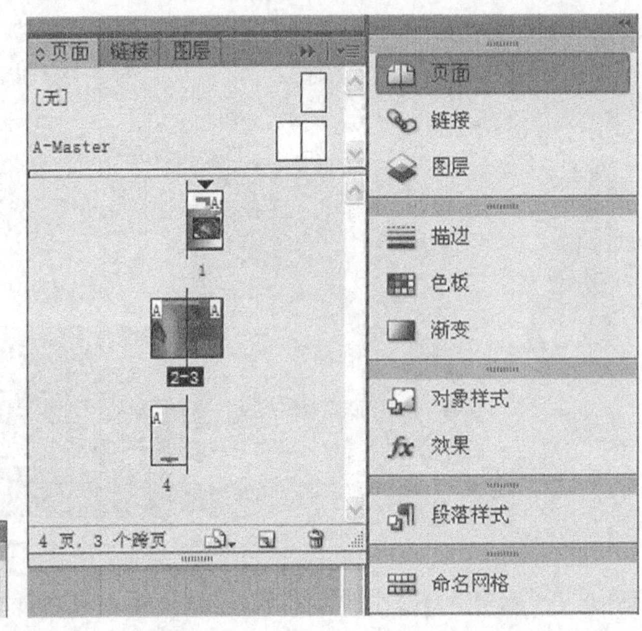

图1.15

在需要打开面板，并在较短的时间内使用后再关闭时，这种方法很方便。

> 注意：停靠区包含一系列“粘贴”在一起的面板。

有多种折叠面板的方法可供选择。

3. 使用完页面面板后，要折叠该面板，可单击面板名右边的双箭头，也可再次单击面板图标。

下面打开一个在该工作区中没有显示的面板，方法是从菜单栏中选择它。

> **提示**：要打开隐藏的面板，在“窗口”菜单（或“窗口”菜单的子菜单）中单击相应的面板名。如果面板名左边有勾号，表明该面板已打开且位于其所在面板组的最前面。

4. 选择菜单“窗口”→“文本绕排”打开文本绕排面板。

5. 要将文本绕排面板放置到停放区底部，可通过标题栏将其拖曳到字符样式面板下方，并在看到蓝线后松开鼠标。

6. 要快速打开文本绕排面板，可选择菜单“窗口”→“文本绕排”。

7. 要隐藏文本绕排面板，将其拖出停放区，再单击其关闭按钮。

8. 要缩小面板停放区，可将面板停放区的左边缘向右拖曳，直到面板名被隐藏，如图 1.16 所示。

9. 要展开停放区中的所有面板，可单击停放区右上角的双箭头，如图 1.16 所示。

如果再次单击该双箭头，面板将折叠成只显示图标，而不显示面板名。为方便完成下一个练习，请让面板展开。

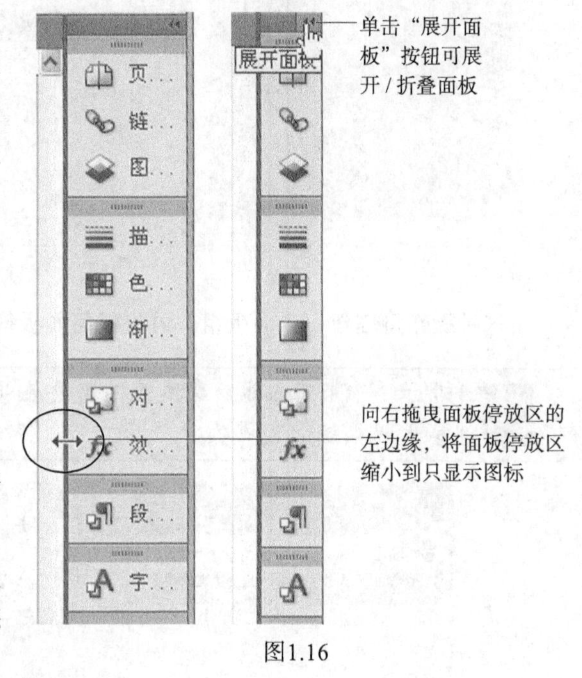

图1.16

1.3.2 重新排列和定制面板

在这个小节中，读者将把一个面板拖出停放区使其变成浮动的面板，然后将另一个面板拖进该面板，以创建一个自定义面板组；还将取消面板编组、将面板堆叠并将其折叠成图标。

1. 在展开停放区的情况下，拖曳段落样式面板的标签，将该面板拖出停放区，如图 1.17 所示。

> **提示**：不在停放区的面板被称为浮动面板。要展开/折叠浮动面板，可单击其标题栏中的双箭头。

2. 要将字符样式面板加入到浮动的段落样式面板中，将其标签拖曳到段落样式面板的标题栏的空白区域，如图 1.18 所示。当段落样式面板周围出现蓝线后松开鼠标。

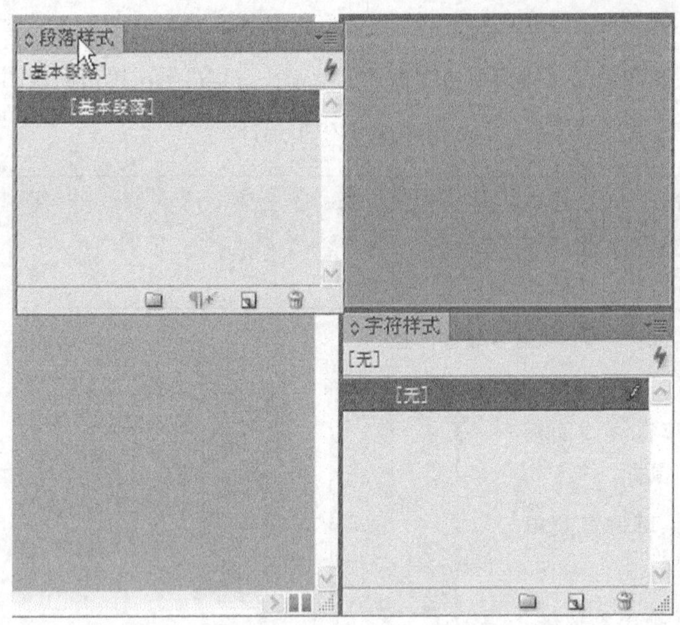

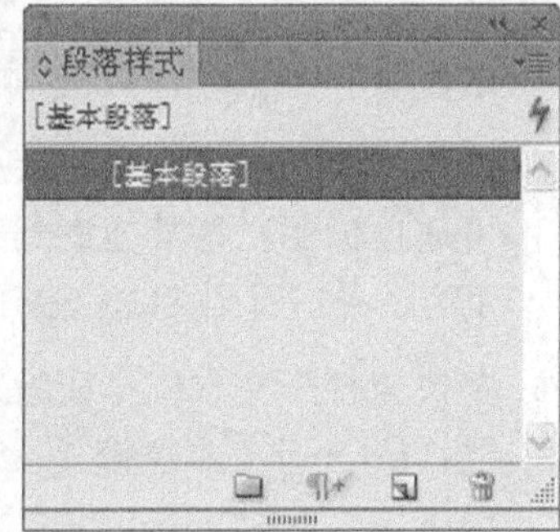

图1.17

这种操作将创建一个面板组，可将任何面板拖放到面板组中。

> **提示：** 如果正在编辑文本且不需要展开其他面板，则将字符样式面板和段落样式面板编组很有帮助。

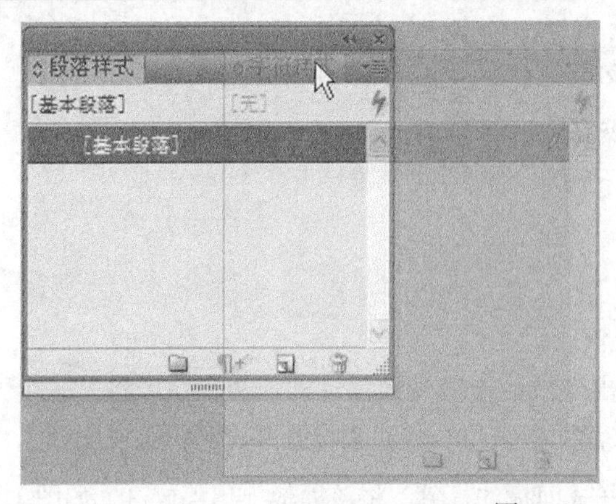

图1.18

3. 要解除面板编组，可通过面板标签将其中一个面板拖出面板组，如图 1.19 所示。

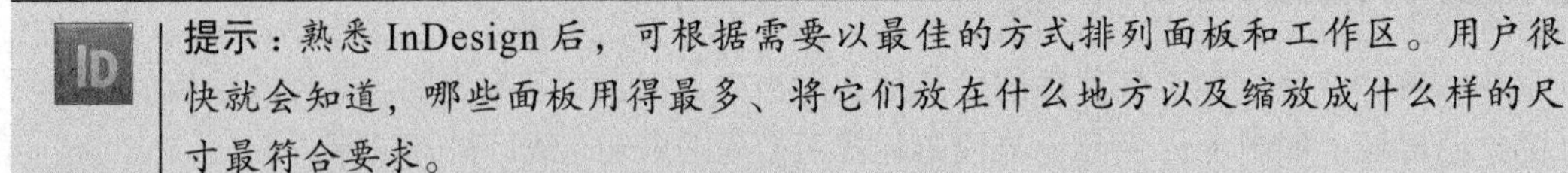

> **提示：** 熟悉 InDesign 后，可根据需要以最佳的方式排列面板和工作区。用户很快就会知道，哪些面板用得最多、将它们放在什么地方以及缩放成什么样的尺寸最符合要求。

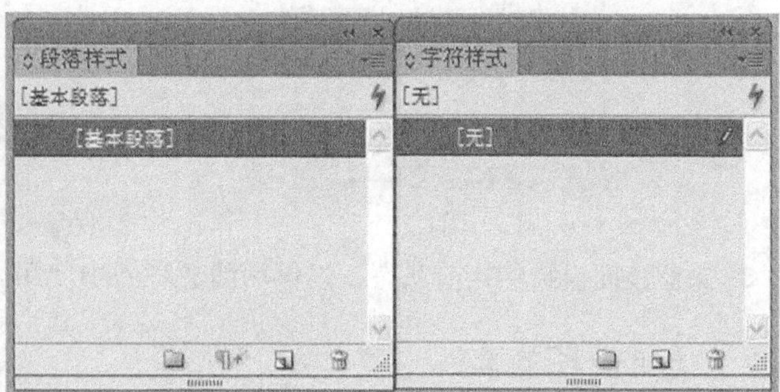

图1.19

还可将浮动面板以垂直方式堆叠起来，下面就尝试这样做。

4. 通过标签将段落样式面板拖曳到字符样式面板的底部，出现蓝线后松开鼠标，如图 1.20 所示。

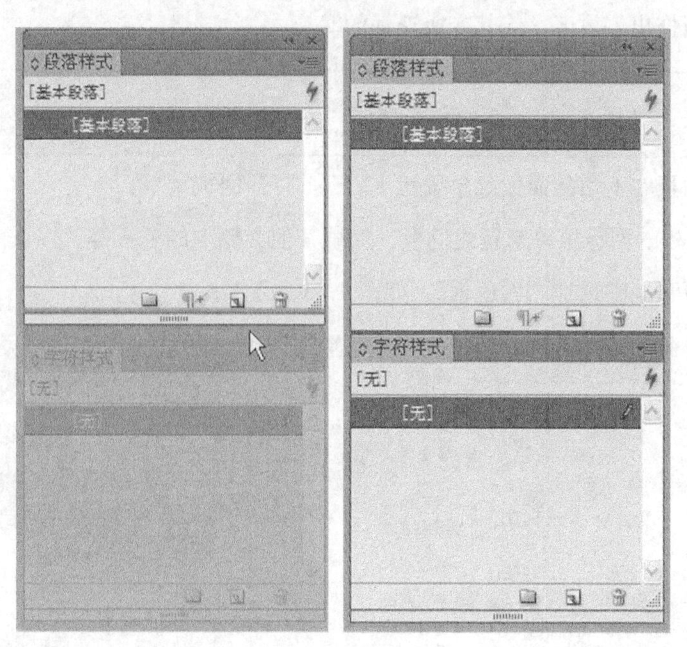

图1.20

现在，两个面板将堆叠而不是编组。堆叠的面板垂直相连，可通过拖曳最上面的面板的标题栏，将它们作为一个整体进行移动，下面尝试调整堆叠面板的大小。

5. 拖曳任何一个面板右下角以调整大小，如图 1.21 所示。

6. 将字符样式面板的标签拖放到段落样式面板的旁边，让这两个面板重新编组。

7. 单击面板标签旁边的灰色区域，将面板组最小化，结果如图 1.22 所示；再次单击该区域展开面板组。

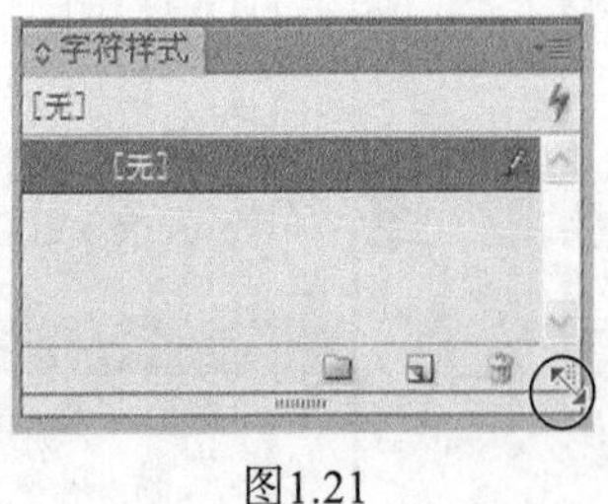

图1.21　　图1.22

8. 保留该面板组的当前状态，以供后面的练习中使用。

1.3.2 使用面板菜单

大多数面板都有其特有的选项，要使用这些选项，可单击面板菜单按钮打开面板菜单，其中包含适用于当前面板的命令和选项。

下面修改色板面板的显示方式。

1. 将色板面板拖出停放区，使其变成浮动的。

> 注意：如果必要，单击标题栏中的双箭头，将该面板展开。

2. 单击色板面板右上角的面板菜单按钮（▼☰）打开面板菜单。

可使用色板面板的面板菜单来新建色板、加载其他文档中的色板等。

3. 从色板面板菜单中选择“大色板”，如图 1.23 所示。

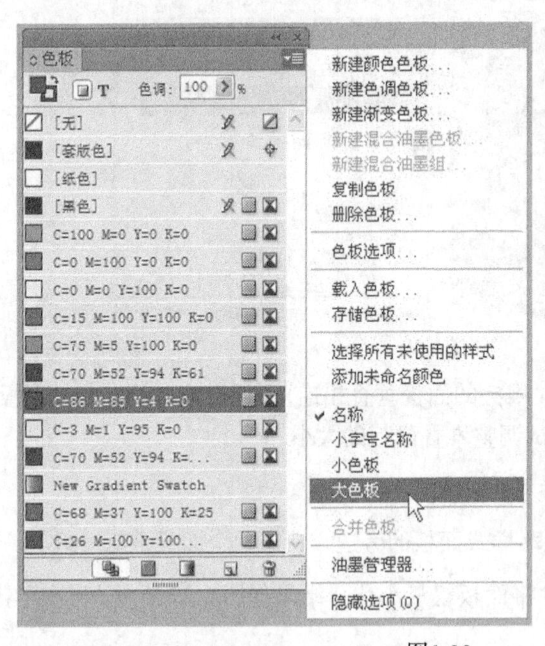

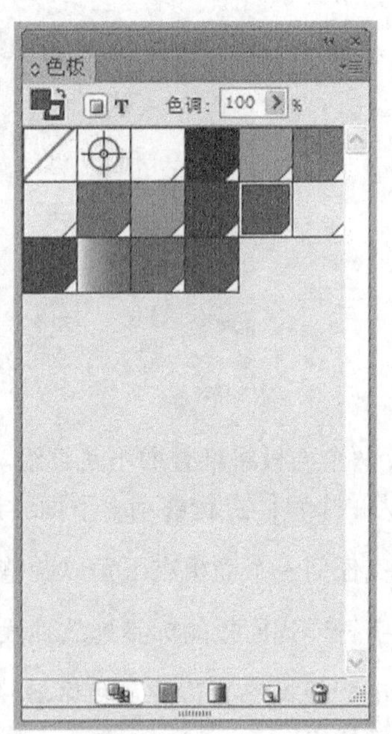

图1.23

4. 保留色板面板的当前状态，以供后面的练习中使用。

1.4 定制工作区

工作区是面板和菜单的配置，InDesign 提供了多种专用工作区，如数字出版、印刷和校样、排版规则。用户不能修改这些工作区，但可保存自定义工作区，下面将保存前面所做的定制。

1. 选择菜单“窗口”→“工作区”→“新建工作区”。

2. 在“新建工作区”对话框中，在文本框“名称”中输入 Swatches and Styles。如果必要，选中复选框“面板位置”选项和“菜单自定义”选项，再单击“确定”按钮，如图 1.24 所示。

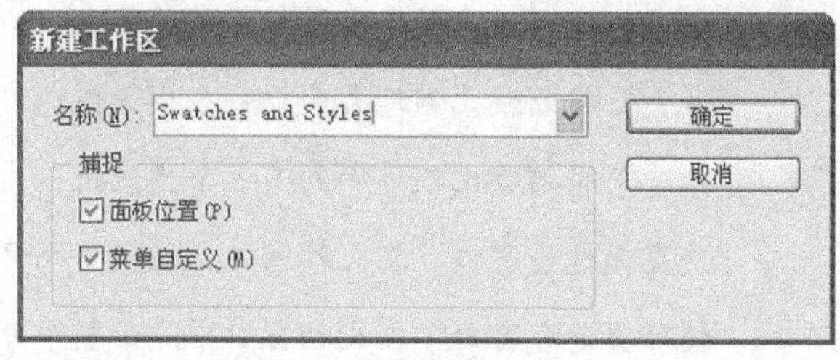

图1.24

> 提示：要控制哪些命令出现在 InDesign 菜单中，可选择菜单“编辑”→“菜单”。在自定义工作区中，可存储对菜单所做的定制。

3. 打开菜单“窗口”→“工作区”，将发现当前选择了自定义工作区。选择其他每个工作区，以查看各种默认配置。除查看面板外，单击菜单，将发现当前工作区特有的功能呈高亮显示。

4. 选择菜单“窗口”→“工作区”→“高级”，返回到“高级”工作区。

5. 选择菜单“窗口”→“工作区”→“重置高级”恢复到默认配置。然后，选择菜单“视图”→“使跨页适合窗口”让跨页位于文档窗口中央。

1.5 修改文档的缩放比例

InDesign 中的控件让用户能够以 5%～4000% 的比例查看文档。文档打开后，当前的缩放比例显示在应用程序栏（控制面板上方）的下拉列表“缩放级别”中，它还显示在窗口标题栏或文档标签中的文件名后面。

> 注意：在 Mac OS 中，如果关闭应用程序栏，缩放控件将出现在文档窗口的左下角。

1.5.1 使用“视图”命令

可以采取下述方式轻松地缩放文档视图：

- 从应用程序栏的下拉列表“缩放级别”中选择一个百分比，按预设值缩放文档，如图 1.25 所示；

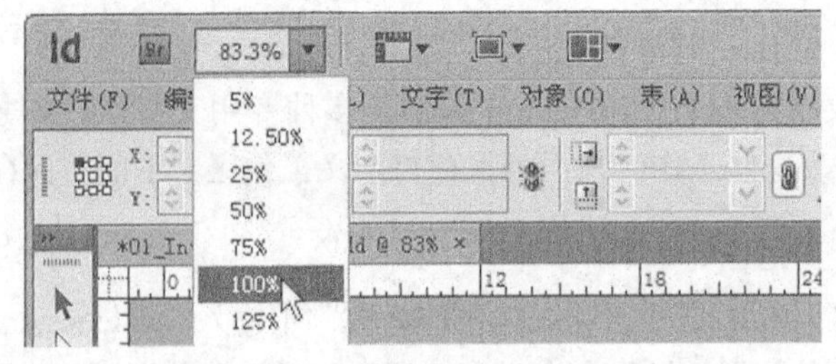

图1.25

- 在“缩放级别”框中单击鼠标，再输入所需的缩放比例并按 Enter 键；
- 选择菜单“视图”→“放大”将缩放比例增大到上一个预设值；
- 选择菜单“视图”→“缩小”将缩放比例缩小到下一个预设值；
- 选择菜单“视图”→“使页面适合窗口”在文档窗口中显示整个目标页；
- 选择菜单“视图”→“使跨页适合窗口”在文档窗口中显示整个目标跨页；
- 选择菜单“视图”→“实际尺寸”以 100% 的比例显示文档。根据文档的大小和屏幕分辨率，可能无法在屏幕上看到整个文档。

1.5.2 使用缩放工具

除使用“视图”菜单中的命令外，还可使用缩放工具来缩放文档视图。下面来练习使用缩放工具。

1. 选择菜单“视图”→“使跨页面适合窗口”，让第 2 页和第 3 页位于文档窗口中央。

2. 选择工具面板中的缩放工具（🔍），将鼠标指向右边的文本，注意缩放工具中央有个加号。

> **提示**：也可使用键盘来调整缩放比例。要增大缩放比例，可按 Ctrl + =（Windows）或 Command + =（Mac OS）；要降低缩放比例，可按 Ctrl + -（Windows）或 Command + -（Mac OS）。

3. 单击鼠标一次，将放大到下一个预设比例，且单击的位置位于窗口中央。下面来缩小视图。

4. 将鼠标指向文本并按住 Alt（Windows）或 Option（Mac OS）键，缩放工具中央将出现一个减号。

> **提示**：可使用键盘快捷键迅速将缩放比例设置为 200%、400% 和 50%。在 Windows 中，Ctrl + 2 将缩放比例设置为 200%，Ctrl + 4 将缩放比例设置为 400%，而 Ctrl + 5 将缩放比例设置为 50%。在 Mac OS 中，Command + 2 将缩放比例设置为 200%，Command + 4 将缩放比例设置为 400%，而 Command + 5 将缩放比例设置为 50%。

5. 在按住 Alt/Option 键的情况下单击鼠标，视图将缩小。

也可使用缩放工具拖曳出一个环绕部分文档的矩形框，以放大指定区域。

6. 在仍选择了缩放工具的情况下，按住鼠标按钮并拖曳出一个环绕文本的矩形框，再松开鼠标，如图 1.26 所示。

图1.26

被覆盖区域的放大比例取决于矩形框的大小：矩形框越小，放大比例越大。

7. 在工具面板中双击缩放工具切换到 100% 的缩放比例。

由于在编辑过程中，经常需要使用缩放工具来缩放文档视图，可以使用键盘临时选择缩放工具，而不取消对当前工具的选择。下面来这样做。

8. 单击工具面板中的选择工具（ ），然后将鼠标指向文档窗口内。

9. 按住 Ctrl + 空格键（Windows）或 Command + 空格键（Mac OS），鼠标将从选择工具图标变成缩放工具图标，然后在蜂鸟上单击以放大视图。松开按键后，鼠标将恢复为选择工具图标。

10. 按住 Ctrl + Alt + 空格键（Windows）或 Command + Option + 空格键（Mac OS）并单击鼠标，将缩小视图。

> 注意：Mac OS 可能将该快捷键改为打开 SpotLight 窗口，可在系统首选项中禁用系统快捷键。

11. 选择菜单“视图”→“使跨页适合窗口”让跨面居中。

1.6 导览文档

在 InDesign 文档中导览的方式有多种，其中包括使用页面面板、使用抓手工具、使用“转到页面”对话框以及使用文档窗口中的控件。

1.6.1 翻页

可使用页面面板、文档窗口底部的页面按钮、滚动条或其他命令来翻页。页面面板包含当前文档中每个页面的图标，双击页面图标或页码可切换到该页面或跨页。下面来练习翻页。

1. 单击页面面板图标以展开页面面板。

2. 双击第1页的页面图标（如图1.27所示），让第1页在文档窗口中居中。

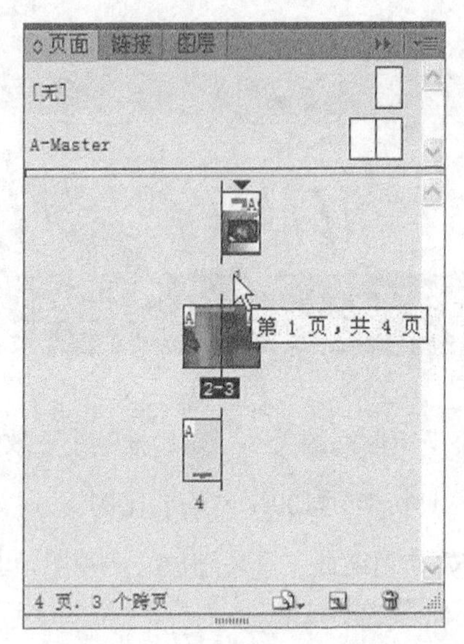

图1.27

> **提示：**要翻页，也可使用“版面”菜单中的命令：“第一页”、“上一页”、“下一页”、“最后一页”、“下一跨页”和“上一跨页”。

3. 双击页面图标上方的A-Master图标以便在文档窗口中显示该主页。单击页面面板图标将该面板折叠。

4. 要返回到文档的第1页，可使用文档窗口左下角的下拉列表。单击向下的箭头，并选择1。

下面使用文档窗口底部的按钮来切换页面。

5. 不断单击页码框右边的“下一页”按钮（向右的按钮），直到显示第4页。

6. 不断单击页码框左边的“上一页”按钮（向左的按钮，如图1.28所示），直到显示第1页。

7. 选择菜单“版面”→“转到页面”。

8. 在“转到页面”对话框中输入2，并单击“确定”按钮，如图1.29所示。

图1.28

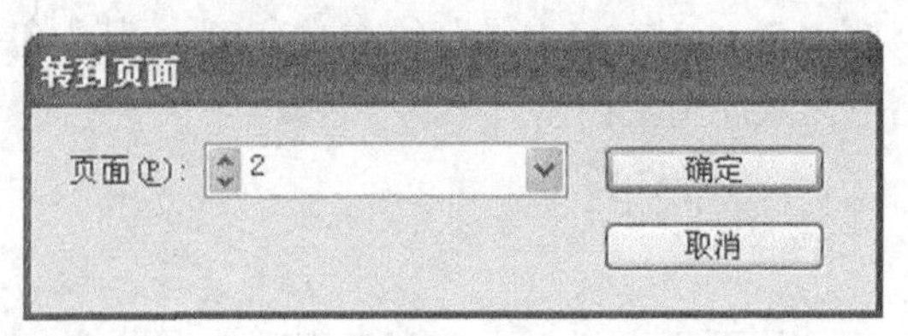

图1.29

1.6.2 使用抓手工具

使用工具面板中的抓手工具可移动文档的页面，直到找到要查看的内容。下面来练习使用抓手工具。

1. 选择抓手工具（）。

提示： 使用选择工具时，可按空格键暂时切换到抓手工具。使用文字工具时，可按 Alt（Windows）或 Option（Mac OS）键暂时切换到抓手工具。

2. 在文档窗口中按住鼠标并沿任何方向拖曳，再向下拖曳以便在文档窗口中显示第 1 页。

3. 从应用程序栏的“缩放级别”下拉列表中选择 400%。

4. 在依然选择了抓手工具的情况下，在页面上单击并按住鼠标，这将显示视图矩形，如图 1.30 所示。

- 拖曳该矩形以查看页面的其他区域或其他页面。
- 松开鼠标以显示该视图矩形中包括的页面。
- 显示了视图矩形时，按键盘上的左右箭头键可修改该矩形的大小。

图1.30

5. 双击工具面板中的抓手工具使页面适合窗口。

1.7 使用上下文菜单

除屏幕顶部的菜单外，用户还可使用下上文菜单列出与活动工具或选定对象相关联的命令。要显示上下文菜单，将鼠标指向文档窗口中的一个对象或任何位置，然后单击鼠标右键（Windows）或按住 Control 键并单击（Mac OS）。

> **提示：**在使用文字工具编辑文本时，也可显示上下文菜单，该菜单让用户能够插入特殊字符、检查拼写以及执行其他与文本相关的任务。

1. 使用选择工具（▶）单击页面中的任何对象，如包含文本“If you don’t know the words…”的文本框架。
2. 在该文本框架上单击鼠标右键（Windows）或按住 Control 键并单击（Mac OS），并观察有哪些菜单项，如图 1.31 所示。
3. 选择页面中其他类型的对象并打开上下文菜单，以查看可用的命令。

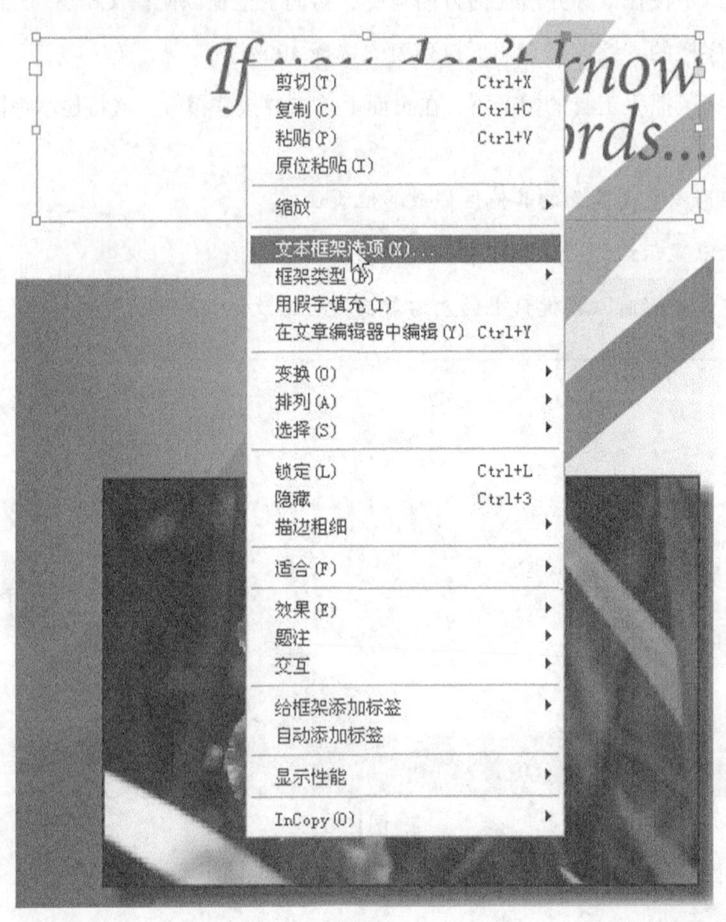

图1.31

1.8 练习

了解工作区后，使用文档 01_Introduction.indd 或自己的文档尝试完成下面的任务。

1. 选择菜单“窗口”→“使用程序”→“工具提示”，以显示选定工具的信息。选择各个工具，以便更深入地了解它们。

2. 选择菜单“窗口”→“信息”显示信息面板。注意到没有选定任何对象时，信息面板将显示有关文档的信息。通过单击选择文档中的对象，并查看信息面板中的信息将如何变化。

3. 查看“键盘快捷键”对话框（可通过选择菜单“编辑”→“键盘快捷键”打开它），更深入地了解现有的键盘快捷键及如何修改它们。

4. 复习菜单配置以及如何在“菜单自定义”对话框（选择菜单“编辑”→“菜单”可打开它）编辑它们。

5. 根据需要组织面板,并选择菜单“窗口”→“工作区”→“新建工作区”来创建自定义工作区。

1.9 查找 InDesign 帮助资源

要获取有关使用 InDesign 面板、工具和其他应用程序功能的完整和最新信息，可使用“帮助”菜单以及应用程序栏中的“搜索”文本框，如图 1.32 所示。

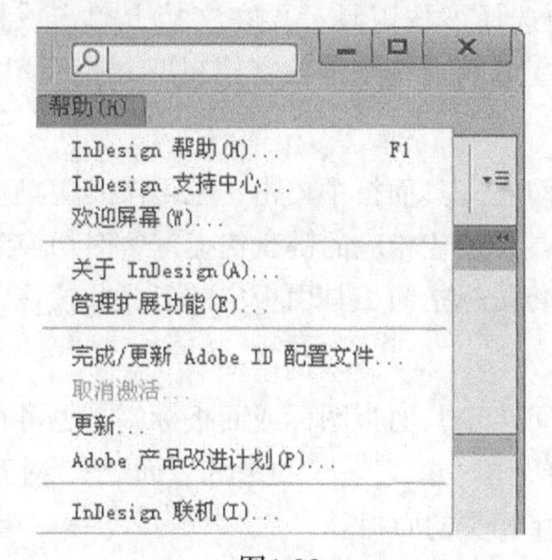

图1.32

复习

复习题

1. 有哪些修改文档缩放比例的方式?
2. 在 InDesign 中如何选择工具?
3. 有哪三种显示面板的方法?
4. 如何创建面板组?

复习题答案

1. 可从菜单“视图”中选择命令以放大、缩小、使页面适合窗口等；也可从工具面板中选择缩放工具，再在文档上单击或拖曳鼠标以缩放视图。另外，可使用键盘快捷键来缩放文档视图；还可使用应用程序栏中的“缩放级别”框。
2. 要选择工具，可在工具面板中单击，也可按其键盘快捷键。例如，可以按 V 键来选择工具，按住相应的键盘快捷键暂时切换到选择工具；要选择隐藏的工具，可将鼠标指向工具面板中的工具并按住鼠标，在隐藏的工具出现后选择它。
3. 要显示面板，可单击其面板图标或面板标签，也可在菜单“窗口”中选择其名称，如选择菜单“窗口”→“对象和版面”→“对齐”。还可通过菜单“文字”访问与文字相关的面板。
4. 将面板图标拖出停放区使面板变成自由浮动的。将其他面板的标签拖放到自由浮动的面板的标题栏中。可将面板组作为一个整体进行移动和调整大小。

第2课 InDesign简介

本课简要地介绍 InDesign 的一些重要功能，包括：

- 使用 Adobe Bridge 访问文件；
- 使用印前检查面板检查潜在的制作问题；
- 查看和导览文档；
- 输入文本和对文本应用样式；
- 导入文本和串接文本框架；
- 置入、裁剪和移动图像；
- 处理对象；
- 使用段落样式、字符样式和对象样式自动设置格式；
- 在演示文稿模式下预览文档。

本课需要大约 60 分钟。

We like food. We like to know where it's from, who made it, and what's in it. Our mission is to showcase our local talent: both in the kitchen and off the farm. Whether it's at the market, on the street, or at the table, enjoy what our local artisans have to share. Let's eat.

Not Your Average Street Food

Schnitzel. Crème brûlée. Normally, you wouldn't expect to find these dishes on the nearest street corner, but the ***gourmet chefs*** of Meridien have hit the streets. The locations and routes of the food trucks can change at a moment's notice, so be sure to follow their news feeds!

Official Edible City Walking Tour

Let one of our Urban Foragers show you the variety of ***edible plants*** that go unnoticed by the average urbanite. Finish the tour with a salad made from your find.

The Local Farmer's Market

Eat healthy! Eat local! That's our mantra. Visit the nearest farmer's market to find local produce and meat grown and raised within 100 miles of the city.

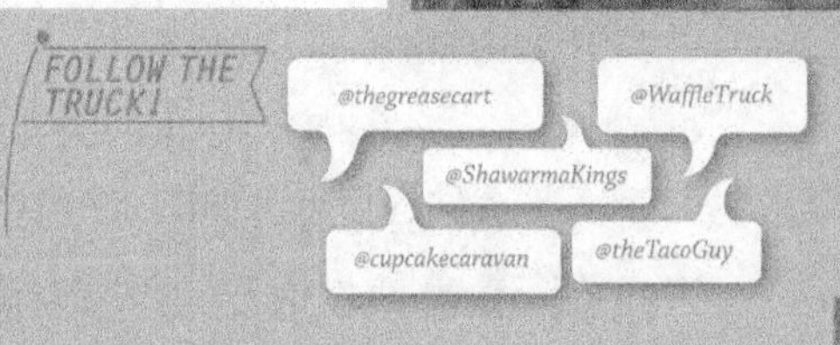

InDesign 版面的组成部分是对象、文本和图形。版面辅助工具（如参考线）有助于调整对象大小和放置对象，而样式让你能够自动设置页面元素的格式。

2.1 概述

本课使用的文档是一份城市指南，可供交互式使用和打印。正如读者将在本课中看到的，不管输出媒介是什么，InDesign 文档的组成部分都相同。下面将查看该文档的所有页面，然后完成一个跨页。

> **注意**：如果还没有从配套光盘将本课的资源文件复制到硬盘中，现在请复制它们，详情请参阅“前言”中的“复制课程文件”。

1. 为确保你的 Adobe InDesign CS6 首选项和默认设置与本课使用的一样，将文件 InDesign Defaults 移到其他文件夹，详情请参阅“前言”中的“存储和恢复文件 InDesign Defaults”。
2. 启动 Adobe InDesign CS6，关闭出现的欢迎屏幕。
3. 为确保面板和菜单命令与本课使用的相同，选择菜单“窗口”→“工作区”→“高级”，再选择菜单“窗口”→“工作区”→“重置‘高级’”。
4. 单击应用程序栏（文档窗口顶部）中的“转至 Bridge”按钮（Br），如图 2.1 所示。

图2.1

5. 在 Adobe Bridge CS6 窗口的文件夹面板中，找到并单击文件夹 Lesson02，它位于硬盘的文件夹 InDesignCIB\Lessons 中。
6. 在 Adobe Bridge 窗口中央的内容面板中，单击文件 02_End.indd；右边的元数据面板将显示有关该文件的信息，如图 2.2 所示。

通过在元数据面板中滚动，可查看有关该文档的信息，包括颜色、字体、用于创建它的 InDesign 版本等。可使用 Adobe Bridge 窗口底部的缩览图滑块来缩放内容面板中的缩览图。

7. 在 Adobe Bridge 中双击文件 02_End.indd 以打开它。
8. 选择菜单“版面”→“转到页面”，在出现的对话框中输入 8 并单击“确定”按钮。然后选择菜单“视图”→“使跨页适合窗口”让跨页居中。如图 2.3 所示，是将处理的页面在你完成本课时的样子。
9. 在文档中滚动以查看所有的页面。可让它打开供工作时参考，也可选择菜单“文件”→“关闭”将其关闭。

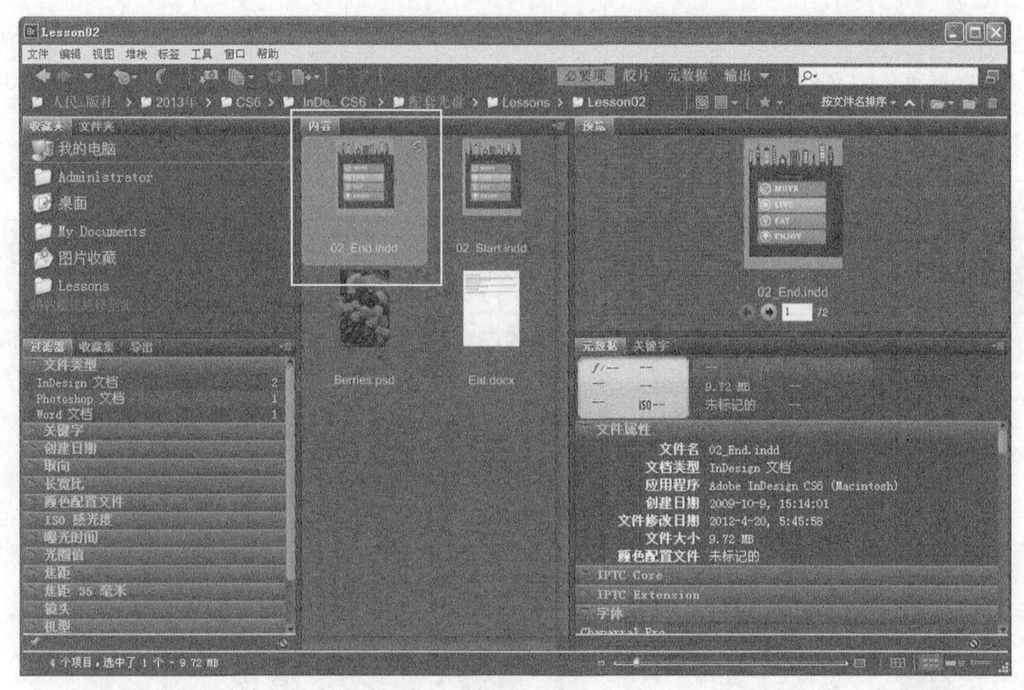

图2.2

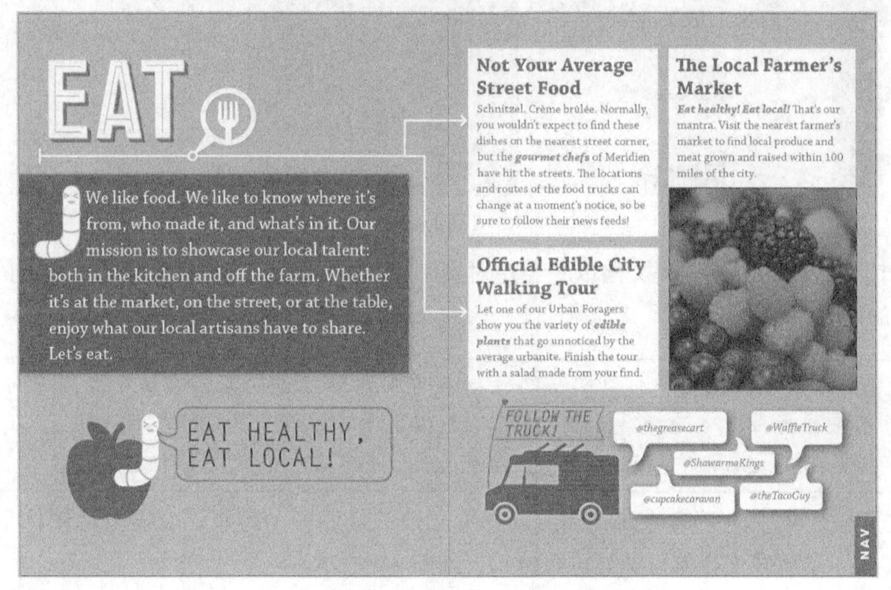

图2.3

2.2 查看课程文档

开始处理未完成的页面之前，先来看一下其他页面以了解它们的设计情况。

1. Adobe Bridge 将处于打开状态，直到关闭它。返回到 Adobe Bridge 并双击文件 02_Start.indd。

2. 选择菜单“文件”→“存储为”，在“存储为”对话框中，输入新文件名 02_Ctiy.indd，保留文件类型为 InDesign CS6 文档，然后将其存储在文件夹 Lesson02 中。

3. 单击右边停放区中的页面面板图标（ ）以显示页面面板。

> 提示：在本课中，请根据需要随便移动和重新排列面板。有关管理面板的更详细信息，请参阅第 1 课。

4. 将页面面板的标签向左拖出其所属的面板组，如图 2.4 所示。如果必要，调整页面面板的位置和大小。

图2.4

正如读者看到的，该课程文档以一个左对页（第 2 页）开头，这是在屏幕上显示的小册子和文档常用的设置。

> 提示：默认情况下，对页文档总是以右对页开头。要让文档的第 1 页为左对页，可在页面面板中选择第 1 页，然后从面板菜单中选择“页码和章节选项”。在“起始页码”文本框中输入 2（或其他偶数），并单击“确定”按钮。

5. 在页面面板中向下滚动到底部，以查看文档的最后一个跨页。双击页面图标下方的数字 12-13，这将在文档窗口中显示该跨页，如图 2.5 所示。

6. 尝试使用如下方法通过页面面板查看文档的每个页面：

- 在页面面板中，双击页面图标下方的数字，在文档窗口中显示整个跨页；
- 在页面面板中，双击单个页面图标让该页面在文档窗口中居中显示；
- 双击工具面板中的抓手工具（ ）让跨页在文档窗口中居中显示。

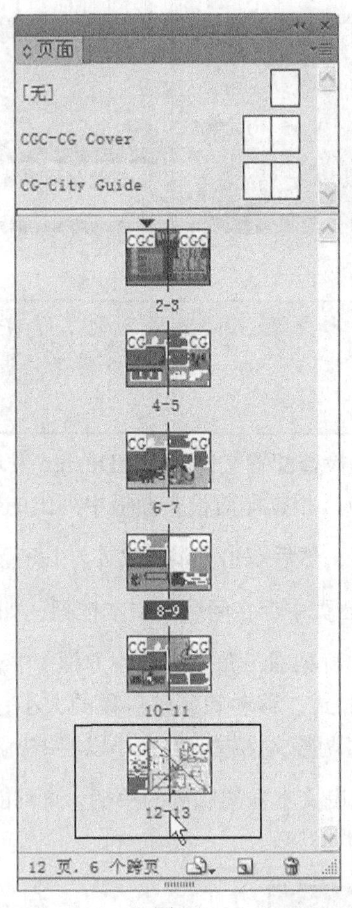

图2.5

也可使用下述方法导览文档：抓手工具、滚动条、“版面”菜单中的“下一页”或“上一跨页”命令、键盘上的 Page Up 和 Page Down 键以及文档窗口左下角的按钮。

2.3 在工作时执行印前检查

在出版领域中，印前检查指的是根据输出方式确保文档得以正确创建。例如，印前检查可确保根据输出方式正确地设置了颜色。实时印前检查功能让用户能够在创建文档时对其进行监视，以防发生潜在的输出问题。

用户可创建或导入制作规则（这称为配置文件），以便根据它们来检查文档。InDesign 提供的默认配置文件会指出一些潜在的问题，如缺失字体和溢流文本（文本框架中容纳不下的文本）。

1. 选择菜单“窗口”→“输出”→“印前检查”打开印前检查面板，也可双击文档窗口左下角的“印前检查”按钮来打开该面板，如图 2.6 所示。

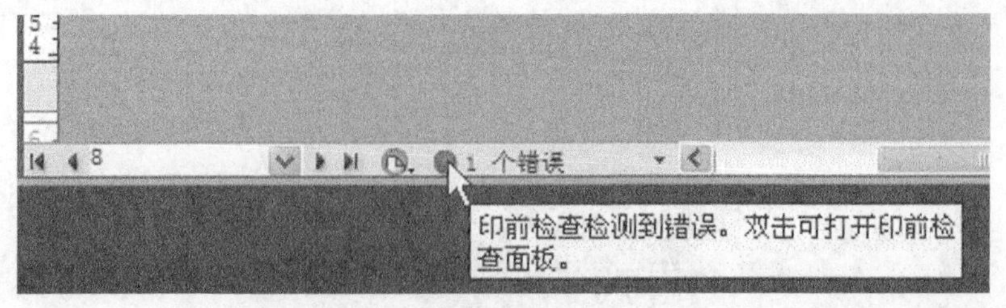

图2.6

> **提示**：当用户工作时，如果 InDesign 检测到了印前检查问题（如溢流文本），将在文档窗口的左下角报告错误。为继续检查工作并查看错误的细节，可让印前检查面板打开。

使用“[基本]（工作）”印前检查配置文件时，InDesign 发现一个错误，印前检查面板左下角的红色印前检查图标指出了这一点。根据印前检查面板中列出的错误，可知问题为“文本”。

2. 要查看错误，双击“文本”，然后双击“溢流文本”以查看其细节。

3. 双击“文本框架”选择第 8 页中存在问题的文本框架，如图 2.7 所示。

在文本框架的出口（位于文本框架右下角上方的小方框）中有个红色加号，这表明有溢流文本。进行版面设计时，由于修改段落样式、移动和调整对象的大小，可能无意间截断文本，因此溢流文本是个常见的问题。下面读者将调整文本框架的大小以容纳所有文本。

4. 使用选择工具（![]）向下拖曳文本框架底部的手柄，直到能够容纳所有文本，如图 2.8 所示。单击粘贴板以取消选择文本框架。

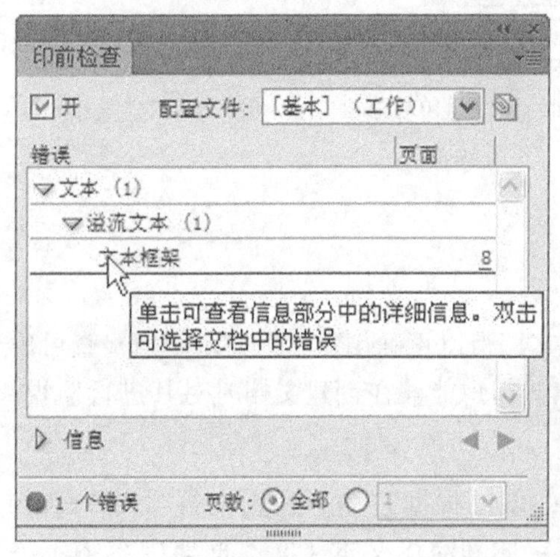

图2.7

on the street, or at the table, enjoy what our local artisans have to share. Let's eat.

图2.8

> **注意**：为与最终的文档精确匹配，当文本框架的高度 H 为 15p5.6 时松开鼠标。

5. 选择菜单“文件”→“存储”保存所做的工作。

2.4 显示参考线

解决溢流文本问题后，下面尝试使用版面辅助工具，包括各种视图模式。当前，文档是在预览模式下显示的，该模式在标准窗口中显示文档，隐藏了诸如参考线、网格、框架边缘和隐藏的字符等非打印元素。要处理这个文档，需要显示参考线和隐藏的字符（如空格和制表符）。

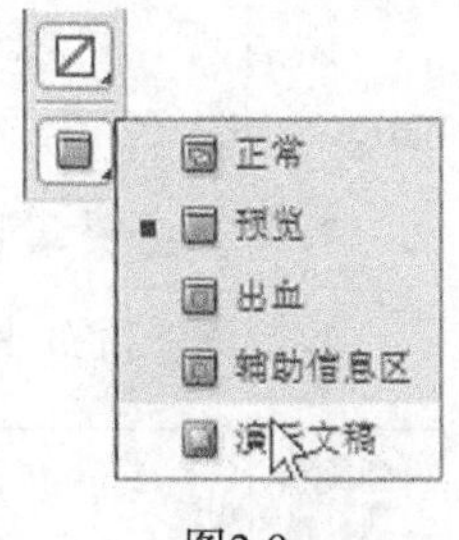

图2.9

1. 单击并按住工具面板底部的“模式”按钮（ ），然后从下拉列表中选择“演示文稿”（ ），如图 2.9 所示。

在演示文稿模式下，InDesign CS6 的界面完全隐藏起来，文档充满整个屏幕，这种模式适合在笔记本电脑上向客户演示设计理念，可使用键盘上的箭头键导览页面。

> 提示：其他预览模式还包括出血和辅助信息区，前者用于预览超出页面边界外的预定义出血区域，而后者用于显示出血区域外面的区域，其中可包含打印说明和作业签字等信息。

2. 按 Esc 键退出演示文稿模式，然后从“模式”下拉列表中选择“正常”。在正常模式下，可显示版面辅助工具。

3. 在应用程序栏中，单击“视图选项”按钮并选择“参考线”，如图 2.10 所示。确保在“视图选项”下拉列表中选择了“参考线”，也可通过菜单“视图”→“网格和参考线”→“显示参考线”来显示参考线。

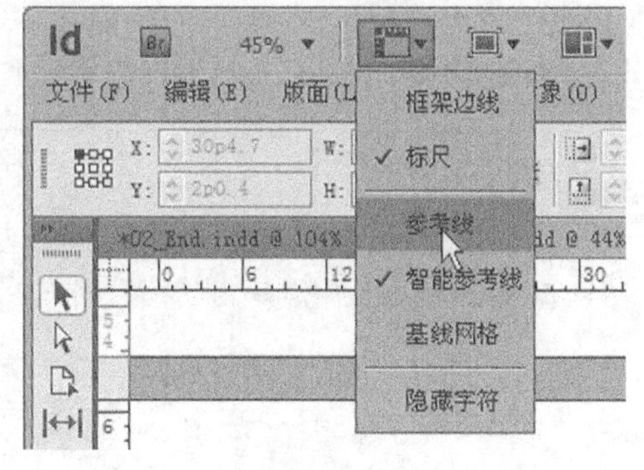

图2.10

显示参考线后，便很容易对齐文本和对象，包括自动将它们对齐到合适的位置。参考线不会打印出来，也不会限制打印或导出区域。

4. 单击“视图选项”按钮并从下拉列表中选择“隐藏字符”，也可选择菜单“文字”→“显示隐含的字符”来显示隐藏的字符。

显示隐藏的字符（如制表符、空格和换行符）有助于精确选择文本和对文本应用样式。一般而言，在编辑文本或对文本应用样式时，显示隐藏的字符是个不错的主意。

2.5 添加文本

在 InDesign CS6 中，文本通常包含在文本框架内，也可包含在表格单元格内或沿路径排列。

可直接将文本输入文本框架内，也可从字处理程序中导入文本文件。导入文本文件时，可将文本添加到现有的框架中，也可在导入时创建框架。如果文本在当前文本框架内装不下，可连接到其他文本框架中。

2.5.1 输入文本及对文本应用样式

读者现在可以开始处理这个未完成的跨页了。首先，在第 8 页类似于对话气泡（speech balloon）的文本框架中输入文本，然后对该文本应用样式并调整它在框架内的位置。

1. 如果必要，滚动到第 8 页。

2. 选择文字工具（T）并在第 8 页底部的对话气泡中单击。

> 提示：可使用文字工具单击并拖曳来创建新的文本框架。

3. 输入“Eat healthy, eat local！”，如图 2.11 所示。

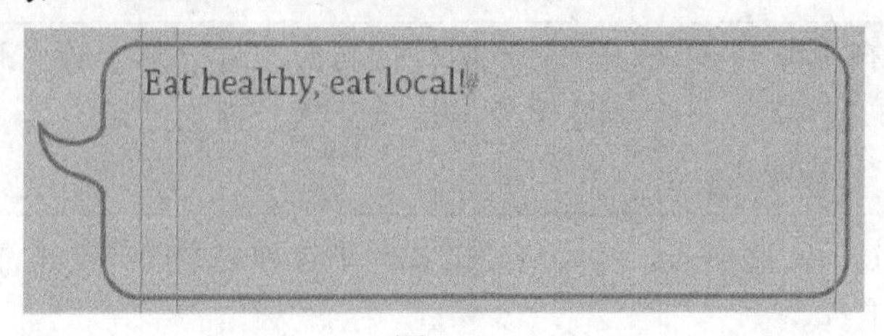

图2.11

4. 在插入点仍在文本框架内的情况下，选择菜单“编辑”→“全选”。

> 提示：可像在字处理程序中那样使用文字工具选中各个单词和字符以设置其格式。

5. 在控制面板中，单击“字符格式控制”图标（A），然后执行如下操作，如图 2.12 所示。

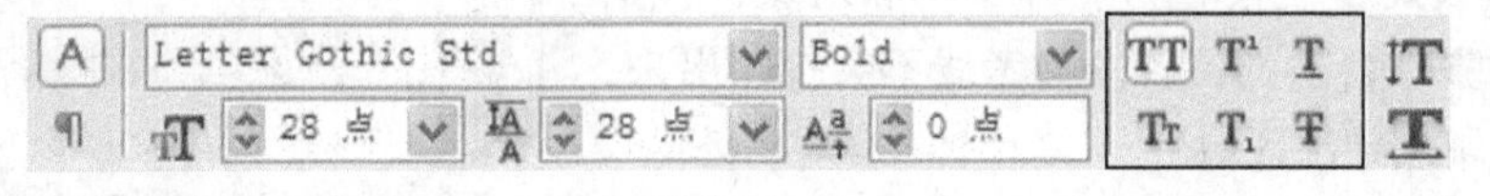

图2.12

- 从下拉列表“字体名称”中选择 Letter Gothic Std，再从“字体样式”下拉列表中选择 Bold；
- 在“字体大小”文本框（位于“字体名称”下方）中输入 28；
- 在“行距”文本框（位于“字体大小”右边）中输入 28；
- 单击“全部大写字母”按钮（位于“字体样式”的右边）。

6. 单击粘贴板以取消选择文本。

为更好地调整文本在文本框架内的位置，可指定内边距值。

注意：对于矩形的文本框架，可指定矩形每一边到文本的距离；对于这种不规则形状的文本框架，只能指定一个内边距值。

7. 在依然选择了气泡状文本框架的情况下，选择菜单“对象”→“文本框架选项”。

8. 在“内边距”选项组的“内边距”文本框中输入“0p10”。

9. 选中对话框左下角的复选框“预览”，以查看修改效果，再单击“确定”按钮，如图 2.13 所示。

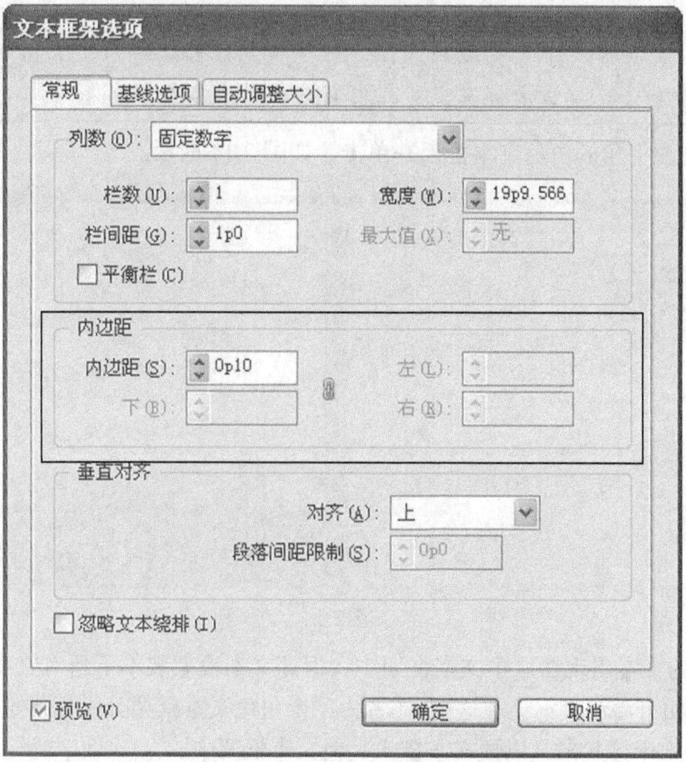

图2.13

10. 选择菜单“文件”→“存储”保存所做的工作。

2.5.2 置入文本和排文

在大多数出版流程中，作者和编辑都使用字处理程序。当文本或“稿件”（他们通常这样这样叫）基本完成时，他们将这些文件发送给图形设计人员。为完成 EAT 页面，下面将使用“置入”命令将一个 Microsoft Word 文件导入到第 9 页的白色文本框架中，然后将第一个文本框架与其他两个文本框架串接起来。

提示：在很多出版环境（包括市场营销和广告宣传领域）中，文本都被称为文字，这就是作者和编辑被称为文字撰写人或文字编辑的原因。

1. 滚动到第 9 页。选择菜单“编辑”→“全部取消选择”或单击粘贴板的空白区域，确保没有选择任何对象。

2. 选择菜单“文件”→“置入”。在“置入”对话框中，确保没有选中复选框“显示导入选项”。

3. 切换到文件夹 Lessons\Lesson02 并双击文件 Eat.docx。

鼠标将变成载入文本图标（ ）。下面将这些文本添加到第 9 页左上角的白色文本框架中。

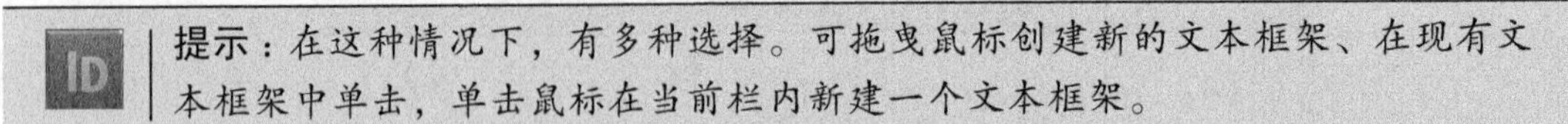

提示：在这种情况下，有多种选择。可拖曳鼠标创建新的文本框架、在现有文本框架中单击，单击鼠标在当前栏内新建一个文本框架。

4. 将鼠标指向左上角的白色文本框架并单击，如图 2.14 所示。

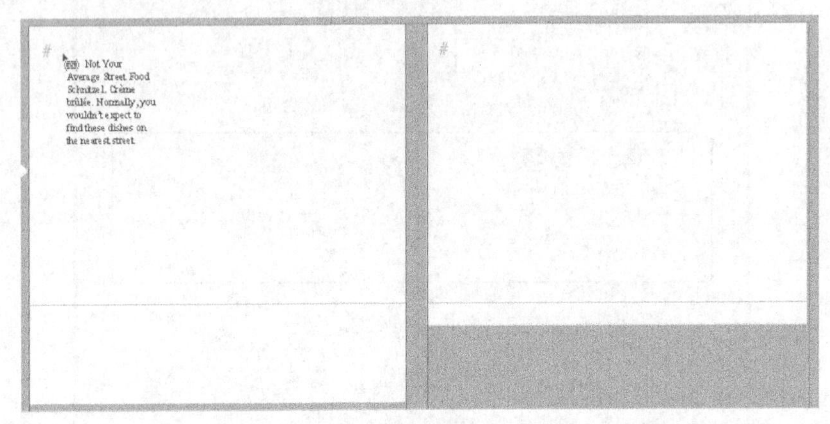

图2.14

Word 文件中的文本出现在这个文本框架中，但该文本框架装不下所有文本。文本框架出口中的红色加号(+)表明有溢流文本。在这里，作者为三个白色文本框架分别提供了一个子标题和段落。下面将这些文本框架串接起来，以便文本排入其他文本框架中。

提示：可将溢流文本串接到另一个文本框架、创建用于排入溢流文本的新框架或扩大当前框架使其不再有溢流文本。

5. 使用选择工具（ ）选择当前包含文本的文本框架。

6. 单击该文本框架右下角的出口，鼠标将变成载入文本图标。在下面的文本框架中单击，如图 2.15 所示。

7. 重复第 6 步，将选择的文本框架串接到第 9 页右上角的空白文本框架，如图 2.16 所示。

此时，所有文本都显示在这三个文本框架中，应用段落样式后，每个标题和段落都将在所在的文本框架中完美呈现。

8. 选择菜单“文件”→“存储”。

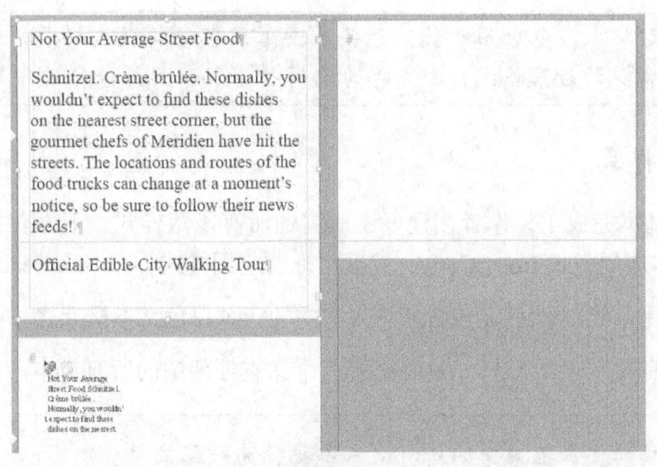

图2.15

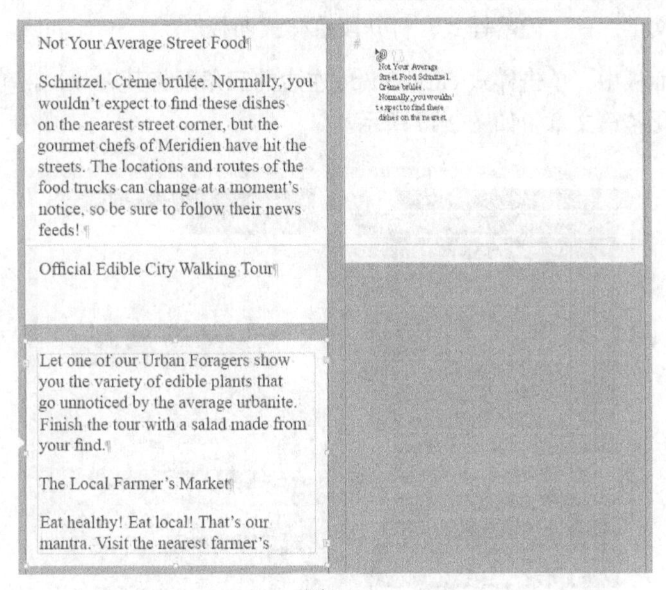

图2.16

2.6 使用样式

使用样式可快速而一致地设置文本和对象的格式，更重要的是，只需编辑样式就可完成全局修改。大多数文档都可因使用段落样式、字符样式和对象样式而受益。

- 段落样式包含应用于段落中所有文本的格式属性，只需在段落中单击便可选择该段落。
- 字符样式只包含字符属性，因此对于格式化段落中选择的单词和短语很有用。
- 对象样式能够对选定对象应用格式——如填色和描边颜色、描边效果和角效果、透明度、投影、羽化、文本框架选项和文本绕排。

提示：段落样式可包含用于段落开头和段落文本行的嵌入样式。这让用户能够自动设置常见的段落格式，如首字母大写并下沉，且第一行的字母都大写。

2.6.1 应用段落样式

这份城市指南基本完成了，作者创建好了所需的所有段落样式。下面首先对这三个串接的文本框架中的所有文本应用样式 Body Copy，然后对标题应用样式 Location Header。

1. 选择文字工具（T），然后在包含新导入文本的三个白色文本框架之一中单击。
2. 选择菜单“编辑”→“全选”，这将选择三个文本框架中的所有文本。

提示：串接的文本框架中的所有文本都被称为一篇文章。

3. 选择菜单“文字”→“段落样式”打开段落样式面板。
4. 在段落样式面板中，单击样式 City Guide 左边的三角形将其展开，再单击 Body Copy 使用该样式格式化整篇文章，如图 2.17 所示。

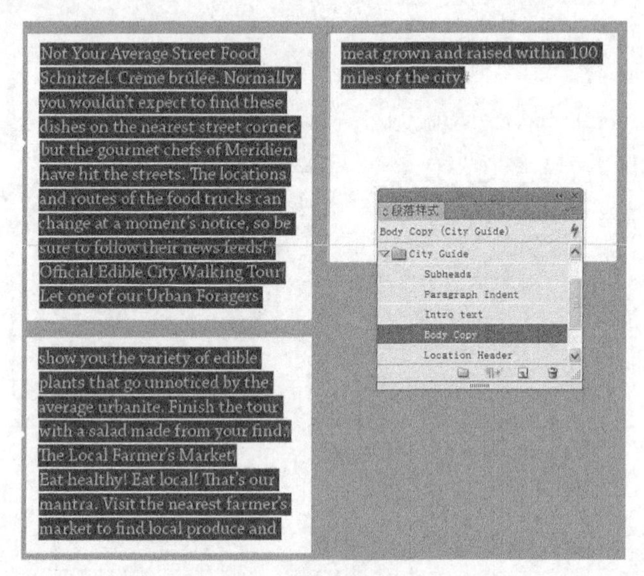

图2.17

5. 单击粘贴板的空白区域，以取消选择这些文本。
6. 选择文字工具，在文章第一行的文本（Not Your Average Street Food）中单击。

提示：别忘了，在处理文档时，可根据需要将面板从停放区拖出、调整大小以及移动它们。从很大程度上说，采用什么样的面板布局取决于屏幕有多大。很多 InDesign 用户使用双显示器，并将一个显示器专门用于管理面板。

从该行末尾的隐藏字符（Enter 键）可知，这行实际上是一个段落。因此，可使用段落样式设置其格式，这就是在设置文本格式时显示隐藏字符的优点。

7. 在页面面板中单击样式 Location Header。

8. 对另外两个标题（Official Edible City Walking Tour 和 The Local Farmer's Market）重复第 6 步和第 7 步，结果如图 2.18 所示。

图2.18

9. 选择菜单“文件”→“存储”。

2.6.2 设置文本格式以便基于它创建字符样式

当前的设计趋势是突出段落中的一些关键字，将读者的注意力吸引到文章上。对于 Eat 部分，将设置一些单词的格式使其更突出，再基于这些单词创建字符样式，最后快速将该字符样式应用于其他选定的单词。

1. 使用缩放工具（🔍）放大第 9 页的第一个文本框架，该文本框架包含标题 Not Your Average Street Food。

2. 使用文字工具（T）选择第 4 行的文本 gourmet chefs。

3. 在控制面板中，单击“字符格式控制”按钮（A），再从“填色”下拉列表中选择 Dark Red，如图 2.19 所示。

4. 显示控制面板最左侧的“文字样式”菜单，从“字体样式”下拉列表中选择 Bold Italic，但保留字体为 Chaparral Pro。

对象(O) 表(A) 视图(V) 窗口(W) 帮助(H)
356.2%
Local Orange
Local Red
Dark Red
C=13, M=100, Y=100, K=4
Light Grey
Grey
Mid Grey
Dark Grey
New Gradient Swatch
you wouldn't expect
dishes on the neares
but the gourmet chefs of Me

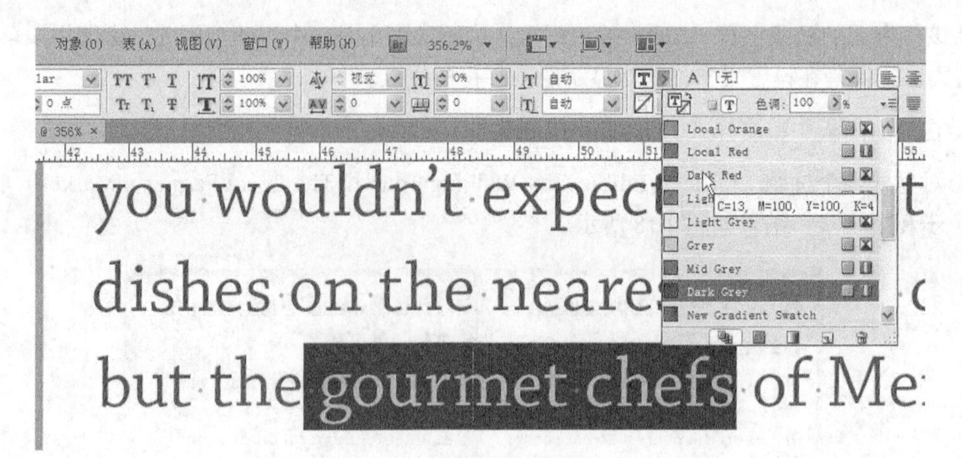

图2.19

5. 在文本框架中单击以取消选择文本，再查看修改结果，如图 2.20 所示。

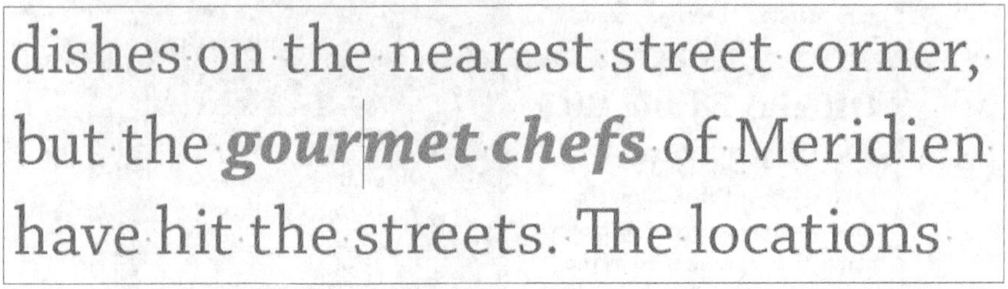

dishes on the nearest street corner,
but the gourmet chefs of Meridien
have hit the streets. The locations

图2.20

6. 选择菜单“文件”→“存储”。

2.6.3 创建并应用字符样式

设置文本的格式后，便可使用这些格式创建字符样式了。

1. 再次使用文字工具选择文本 gourmet chefs。

2. 选择菜单“文字”→“字符样式”打开字符样式面板。

3. 按住 Alt（Windows）或 Option（Mac OS）键并单击字符样式面板底部的“创建新样式”按钮，如图 2.21 所示。

> **注意**：按住 Alt 或 Option 键并单击“创建新样式”按钮，将打开“新建字符样式”对话框，能够立即给样式命名。这也适用于段落样式面板和对象样式面板。

样式名默认为“字符样式 1”，如“新建字符样式”对话框所示。该新样式包含选定文本的特征，如“样式设置”部分所示。

4. 在文本框“样式名称”中输入“Red Bold Italic”。

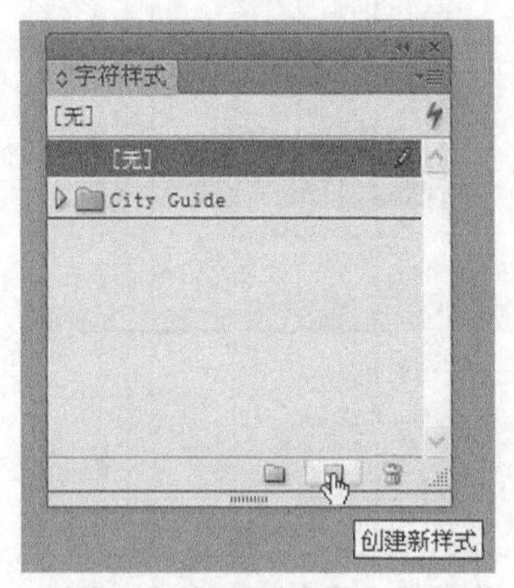

图2.21

5. 选中“新建字符样式”对话框底部的复选框“将样式应用于选区”，再单击“确定”按钮，如图 2.22 所示。

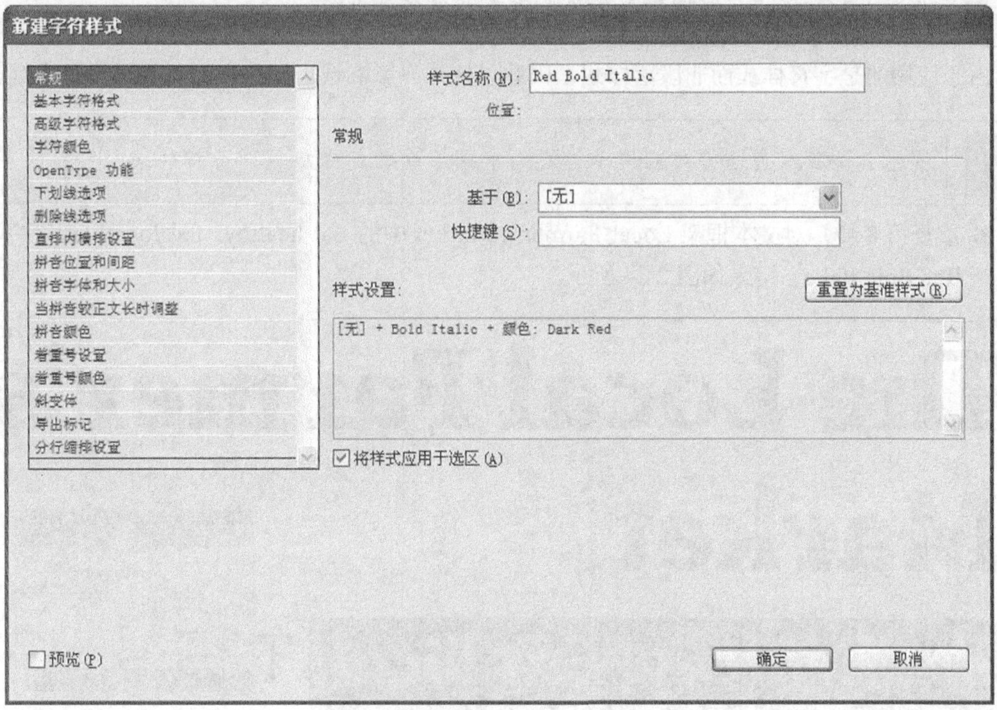

图2.22

下面将这个新字符样式移到 City Guide 样式文件夹中，在该文件夹中，样式是按字母顺序排列的。以这种方式将样式编组可确保模板组织有序。

6. 在字符样式面板中，单击 City Guide 样式文件夹左边的三角形将其展开，然后将样式 Red Bold Italic 拖放到文件夹 City Guide 中，并位于样式 Pop-up Location 下面，如图 2.23 所示。

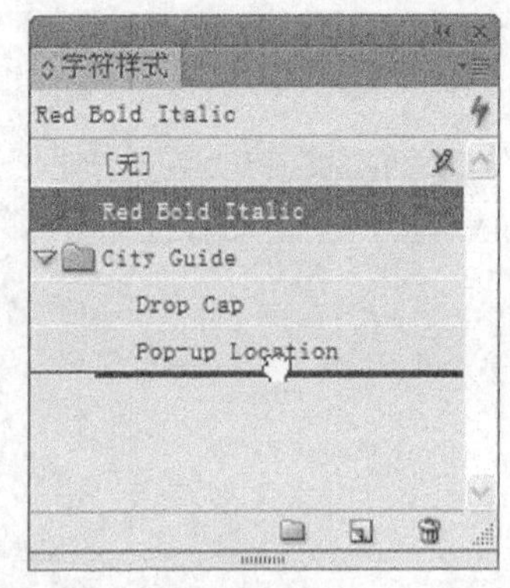

图2.23

7. 向下滚动以便能够看到文本框架 Official Edible City Walking Tour。

8. 使用文字工具（T）选择单词 edible plants，再单击字符样式面板中的 Red Bold Italic。

> **提示：** 也可使用控制面板应用段落样式和字符样式。

由于应用的是字符样式而非段落样式，因此该样式只影响选定文本，而对整个段落没有影响。

> **提示：** 排版人员通常对应用了样式的单词后面的标点应用同一种样式。

9. 重复第 8 步，对文本框架 Local Farmer's Market 中的 Eat healthy! Eat local! 应用字符样式 Red Bold Italic，结果如图 2.24 所示。

图2.24

10. 选择菜单“文件”→“存储”。

2.7 处理图形

为完成 Eat 跨页，下面导入一个图形并调整其大小和位置。InDesign 文档使用的图形都在框架中。可使用选择工具（ ）调整框架的大小以及图形在框架中的位置。第 10 课将更详细地介绍如何处理图形。

1. 选择菜单“视图”→“使页面适合窗口”，如果必要，通过滚动以便能够看到第 9 页的全部内容。

下面在文本框架 Local Farmer’s Market 下方添加一个图形。

提示：可将图形置入选定框架中，也可为图形新建一个框架。还可将图形文件从桌面或 Mini Bridge 面板（位于菜单“窗口”中）拖曳到 InDesign 页面或粘贴板上。

2. 选择菜单“编辑”→“全部取消选择”确保没有选中任何对象。

3. 选择菜单“文件”→“置入”。在“置入”对话框中，确保没有选中复选框“显示导入选项”。

4. 切换到文件夹 Lessons\Lesson02，再双击文件 Berries.psd。

鼠标将变成载入图形图标（ ），其中显示了该图形的预览。如果在页面上单击，InDesign 将创建一个图形框架并将图形以实际大小置入其中。然而，在这里将创建一个图形框架来放置该图形。

5. 将载入图形图标指向两条参考线（位于第 2 栏中文本框架的下方）的交点处，如图 2.25 所示。

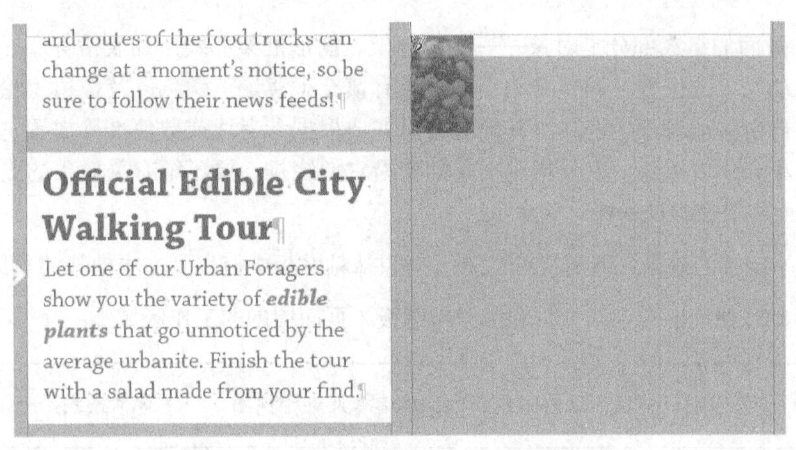

图2.25

6. 向右下方拖曳鼠标以创建与该栏等宽的框架。

图形框架的高度取决于该图形的长宽比。

> **提示：**为图形创建图形框架时，图形将自动缩放以适合框架。也可使用控制面板中的缩放控件精确调整图形的大小。读者将在第 10 课学到有关这方面的更多内容。

7. 使用选择工具（ ）向上拖曳图形框架底部中间的手柄，让框架底部与左边的文本框架底部对齐，如图 2.26 所示。

图2.26

调整图形框架的大小将裁剪图形。

8. 将鼠标指向图形以显示内容手形抓取工具，它看起来像个圆环。单击该内容手形抓取工具选择该图形，然后拖曳该图形随意在图形框架内移动它。

9. 选择菜单“文件”→“存储”保存所做的工作。

2.8 处理对象

InDesign 页面的组成部分是对象——文本框架、图形框架、线条和表格等。一般而言，可使用选择工具移动对象的位置及调整其大小。对象有填充（背景）颜色以及描边（轮廓或框架）粗细和颜色。可自由移动对象、将其与其他对象对齐或根据参考线或数值准确放置它们。另外，还可调整对象大小和缩放对象，以及指定文本如何沿它们绕排。要了解有关对象的更多内容，请参阅第 4 课。下面将快速尝试一些对象命令。

为了解文本绕排的效果，下面将 InDesign 对象从粘贴板中拖曳到文本框架的顶部。

1. 向左滚动以便能够看到第 8 页和部分粘贴板（页面周围的工作区域）。

> **注意：**如果粘贴板呈灰色且看不到图形，请选择菜单“视图”→“屏幕模式”→“正常”。

2. 使用选择工具（ ）单击蠕虫图形，该图形包含编组的 InDesign 对象。

3. 将蠕虫图形拖曳到文本框架中，使其位于 We like food 的左边。随便将该图形放在任何位置，注意这时该对象遮住了它下面的文本。

4. 拖曳该对象，使其左边缘与页面左边缘大概对齐，使其顶部与文本第一行中的大写字母 W 大致对齐，这里并不需要精确地放置对象。

5. 选择菜单“窗口”→“文本绕排”。在文本绕排面板中，单击左数第三个按钮（）。

6. 单击文本绕排面板中间的“将所有设置设为相同”按钮（），这将取消选择该选项，能够为对象的每一边设置不同的值。

7. 在“右位移”文本框中输入 p6 并按 Enter 键，如图 2.27 所示。关闭文本绕排面板。

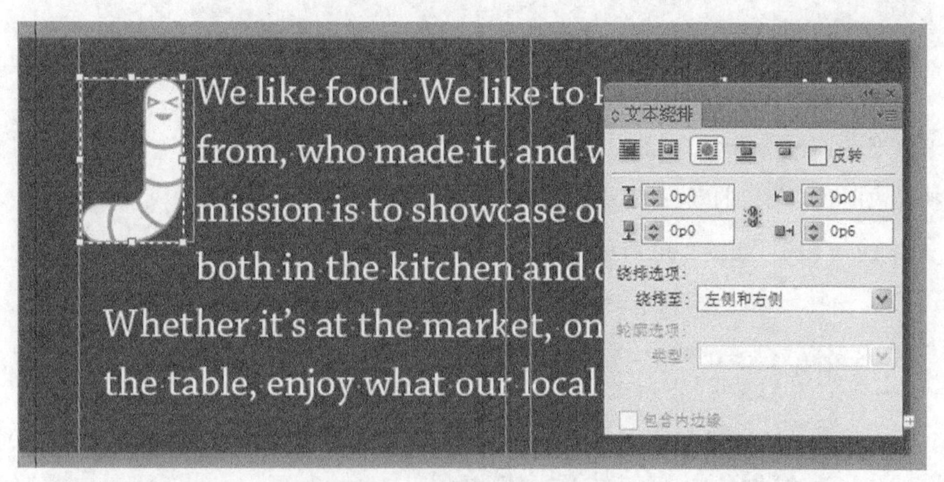

图2.27

8. 沿对象绕排文本后，文本框架中的文本溢流了。使用选择工具调整文本框的大小。

9. 选择菜单“文件”→“存储”。

2.8.1 移动对象和修改描边

使用选择工具选择对象后，可通过拖曳来移动它，也可修改其格式。下面移动第 8 页底部的对话气泡（speech bubble）的位置，让单词像是从蠕虫嘴里冒出来的，然后修改描边的粗细和颜色。

1. 滚动到第 8 页底部。

2. 使用选择工具（）选择对话气泡文本框架。

3. 将鼠标指向该框架，鼠标变成后，向左下方拖曳该框架，如图 2.28 所示。

> **提示**：InDesign CS6 提供了多种方法来移动选定对象，包括拖曳对象、使用键盘上的方向键微移对象以及在控制面板中的文本框 X 和 Y 中输入精确值。

4. 在仍选择了该文本框架的情况下，单击右边的描边面板图标。在描边面板中，从“粗细”下拉列表中选择 2 点，如图 2.29 所示。

5. 在仍选择了文本框架的情况下，单击右边的色板面板图标。

图2.28

图2.29

6. 单击色板面板顶部的"描边"框（）。

选择描边框后，指定的颜色将影响选定文本框架的边框。

7. 选择 Dark Red，如图 2.30 所示。可能需要向下滚动才能看到它。

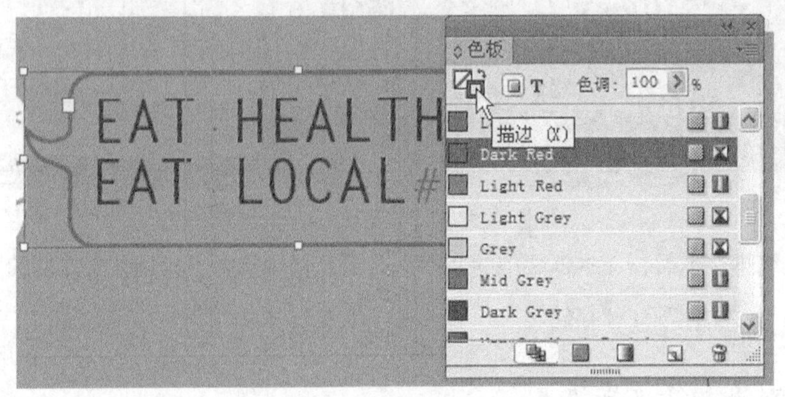

图2.30

8. 在粘贴板上单击以取消选择所有对象。

9. 选择菜单"文件"→"存储"，保存所做的工作。

2.9 应用对象样式

与段落样式和字符样式一样，通过将属性存储为样式，可快速而一致地设置对象的格式。下面基于应用了格式的对象创建一种对象样式，再将该样式应用于页面中的其他对象。

1. 向右滚动以便能够看到第 9 页的白色对话气泡。

2. 使用选择工具（）单击包含"@thegreasecart"的文本框架，该文本框架有投影。

3. 选择菜单"窗口"→"样式"→"对象样式"打开对象样式面板。

4. 在对象样式面板中，按住 Alt（Windows）或 Option（Mac OS）键并单击面板底部的"创建新样式”按钮，如图 2.31 所示。

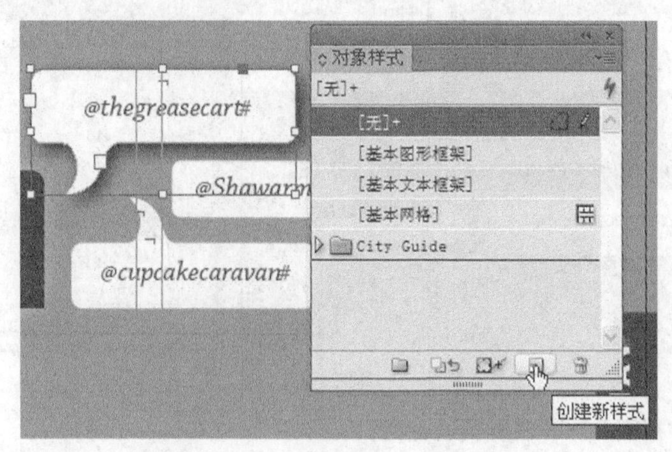

图2.31

注意：如果单击“创建新样式”按钮时没有按住 Alt（Windows）键或 Option（Mac OS）键，InDesign 将在对象样式面板中创建一个新样式。在这种情况下，需要双击该样式对其进行重命名。

5. 在“新建对象样式”对话框中，在“样式名称”文本框中输入 Drop Shadow。
6. 选中复选框“将样式应用于选区”，再单击“确定”按钮。
7. 将样式 Drop Shadow 拖放到样式组 City Guide 中，使其位于样式 Category Intro 下方，如图 2.32 所示。

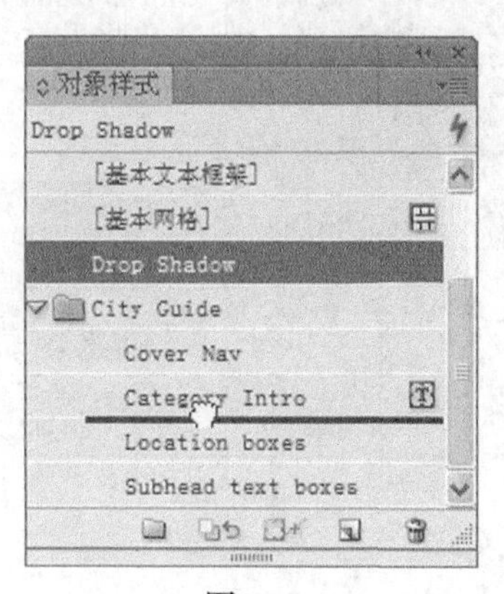

图2.32

8. 使用选择工具单击另一个形状像对话气泡的文本框架，按住 Shift 键并单击剩下的三个对话气泡以全部选择它们。
9. 单击对象样式面板中的 Drop Shadow，如图 2.33 所示。
10. 选择菜单“文件”→“存储”。

图2.33

11. 选择菜单“视图”→“使跨页适合窗口”。

12. 在应用程序栏中，从“屏幕模式”下拉列表中选择“预览”。

13. 按 Tab 键隐藏所有面板，结果如图 2.34 所示。

图2.34

祝贺你完成了 InDesign 之旅！

2.10 练习

要学习更多的 InDesign 知识，请在这个城市指南文档中尝试下述操作：

- 使用控制面板中的选项或段落和字符面板（从菜单“文字”中选择）修改文本的格式；

- 对文本应用不同的段落样式和字符样式；
- 移动对象和图形的位置以及调整其大小；
- 将不同的对象样式应用于对象；
- 双击一个段落样式、字符样式或对象样式，并修改其格式设置，注意到这将影响应用了该样式的文本或对象。
- 选择菜单“帮助”→“InDesign 帮助”，以探索 InDesign 帮助系统；
- 阅读本书的其他课程。

复习

复习题

1. 如何确定版面是否存在输出问题？
2. 可使用哪个工具创建文本框架？
3. 哪种工具能够将文本框架串接起来？
4. 哪种符号表明文本框架有容纳不下的文本，即溢文？
5. 哪种工具可用于同时移动框架及其中的图形？
6. 哪个面板包含可用于修改选定框架、图形或文本的选项？

复习题答案

1. 如果版面不符合选定的印前检查配置文件，印前检查面板将报告错误。例如，如果印前检查配置文件指定进行 CMYK 输出，而用户导入了 RGB 图形，将报告错误。文档窗口的左下角也列出印前检查错误。
2. 使用文字工具创建文本框架，使用选择工具串接文本框架。
3. 要串接文本框架，可使用选择工具。
4. 文本框架右下角的红色加号表明有溢文。
5. 使用选择工具拖曳可移动框架或在框架内移动图形。
6. 控制面板提供了对当前选定内容进行修改的选项，这些内容可以是字符、段落、图形、框架和表格等。

第3课 设置文档和处理页面

本课简要地介绍了如何创建多页文档，读者将学习以下内容：

- 将自定义的文档设置存储为预设；
- 新建文档并设置文档默认值；
- 编辑主页；
- 创建新主页；
- 将主页应用于文档页面；
- 在文档中添加页面；
- 重新排列和删除页面；
- 修改页面大小；
- 创建章节标记及指定页码编排方式；
- 编辑文档页面；
- 旋转跨页。

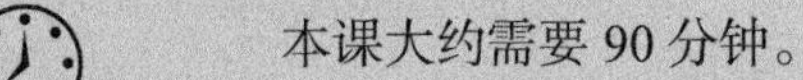

本课大约需要90分钟。

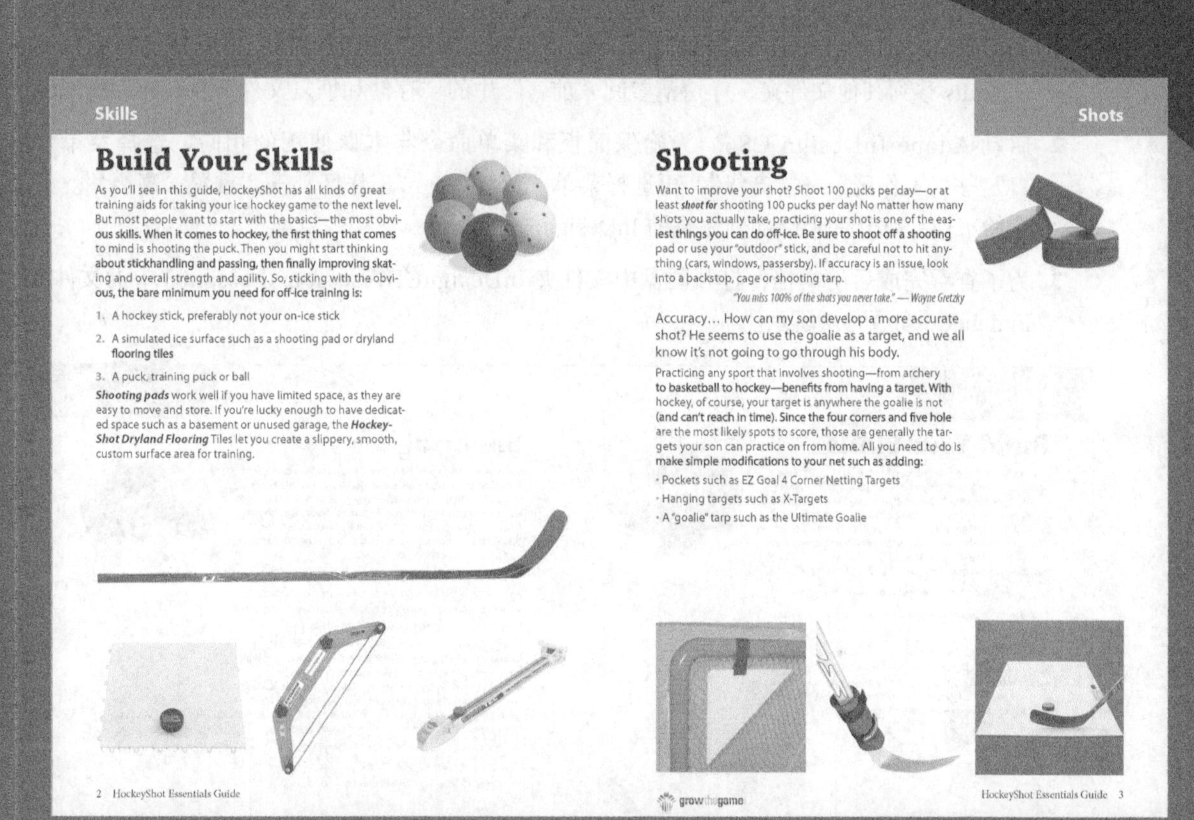
Skills

Build Your Skills

As you'll see in this guide, HockeyShot has all kinds of great training aids for taking your ice hockey game to the next level. But most people want to start with the basics—the most obvious skills. When it comes to hockey, the first thing that comes to mind is shooting the puck. Then you might start thinking about stickhandling and passing, then finally improving skating and overall strength and agility. So, sticking with the obvious, the bare minimum you need for off-ice training is:

1. A hockey stick, preferably not your on-ice stick
2. A simulated ice surface such as a shooting pad or dryland flooring tiles
3. A puck, training puck or ball

Shooting pads work well if you have limited space, as they are easy to move and store. If you're lucky enough to have dedicated space such as a basement or unused garage, the ***HockeyShot Dryland Flooring*** Tiles let you create a slippery, smooth, custom surface area for training.

2 HockeyShot Essentials Guide

Shots

Shooting

Want to improve your shot? Shoot 100 pucks per day—or at least ***shoot for*** shooting 100 pucks per day! No matter how many shots you actually take, practicing your shot is one of the easiest things you can do off-ice. Be sure to shoot off a shooting pad or use your "outdoor" stick, and be careful not to hit anything (cars, windows, passersby). If accuracy is an issue, look into a backstop, cage or shooting tarp.

"You miss 100% of the shots you never take." — Wayne Gretzky

Accuracy… How can my son develop a more accurate shot? He seems to use the goalie as a target, and we all know it's not going to go through his body.

Practicing any sport that involves shooting—from archery to basketball to hockey—benefits from having a target. With hockey, of course, your target is anywhere the goalie is not (and can't reach in time). Since the four corners and five hole are the most likely spots to score, those are generally the targets your son can practice on from home. All you need to do is make simple modifications to your net such as adding:

- Pockets such as EZ Goal 4 Corner Netting Targets
- Hanging targets such as X-Targets
- A "goalie" tarp such as the Ultimate Goalie

growthegame

HockeyShot Essentials Guide 3

使用设置文档的工具可确保版面一致并简化工作。在本课中，读者将学习如何新建文档、创建主页及处理文档页面。

3.1 概述

在本课中，读者将新建一篇 8 页的新闻稿，并在其中一个跨页中置入文本和图形，还将使用不同的页面大小创建一个插页。

> **注意：**如果还没有从配套光盘中将本课的资源文件复制到硬盘中，现在请复制，详情请参阅“前言”中的“复制课程文件”。

1. 为确保 Adobe InDesign CS6 首选项和默认设置与本课使用的一样，需要将文件 InDesign Defaults 移到其他文件夹，详情请参阅“前言”中的“存储和恢复文件 InDesign Defaults”。
2. 启动 Adobe InDesign CS6。为确保面板和菜单命令与本课使用的相同，选择菜单“窗口”→“工作区”→“高级”，再选择菜单“窗口”→“工作区”→“重置‘高级’”。为了开始工作，打开一个已部分完成的 InDesign 文档。
3. 为了查看完成后的文档，打开硬盘中文件夹 InDesignCIB\Lessons\Lesson03 中的文件 03_End.indd，如图 3.1 所示。

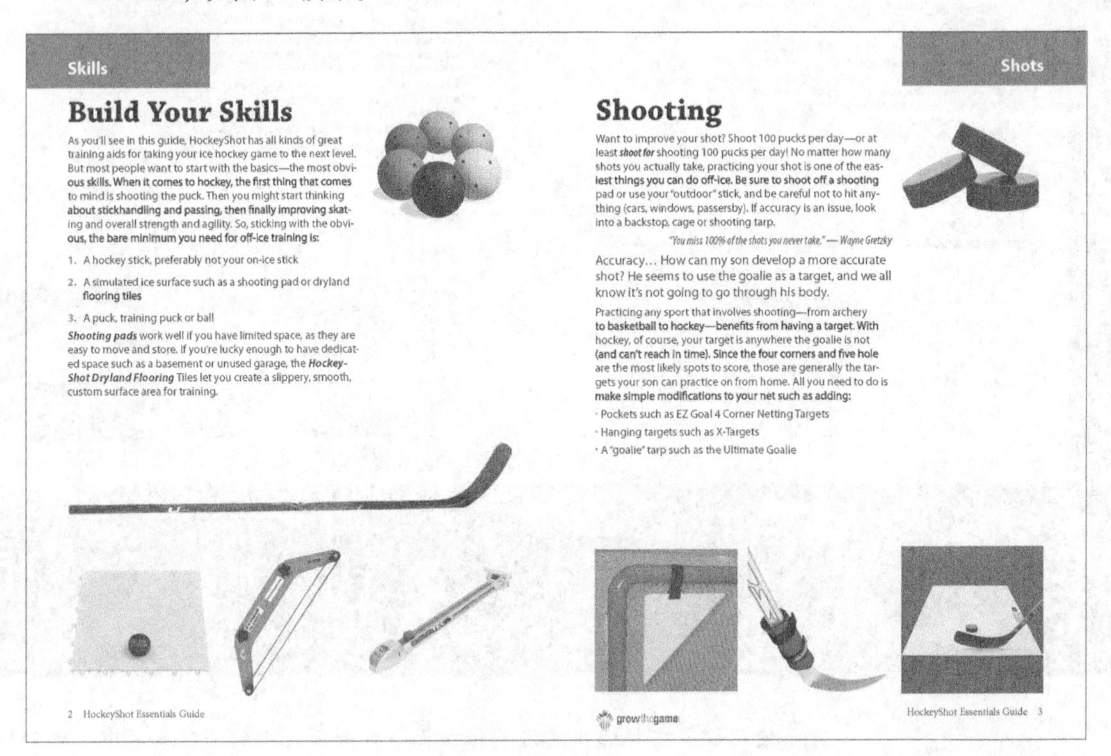

Skills

Build Your Skills

As you'll see in this guide, HockeyShot has all kinds of great training aids for taking your ice hockey game to the next level. But most people want to start with the basics—the most obvious skills. When it comes to hockey, the first thing that comes to mind is shooting the puck. Then you might start thinking about stickhandling and passing, then finally improving skating and overall strength and agility. So, sticking with the obvious, the bare minimum you need for off-ice training is:

1. A hockey stick, preferably not your on-ice stick
2. A simulated ice surface such as a shooting pad or dryland flooring tiles
3. A puck, training puck or ball

Shooting pads work well if you have limited space, as they are easy to move and store. If you're lucky enough to have dedicated space such as a basement or unused garage, the ***HockeyShot Dryland Flooring*** Tiles let you create a slippery, smooth, custom surface area for training.

2 HockeyShot Essentials Guide

Shots

Shooting

Want to improve your shot? Shoot 100 pucks per day—or at least *shoot for* shooting 100 pucks per day! No matter how many shots you actually take, practicing your shot is one of the easiest things you can do off-ice. Be sure to shoot off a shooting pad or use your "outdoor" stick, and be careful not to hit anything (cars, windows, passersby). If accuracy is an issue, look into a backstop, cage or shooting tarp.

"You miss 100% of the shots you never take." — Wayne Gretzky

Accuracy… How can my son develop a more accurate shot? He seems to use the goalie as a target, and we all know it's not going to go through his body.

Practicing any sport that involves shooting—from archery to basketball to hockey—benefits from having a target. With hockey, of course, your target is anywhere the goalie is not (and can't reach in time). Since the four corners and five hole are the most likely spots to score, those are generally the targets your son can practice on from home. All you need to do is make simple modifications to your net such as adding:

· Pockets such as EZ Goal 4 Corner Netting Targets
· Hanging targets such as X-Targets
· A "goalie" tarp such as the Ultimate Goalie

growthegame

HockeyShot Essentials Guide 3

图3.1

4. 在文档中滚动以查看其中的跨页，其中大部分都只有参考线和占位框架。导览到在本课中读者将完成的唯一一个跨页——页面 2 和页面 3，还将创建两个主页。

注意：完成本课的任务时，请根据需要随意移动面板和修改文档的缩放比例。

5. 查看完毕后关闭文件 03_End.indd，也可以让其打开以便参考。

3.2 新建文档

新建文档时，将出现“新建文档”对话框。在该对话框中，可指定页数、页面大小、栏数等信息。

1. 选择菜单“文件”→“新建”→“文档”。
2. 在“新建文档”对话框中做如下设置，如图 3.2 所示。

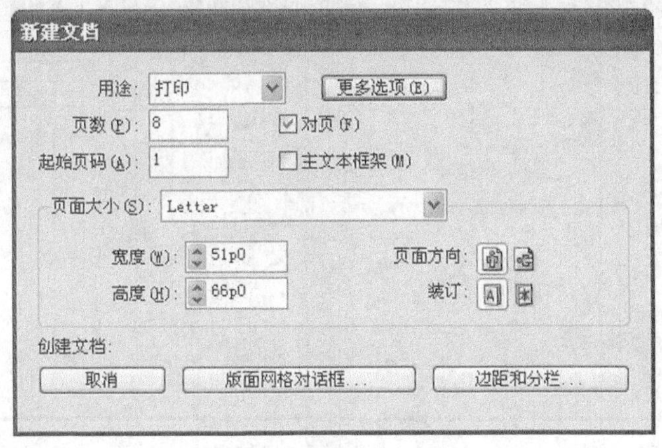

图3.2

- 在“页数”文本框中输入 8；
- 确保选中了复选框“对页”；
- 从下拉列表“页面大小”中选择 Letter。

3. 单击“更多选项”按钮以增大对话框。在“出血”右边的文本框“上”中输入 0p9，再单击“将所有设置设为相同”图标，从而在文本框“下”、“左”和“右”中输入同样的值。InDesign 将自动把输入的值转换为相应的派卡数，如图 3.3 所示。

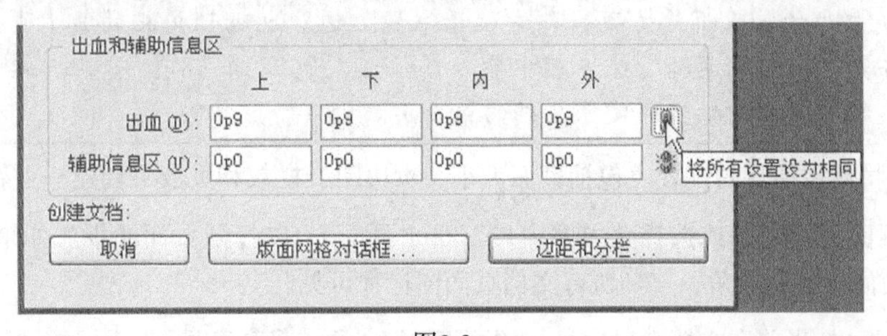

图3.3

这将在页面外创建一个区域，该区域在有对象（如图片或页面的彩色背景）超出页面区域时被打印和使用。出血区域在打印后裁剪整齐并丢弃。

> **提示**：在对话框或面板中可使用任何支持的度量单位。要使用非默认度量单位，只需输入指示单位的符号即可，如 p 表示派卡，pt 表示点，in 或“””（引号）表示英寸。要修改默认单位，可选择菜单“编辑”→“首选项”→“单位和增量”（Windows）或 InDesign →“首选项”→“单位和增量”（Mac OS）。

4. 单击“边距和分栏”按钮打开“新建边距和分栏”对话框，在其中进行相应的设置，如图 3.4 所示。

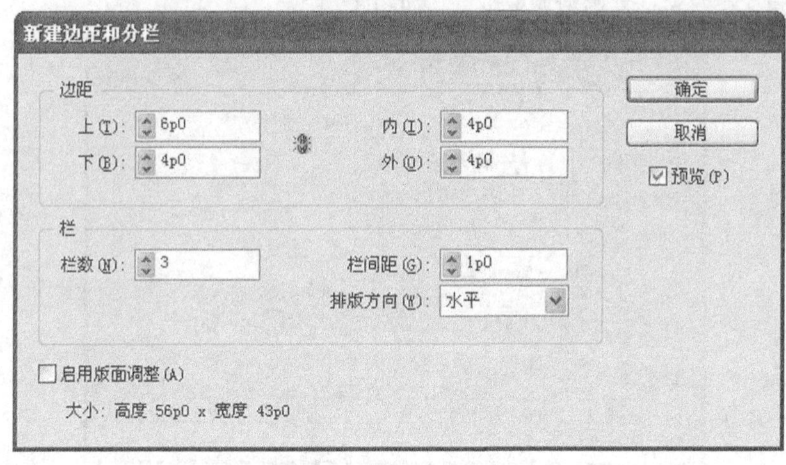

图3.4

- 在“边距”选项组中，确保没有按下按钮“将所有设置设为相同”（），以便能够将边距设置为不同的值。在文本框“上”中输入 6p0，在文本框、“内”、“下”和“外”中都输入 4p0；
- 在“栏”选项组中，在文本框“栏数”中输入 3，在文本框“栏间距”中输入 1p0。

5. 单击“确定”按钮。

> **提示**：在“新建文档”对话框中，“起始页码”文本框中的默认设置是 1，这使得新文档的第 1 页为右页，即它位于书脊右边。也可让文档的第 1 页为左页，方法是在“起始页码”文本框中输入偶数值（如 2、4、8 等）。在“起始页码”文本框中输入的数值决定了文档的第 1 页。

InDesign 将使用指定的设置（包括页面大小、页边距、栏数和页数）创建一个新文档。

6. 单击页面面板图标或选择菜单“窗口”→“页面”，以打开页面面板。如果必要，向下拖曳页面面板的右下角，直到所有文档页面图标都可见。

在页面面板中，当前在文档窗口中显示的页面（第 1 页）呈高亮显示。页面面板由两部分组成，上半部分显示了主页图标（主页类似于背景模板，可将其应用于文档中的多个页面），下半部分显示了文档页面的图标，如图 3.5 所示。在这个文档中，主页（默认名为 A- 主页）是由两个对页组成的跨页。

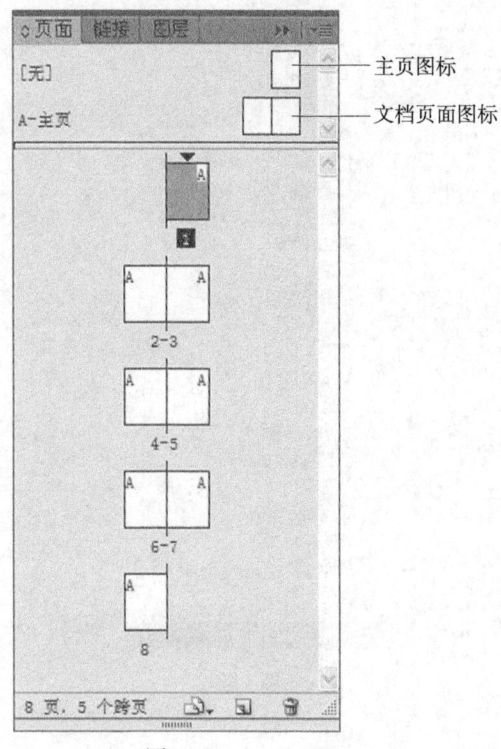

图3.5

7. 选择菜单“文件”→“存储为”，将文件命名为 03_Setup.indd 并切换到文件夹 Lesson03，再单击“保存”按钮。

3.3 在打开的 InDesign 文档之间切换

在学习过程中，读者可从新建的文档切换到完成后的文档以便参考。如果这两个文档都打开了，可在它们之间切换。

1. 打开菜单“窗口”，在其底部列出了当前打开的所有 InDesign 文档，如图 3.6 所示。

2. 选择要查看的文档，它将出现在最前面。

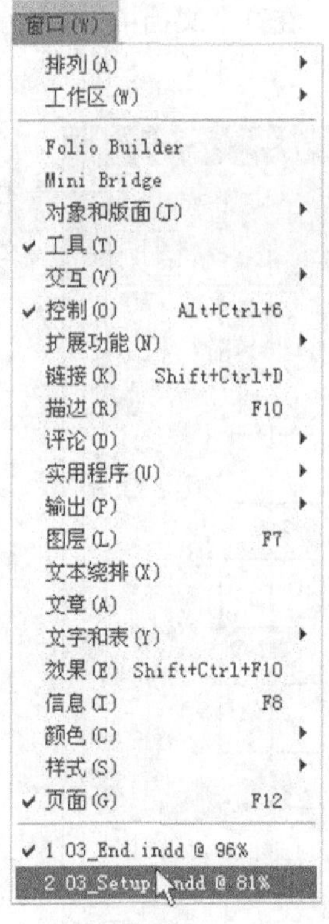

图3.6

3.4 编辑主页

在文档中添加图形框架和文本框架前，需要设置主页，它用作文档页面的背景。加入到主页中的所有对象，都将出现在该主页应用于的文档页面中。

在本文档中将创建两个主页：一个包含网格和页脚信息，另一个包含占位框架。通过创建多个主页，可让文档中的页面不同，同时可确保设计的一致性。

3.4.1 在主页中添加参考线

参考线是非打印线，可帮助用户准确地排列元素。加入到主页中的参考线将出现在该主页应用于的所有文档页面中。就这个文档而言，读者将加入一系列的参考线和栏参考线，用作帮助对齐图形和文本框架的网格。

1. 在页面面板的上半部分，双击“A- 主页”，如图 3.7 所示。该主页的左页面和右页面将出现在文档窗口中。

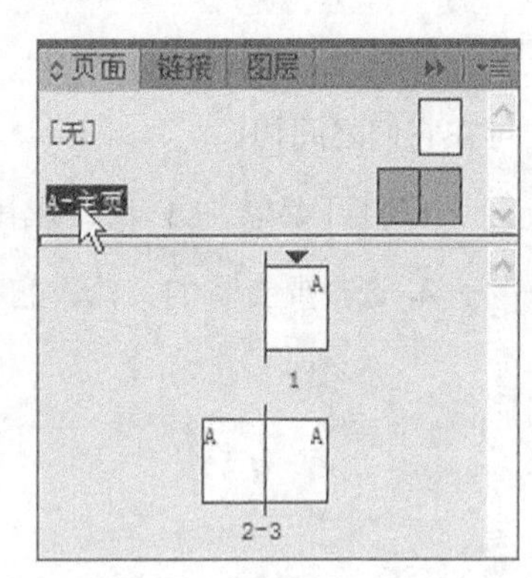

图3.7

提示：如果该主页的两个页面没有在屏幕上居中，双击工具面板中的抓手工具让它们居中。

2. 选择菜单“视图”→“使跨页适合窗口”同时显示主页的两个页面。

3. 选择菜单“版面”→“创建参考线”。

4. 选中复选框“预览”。

5. 在“创建参考线”对话框的“行”选项组，在文本框“行数”中输入 4，在文本框“行间距”中输入 0。

6. 在“栏”选项组，在文本框“栏数”中输入 2，在文本框“栏间距”中输入 0。

7. 对于“参考线适合”，选择单选按钮“边距”（如图 3.8 所示），注意到主页中水平参考线的位置将发生变化。

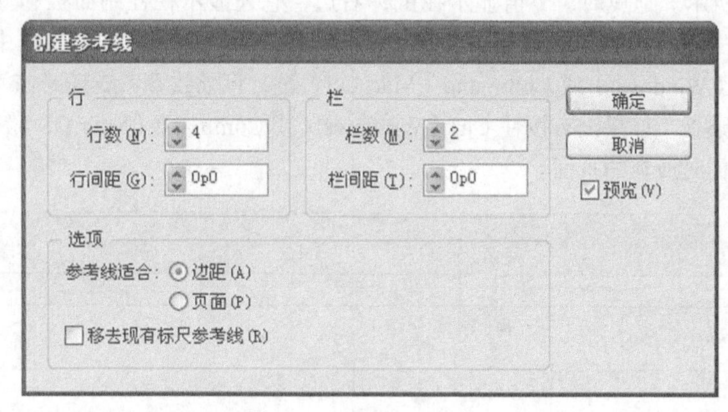

图3.8

选择单选按钮“边距”而不是“页面”时，将在版心内而不是页面内创建参考线。这里无需添加栏参考线，因为文档中已经有栏参考线。

8. 单击“确定”按钮。

提示：也可分别在各个文档页面中添加参考线，而不是在主页中添加，使用的命令与这里相同。

3.4.2 从标尺拖曳出参考线

可从水平和垂直标尺中拖曳出参考线，从而在各个页面中添加更多帮助对齐的参考线。如果拖曳参考线时按住 Ctrl（Windows）或 Command（Mac OS）键，参考线将应用于整个跨页。拖曳时如果按住 Alt（Windows）或 Option（Mac OS）键，水平参考线将变成垂直参考线，而垂直参考线将变成水平直参考线。

提示：也可以在拖曳参考线时不按住 Ctrl 键或 Command 键，并在粘贴板上松开鼠标。这样，参考线将横跨跨页的所有页面和粘贴板。

在本课中，将在页面的上边距和下边距中分别添加页眉和页脚，而这些地方没有栏参考线。为准确地放置页眉和页脚，读者将添加两条水平参考线和两条垂直参考线。

1. 在页面面板中，如果没有选择“A- 主页”，请双击它。如果在页面面板的上半部分看不到 A- 主页，可拖曳滚动条以便能够看到它。如果愿意，读者可以将主页图标和文档页面图标之间的水平分隔条向下拖曳，这样不用拖曳滚动条就可查看主页图标。

2. 在文档窗口中移动鼠标并注意水平和垂直标尺。标尺中的细线指出了当前的鼠标位置，另外控制面板中呈灰色的 X 和 Y 值也指出了鼠标的位置。

3. 按住 Ctrl（Windows）或 Command（Mac OS）键，然后单击水平标尺并向下拖曳到 2p6 处，如图 3.9 所示。拖曳时，Y 值显示在鼠标右边，它还显示在控制面板和变换面板（选择菜单“窗口”→“对象和版面”→“变换”可打开该面板）中的 Y 文本框中。创建参考线时按住 Ctrl（Windows）或 Command（Mac OS）键，将导致参考线横跨该跨页的两个页面及两边的粘贴板。如果没有按住 Ctrl（Windows）或 Command（Mac OS）键，参考线将仅横跨松开鼠标时所在的页面。

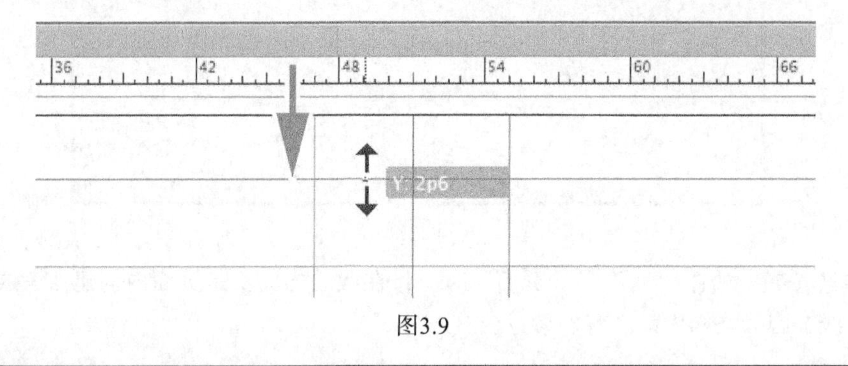

图3.9

注意：变换面板中的控件与控制面板中的控件类似。可使用这两个面板之一完成众多常见的修改，如调整位置、大小、缩放比例和旋转角度。

4. 按住 Ctrl（Windows）或 Command（Mac OS）键，并从水平标尺再拖曳出两条参考线，并将它们分别放在 5p 和 63p 处。

5. 按住 Ctrl（Windows）或 Command（Mac OS）键并从垂直标尺上拖曳出一条参考线至 17p8 处，拖曳时注意控制面板中的 X 值，该参考线将与附近的栏参考线对齐。

6. 按住 Ctrl（Windows）或 Command（Mac OS）键，再从垂直标尺拖曳出一条参考线至 84p4 处，如图 3.10 所示。

7. 关闭变换面板或将其拖入面板停放区，再选择菜单“文件”→“存储”。

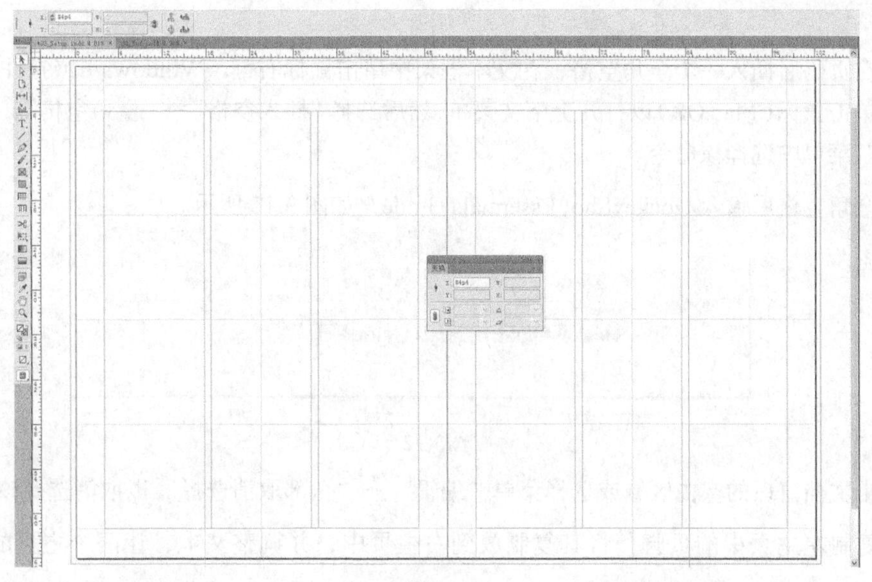

图3.10

3.4.3 在主页中创建文本框

在主页中加入的所有文本或图形，都将出现在该主页应用于的所有文档页面中。为创建页脚，读者将添加出版物名称（HockeyShot Essentials Guide），并在左主页和右主页的底部添加页码标记。

1. 确保能够看到左主页的底端。如果必要，放大视图并使用滚动条或抓手工具（ ）滚动文档。

2. 从工具面板中选择文字工具（T.），通过拖曳在左主页的第1栏下方的参考线交点处创建一个文本框架。该文本框架的有边缘应与页面中央的垂直参考线对齐，而下边缘应与页面底部对齐，如图3.11所示。

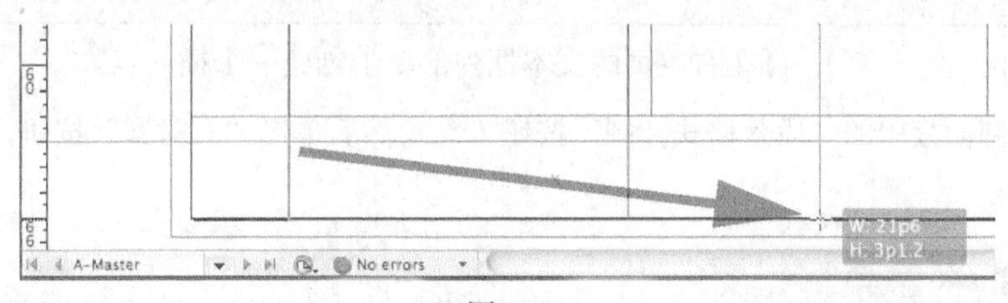

图3.11

> 注意：使用文字工具绘制框架时，框架的起点为鼠标中I与水平基线的交点，而不是鼠标的左上角。

3. 在插入点位于新文本框架中的情况下，选择菜单“文字”→“插入特殊字符”→“标志符”→“当前页码”。

文本框架中将出现字母A。在基于该主页的文档页面中，将显示正确的页面，如在第2页中将显示 2。

4. 为在页码后插入一个全角空格，在文本框架中单击鼠标右键（Windows）或按住 Control 键并单击鼠标（Mac OS）以打开上下文菜单，然后选择“插入空格”→“全角空格”。也可从“文字”菜单中选择该命令。

5. 在全角空格后输入 HockeyShot Essentials Guide，如图 3.12 所示。

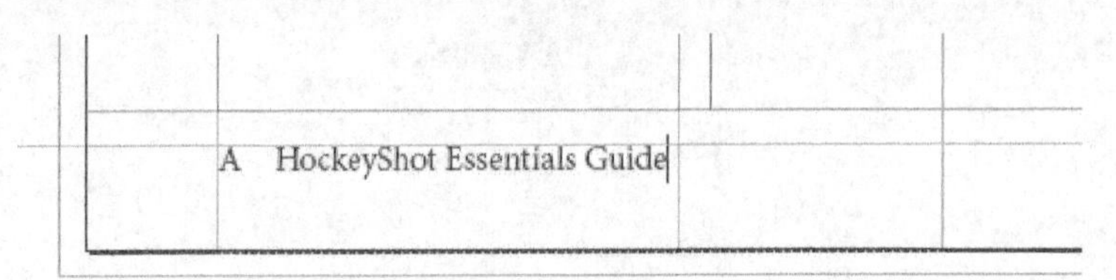

图3.12

6. 单击文档窗口的空白区域或选择菜单“编辑”→“全部取消选择”，以取消选择该文本框架。

下面复制左主页中的页脚，将其复制放到右主页中，并调整文本，让两个主页的页脚互为镜像。

7. 选择菜单“视图”→“使跨页适合窗口”，以便能够同时看到这两个主页的底部。

8. 使用选择工具（）选择左主页的页脚文本框架，按住 Alt（Windows）或 Option（Mac OS）键并将文本框架拖曳到右主页中，使其同右主页中的参考线对齐，如图 3.13 所示。

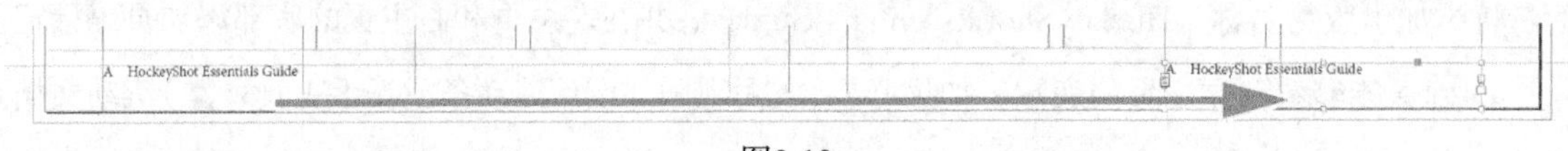

图3.13

提示：按住 Alt（Windows）或 Option（Mac OS）键并拖曳文本框架时，如果还按住了 Shift 键，移动的方向将被限定为 45° 的整数倍。

9. 选择文字工具（），再在右主页的文本框内部单击创建一个插入点。

10. 单击控制面板中的“段落格式控制”按钮（），然后单击“右对齐”按钮，如图 3.14 所示。

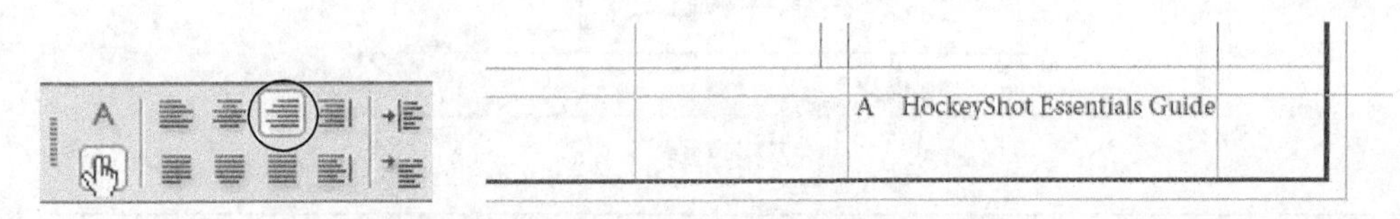

单击控制面板左下角的“段落格式控制”按钮以显示对齐选项

图3.14

现在，右主页的页脚文本框架中的文本是右对齐的。下面修改右主页的页脚，将页码放在单词 HockeyShot Essentials Guide 的右边。

11. 删除页脚开头的全角空格和页码。

12. 通过单击将插入点放在单词 HockeyShot Essentials Guide 后面，再选择菜单“文字”→“插入空格”→“全角空格”。

13. 选择菜单“文字”→“插入特殊字符”→“标志符”→“当前页码”,在全角空格后面插入“当前页码”字符，结果如图 3.15 所示。

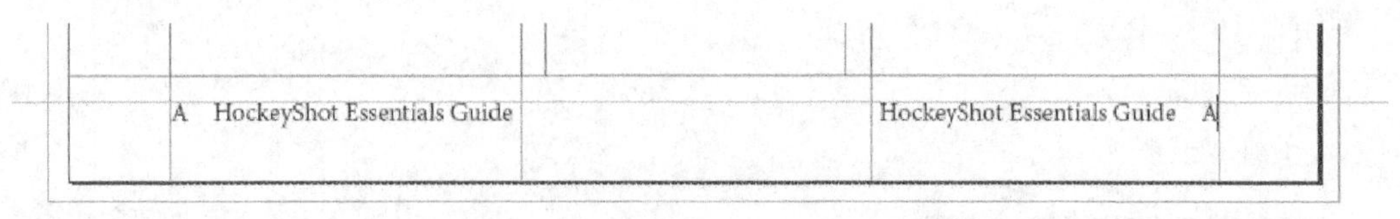

图3.15

14. 选择菜单“编辑”→“全部取消选择”，再选择菜单“文件”→“存储”。

3.4.4 重命名主页

文档包含多个主页时，可能需要给每个主页指定含义更明确的名称使其更容易区分，下面将该主页重命名为 3-column Layout。

1. 如果页面面板没有打开，请选择菜单“窗口”→“页面”。确保 A- 主页被选定，单击页面面板右上角的面板菜单按钮（），并选择“‘A- 主页’的主页选项”。

2. 在文本框“名称”中输入 3-column Layout，再单击“确定”按钮，如图 3.16 所示。

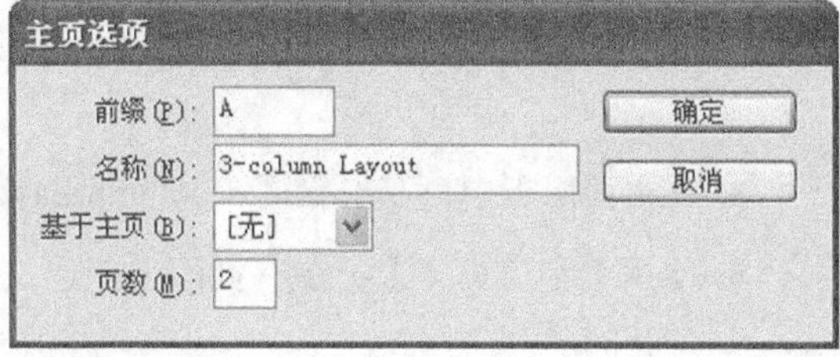

图3.16

> 提示：在“主页选项”对话框中，除主页的名称外，还可修改主页的其他属性。

3.4.5 添加占位符文本框架

这篇新闻稿的每个页面都包含文本和图形。每个页面的主文本框架和主图形框架都相同，因此下面在主页 3-column Layout 的左页面和右页面中添加占位符文本框架和占位符图形框架。

1. 在页面面板中，双击主页 3-column Layout 的左页面图标（如图 3.17 所示），使左页面位于文档窗口中央。

2. 选择文字工具（T），单击页面左上角的水平和垂直边距参考线的交点，再通过拖曳创建文本框架。该文本框架在水平方向横跨两栏，在垂直方向从上边距延伸到下边距，如图 3.18 所示。

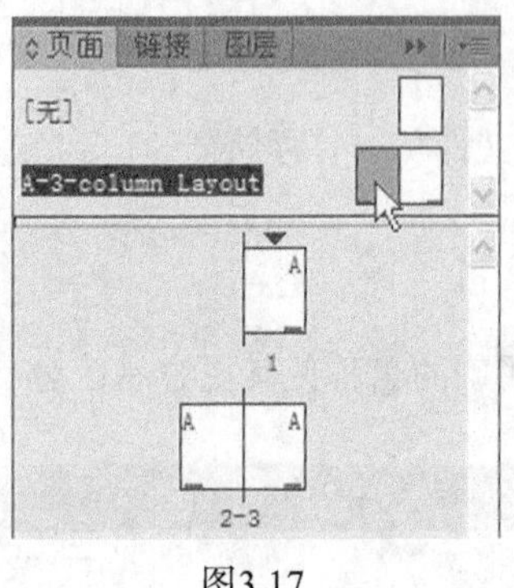

图3.17

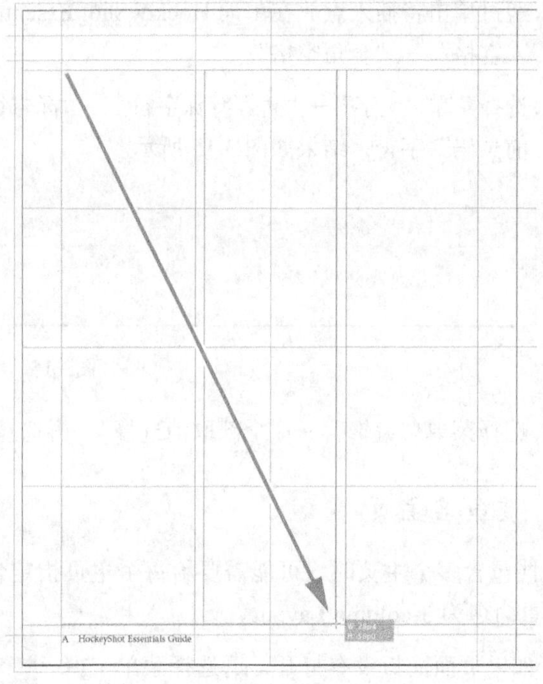

图3.18

3. 在页面面板中，双击主页 3-column Layout 的右页面图标，使右页面位于文档窗口中央。

4. 使用文字工具（T）在右页面上创建文本框架，它的宽度、高度和位置与左页面的文本框架相同。

5. 单击页面或粘贴板的空白区域，或者选择菜单“编辑”→“全部取消选择”。

6. 选择菜单“文件”→“存储”。

3.4.6 添加占位符图形框架

在每个页面创建用于放置主文本的文本框架后，接下来在主页 3-column Layout 中添加两个图形框架。和文本框架类似，这些图形框架也将用作文档页面的占位符，以帮助确保设计的一致性。

> ID | **注意**：并非在每个文档中都需要创建占位符框架。对于较小的文档，可能无需创建主页和占位符框架。

虽然矩形工具（□）和矩形框架工具（⊠）有一定的可替代性，但矩形框架工具（包含不可打印的 X）更常用于创建图形占位符。

1. 从工具面板中选择矩形框架工具（⊠）。

2. 将十字线鼠标指向右页面的上边距参考线和右边距参考线的交点。

单击并向左下方拖曳以创建一个框架。在水平方向上，该框架的宽度为一栏，并沿垂直方向延伸到下一条参考线，如图 3.19 所示。

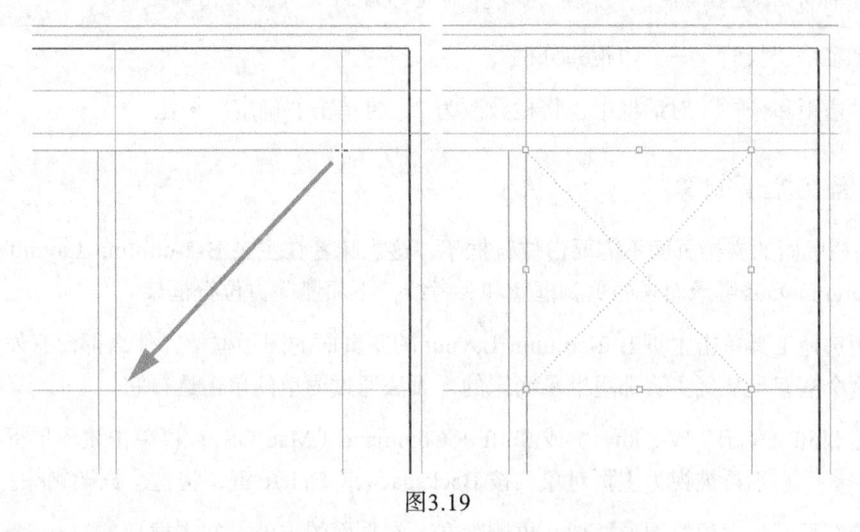

图3.19

3. 在左页面上创建一个大小和位置与此相同的占位符图形框架。

4. 选择菜单“文件”→“存储”。

3.4.7 创建其他主页

在同一个文档中可创建多个主页。可独立地创建每个主页，也可从一个主页派生出另一个主页。如果从一个主页派生出其他主页，对父主页所做的任何修改都将自动在子主页中反映出来。

例如，主页 3-column Layout 可应用于该新闻稿的大部分页面，还可从其派生出另一组主页，这些主页共享一些重要的版面元素，如页边距和当前页码字符。

为满足不同的设计要求，下面创建另一个主页，将其改为两栏并对版面进行修改。

1. 从页面面板菜单中选择“新建主页”。

2. 在文本框“名称”中输入 2-column Layout。

3. 从下拉列表“基于主页”中选择 A-3-column Layout，再单击“确定”按钮。

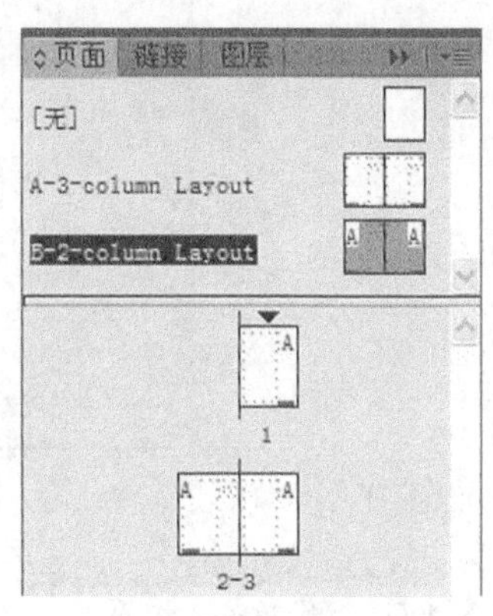

图3.20

在页面面板顶部，注意到主页 B-2-column Layout 的每个页面图标中都有字母 A（如图 3.20 所示），这表明主页 B-2-column Layout 是从主页 A-3-column Layout 派生而来的。如果修改主页 A-3-column Layout，所做的修改都将在 B-2-column Layout 反映出来。读者可能还注意到了，很难选择来自其他主页的对象，如页脚。本课后面将介绍如何选择并覆盖主页中的对象。

> **提示**：如果页面面板中没有显示所有主页图标，可单击将主页图标和文档页面图标分开的分隔条，并向下拖曳直到能够看到所有主页图标。

4. 选择菜单“版面”→“边距和分栏”。

5. 在“边距和分栏”对话框中，将栏数改为 2，再单击“确定”按钮。

3.4.8 覆盖父主页对象

使用两栏版面的文档页面不需要占位符框架，这意味着在主页 B-2-column Layout 中，只需要从 A-3-column Layout 继承而来的页脚框架和参考线，下面删除占位符框架。

1. 使用选择工具单击主页 B-2-column Layout 的左页面的图形框架，什么都没有发生。这是因为这个框架是从父主页那里继承而来的，无法通过简单的单击选择它。

2. 按住 Shift + Ctrl（Windows）或 Shift + Command（Mac OS），再单击该图形框架。框架被选中了，它不再被视为主页对象。按 Backspace 或 Delete 键，将这个框架删除。

3. 删除右页面的占位符图形框架，再删除左、右页面的占位符文本框架。

4. 选择菜单“文件”→“存储”，结果如图 3.21 所示。

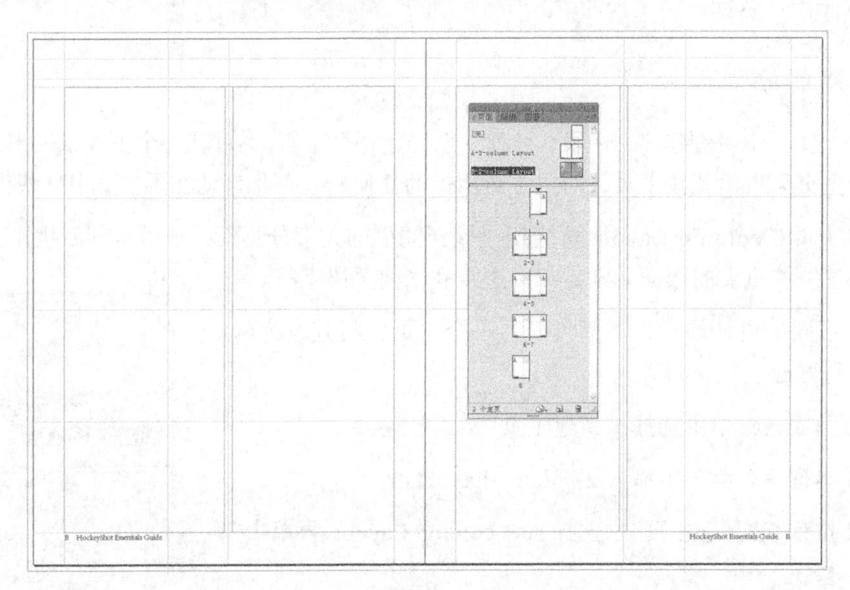

图3.21

3.4.9 修改父主页

为给这篇新闻稿创建好主页，将在主页 A-3-column Layout 的顶部添加多个页眉元素，并在其右页面上再添加一个页脚元素。然后，将查看主页 B-2-column Layout，并发现这些新对象被自动添加到这个主页中。

这里不手工添加页眉和页脚框架，而是导入片段。与图形文件相似，片段是包含 InDesign 对象（包括它们在页面或跨页中的相对位置）的文件。InDesign 让用户能够将选定对象导出为片段文件以及将片段置入到文档中。有关使用片段的更多内容，请参阅第 10 课。

注意：第 4 课将更详细地介绍如何创建和修改文本框架、图形框架和其他对象。

1. 在页面面板中，双击主页名 A-3-column Layout，以显示这个跨页。
2. 选择菜单“文件”→“置入”。切换到文件夹 InDesign CIB\Lessons\Lesson03\Links，单击文件 Snippet1.idms，再单击“打开”按钮。
3. 将载入片段图标（ ）指向该跨页左上角（红色出血参考线相交的地方），再单击鼠标置入该片段。

提示：要创建片段，在页面或跨页中选择一个或多个对象。选择菜单“文件”→“导出”，在“保存类型”（Windows）或“格式”（Mac OS）下拉列表中选择“InDesign 片段”，再选择文件的存储位置、指定文件名并单击“保存”按钮。

这个片段在每个页面顶部放置一个页眉，并在右页面底部放置一个导入的图形。每个页眉都包含一个图形框架和一个文本框架，其中图形框架为空，而文本框架包含白色文本，如图 3.22 所示。

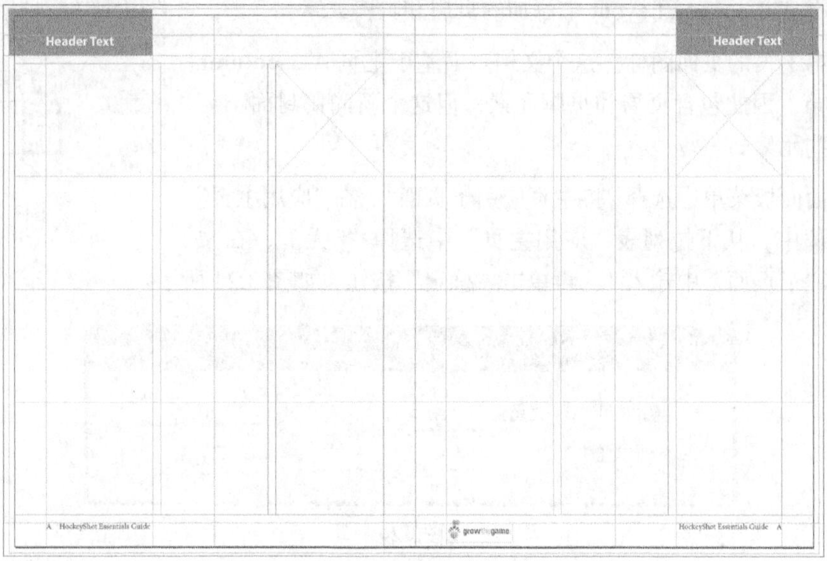

图3.22

4. 在页面面板中，双击主页名 B-2-column Layout。

要注意，刚才在主页 A-3-column Layout 中添加的新元素，也自动添加到了这个子主页中。

5. 选择菜单“文件”→“存储”。

3.5 将主页应用于文档页面

创建好所有主页后，便可将它们应用于文档页面。默认情况下，所有文档页面都采用主页 A-3-column Layout 的格式。下面将主页 B-2-column Layout 应用于该新闻稿的最后一个页面，并将主页“无”应用于封面，因为封面不需要包含页眉和页脚。

要将主页应用于文档页面，可将主页图标拖放到文档页面图标上，也可使用页面面板菜单中的命令。对于大型文档，在页面面板中水平排列页面图标可能更方便。

1. 在页面面板中，双击主页名B-2-column Layout；并确保所有的主页图标和文档页面图标都可见。
2. 将主页 B-2-column Layout 的左页面图标拖放到第 4 页的页面图标上，等该文档页面图标出现黑色边框（这表明选定主页将应用于该页面）后，松开鼠标，如图 3.23 所示。
3. 将主页 B-2-column Layout 的右页面图标拖放到第 5 页的页面图标上，再将该主页的左页面图标拖曳到第 8 页的页面图标上。
4. 双击页面面板中的页码 4-5 以显示这个跨页。注意到其两个页面都采用了主页 B-2-column Layout 的两栏布局，还包含在父主页 A-3-column Layout 中添加的页眉和页脚元素。
5. 双击第 1 页的页面图标。这个文档页面基于主页 A-3-column Layout，因此包含页眉和页脚元素，但这个新闻稿封面不需要这些元素。

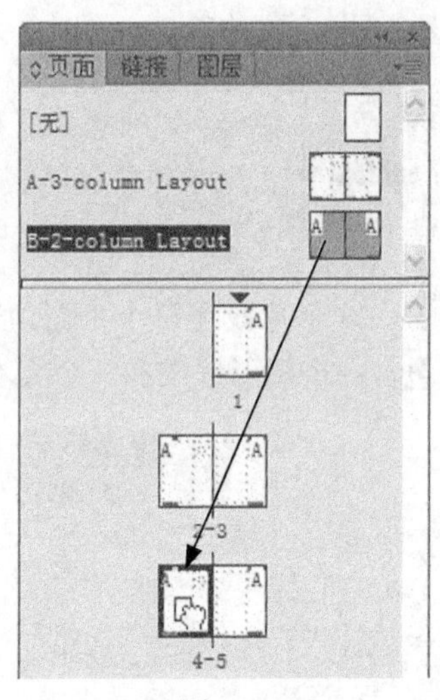

图3.23

6. 从页面面板菜单中选择“将主页应用于页面”。在“应用主页”对话框中，从下拉列表“应用主页”中选择“[无]”，在文本框“于页面”中输入 1，再单击“确定”按钮，如图 3.24 所示。

图3.24

7. 选择菜单“文件”→“存储”。

3.6 添加新页面

也可在现有文档中添加新页面。下面在这篇新闻稿中添加 6 个页面，在本课后面，将把其中 4

个页面作为“特殊部分”，并使用不同的页面尺寸和页码编排方式。

1. 从页面面板菜单中选择“插入页面”。

2. 在“插入页面”对话框中，在文本框架“页数”中输入 6，从下拉列表“插入”中选择“页面后”，在相应的文本框中输入 4，再从下拉列表“主页”中选择“[无]”，如图 3.25 所示。

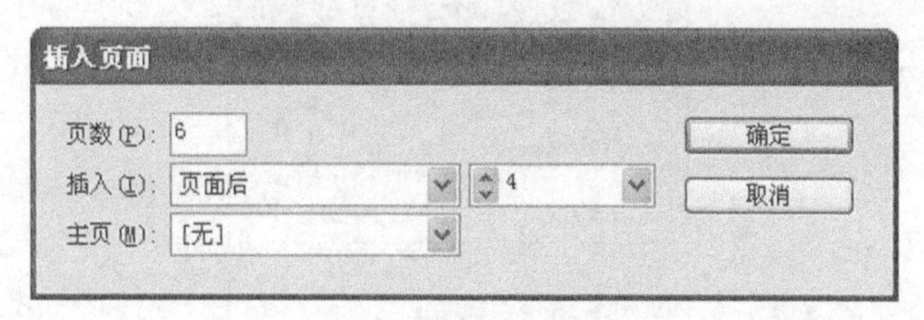

图3.25

3. 单击“确定”按钮，这在文档中间添加了 6 个页面。增加页面面板的高度，以便能够看到所有文档页面。

3.7　重新排列和删除页面

在页面面板中，可重新排列页面及删除多余的页面。

1. 在页面面板中，单击第 12 页以选择它。注意到它是基于主页 A-3-column Layout 的。将该页面的图标拖曳到第 11 页的页面图标上，后者基于主页 B-2-column Layout。等手形图标内的箭头指向右边（这表示将把第 11 页向右推）时，松开鼠标，如图 3.26 所示。

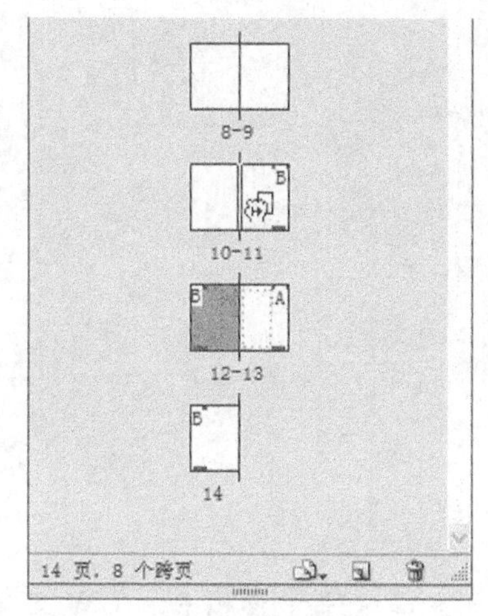

图3.26

注意到现在的第 11 页是基于主页 A-3-column Layout 的，而原来的第 11 页变成了第 12 页，但第 13 页及其后面的页面未受影响。

2. 单击第 5 页，再按住 Shift 键并单击第 6 页，以选择这个跨页（前面插入的 6 个页面中的两个）。

3. 单击页面面板底部的“删除选中页面”按钮，将这两页从文档中删除。

4. 选择菜单“文件”→“存储”。

3.8　修改页面大小

下面修改本课前面创建的“特殊部分”的页面大小，在这篇新闻稿中创建一个插页，然后快速设置这两个跨页。

1. 从工具面板中选择页面工具（ ）。在页面面板中，单击第 5 页，再按住 Shift 键并单击第 8 页。第 5 页～第 8 页的页面图标将呈高亮显示（如图 3.27 所示），你将修改这些页面的大小。

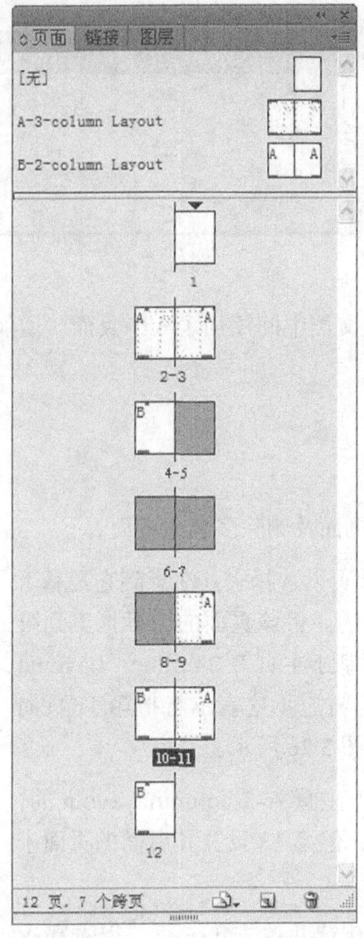

图3.27

2. 在控制面板中，在 W 文本框中输入 36p，在 H 文本框中输入 25p6。每次输入数值后都按 Enter 键，将该值应用于选定页面。这些数值将生成一个 1.524cm × 1.08cm（标准的明信片大小）的插页。

3. 在页面面板中，双击第 4 页，再选择菜单“窗口”→“使跨页适合窗口”。注意到这个跨页包含的两个页面大小不同，如图 3.28 所示。

4. 使用页面工具选择第 5 页～第 8 页。

5. 为给选定页面设置新的边距和栏参考线，选择菜单“版面”→“边距和分栏”打开“边距和分栏”对话框。在“边距”部分，确保按下了中间的“将所有设置设为相同”按钮（ ），以便输入一个设置可以同时影响 4 个边距，再在“上”文本框中输入 1p6。在“栏”选项组，在“栏数”文本框中输入 1，再单击“确定”按钮。

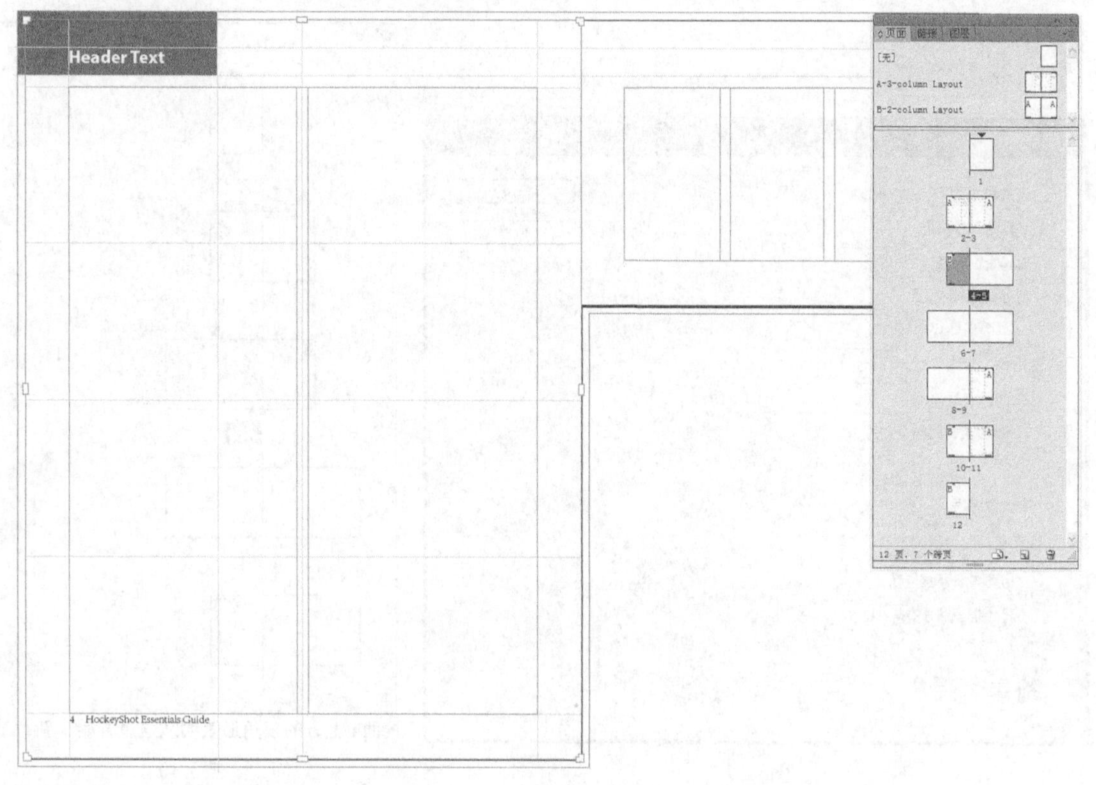

图3.28

3.9 添加章节以修改页码编排方式

刚创建的特殊部分将使用独立的页码编排方式。通过添加章节，可使用不同的页码编排方式。你将从这部分的第 1 页开始一个新章节，并将调整这部分后面页面的编码，确保它们的页码正确。

1. 在页面面板中，双击第 5 页的图标以选择并显示该页面。

2. 从页面面板菜单中选择“页码和章节选项”。在“新建章节”对话框中，确保选中了复选框“开始新章节”和单选按钮“起始页码”，并将起始页码设置为 1。

3. 在“新建章节”对话框的“编排页码”部分，从下拉列表“样式”中选择“i, ii, iii, iv”，再单击“确定”按钮，如图 3.29 所示。

4. 查看页面面板中的页面图标，将发现从第 5 页开始，页码为罗马数字，如图 3.30 所示。在包含页脚的页面中，页码也为罗马数字。

下面指定这个特殊部分后面的页面使用阿拉伯数字作为页码，并使其页码与这部分前面那页的页码相连。

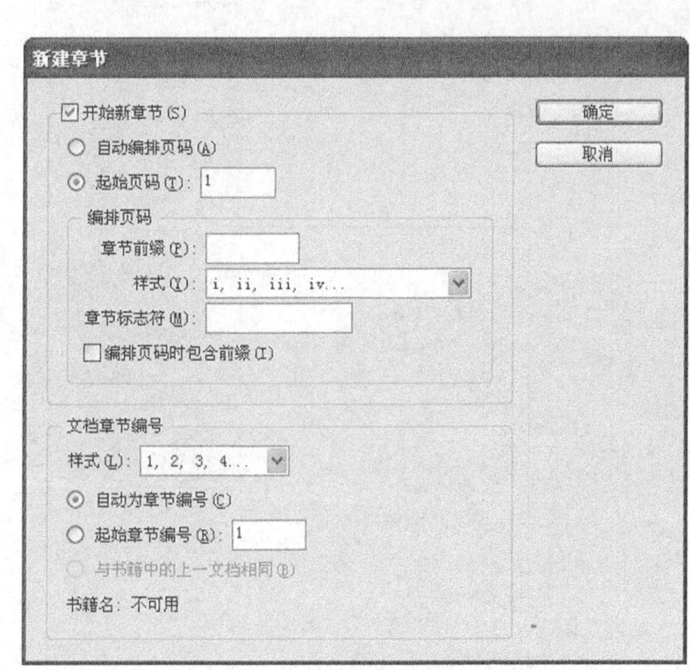

图3.29

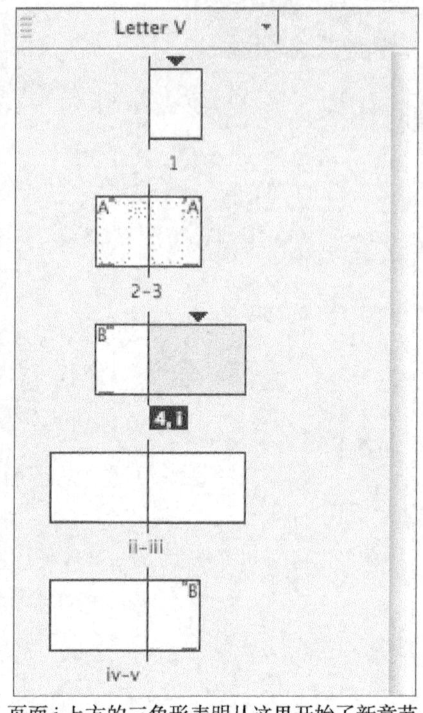

页面 i 上方的三角形表明从这里开始了新章节

图3.30

5. 在页面面板中，单击第 v 页的页面图标以选中它。

> **注意：**单击页面图标将把页面指定为目标页面，以便对其进行编辑。如果要导航到某个页面，在页面面板中双击其页面图标。

6. 从页面面板菜单中选择“页码和章节选项”。

7. 在“新建章节”对话框中，确保选中了复选框“开始新章节”。

8. 选中单选按钮“起始页码”并输入 5，将该章节的起始页码设置为 5。

9. 从下拉列表“样式”中选择“1, 2, 3, 4”，再单击“确定”按钮，结果如图 3.31 所示。

现在，页面被正确地重新编排页码。在页面面板中，在页码为 1、i 和 5 的页面图标上方有黑色三角形，这表明从这些地方开始了新章节。

10. 选择菜单“文件”→“存储”。

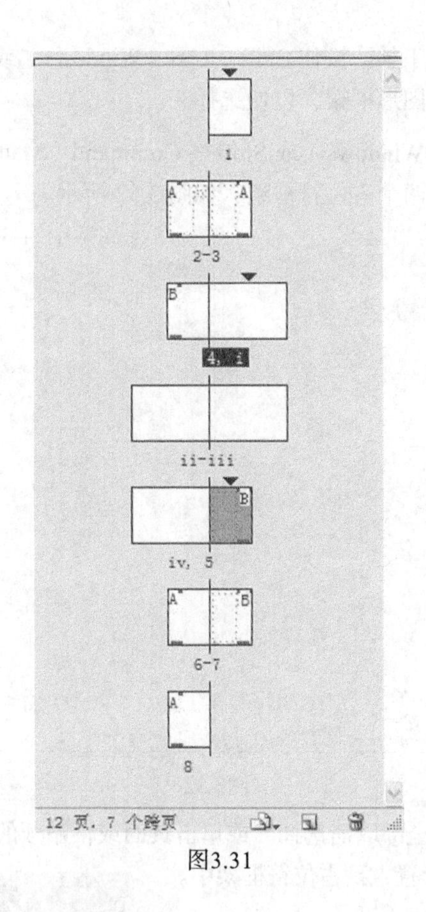

图3.31

3.10 在文档页面中置入文本和图形

设置好这个 12 页出版物的基本框架后，便可给文档页面添加内容了。为了了解前面创建的主页将如何影响文档页面，你将在包含第 2 页和第 3 页的跨页中添加文本和图形。第 4 课将更详细地介绍如何创建和修改对象，因此这里将简化排版过程，以最大限度地减少你的工作量。

1. 选择菜单“文件”→“存储为”，将文件重命名为 03_Newsletter.indd，切换到文件夹 Lesson03，并单击“保存”按钮。

2. 在页面面板中，双击第 2 页（而不是第 ii 页）的页面图标，再选择菜单“视图”→“使跨页适合窗口”。

由于对第 2 页和第 3 页应用了主页 A-3-column Layout，因此它包含主页 A-3-column Layout 中的参考线、页眉、页脚和占位符框架。

为导入使用其他应用程序创建的文本和图形（如使用 Adobe Photoshop 创建的图像或使用 Microsoft Word 创建的文本），你将使用“置入”命令；然而，将文本和图形导入占位符框架前，先来练习选择这些主页对象。

3. 选择工具面板中的选择工具。按住 Shift + Ctrl（Windows）或 Shift + Command（Mac OS），再单击第 3 页的占位符图形框架，以便选择它。

4. 继续按住 Shift + Ctrl（Windows）或 Shift + Command（Mac OS），并选择第 3 页的占位符文本框架以及第 2 页的两个占位符框架，如图 3.32 所示。

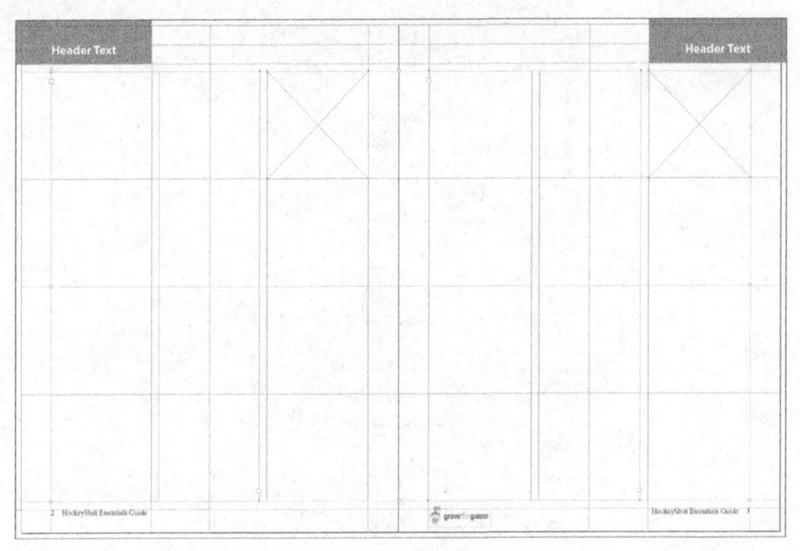

图3.32

5. 选择菜单“编辑”→“全部取消选择”或单击页面或粘贴板的空白区域，以取消选择的所有对象。下面将文本和图形置入到占位符框架中。

6. 选择菜单“文件”→“置入”；如果必要，切换到文件夹 InDesignCIB\Lessons\Lesson03\Links；单击文件 Article1.docx，再按住 Shift 键并单击文件 Graphic2.jpg，这里选择了 4 个文件：Article1.docx、Article2.docx、Graphic1.jpg 和 Graphic2.jpg，单击“打开”按钮。

鼠标将变成载入文本图标（），并显示要置入的文本文件 Article1.docx 的前几行，如图 3.33 所示。

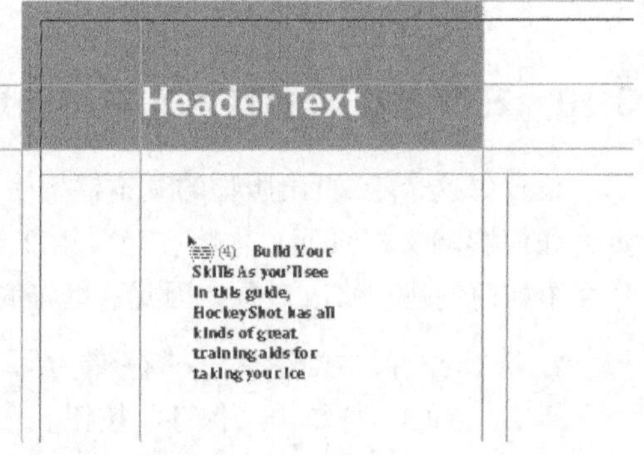

图3.33

7. 将鼠标指向第 2 页的占位符文本框架并单击，将文件 Article1.docx 的文本置入该框架。

> **提示**：导入文本或图形时，如果 InDesign 发现鼠标下面有现成框架，它将显示括号。在这种情况下，InDesign 将使用现成的文本框架或图形框架，而不创建新的框架。

8. 为置入余下的 3 个文件，单击第 3 页的文本框架，以置入文件 Article2.docx，然后单击第 2 页的图形框架，以置入文件 Graphic1.jpg；最后单击第 3 页的图形框架，以置入文件

Graphic2.jpg，结果如图 3.34 所示。

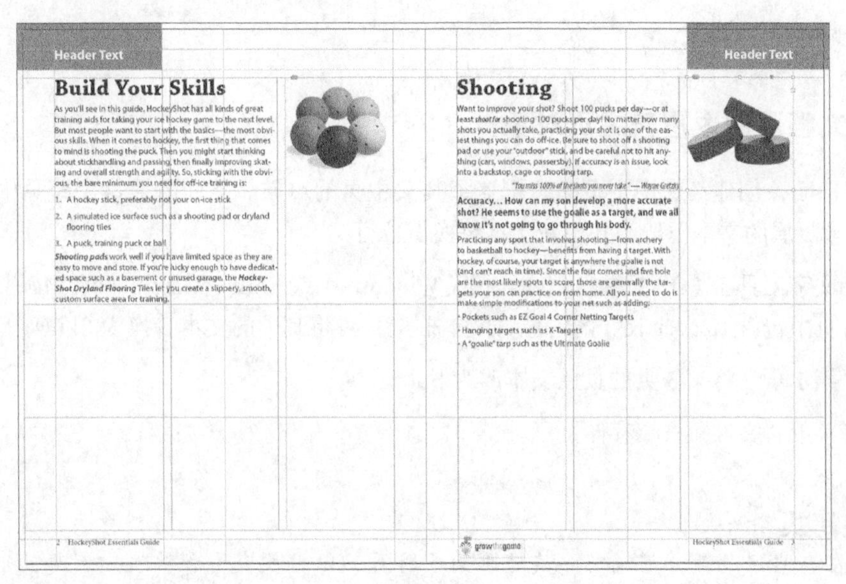

图3.34

9. 选择菜单“编辑”→“全部取消选择”。

下面导入一个片段，以结束这个跨页的排版工作。

10. 选择菜单“文件”→“置入”，单击文件 Snippet2.idms，再单击“打开”按钮。

11. 将载入片段图标（）指向该跨页左上角（出血参考线相交的地方），再单击鼠标置入该片段，结果如图 3.35 所示。

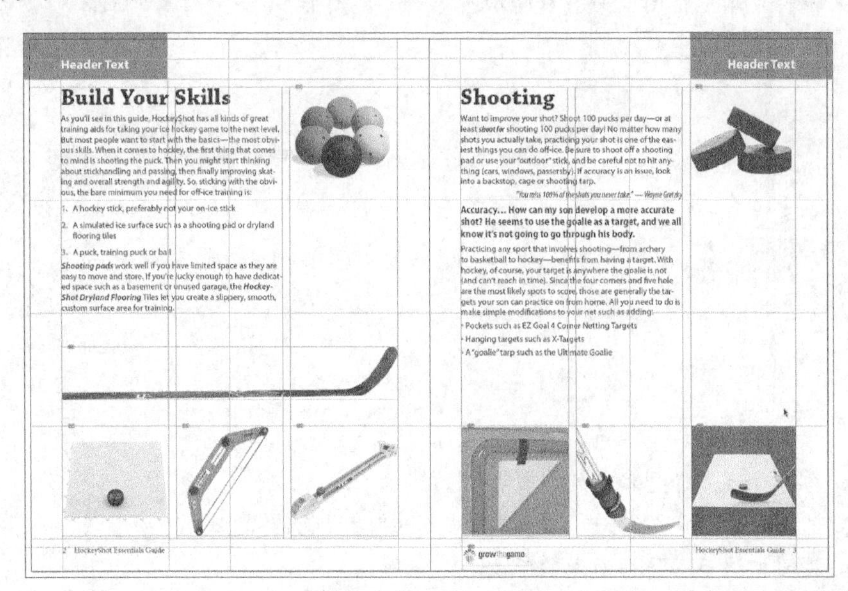

图3.35

12. 选择菜单“编辑”→“全部取消选择”、单击页面或粘贴板的空白区域，以取消选择的所有对象。

13. 选择菜单“文件”→“存储”。

3.11 在文档页面中覆盖主页对象

在本课前面，创建第 2 个主页时，覆盖了其父主页的对象。下面覆盖这个跨页中的两个主页对象——包含页眉的文本框架，并用新文本替换占位符文本。

1. 选择文字工具（T）。按住 Shift + Ctrl（Windows）或 Shift + Command（Mac OS），并单击第 2 页中包含 Header Text 的占位符文本框架，再将其中的文本替换为 Skills。

2. 重复第 1 步，将第 3 页的页眉文本改为 Shots。

3. 选择菜单“文件”→“存储”。

旋转跨页

在有些情况下，可能需要旋转页面或跨页，以方便查看和编辑。例如，采用标准尺寸的杂志可能包含纵向页面和一个横向的日历页面。为获得这样的横向页面，可将所有对象旋转 90°，但修改版面和编辑文本时，将需要转头或旋转显示器。为方便编辑，可旋转和取消旋转跨页。为查看这样的示例，请打开文件夹 Lesson03 中的文件 03_End.indd。

1. 在页面面板中，双击第 4 页以选择它并使其位于文档窗口中央，如图 3.36 所示。

2. 选择菜单“视图”→“旋转跨页”→“顺时针 90°”，结果如图 3.37 所示。

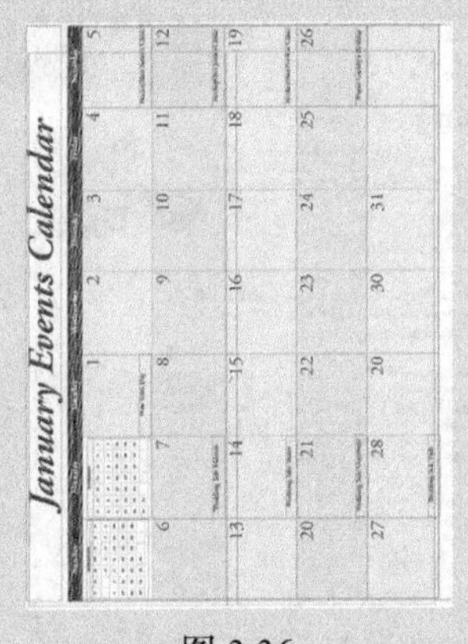

图 3.36

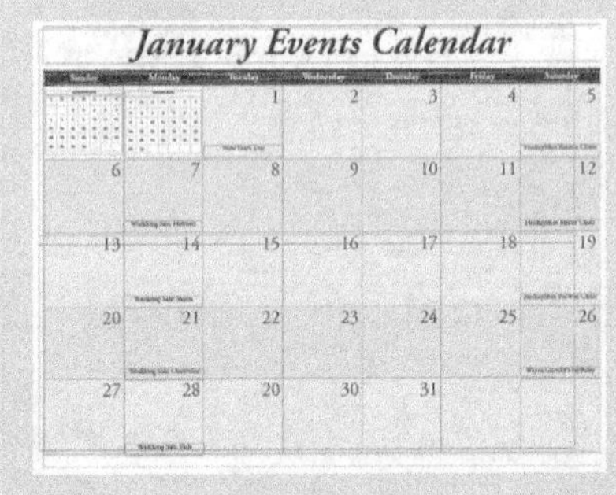

图 3.37

旋转跨页后，将更容易处理页面中的对象。

3. 选择菜单“视图”→“旋转跨页”→“清除旋转”。

4. 关闭文档而不保存所做的修改。

3.12 查看完成后的跨页

现在，可以隐藏参考线和框架，看看完成后的跨页是什么样的。

1. 使用选择工具（）双击页面面板中第 2 页的页面图标以显示该页。

2. 选择“视图”→“使跨页适合窗口”，并在必要时隐藏所有面板。

> **ID** | 提示：要显示 / 隐藏所有面板（包括工具面板和控制面板），可按 Tab 键。

3. 选择菜单“视图”→“屏幕模式”→“预览”，以隐藏粘贴板以及所有的参考线、网格和框架边缘，如图 3.38 所示。

Skills

Build Your Skills

As you'll see in this guide, HockeyShot has all kinds of great training aids for taking your ice hockey game to the next level. But most people want to start with the basics—the most obvious skills. When it comes to hockey, the first thing that comes to mind is shooting the puck. Then you might start thinking about stickhandling and passing, then finally improving skating and overall strength and agility. So, sticking with the obvious, the bare minimum you need for off-ice training is:

1. A hockey stick, preferably not your on-ice stick
2. A simulated ice surface such as a shooting pad or dryland flooring tiles
3. A puck, training puck or ball

Shooting pads work well if you have limited space as they are easy to move and store. If you're lucky enough to have dedicated space such as a basement or unused garage, the ***HockeyShot Dryland Flooring*** Tiles let you create a slippery, smooth, custom surface area for training.

2 HockeyShot Essentials Guide

Shots

Shooting

Want to improve your shot? Shoot 100 pucks per day—or at least *shoot for* shooting 100 pucks per day! No matter how many shots you actually take, practicing your shot is one of the easiest things you can do off-ice. Be sure to shoot off a shooting pad or use your "outdoor" stick, and be careful not to hit anything (cars, windows, passersby). If accuracy is an issue, look into a backstop, cage or shooting tarp.

"You miss 100% of the shots you never take." — Wayne Gretzky

Accuracy… How can my son develop a more accurate shot? He seems to use the goalie as a target, and we all know it's not going to go through his body.

Practicing any sport that involves shooting—from archery to basketball to hockey—benefits from having a target. With hockey, of course, your target is anywhere the goalie is not (and can't reach in time). Since the four corners and five hole are the most likely spots to score, those are generally the targets your son can practice on from home. All you need to do is make simple modifications to your net such as adding:

- Pockets such as EZ Goal 4 Corner Netting Targets
- Hanging targets such as X-Targets
- A "goalie" tarp such as the Ultimate Goalie

HockeyShot Essentials Guide 3

图3.38

至此，读者通过处理一个 12 页的文档，知道了如何将对象加入到主页，以确保整个文档的设计一致。

4. 选择“文件”→“存储”。

祝贺你学完了本课。

3.13 练习

一种不错的巩固所学技能的方法是使用它们。请试着完成下面的练习，它们提供了练习使用

InDesign 技巧的机会。

> **提示：**进行练习前，选择菜单“视图”→“屏幕模式”→“正常”，以切换到正常模式。

1. 将一张图片置入到第 3 页的第 3 栏，可使用文件夹 Lesson03\Links 中的图像 GraphicExtra.jpg。在“置入”对话框中单击“打开”按钮后，在第 3 栏的水平参考线与左边距交点处单击，拖曳到框架与该栏等宽后再松开鼠标，结果如图 3.39 所示。

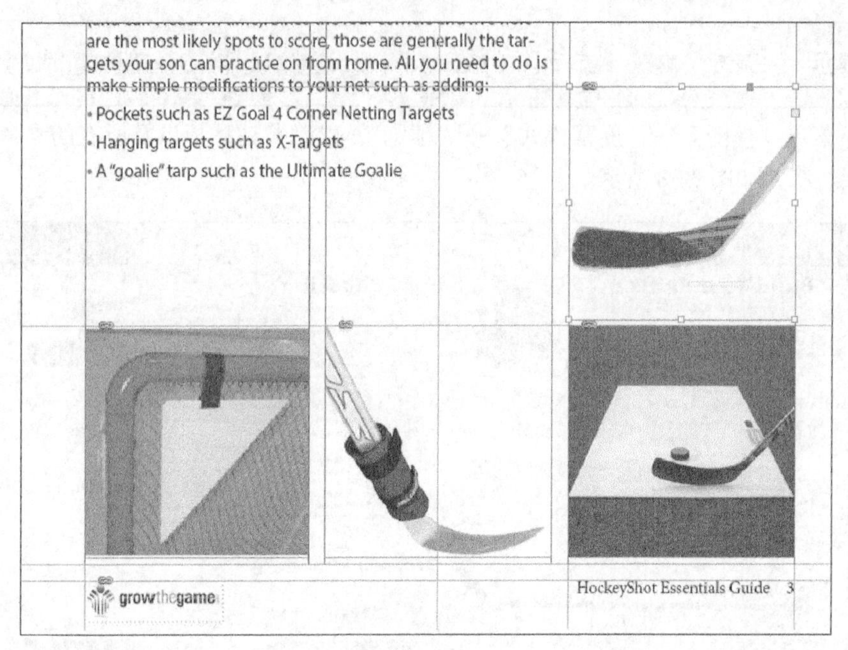

图3.39

2. 再创建一个主页。让该主页继承主页 A-3-column Layout，并将其命名为 C-4-column Layout，然后进行修改，使其包含 4 栏而不是 3 栏。最后，将该主页应用于文档中任何不包含对象的页面。

复习

复习题

1. 将对象放在主页中有何优点?

2. 如何修改页码编排方案?

3. 在文档页面中如何选择主页对象?

复习题答案

1. 通过在主页中添加诸如参考线、页脚和占位符框架等对象，可确保主页应用的页面的版面是一致的。

2. 在页面面板中选择要重新编排页码的页面对应的页面图标，然后从页面面板菜单中选择“页码和章节选项”，并指定新的页码编排方案。

3. 按住 Shift + Ctrl（Windows）或 Shift + Command（Mac OS），并单击主页对象以选中它。然后便可对其进行编辑、删除或其他操作。

第4课 使用对象

本课简要地介绍如何使用对象，读者将学习以下内容：

- 使用图层；
- 创建和编辑文本框架和图形框架；
- 将图形导入到图形框架中；
- 将多个图形导入到框架网格中；
- 裁剪、移动和缩放图形；
- 调整框架之间的间距；
- 在图形框架中添加题注；
- 置入和链接图形框架；
- 修改框架的形状；
- 沿对象绕排文本；
- 创建复杂的框架；
- 转换框架的形状；
- 修改和对齐对象；
- 选择和修改多个对象。

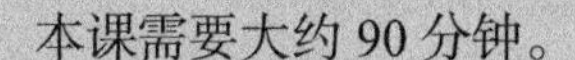
本课需要大约90分钟。

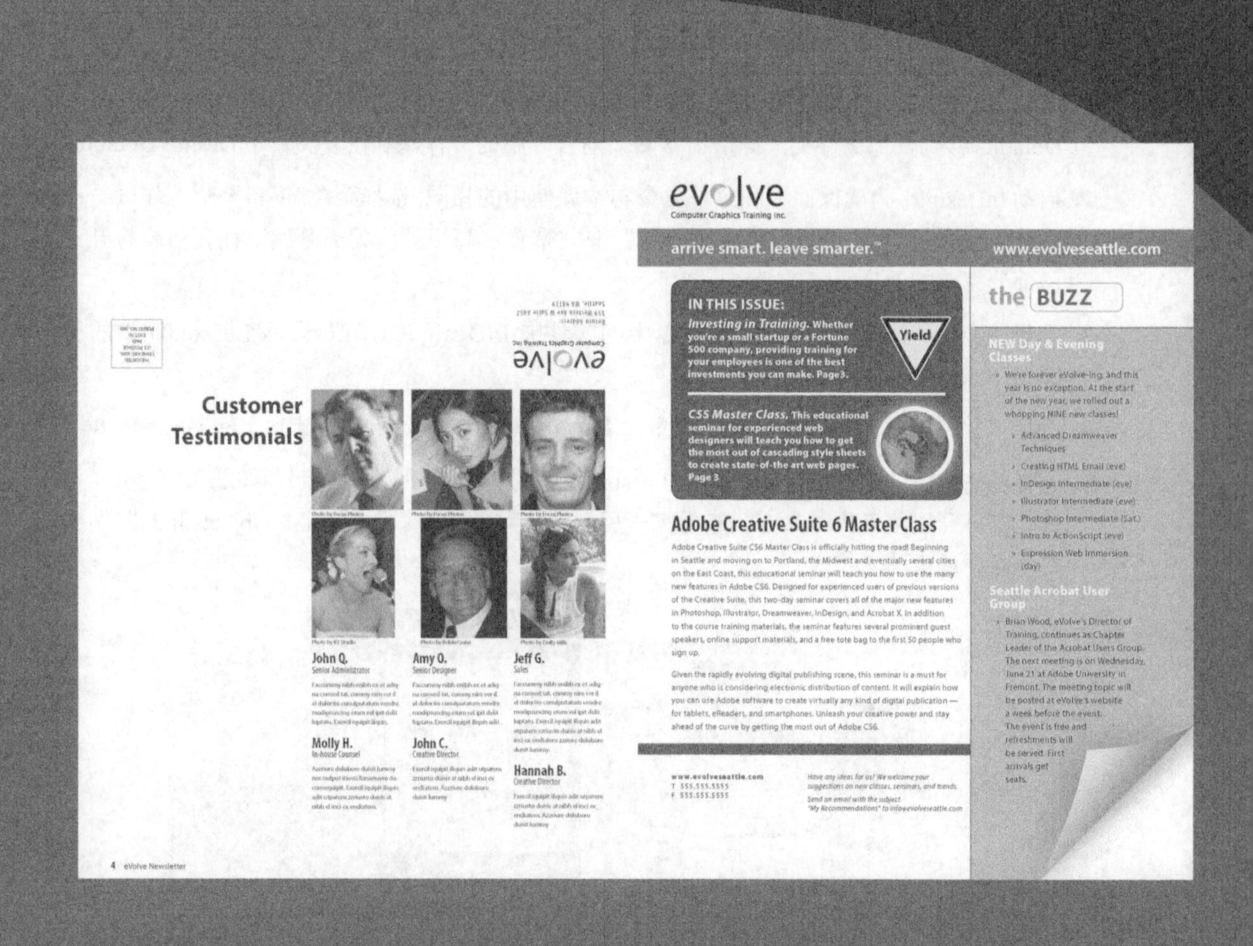

InDesign 框架可包含文本、图形或填充色。当使用框架时你将发现，Adobe InDesign CS6 具有极大的灵活性，能够充分控制设计方案。

4.1 概述

在本课中，读者将处理一篇包含 4 个页面的新闻稿，它由两个跨页组成。你将添加文本和图像，并调整版面以获得所需的设计。

注意：如果还没有从配套光盘将本课的资源文件复制到硬盘中，现在请复制它们，详情请参阅“前言”中的“复制课程文件”。

1. 为确保 Adobe InDesign CS6 首选项和默认设置与本课使用的一样，需要将文件 InDesign Defaults 移到其他文件夹，详情请参阅“前言”中的“存储和恢复文件 InDesign Defaults”。
2. 启动 InDesign。为确保面板和菜单命令与本课使用的相同，选择菜单“窗口”→“工作区”→“高级”，再选择菜单“窗口”→“工作区”→“重置‘高级’”。为了开始工作，将要打开一个已部分完成的 InDesign 文档。
3. 选择“文件”→“打开”，打开硬盘中的文件夹 InDesignCIB\Lessons\Lesson04 中的文件 04_a_Start.indd。
4. 选择“文件”→“存储为”，将文件重命名为 04_Objects.indd，并存储到文件夹 Lesson04 中。
5. 为查看完成后的文档，打开文件夹 Lesson04 中的文件 04_b_End.indd，如图 4.1 所示。可让该文档打开以便工作时参考。查看完毕后，选择菜单“窗口”→“04_Objects.indd”切换到要本课要处理的文档。

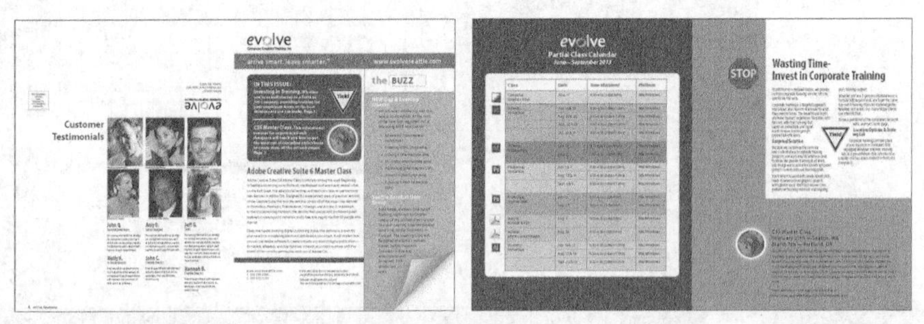

本课将处理的新闻稿包含两个对页跨页：左边的跨页包含第 4 页（封底）和第 1 页（封面），右边的跨页包含第 2 页和第 3 页，这里显示的是完成的新闻稿。

图4.1

注意：完成本课的任务时，请根据需要随意地移动面板和修改缩放比例。

4.2 使用图层

创建和修改对象之前，应该了解 InDesign 中图层的工作原理。默认情况下，每个新 InDesign

文档只包含一个图层（图层 1）。用户创建文档时，可随时修改图层的名称以及添加图层。通过将对象放在不同的图层中，可方便地选择和编辑它们。通过图层面板可选择、显示、编辑和打印单个图层、图层组或全部图层。

文档 04_Objects.indd 包含 2 个图层，通过这些图层可了解到图层的堆叠顺序以及对象在图层中的位置将极大地影响文档的设计效果。

图层简介

可将图层视为堆叠在一起的透明胶片。创建对象时，可将其放在选定的图层中，还可在图层之间移动图像，每个图层都包含一组对象。

图层面板（“窗口”→“图层”）显示了一组文档图层，让用户能够创建、管理和删除图层。图层面板让用户能够显示图层中所有对象的名称以及显示、隐藏或锁定各个对象。单击图层名称左边的三角形，可显示 / 隐藏该图层中所有对象的名称。

通过使用多个图层，可创建和编辑文档的特定区域和特定类型的内容，而不影响其他区域或其他类型的内容。例如，如果文档因包含很多大型图形而打印速度缓慢，可将文档中的文本放在一个独立的图层中（如图 4.2 所示），这样，在需要对文本进行校对时，就可隐藏所有其他的图层，从而只将文本图层快速打印出来。还可使用图层为同一个版面显示不同的设计思路或为不同地区提供不同的广告版本。

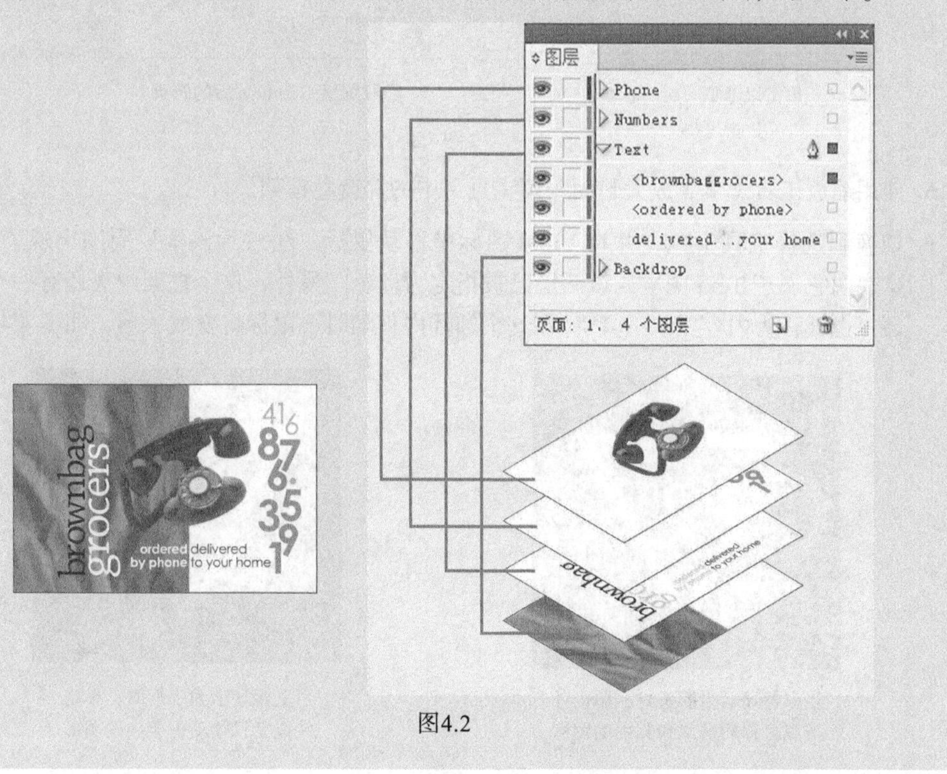

图4.2

1. 单击图层面板图标或选择菜单“窗口”→“图层”，以打开图层面板。

2. 在图层面板中，如果没有选中图层 Text，通过单击选中它。呈高亮显示表明图层被选中。注意到其图层名的右边将出现一个钢笔图标（ ），这表明该图层是目标图层，导入或创建的任何东西都将放到该图层中。

3. 单击图层名 Text 左边的小三角形，将在该图层名下面显示该图层中的所有组和对象。使用该面板的滚动条查看列表中的名称，然后再次单击该三角形隐藏它们。

4. 单击图层名 Graphics 最左边的眼睛图标（ ），则该图层中的所有对象都将被隐藏。眼睛图标让用户能够显示 / 隐藏图层。隐藏图层后，眼睛图标将消失，单击空框将显示图层的内容，如图 4.3 所示。

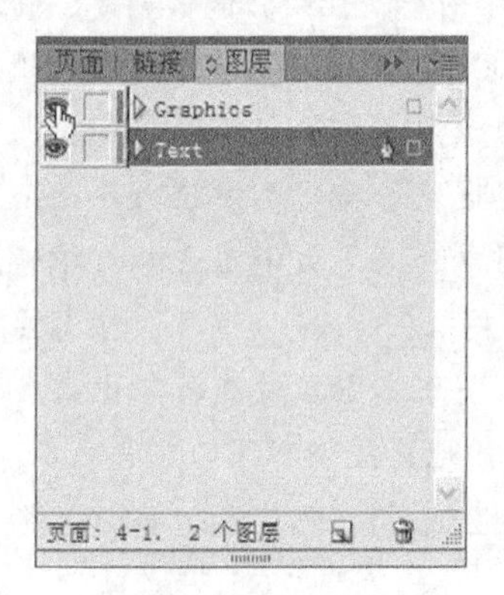

单击以隐藏图层内容

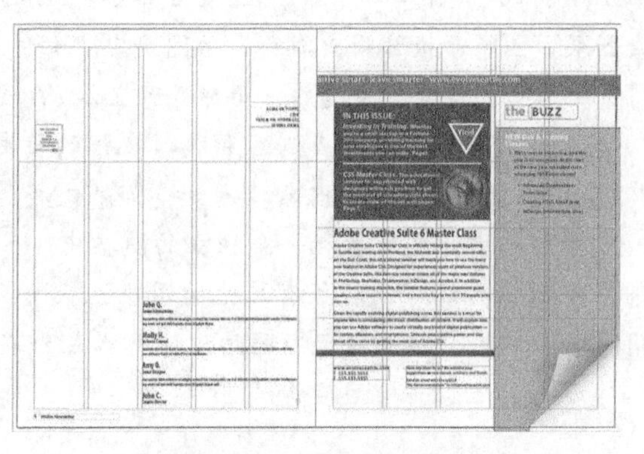

隐藏图层 Graphics 后的跨页

图4.3

5. 使用缩放工具（ ）放大封面（第 1 页）中的深蓝色框架。

6. 切换到选择工具（ ），并在 Yield 图标中移动鼠标。注意到该框架周围出现了蓝色边框，这表明它属于 Text 图层，该图层已被指定为蓝色。另外，这个框架中央还有一个透明的圆环（也被称为内容抓取工具）。在这个圆环内移动时，鼠标将变成手形，如图 4.4 所示。

当鼠标显示为箭头时，单击并拖曳可移动框架和其中的图形

当鼠标显示为手形时，单击并拖曳只移动框架内的图形

图4.4

7. 将鼠标指向 Yield 标志下方的圆形图形框架，注意到这个框架的边框为红色——给图层 Graphics 指定的颜色。

8. 将鼠标重新指向包含 Yield 标志的框架，确保显示的是箭头，再在图形框架内单击以选择它。

注意，在图层面板中，图层 Text 被选中且其图层名右边有一个蓝色方块，这表明被选中的对象属于该图层。在图层面板中，可通过拖曳该方块将对象从一个图层移到另一个图层。

9. 在图层面板中，将蓝色方块从图层 Text 拖放到图层 Graphics。现在，Yield 标志属于图层 Graphics，且位于最上面，如图 4.5 所示。

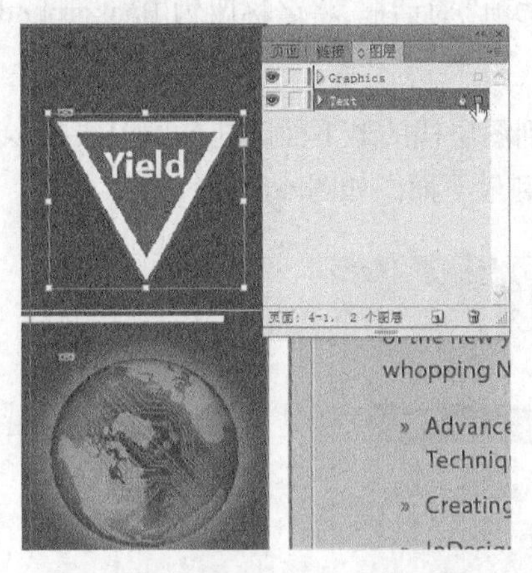

选择图像并在图层面板中拖曳其图标

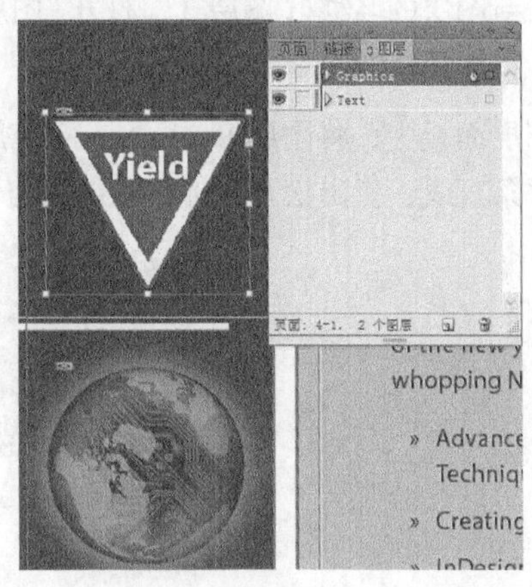

结果

图4.5

10. 单击图层 Graphics 左边的图层锁定框（ ）将该图层锁定，如图 4.6 所示。

11. 选择菜单“视图”→“使页面适合窗口”。

下面新建一个图层，并将现有内容移到该图层。

12. 单击图层面板底部的“创建新图层”按钮（ ），如图 4.7 所示。由于当前选择的图层是 Graphics，因此创建的新图层位于图层 Graphics 上面。

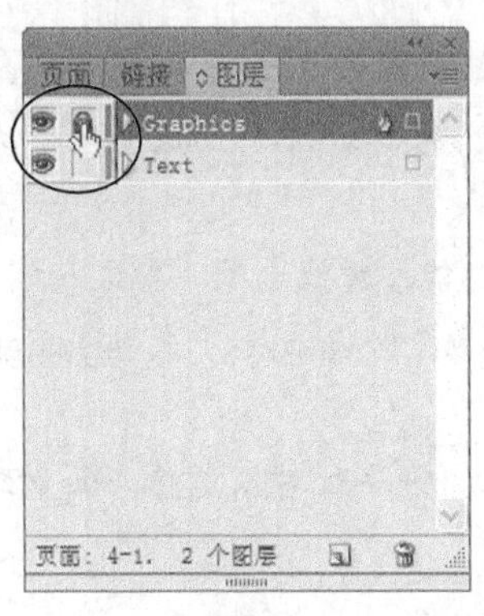

图4.6

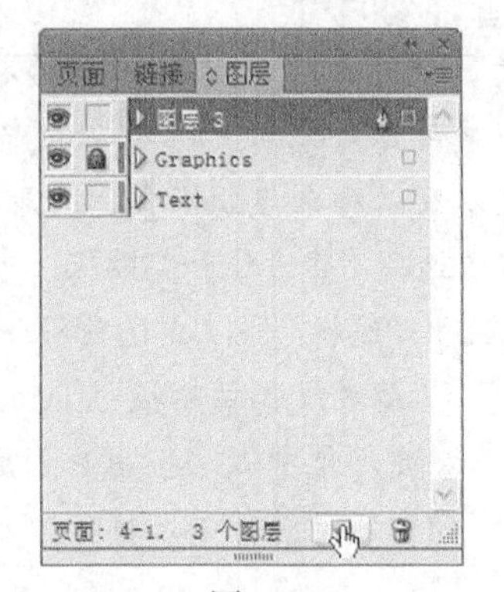

图4.7

提示：如果按住 Alt（Windows）或 Option（Mac OS）键并单击“创建新图层”按钮，将打开“新建图层”对话框，能够在创建图层的同时给它命名。

如果按住 Ctrl（Windows）或 Command（Mac OS）键并单击“创建新图层”按钮，将在当前选定图层下方添加一个新图层。

如果按住 Ctrl + Alt（Windows）或 Command + Option（Mac OS）并单击“创建新图层”按钮，将打开“新建图层”对话框，并在关闭该对话框后，在当前选定图层下方添加一个新图层。

13. 双击新图层的名称（“图层 3”）打开“图层选项”对话框，将名称改为 Background，并单击“确定”按钮。

14. 在图层面板中，将图层 Background 拖放到图层栈的最下面。拖曳到图层 Text 下方时将出现一条直线，指出松开鼠标后该图层将移到最下面，如图 4.8 所示。

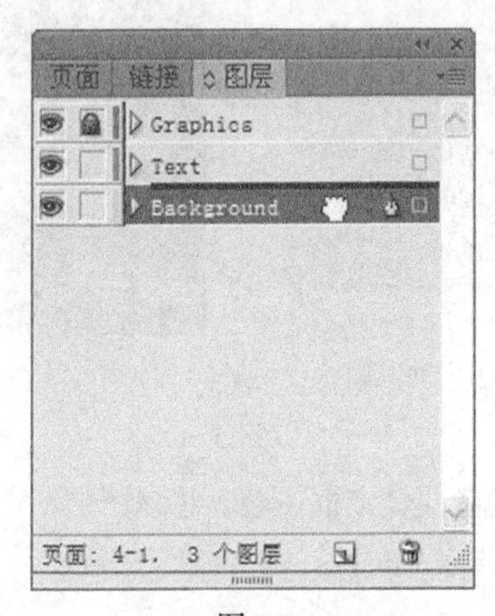

图4.8

15. 选择菜单“文件”→“存储”。

使用智能参考线

使用智能参考线让用户能够精确地创建对象和指定其位置。有了智能参考线后，用户可让对象与其他对象的中心和边缘对齐、将其放在页面的垂直和水平方向的中央以及让对象与分栏和栏间距的中点对齐。

在首选项“参考线和粘贴板”中，可启用 4 个智能参考线选项。要进入该首选项，可选择菜单“编辑”→“首选项”→“参考线和粘贴板”（Windows）或 InDesign →“首选项”→“参考线和粘贴板”（Mac OS）。

- 对齐对象中心：当用户创建或移动对象时，将导致对象边缘与页面或跨页中的其他对象的中心对齐。

- 对齐对象边缘：当用户创建或移动对象时，将导致对象边缘与页面或跨页中的其他对象的边缘对齐。
- 智能尺寸：当用户创建对象、对其进行旋转或调整大小时，将导致对象的宽度、高度或旋转角度与页面或跨页中其他对象的尺寸对齐。
- 智能间距：让用户能够快速排列对象，使其间距相等。

要启用/禁用智能参考线，可使用命令“智能参考线”（“视图”→“网格和参考线”→“智能参考线”）；也可以使用应用程序栏的下拉列表“视图选项”来启用/禁用智能参考线，至此智能参考线默认被启用。

为熟悉智能参考线，创建一个包含多栏的单页文档：在“新建文档”对话框中，单击按钮“边距和分栏”，再将“栏数”设置为大于1的值。

1. 从工具面板中选择矩形框架工具（ ）。单击左边距参考线并向右拖曳，当鼠标位于分栏中央、栏间距中央或页面水平方向的中央时，都将出现一条智能参考线。在参考线出现时松开鼠标。
2. 在仍选择了矩形框架工具的情况下，单击上边距参考线并向下拖曳。注意到当鼠标位于创建的第一个矩形框架的上边缘、中心、下边缘或页面垂直方向的中央时，都将出现一条智能参考线。
3. 使用矩形框架工具在页面的空白区域再创建一个对象。缓慢地拖曳鼠标并仔细观察。每当鼠标到达其他任何对象的边缘或中心时，都将出现智能参考线。另外，当新对象的高度或宽度与其他对象相等时，正在创建的对象以及高度或宽度匹配的对象旁边都将出现水平或垂直参考线（或两者），且参考线两端都有箭头。
4. 关闭该文档，但不保存所做的修改。

4.3 创建和修改文本框架

在大多数情况下，文本都放在框架内，也可使用路径文字工具（ ）沿路径排文。框架的大小和位置决定了文本出现在页面中的位置。文本框架可使用文字工具来创建，并可使用各种工具进行编辑，在本节中读者就将这样做。

4.3.1 创建文本框架并调整其大小

下面创建一个文本框架并调整其大小，然后调整另一个框架的大小。

1. 在页面面板中，双击第4页的页面图标以显示该页，再选择菜单“视图”→“使页面适合窗口”。
2. 在图层面板中，单击图层Text以选择它。这样创建的所有内容都将放到图层Text中。
3. 从工具面板中选择文字工具（T），将鼠标指向第1栏的左边缘与大约22p处的水平参考线的交点，单击鼠标并拖曳以创建一个与第 2 栏的右边缘对齐且高度大约 8p 的框架，如图 4.9 所示。

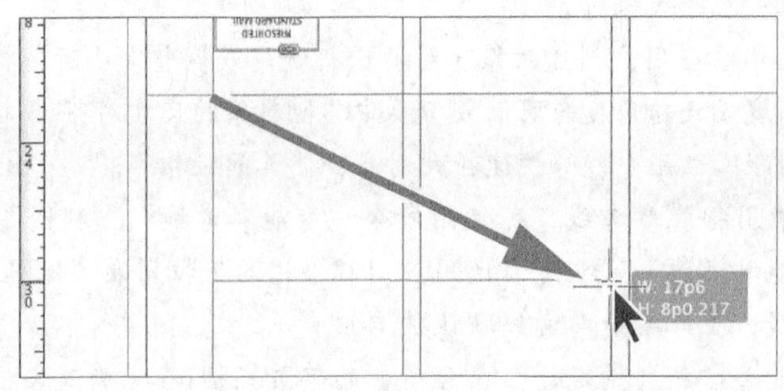

图4.9

4. 使用缩放工具（ ）放大该文本框架，再选择文字工具。

5. 在新建的文本框架中输入 Customer，按 Shift 和 Enter 键换行（这样不会创建新段落），再输入 Testimonials。单击文本的任何地方以选择这个段落。

下面对该文本应用段落样式。

> **提示**：应用段落样式之前并不需要选择整个段落，而只需在段落中的任何位置单击即可。

6. 单击段落样式面板图标或选择菜单“文字”→“段落样式”，以打开该面板。单击样式 Testimonials 将其应用于选定的段落，如图 4.10 所示。

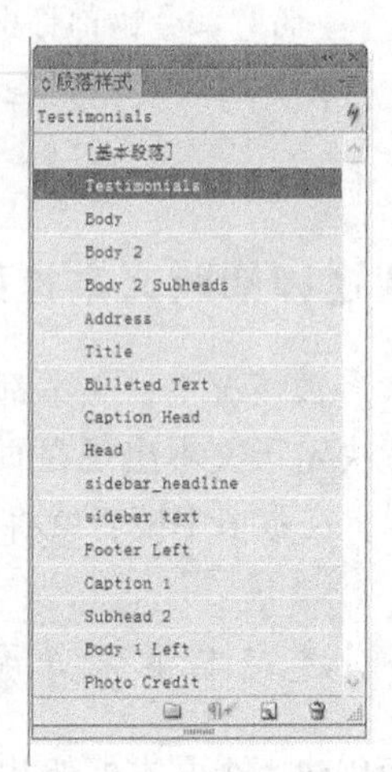

图4.10

有关样式的更详细信息，请参阅第 9 课。

7. 使用选择工具（ ）双击选定文本框架底部中央的手柄，使文本框架的高度适合文本，如图 4.11 所示。

通过双击使文本框架高度适合文本

结果

图4.11

8. 选择菜单“视图”→“使跨页适合窗口”，再按Z暂时切换到缩放工具或选择缩放工具（🔍）并放大封面（第1页）中最右边的栏。使用选择工具选择文本The Buzz下面的文本框架，该文本框架包含文本“NEW Day & Evening Classer…”

该文本框架右下角的红色加号（⊞）表明该文本框架中有溢流文本，溢流文本是因文本框架太小而看不见的文本。下面通过修改文本框架的大小和形状来解决这个问题。

9. 拖曳选定文本框架下边缘中央的手柄，以调整文本框架的高度直到其下边缘与48p0处的参考线对齐。当鼠标接近边距参考线时，鼠标形状将发生变化，指出文本框架将与该参考线对齐，如图4.12所示。

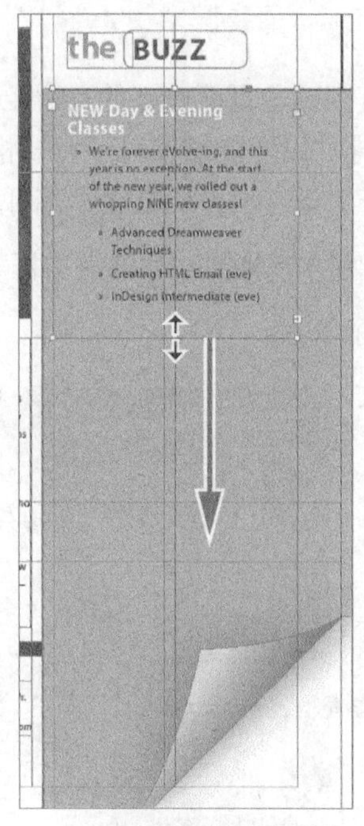

通过拖曳下边缘中央的手柄以调整文本框架的大小

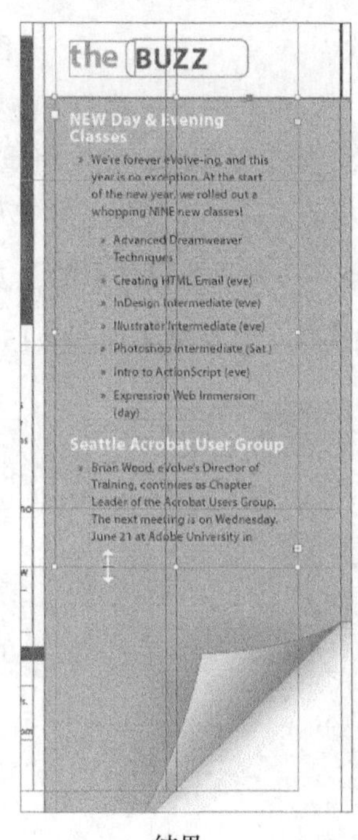

结果

图4.12

10. 选择菜单“编辑”→“全部取消选择”，再选择菜单“文件”→“存储”。

4.3.2 调整文本框架的形状

在本课前面，读者使用选择工具拖曳手柄来调整文本框架的大小。下面使用直接选择工具拖曳锚点来调整文本框架的形状。

> **提示**：如果要同时调整文本框架和其中的文本字符的大小，可选择文本框架，再双击"缩放工具"（ ）——该工具在工具面板中与自由变换、旋转和切变工具位于一组；也可在使用选择工具拖曳文本框架手柄时按住 Ctrl（Windows）或 Command（Mac OS）。按住 Shift 键可保持文本和框架的长宽比不变。

1. 在工具面板中单击直接选择工具（ ），再在刚才调整了其大小的文本框架上单击。现在，选定文本框架的角上将出现 4 个非常小的锚点。这些锚点是空心的，表明没有被选中，如图 4.13 所示。

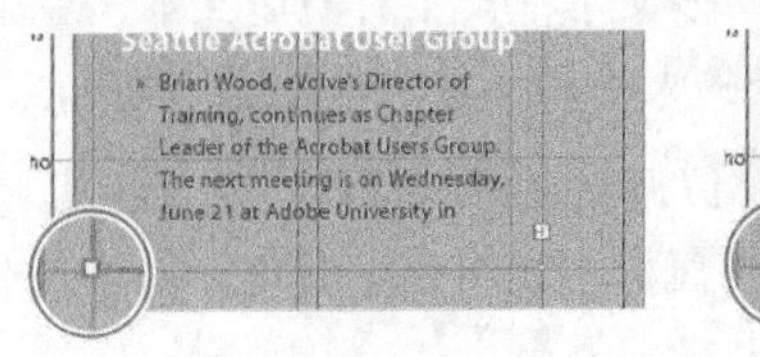

A. 未选中的锚点

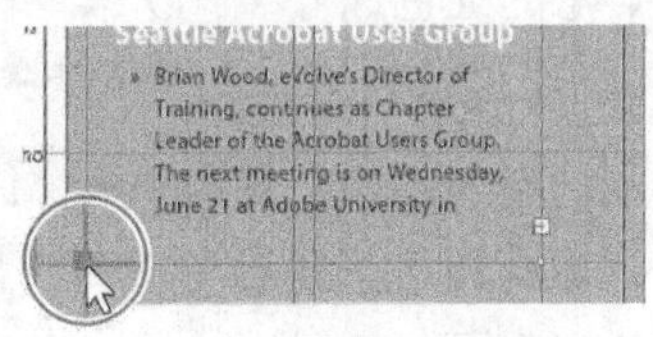

B. 选中的锚点

图4.13

2. 选择文本框架左下角的锚点，并向下拖曳直到到达页面底部的页边距参考线，再松开鼠标，如图 4.14 所示。拖曳鼠标时，文本将重新排文以便能够实时预览。松开鼠标后，注意文本框架右下角显示的溢流文本标识（红色加号）没有了，所有文本都可见。

确保拖曳的是锚点——如果拖曳锚点的上方或右方，将同时移动文本框架的其他角。

3. 按 V 键切换到选择工具，结果如图 4.15 所示。

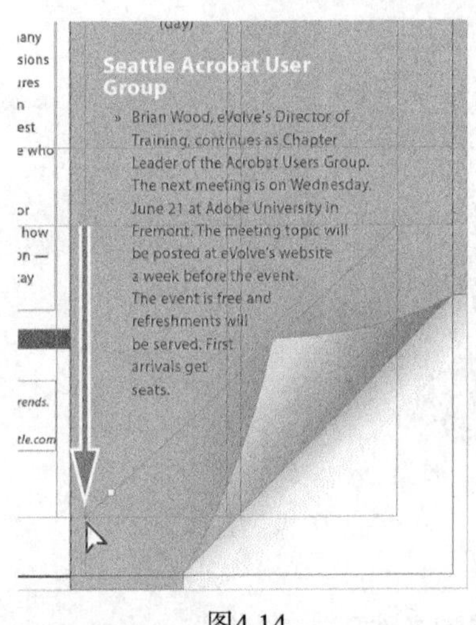

图4.14

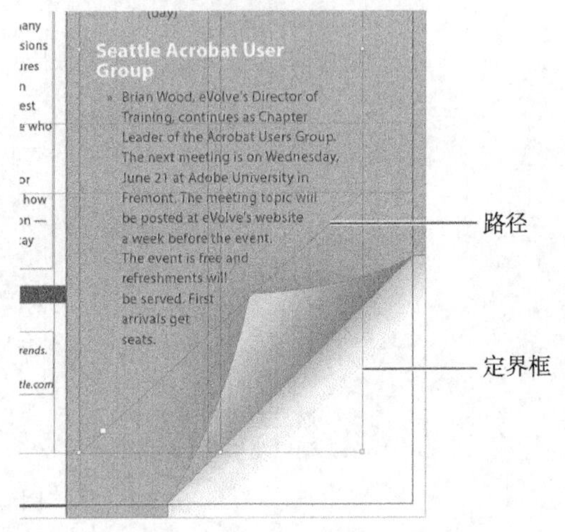

图4.15

4. 取消选择所有对象，再选择菜单“文件”→“存储”。

4.3.3 创建多栏

下面将一个现有文本框架转换为多栏的。

1. 选择菜单“视图”→“使跨页适合窗口”，再使用缩放工具（🔍）放大封底（第 4 页）右下角的 1/4。使用选择工具（▶）选择以文本“John Q.”打头的文本框架。

2. 选择菜单“对象”→“文本框架选项”。在“文本框架选项”对话框中，在“栏数”文本框中输入 3，在“栏间距”文本框中输入 0p11，如图 4.16 所示。栏间距指定了两栏之间的距离。单击“确定”按钮。

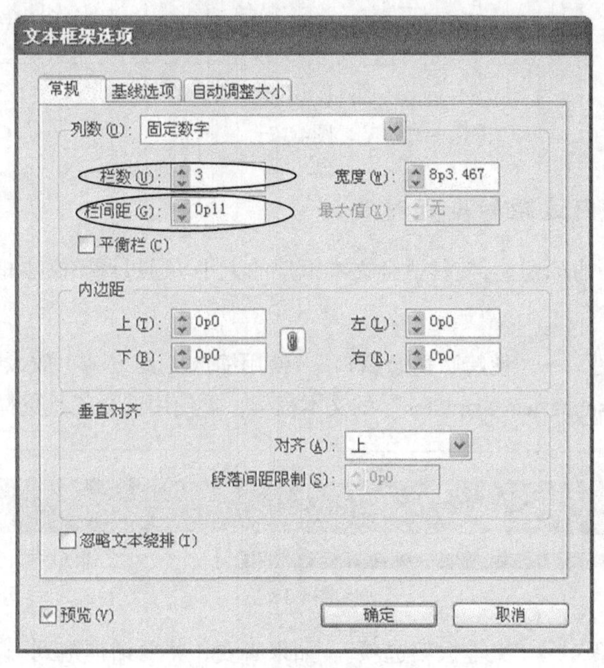

图4.16

3. 为让每栏都以标题开始，选择文字工具（T），将光标放在姓名“Amy O.”的前面，并选择菜单“文字”→“插入分隔符”→“分栏符”，这将导致“Amy O.”进入第 2 栏开头。在姓名“Jeff G.”前面也插入一个分栏符。

4. 选择菜单“文字”→“显示隐含的字符”以便能够看到分隔符，如图 4.17 所示。如果“文字”菜单底部显示的是“不显示隐藏字符”而不是“显示隐含的字符”，则表明隐含的字符已经显示出来了。

> **提示：**也可以这样显示隐含的字符：从应用程序栏的“视图选项”下拉列表中选择“隐藏字符”。

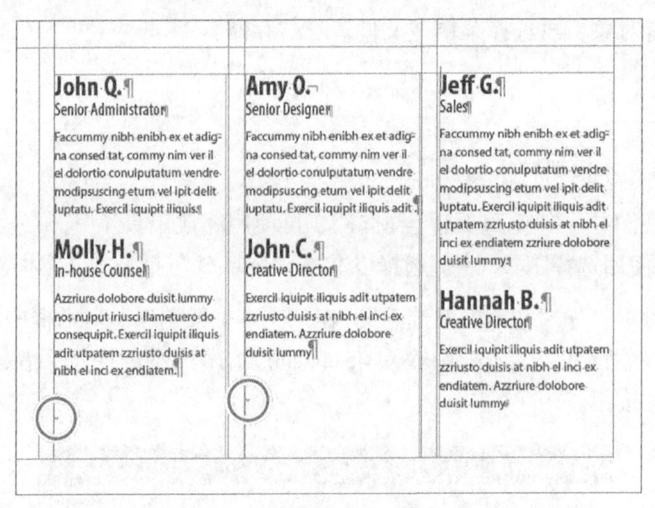

圆圈标出了分栏符

图4.17

4.3.4 调整文本框内边距和垂直对齐

接下来处理封面上的标题栏，使其适合文本框架的大小。通过调整文本框和文本之间的内边距，可提高文本的可读性。

1. 选择菜单“视图”→“使跨页适合窗口”，使用缩放工具（🔍）放大封面（第 1 页）顶部包含文本“arrive smart. leave smarter.”的文本框架，再使用选择工具选择它，如图 4.18 所示。

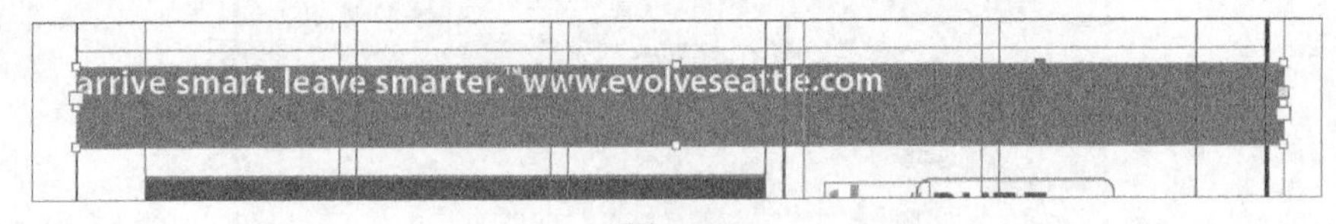

图4.18

2. 选择菜单“对象”→“文本框架选项”。如果必要，将对话框拖到一边，以便设置选项时能够看到标题栏。

3. 在“文本框架选项”对话框中，确保选中了复选框“预览”；然后，单击“内边距”部分的“将所有设置设为相同”按钮（ ）禁用它，以便能够独立地修改左内边距。将“左”值改为 3p0，这将文本框架的左边距右移 3p，然后将“右”值改为 3p9。

4. 在“文本框架选项”对话框的“垂直对齐”部分，从“对齐”下拉列表中选择“居中”（如图 4.19 所示），再单击“确定”按钮。

5. 选择文字工具（T），再单击 www.evolveseattle.com 的左边以放置一个插入点。为移动这个 URL 文本，使其与前面指定的右内边距对齐，选择菜单“文字”→“插入特殊字符”→“其他”→“右对齐制表符”，结果如图 4.20 所示。

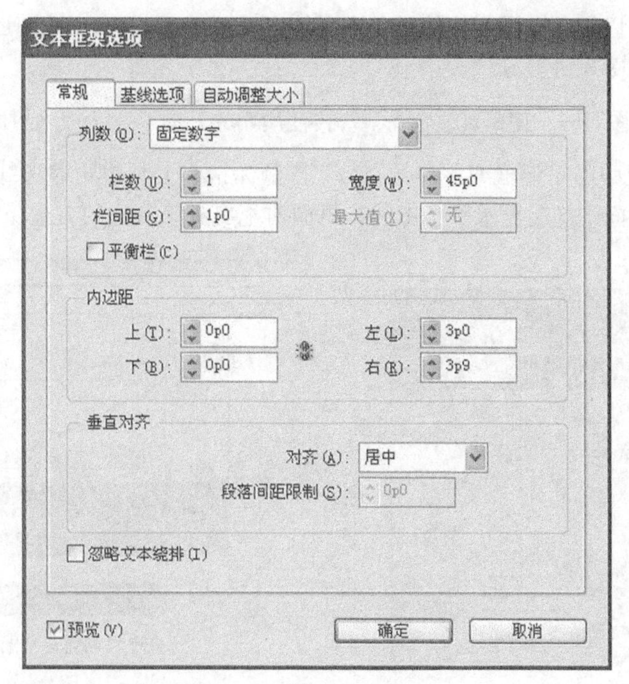

图4.19

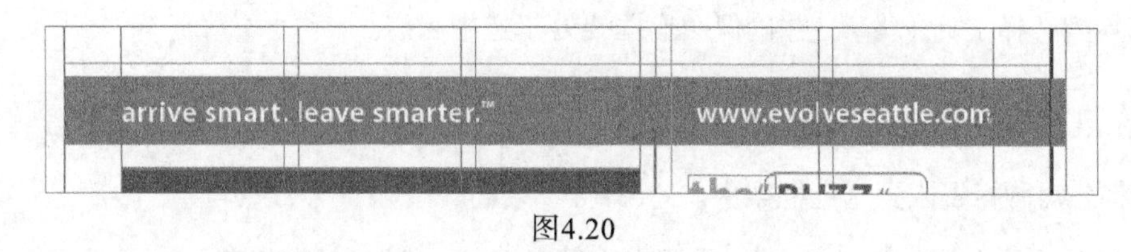

图4.20

6. 选择菜单“编辑”→“全部取消选择”，再选择菜单“文件”→“存储”。

4.4 创建和修改图形框架

下面可以将公司徽标和职员照片加入到跨页中了。本节重点介绍各种创建和修改图形框架及其内容的方法。

由于要处理的是图形而不是文本，因此必须确保图形位于图层 Graphics 而不是 Text 中。通过将内容放在不同的图层中，可使查找和编辑设计元素更容易。

4.4.1 新建图形框架

下面首先在封面（第一个跨页的右对页）中创建一个用于放置公司徽标的框架。

1. 如果图层面板不可见，单击其图标或选择菜单“窗口”→“图层”。

2. 在图层面板中，单击 Graphics 图层左边的锁定图标以解除对该图层的锁定；单击图层 Text

左边的空框，以锁定该图层；然后单击图层名 Graphics 以选定该图层，以便将新元素加入到该图层，如图 4.21 所示。

3. 选择菜单“视图”→“使跨页适合窗口”，再使用缩放工具（🔍）放大封面（第 1 页）的左上角。

4. 选择工具面板中的矩形框架工具（⊠），将鼠标指向上页边距参考线和左页边距参考线的交点，单击并向下拖曳至水平参考线，再向右拖曳到第一栏的右边缘，如图 4.22 所示。

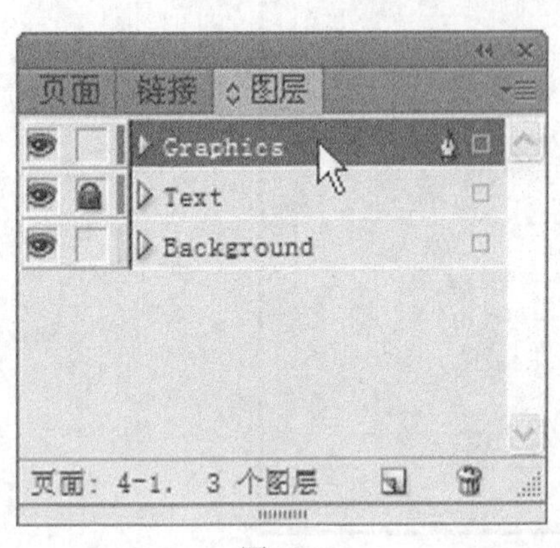

图4.21

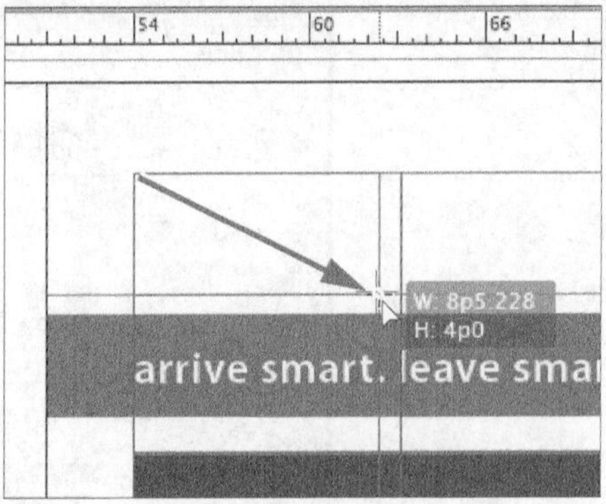

拖曳以创建一个图形框架

图4.22

5. 切换到选择工具（↖），并确保图形框架处于选中状态。

4.4.2 在现有框架中置入图形

下面将公司徽标置入到选定框架中。

1. 选择菜单“文件”→“置入”，再双击文件夹 Lesson04\Links 中的 logo_paths.ai，该图像将出现图形框架中。

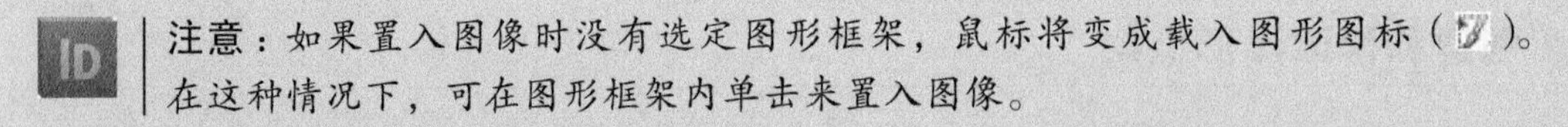

注意：如果置入图像时没有选定图形框架，鼠标将变成载入图形图标（）。在这种情况下，可在图形框架内单击来置入图像。

2. 为确保以最高分辨率显示该图像，选择菜单“对象”→“显示性能”→“高品质显示”，结果如图 4.23 所示。

图4.23

4.4.3 调整图形框架的大小

创建的图形框架不够宽，无法显示整个徽标，下面加宽该框架以显示隐藏的部分。

1. 使用选择工具（）单击徽标图形。确保单击的不是框架中心的内容抓取工具，否则选择的将是图形而非框架。

2. 拖曳框架右边缘中央的手柄以显示整个徽标，如图 4.24 所示。拖曳手柄时暂停一会儿，将显示整个徽标，很容易看清框架边缘超出了徽标边缘。确保拖曳的是小的白色手柄，而不是大的黄色手柄。黄色手柄能够添加角效果，将在本课后面学习更多有关角效果的内容。

图4.24

3. 选择菜单“编辑”→“全部取消选择”，再选择菜单“文件”→“存储”。

4.4.4 在没有图形框架的情况下置入图形

本新闻稿使用了该徽标的两个版本，分别用于封面和封底。可以选择刚置入的徽标，再使用“编辑”菜单中的“复制”和“粘贴”命令将其添加到封底，但这里不这样做（本课后面将这样做）。下面导入该徽标图形而不先创建图形框架。

1. 选择菜单“视图”→“使跨页适合窗口”，再使用缩放工具（）放大封底（第 4 页）的右上角。

2. 选择菜单“文件”→“置入”，再双击文件夹 Lesson04\Links 中的 logo_paths.ai，鼠标将变成载入图形图标（）。

3. 将载入图形图标指向最右边一栏的左边缘，且位于经过旋转的包含寄信人地址的文本框架下方。拖曳鼠标到该栏的右边缘，再松开鼠标。注意到拖曳鼠标时显示了一个矩形，该矩形的长宽比与徽标图像相同，如图 4.25 所示。

图4.25

> **提示**：如果在页面的空白区域单击，而不是单击并拖曳，图像将以 100% 的比例放置到单击的地方。

不需要像以前那样调整该框架的大小，因为该框架显示了整幅图像。该图形仍需要旋转，但将在本课后面这样做。

4. 选择菜单“编辑”→“全部取消选择”，再选择菜单“文件”→“存储”。

4.4.5 在框架网格中置入多个图形

本新闻稿的封底还应包含 6 张照片。读者可分别置入这些照片，再分别调整每张照片的位置，但由于这些照片将排列在一个网格内，因此可同时置入它们并将其排列在网格内。

1. 选择菜单“视图”→“使跨页适合窗口”。
2. 选择菜单“文件”→“置入”，切换到文件夹 Lesson04\Links，单击图形文件 01JohnQ.tif 以选择它，再按住 Shift 键并单击文件 06HannahB.tif 以选择全部 6 张照片。单击“打开”按钮。
3. 将载入图形图标（）指向页面上半部分的水平参考线和第三栏左边缘的交点，如图 4.26 所示。
4. 向右边拖曳鼠标，拖曳时按上箭头键一次并按右箭头键两次。按箭头键时，代理图像将变成矩形网格，这指出了图像的网格布局。

> **提示**：使用任何框架创建工具（矩形框架、多边形框架和文字工具等）时，通过在拖曳时按箭头键可创建多个间隔相等的框架。

5. 继续拖曳鼠标，直到鼠标与右边距参考线和下边水平参考线的交点对齐，再松开鼠标。在包含 6 个图形框架网格中显示了置入的 6 张照片，如图 4.27 所示。

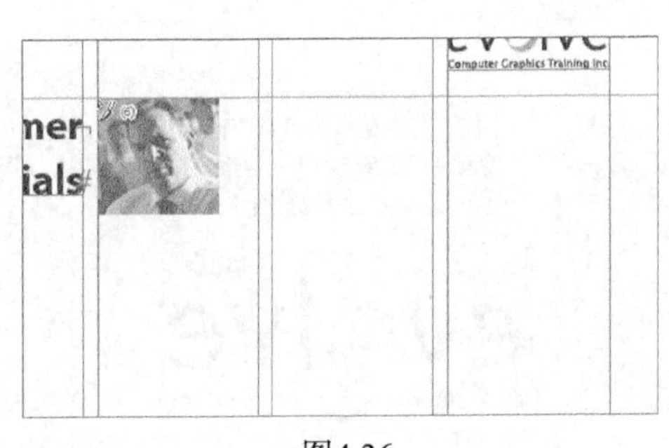

图4.26

图4.27

6. 选择菜单“编辑”→“全部取消选择”，再选择菜单“文件”→“存储”。

4.4.6 在框架内移动图像及调整其大小

置入这 6 张照片后，下面调整大小和位置，让它们充满图形框架并被正确地裁剪。

> **注意：**在以前的 InDesign 版本中，通常的做法是使用直接选择工具来调整框架中图像的大小。但自从 InDesign CS5 引入内容抓取工具后，用户就可使用选择工具来完成所有图像编辑工作了。

图形框架同其内容是相互独立的元素，不同于文本对象，图形框架及其内容都有独立的定界框。调整图形大小的方式与调整框架相同，但在调整图形大小前要先选择其定界框。

1. 切换到选择工具（ ），将鼠标指向 JohnQ 图像（左上角的图像）中的内容抓取工具。当鼠标位于内容抓取工具上时，鼠标将变成手形（ ）。单击以选择图形框架的内容（即图像本身），如图 4.28 所示。
2. 按住 Shift 键并将图形下边缘中央的手柄向下拖曳到图形框架的下边缘；将图形上边缘中央的手柄向上拖曳到框架的上边缘，结果如图 4.29 所示。按住 Shift 键可保持图形比例不变，以免图形发生扭曲。如果在开始拖曳前暂停一段时间，将看到被隐藏的图形区域的图像，这被称为动态预览。

> **提示：**使用选择工具调整图像大小时，按住 Shift + Alt（Windows）或 Shift + Option（Mac OS）可确保图像的中心位置和长宽比不变。

单击前

结果

图4.28

图4.29

3. 确保图像填满了图形框架。
4. 对第一行的其他两幅图像重复第 1 步～第 3 步，结果如图 4.30 所示。

> **提示：**将位图图像扩大到原始尺寸的 120% 后，对于高分辨率的胶版印刷来说，图像可能没有包含足够的像素信息。对于要印刷的文档，如果不知道其分辨率和缩放要求，请向服务提供商咨询。

图4.30

下面将使用另一种方法调整其他 3 张照片的大小。

5. 选择第二行左边的图像。既可以选择图像框架，也可以选择图像内容。

6. 选择菜单“对象”→“适合”→“按比例填充框架”。这将放大该图像，使其填满框架。现在，图像的一小部分被框架右边缘裁剪掉了。

提示：也单击鼠标右键（Windows）或按住 Control 并单击（Mac OS）来打开上下文菜单，再通过该菜单访问“适合”命令。

7. 对第二行的其他两幅图像重复第 5 步和第 6 步，结果如图 4.31 所示。

图4.31

8. 选择菜单“编辑”→“全部取消选择”，再选择菜单“文件”→“存储”。

通过拖曳框架（而不是内容）的手柄，并按住 Shift +Ctrl（Windows）或 Shift +Command（Mac OS），将同时调整框架和图像的大小。按住 Shift 键可确保定界框的比例不变，以免图像发生扭曲。如果图像扭曲无关紧要，则可不按住 Shift 键。

下面调整有些照片之间的间隙，对网格布局进行微调。

4.4.7 调整框架之间的间隙

间隙工具（|↔|）能够选择并调整框架之间的间隙。下面使用该工具调整第一行中两幅图像之间的间隙，然后调整第 2 行中两幅图像之间的间隙。

1. 选择菜单“视图”→“使页面适合窗口”。按住 Z 键暂时切换到缩放工具（），放大第一行右边的两幅图像，然后松开 Z 键返回到选择工具。

2. 选择间隙工具（）并将鼠标指向这两幅图像的垂直间隙。间隙将呈高亮显示，并向下延伸到它们下面的两幅图像的底部。

3. 按住 Shift 键并将该间隙向右拖曳一个栏间距的宽度，让左边图像框架的宽度增加一个栏间距，而右边图形框架的宽度减少一个栏间距，如图 4.32 所示。如果拖曳时没有按住 Shift 键，将会同时移动下面两幅图像之间的间隙。

图4.32

4. 选择菜单“视图”→“使页面适合窗口”。按 Z 暂时切换到缩放工具并放大第二行左边的两幅图像。

5. 在选择了间隙工具（）的情况下，将鼠标指向这两幅图像之间的垂直间隙。按住 Shift +Ctrl（Windows）或 Shift +Command（Mac OS）并拖曳，将该间隙的宽度从一个栏间距增加到大约 3 个栏间距，如图 4.33 所示。需要向左拖曳还是向右拖曳呢？这取决于单击时距离哪幅图像更近。在松开修正键之前松开鼠标，这很重要。

图4.33

6. 选择菜单“视图”→“使页面适合窗口”，再选择菜单“文件”→“存储”。

封底（第 4 页）的图像网格就制作好了。

4.5 给图形框架添加元数据题注

InDesign CS6 能够根据存储在原始图形文件中的元数据信息为置入的图形自动生成题注。下面使用元数据信息自动给这些照片添加摄影师的名字。

1. 在选择了选择工具（）的情况下，按住 Shift 键并单击这 6 个图形框架以选择它们。

2. 单击链接面板图标，再从其面板菜单中选择“题注”→“题注设置”。

> **提示：**也可通过选择菜单“对象”→“题注”→“题注设置”来打开“题注设置”对话框。

3. 在“题注设置”对话框中，进行如下设置（如图4.34所示）：

- 在“此前放置文本”文本框中输入Photo by（确保在by后输入一个空格）；
- 从“元数据”下拉列表中选择“作者”，保留“此后放置文本”文本框为空白；
- 从“对齐方式”下拉列表中选择“图像下方”；
- 从“段落样式”下拉列表中选择Photo Credit；
- 在“位移”文本框中输入0p2。

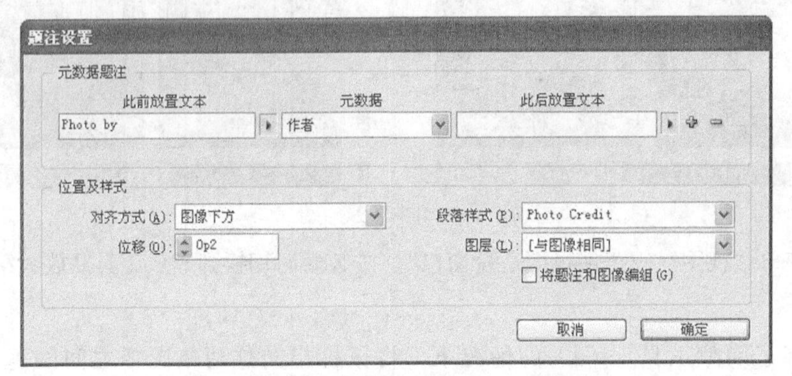

图4.34

4. 单击“确定”按钮存储这些设置并关闭“题注设置”对话框。

5. 从链接面板的面板菜单中，选择“题注”→“生成静态题注”菜单命令，结果如图4.35所示。

图4.35

每个图形文件中都包含名为“作者”的元数据元素，其中存储了摄影师的名字。生成这些照片的题注时将使用该元数据信息。

6. 选择菜单“编辑”→“全部取消选择”，再选择菜单“文件”→“存储”。

4.6 置入并链接图形框架

在封面上，IN THIS ISSUE 框架内有两个导入的图形，而第 3 页也将使用这两幅图来配文章。下面使用 InDesign CS6 新增的“置入和链接”功能，来创建这两幅图的拷贝并放到第 3 页。

不像复制和粘贴命令那样只是创建原始对象的拷贝，置入并链接功能在原始对象和拷贝之间建立父—子关系。如果你修改了父对象，可选择更新子对象。

> **提示：**除在文档内置入并链接对象外，还可在文档之间置入并链接对象。

1. 选择菜单“视图”→“使跨页适合窗口”。

2. 选择内容收集器工具（），注意到窗口底部出现了空的内容传送装置面板。

3. 将鼠标指向第 1 页的 Yield 标志，注意到它周围出现了很粗的红色边框，这表明这个图形框架位于图层 Graphics。单击该图形框架，它将被加入到内容传送装置面板中，如图 4.36 所示。

> **提示：**也可这样将对象加入内容传送装置面板，即选择它们，再选择菜单“编辑”→“置入和链接”。

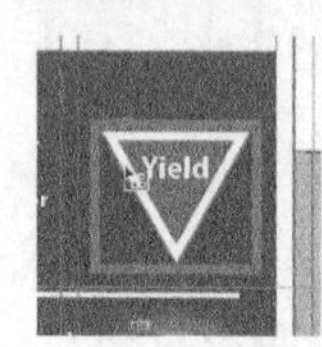

图4.36

4. 单击 Yield 标志下方的圆形图形框架，将其加入到内容传送装置面板中，如图 4.37 所示。

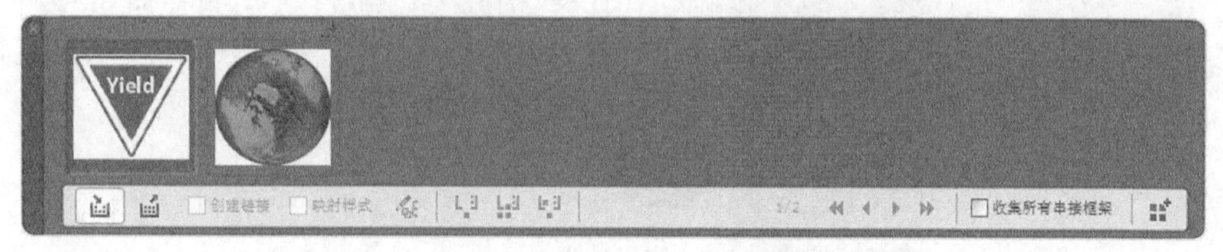

图4.37

5. 打开页面面板，双击第 3 页使其显示在文档窗口中央。

6. 选择内容置入器工具（，它隐藏在内容收集器工具后面，还出现在内容传送装置面板的左下角），鼠标将变成 Yield 标志的缩略图。

7. 选中内容传送装置面板左下角的复选框“创建链接”，如图 4.38 所示。如果不选中该复选框，将只创建原始对象的拷贝，而不会建立父—子关系。

8. 单击上面那篇文章右边的粘贴板，以置入 Yield 标志的拷贝；再单击下面那篇文章右边的粘贴板，以置入圆形图形的拷贝。这些图形框架的左上角有小链条，这表明它们被链接到父对象。

9. 关闭内容传送装置面板。

图4.38

4.6.1 修改并更新父—子图形框架

置入并链接两个图形框架后，下面来看看原始对象与其拷贝之间的父—子关系。

1. 打开链接面板，并调整其大小，以便能够看到所有导入图形的文件名。在列表中，选定的圆形图形（<ks88169.jpg>）呈高亮显示，它下面是置入并链接的另一个图形（<yield.ai>）。文件名两边的大于号和小于号表明这些图形被链接到父对象。注意到列表中还包含两个父对象的文件名，如图 4.39 所示。

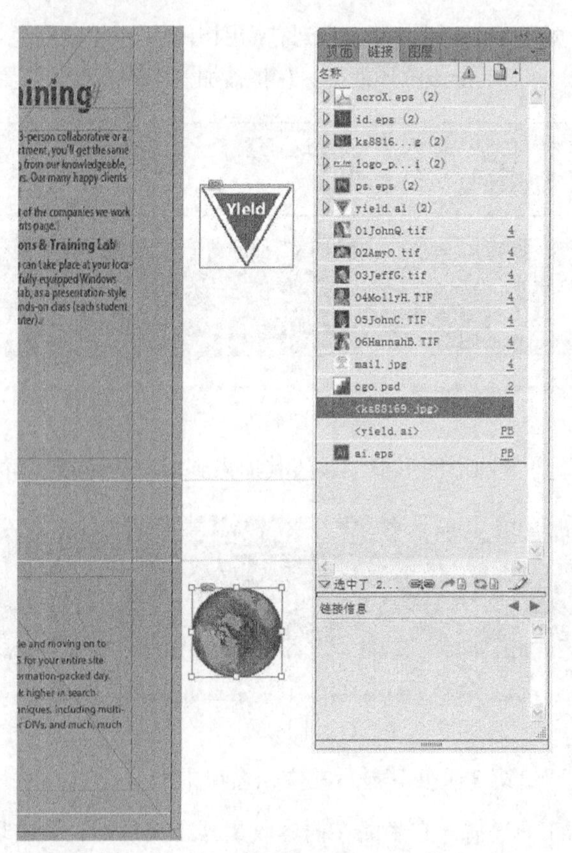

图4.39

2. 使用选择工具（ ）将圆形图形框架移到文章 CSS Master Class 的左边。让图形框架和文章的文本框架的上边缘对齐，并让图形框架的有边缘与文章的文本框架左边的栏参考线对齐，如图 4.40 所示。

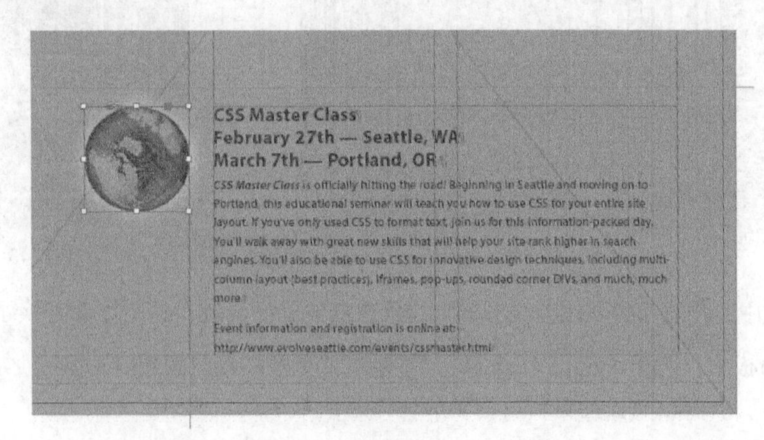

图4.40

3. 切换到第 1 页，再选择其中的圆形图形框架。

4. 在控制面板中，将该框架的描边颜色设置为 [纸色]，并将描边宽度设置为 5 点，如图 4.41 所示。

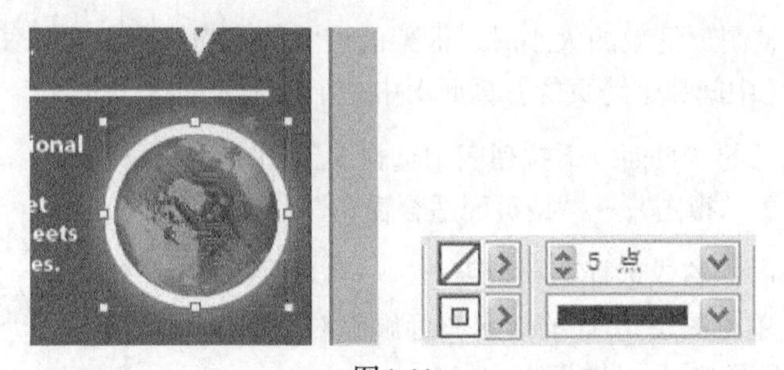

图4.41

5. 在链接面板中，注意到图形 <ks88169.jpg> 的状态变成了“已修改”，这是因为刚才修改了其父对象。

6. 切换到第 3 页，注意到其中的圆形图形框架与封面上的版本不一致。选择该圆形图形框架，再单击链接面板中的“更新链接”按钮（ ）。现在，该框架与其父对象一致了，如图 4.42 所示。

下面将 Yield 标志替换为较新的版本，并更新其子对象。

1. 切换到第 1 页，再选择 Yield 标志。

2. 选择菜单“文件”→“置入”。在“置入”对话框中，确保选中了复选框“替换所选项目”，再双击文件夹 Lesson04\Links 中的文件 yield_new.ai，结果如图 4.43 所示。

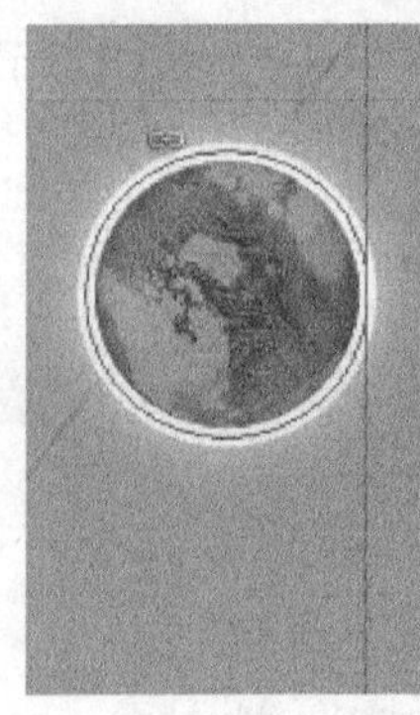

图4.42

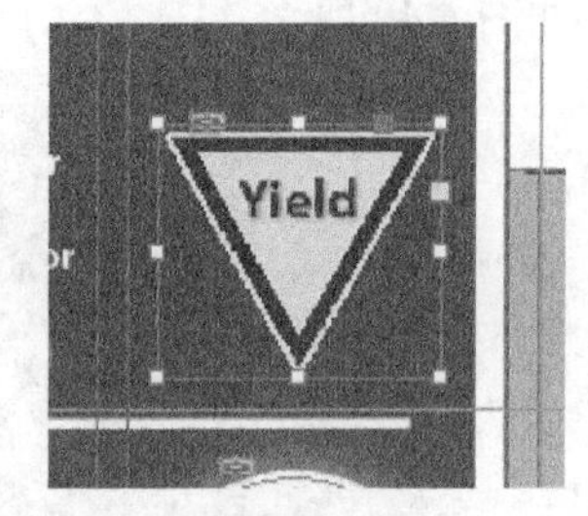

图4.43

在链接面板中，注意文件 <yield_new.ai> 的状态变成了已修改，这是因为替换了其父对象。

3. 在链接面板中，选择 <yield_new.ai>，再单击“更新链接”按钮（ ）。如果愿意，切换到第 3 页，看看粘贴板上更新后的图形，再返回第 1 页。

4. 单击粘贴板以取消选择所有对象，再选择菜单“视图”→“使页面适合窗口”，然后选择菜单“文件”→“存储”。

4.7 调整框架的形状

使用选择工具调整图形框架的大小时，框架的形状始终为矩形。下面使用直接选择工具和钢笔工具来调整第 3 页（中间那个跨页的右页面）中一个框架的形状。

1. 从文档窗口底部的“页面”下拉列表中选择 3，如图 4.44 所示，选择菜单“视图”→“使页面适合窗口”。

2. 单击图层面板的标签或选择菜单“窗口”→“图层”。在图层面板中，单击图层 Text 的锁定图标解除对该图层的锁定，再单击图层 Text 以选择它。

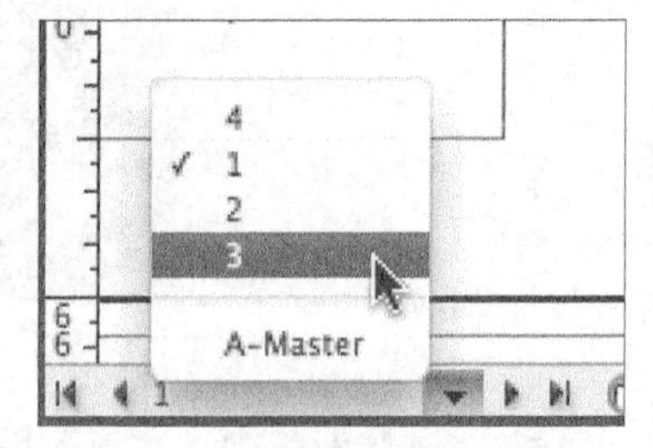

图4.44

下面修改一个矩形框架的形状，进而修改页面的背景。

3. 按 A 键切换到直接选择工具（ ），将鼠标指向覆盖该页面的绿色框架的右边缘，当鼠标右下角出现一条斜线（ ）后单击。这将选择路径并显示框架的 4 个锚点和中心点。不要取消选择该路径。

4. 按 P 键切换到钢笔工具（ ）。

5. 将鼠标指向框架路径的上边缘与第 3 页中第 1 栏的垂直参考线的交点，看到添加锚点工具（ ）后单击（如图 4.45 所示），这将添加一个锚点。将鼠标指向现有路径时，钢笔工具将自动切换到添加锚点工具。

6. 将鼠标指向两栏文本框架下方的水平参考线与出血参考线的交点。再次使用钢笔工具单击以添加新的锚点，如图 4.46 所示。然后，选择菜单“编辑”→“全部取消选择”。

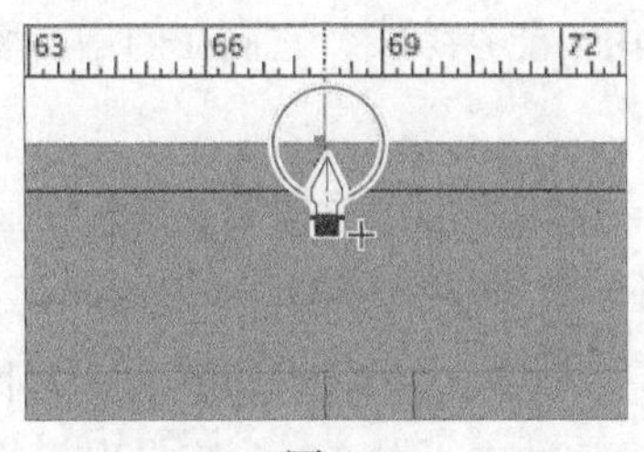

图4.45

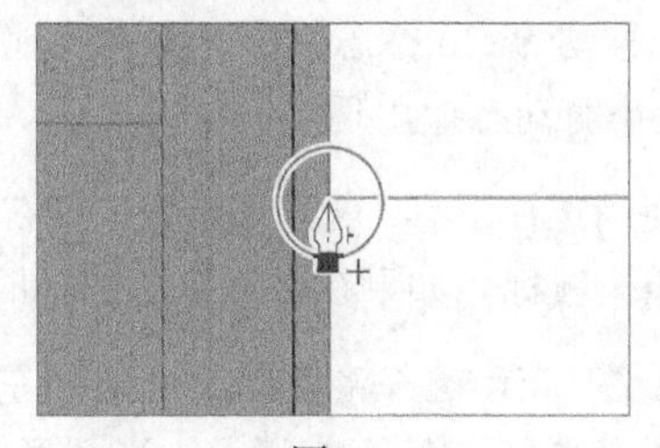
图4.46

刚才创建的两个锚点将成为要创建的不规则形状的角。下面调整绿色框架右上角的锚点的位置，以修改框架的形状。

7. 切换到直接选择工具（ ），单击绿色框架的右上角并向左下拖曳（拖曳前暂停一会儿，以便拖曳时能够看到框架相应地变化）。当该锚点同第 1 栏的右边缘参考线与第 1 根水平参考线（垂直位置为 40p9 的参考线）的交点对齐后松开鼠标，结果如图 4.47 所示。

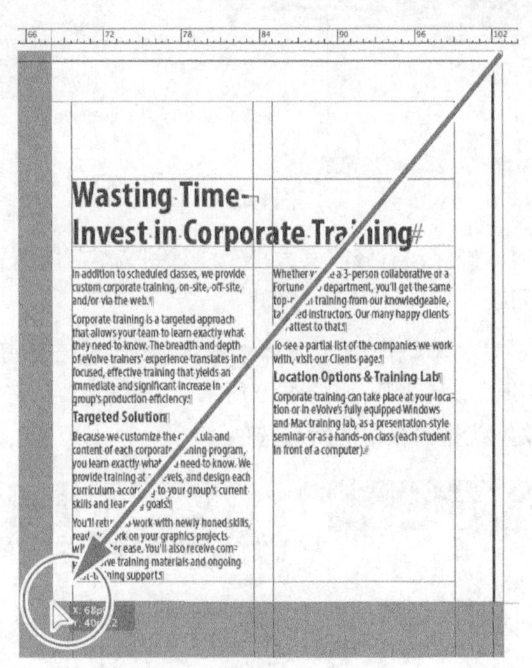

图4.47

至此，图形框架的形状和大小都符合设计要求了。

8. 选择菜单“文件”→“存储”。

4.8 文本绕图

可以让文本沿对象的框架或对象本身绕排。在本小节中，当读者让文本沿 Yield 标志绕排时，将明白沿定界框绕排和沿图形绕排之间的差别。

首先移动 Yield 标志图形。为准确地指定位置，可使用智能参考线，它们在创建、移动对象或调整其大小时动态地出现。

1. 使用选择工具（![选择工具]）选择第 3 页右边缘外面包含 Yield 图像的图形框架，确保在显示箭头时单击鼠标。如果在显示手形图标时单击，选择的将是图形内容而非图形框架。

2. 按住 Shift 键并将该图形框架向左移动（小心不要选择其手柄），使其中心与文本框架的中心对齐，如图 4.48 所示。当图形框架的中心文本框架的中心对齐时，将出现一条垂直智能参考线和一条水平智能参考线；看到这些参考线后松开鼠标。

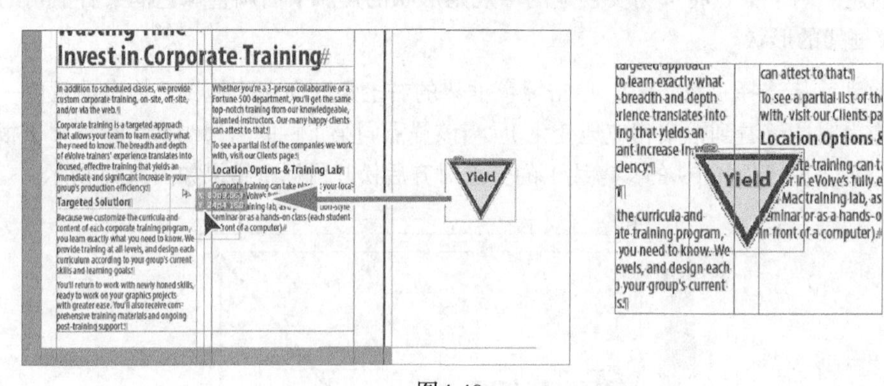

图4.48

将该框架移到页面中时，确保没有修改其大小。注意到文本与图像重叠（如图 4.48 所示），下面使用文本绕排解决这种问题。

3. 选择菜单“窗口”→“文本绕排”。在文本绕排面板中，单击按钮“沿定界框绕排”让文本沿定界框而不是图像的形状绕排，如图 4.49 所示。如果必要，从文本绕排面板菜单中选择“显示选项”，以显示文本绕排面板中的所有选项。

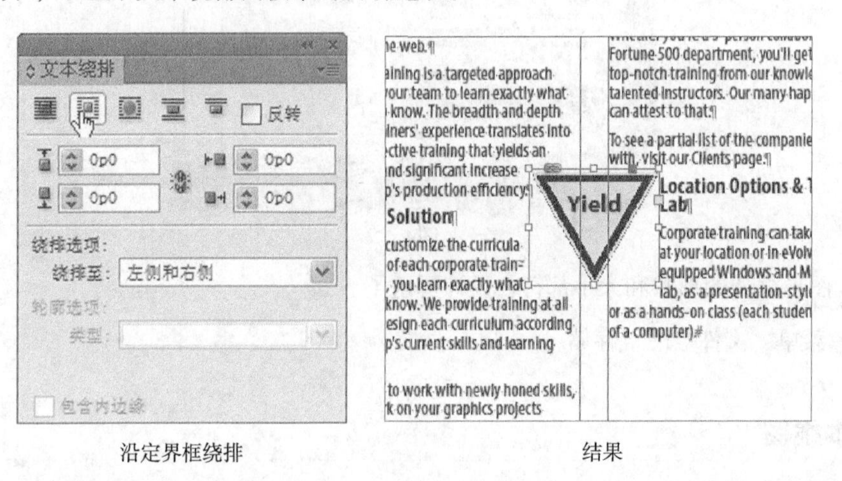

沿定界框绕排　　结果

图4.49

这种设置导致空白区域比所需的多，下面尝试另一种文本绕排方式。

4. 单击按钮“沿对象形状绕排”，让文本沿图像轮廓而不是定界框绕排。在“绕排选项”部分，从下拉列表“绕排至”中选择“左侧和右侧”；在“轮廓选项”部分，从下拉列表“类型”中选择“检测边缘”，如图 4.50 所示；在“上位移”文本框中输入 1p0，以增加图形边缘和文本之间的间隙。单击空白区域或选择菜单“编辑”→“全部取消选择”以取消选择所有对象。

注意：在文本绕排面板中，仅当按下了按钮“沿定界框绕排”或“沿对象形状绕排”时，下拉列表“绕排至”才可用。

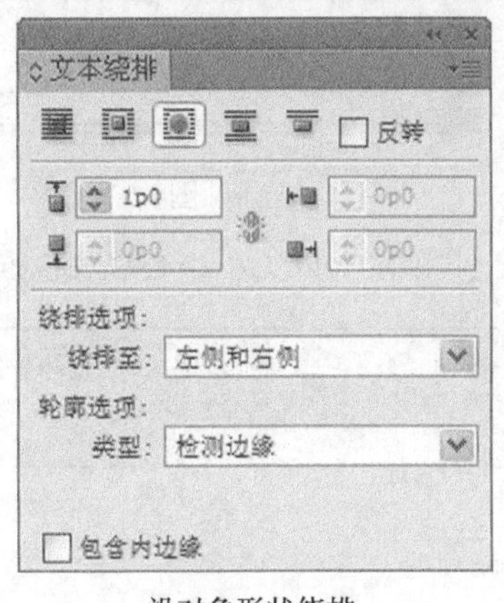

沿对象形状绕排

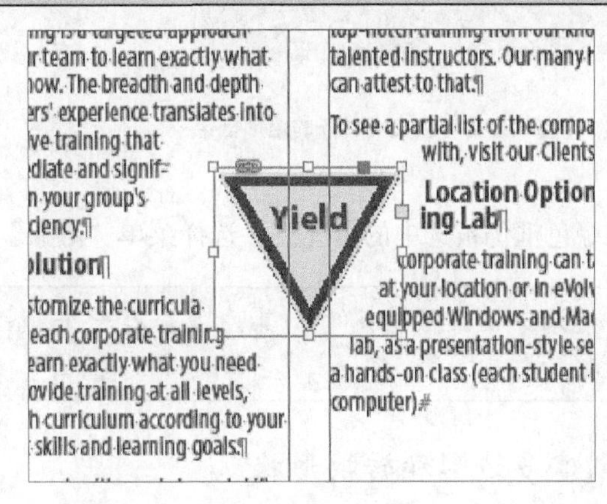

结果

图4.50

5. 关闭文本绕排面板，选择菜单“文件”→“存储”。

4.9 修改框架的形状

在本节中，读者将使用各种功能创建非矩形框架。首先从形状中剔除指定的区域，然后创建多边形框架并给它添加圆角。

4.9.1 处理复合形状

可通过添加或减去区域来修改框架的形状，即使框架包含文本或图形，也可修改其形状。下面从绿色背景中剔除一个形状，以创建白色背景。

1. 选择菜单“视图”→“使页面适合窗口”让第 3 页适合窗口。

2. 使用矩形框架工具（ ）绘制一个框架，该框架的左上角为 46p6 处的水平参考线与第一栏右边缘的交点，右下角为页面右下角外面的红色出血参考线的交点，如图 4.51 所示。

3. 选择工具面板中的选择工具（ ），按住 Shift 键并单击绿色框（刚创建的矩形框架的外面），它覆盖了第 3 页的很大部分，以同时选择绿色框和新建的矩形框架。

4. 选择菜单“对象”→“路径查找器”→“减去”从绿色框中减去刚创建的矩形框架。现在，页面底部的文本框的背景为白色，如图 4.52 所示。

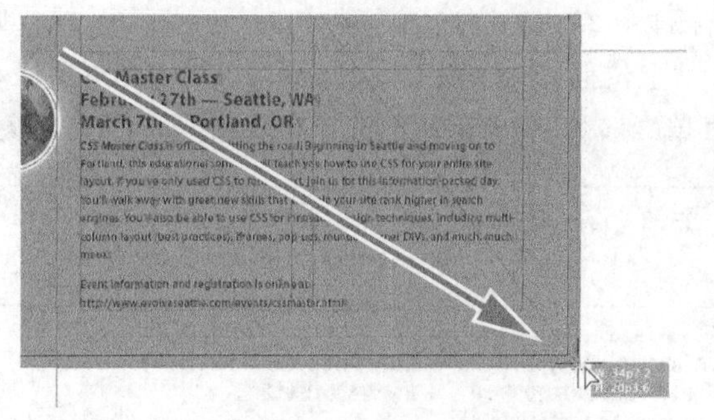

创建一个与出血参考线交点对齐的矩形框架

图4.51

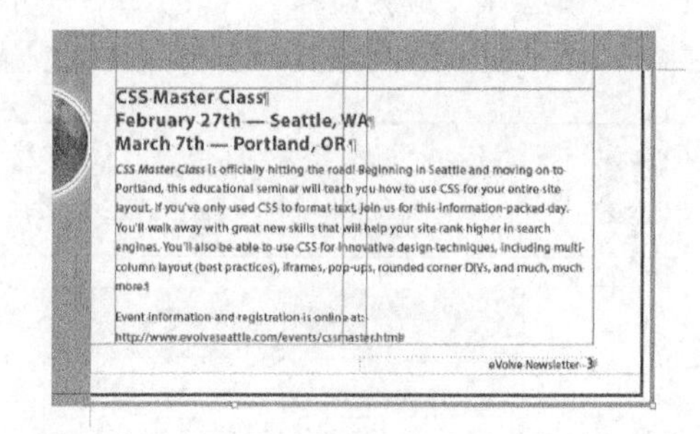

图4.52

5. 在绿色框仍被选中的情况下，选择菜单“对象”→“锁定”以免不小心移动该框架。

> **提示**：框架被锁定时，其左上角有一个锁图标（）；单击该图标可解除对框架的锁定。

4.9.2 创建多边形和转换形状

读者可使用多边形工具（）和多边形框架工具（）创建所需边数的规则多边形。即使框架包含文本或图形，也可修改其形状。下面创建一个八边形框架并在其中置入一幅图形，然后调整该框架的大小。

1. 单击图层面板图标或选择菜单“窗口”→“图层”打开图层面板。
2. 单击图层 Graphics 以选择它。
3. 选择工具面板中的多边形框架工具（），它与矩形框架工具（）和椭圆框架工具（）位于一组。
4. 在第 3 页的文本 Wasting Time 左边单击。在“多边形”对话框中，将多边形的宽度和高度都设置为 9p0，将边数改为 8，再单击“确定”按钮，如图 4.53 所示。
5. 在选择了刚创建的多边形的情况下，选择菜单“文件”→“置入”，选择文件夹 Lesson04\Links 中的文件 stopsign.tif，并单击“打开”按钮，结果如图 4.54 所示。
6. 使用缩放工具（）放大该图形，再选择菜单“对象”→“显示性能”→“高品质显示”，让这个图形尽可能清晰。
7. 使用选择工具（）向下拖曳该图形框架上边缘中央的手柄，直到框架的边缘到达 Stop 标志的上边缘为止。拖曳其他三边中央的手柄，将 Stop 标志周围的所有空白区域都剪掉，只剩下 Stop 标志，如图 4.55 所示。

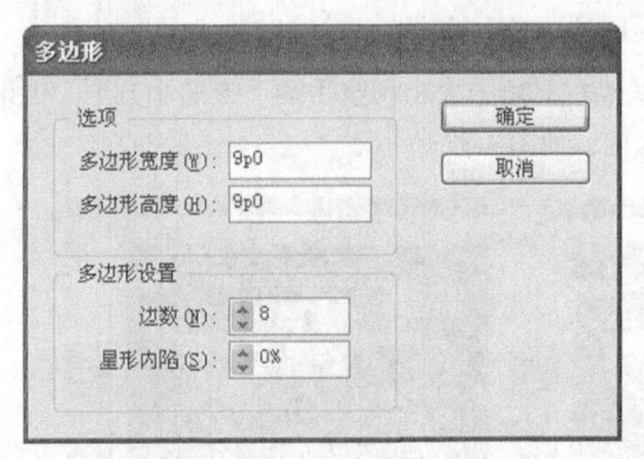

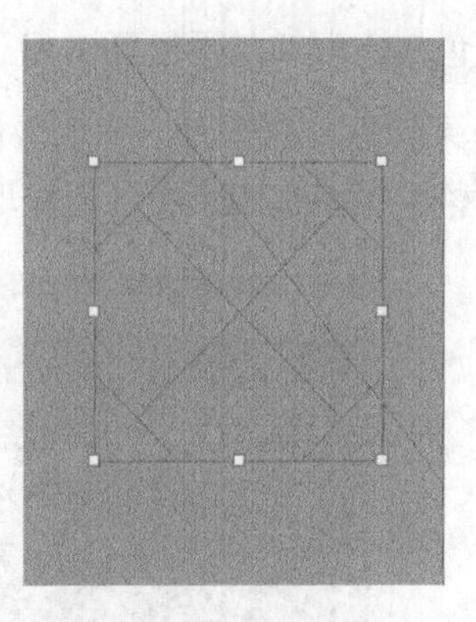

图4.53

图4.54

图4.55

8. 选择菜单“视图”→“使页面适合窗口”，再使用选择工具（ ）移动该框架，使其上边缘与右边包含标题的文本框架的上边缘对齐，右边缘与绿色框架的右边缘相距大约一个栏间距，如图 4.56 所示。

图4.56

4.9.3 给框架添加圆角

下面通过添加圆角来修改文本框架。

1. 从文档窗口底部的“页面”下拉列表中选择 1。选择菜单“视图”→“使页面适合窗口”。

2. 在仍选择了选择工具（ ）的情况下，按住 Z 键暂时切换到缩放工具（ ）。放大第 1 页的深蓝色文本框架，再松开 Z 键返回到选择工具。

3. 选择深蓝色文本框架，再单击框架右上角的大小调整手柄下方的小方框。框架四个角的大小调整手柄将被四个小菱形块取代，如图 4.57 所示。

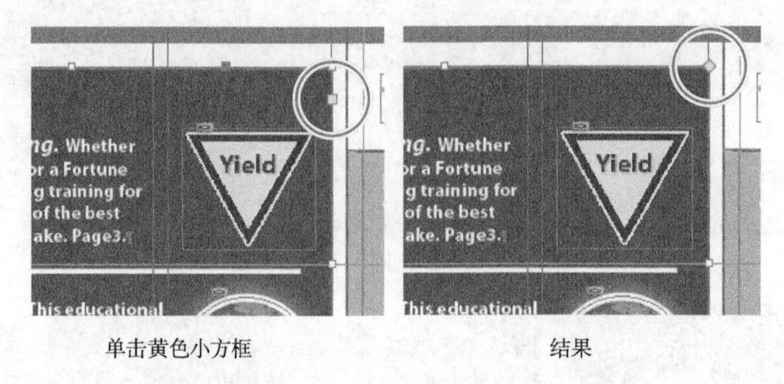

单击黄色小方框　　结果

图4.57

4. 向左拖曳框架右上角的菱形块，在显示的 R 值为 1p0 时松开鼠标。拖曳时其他三个角也随之改变，结果如图 4.58 所示。如果拖曳时按住 Shift 键，则只有被拖曳的角会改变。

图4.58

> **提示**：创建圆角后，可按住 Alt（Windows）或 Option（Mac OS）键并单击任何菱形，从而在多种不同的圆角效果之间切换。

5. 选择菜单“编辑”→“全部取消选择”退出角编辑模式，再选择菜单“文件”→“存储”。

4.10 变换和对齐对象

在 InDesign 中，用户可使用各种工具和命令来修改对象的大小和形状以及修改对象在页面中的朝向。所有变换操作（旋转、缩放、斜切和翻转）都可通过变换面板和控制面板完成，在这些面板中，可精确地设置变换。另外，还可沿选定区域、页边距、页面、跨页水平和垂直对齐及分布对象。

下面尝试使用这些功能。

4.10.1 旋转对象

在 InDesign 中旋转对象的方式有多种，这里将使用控制面板来旋转前面导入的徽标之一。

1. 使用文档窗口底部的“页面”下拉列表或页面面板显示第 4 页（文档首页），再选择菜单“视图”→“使页面适合窗口”。
2. 使用选择工具（ ）选择本课前面导入的 evolve 徽标。
3. 在控制面板中，确保参考点指示器的中心被选中（ ），这样对象将绕其中心旋转。从下拉列表“旋转角度”中选择 180°，如图 4.59 所示。

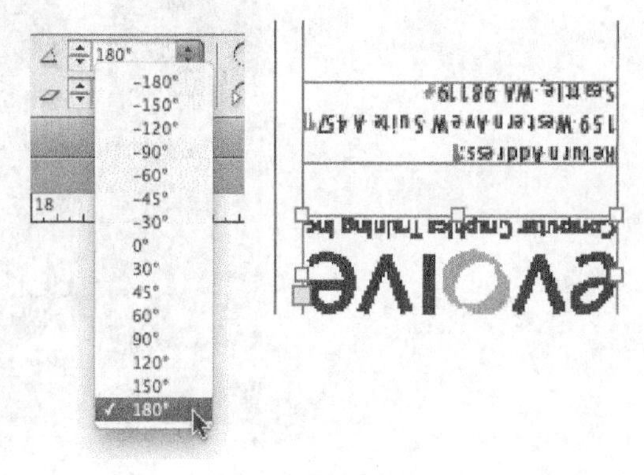

图4.59

4.10.2 在框架内旋转图像

使用选择工具可以旋转图形框架的内容。

1. 使用选择工具（ ）单击图像 Jeff G（右上角）中的内容抓取工具以选择该图像。将鼠标指向圆环形状内时，鼠标将从箭头变成手形，如图 4.60 所示。

提示：也可这样旋转选定的对象，即选择菜单“对象”→“变换”→“旋转”，再在“旋转”对话框的“角度”文本框中输入数值。

将鼠标指向圆环　　　　单击以选择框架的内容

图4.60

2. 在控制面板中，确保选择了参考点指示器（▦）的中心。

3. 将鼠标指向图像右上角的大小调整手柄的外面一点点，这将显示旋转图标。

4. 按住鼠标左键并沿顺时针方向拖曳图像，直到头部大致垂直（约为 −25°）再松开鼠标。拖曳时将显示旋转的角度，如图 4.61 所示。

图4.61

5. 旋转后该图像不再填满整个框架。要解决这种问题，首先确保没有按下控制面板中的“X 缩放百分比”和“Y 缩放百分比”右边的“约束缩放比例”按钮（🔗），再在“X 缩放百分比”文本框中输入 55 并按 Enter 键，如图 4.62 所示。

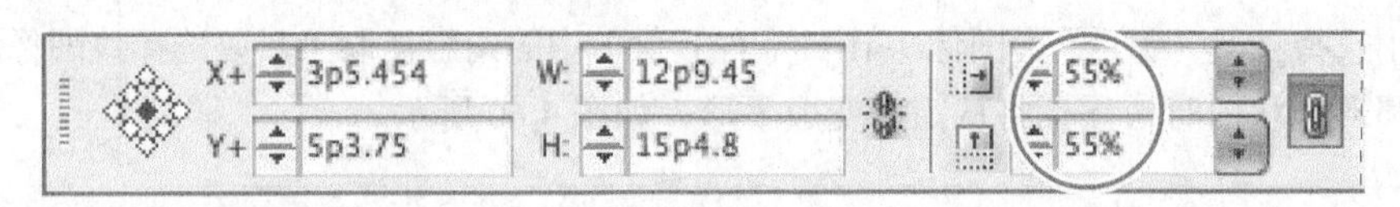

图4.62

6. 选择菜单“编辑”→“全部取消选择”，再选择菜单“文件”→“存储”。

4.10.3 对齐多个对象

使用对齐面板很容易准确地对齐对象。下面使用对齐面板让页面中的多个对象水平居中，然后对齐多幅图像。

1. 选择菜单“视图”→“使页面适合窗口”，再从文档窗口的“页面”下拉列表中选择 2。通过按住 Shift 键并使用选择工具（↖）单击，选择页面顶端包含文本 Partial Class Calendar 的文本框架及其上方的 evolve 徽标。与前面导入的两个徽标不同，这个徽标是使用 InDesign 创建的，它包含一组对象。本课后面将处理这个对象组。

2. 选择菜单“窗口”→“对象和版面”→“对齐”打开对齐面板。

3. 在对齐面板中，从“对齐”下拉列表中选择“对齐页面”，再单击“水平居中对齐”按钮（▣），这些对象将移到页面中央，如图 4.63 所示。

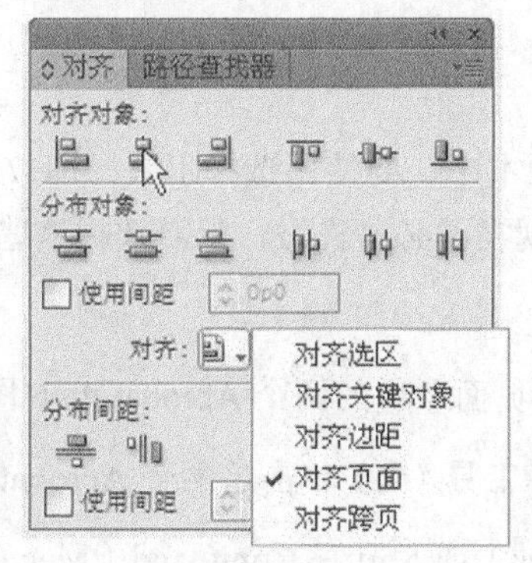

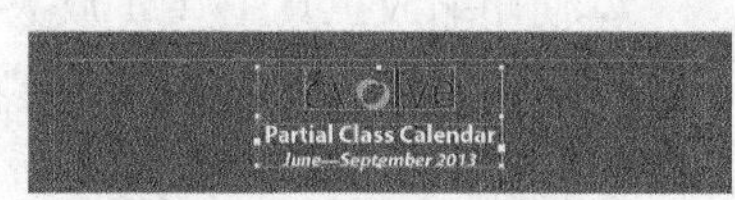

选择文本框架和徽标　　对齐对象　　结果

图4.63

4. 单击空白区域或选择菜单“编辑”→“全部取消选择”。

5. 使用文档窗口底部的滚动条进行滚动，以显示第 2 页左边的粘贴板。

6. 使用选择工具（ ）选择日历左上角的图形框架，再按住 Shift 键并单击以选择粘贴板上的 7 个图形框架。

7. 在对齐面板中，从“对齐”下拉列表中选择“对齐关键对象”。注意选择的第一个图形框架有很粗的蓝色边框，这表明它是关键对象。

> **注意**：指定了关键对象时，其他选定对象将相对于关键对象进行对齐。

8. 在对齐面板中，单击“右对齐”按钮（ ），如图 4.64 所示。

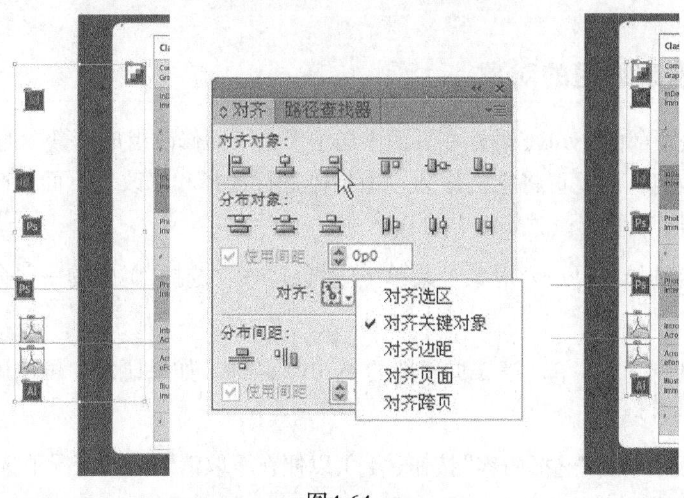

图4.64

9. 选择菜单“编辑”→“全部取消选择”，再选择菜单“文件”→“存储”。

4.10.4 缩放多个对象

在 InDesign CS4 和更早的版本中，要使用选择工具、缩放工具或旋转工具同时缩放或旋转多个对象，必须先将它们编组，但现在不必这样做，只需选择这些对象即可。

下面选择两个图标并同时调整其大小。

1. 使用缩放工具（ ）放大页面左边的两个 Acrobat PDF 图标。
2. 按住 Shift 键，并使用选择工具（ ）单击这两个 Acrobat PDF 图标以选择它们。
3. 按住 Shift + Ctrl（Windows）或 Shift + Command（Mac OS）并向下拖曳左上角的手柄，让这两个图标的宽度与下方的 Adobe Illustrator 图标大致相同，如图 4.65 所示。

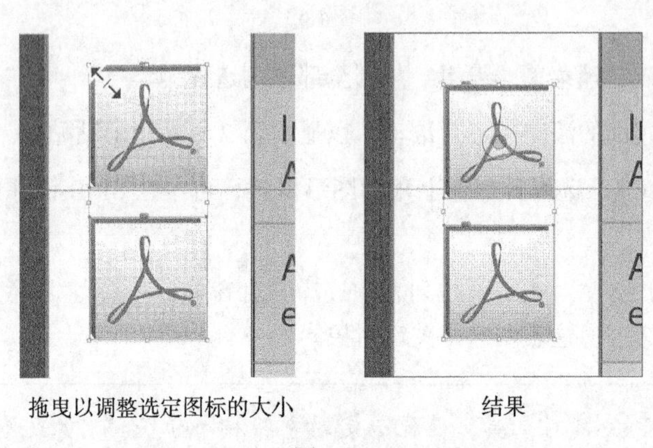

拖曳以调整选定图标的大小　　　　结果

图4.65

4. 选择菜单“编辑”→“全部取消选择”，再选择菜单“文件”→“存储”。

4.11 选择并修改编组的对象

前面让第 2 页顶部的 evolve 徽标在页面中居中了，下面修改组成该徽标的一些形状的填充色。由于这些形状被编组，因此可将它们作为一个整体进行选择和修改。下面修改其中一些形状的填充色，而不取消编组或修改该对象组中的其他对象。

通过使用直接选择工具或“对象”菜单（“对象”→“选择”）中的一些命令，可选择对象组中的对象。

1. 使用选择工具（ ）单击第 2 页顶部的 evolve 徽标。如果愿意，可使用缩放工具（ ）放大要处理的区域。
2. 在控制面板中单击“选择内容”按钮（ ），以便在不取消编组的情况下选择其中的一个对象，如图 4.66 所示。

> **提示：**也可这样选择对象组中的对象：使用选择工具双击对象；先选择对象组，再选择菜单“对象”→“选择”→“内容”；在对象上单击鼠标右键（Windows）或按住 Control 键并单击（Mac OS），再从上下文菜单中选择“选择”→“内容”。

使用选择工具选择对象组

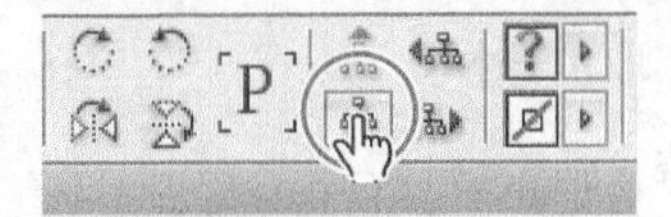

单击“选择内容”按钮

结果

图4.66

3. 单击控制面板中的“选择上一对象”按钮（ ）6 次，以选择单词 evolve 中的第一个字母 e，如图 4.67 所示。注意到还有一个“选择下一对象”按钮，它按相反的顺序选择对象。

> **提示：**要快速选择对象组中的第一个对象，可按住 Ctrl（Windows）或 Command（Mac OS）键，并单击控制面板中的“选择上一对象”按钮。

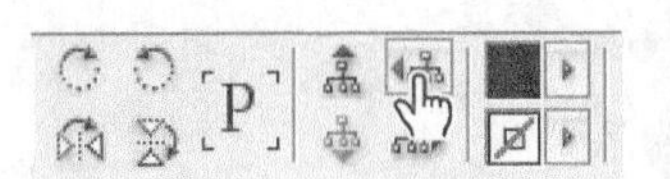

单击“选择上一对象”按钮 6 次

结果

图4.67

4. 选择工具面板中的直接选择工具（ ），按住 Shift 键并单击字母 e、v、l、v 和 e 以同时选择它们。

5. 单击色板面板图标或选择菜单“窗口”→“颜色”→“色板”。单击色板面板顶部的填色框并选择“[纸色]”，从而使用白色填充它们，如图 4.68 所示。

将选定形状的填充色改为“[纸色]”

结果

图4.68

4.12 完成

下面来欣赏一下你的杰作。

1. 选择菜单“编辑”→“全部取消选择”。
2. 选择菜单“视图”→“使跨页适合窗口”。
3. 在工具面板底部的当前屏幕模式按钮（ ）上按下鼠标，然后选择“预览”命令，如图 4.69 所示。要查看文档打印出来的样子，预览模式是不错的方式。在预览模式下，显示的图像与输出时一样，所有非打印元素（网格、参考线和非打印对象）都不显示，粘贴板的颜色是在“首选项”中设置的预览颜色。
4. 按 Tab 键关闭所有面板；查看完毕后再次按 Tab 键显示所有面板。
5. 择菜单“文件”→“存储”。

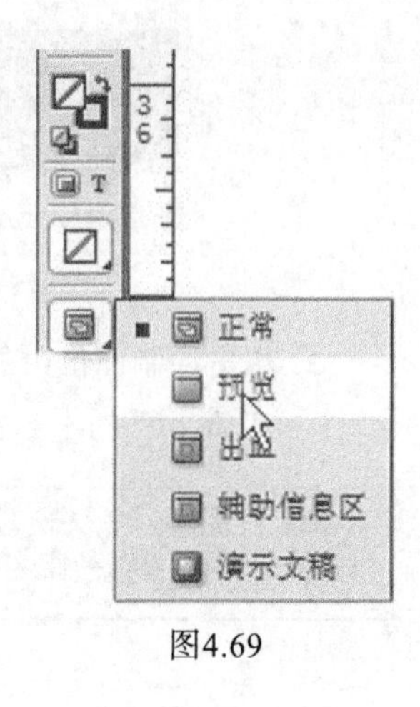

图4.69

祝贺你学完了本课。

4.13 练习

学习框架知识的最佳方式之一是使用它们。

在本节中，读者学习了如何在框架中嵌套对象。请按下述步骤学习更多有关选择和操作框架的知识：

1. 使用“新建文档”对话框的默认设置新建一个文档。
2. 创建一个约为 2 英寸 ×2 英寸的小文本框架，然后选择菜单“文字”→“用假字填充”用文字填充该框架。
3. 按 Esc 键切换到选择工具，然后使用色板面板对文本框架应用一种填充色。
4. 选择多边形工具（ ）并在页面上绘制一个形状，如图 4.70 所示。在绘制多边形之前，可双击多边形工具以指定边数，如果希望创建星形形状，也可指定“星形内陷”值。

> 提示：也可修改既有多边形的形状，方法是选择它，再双击多边形工具，然后在“多边形设置”对话框中修改设置。

5. 使用选择工具（ ）选择前面创建的文本框架，再选择菜单“编辑”→“复制”。
6. 选择多边形框架,再选择菜单“编辑”→“贴入内部”,将文本框架嵌套在多边形框架内,如图 4.71 所示。如果选择菜单“编辑”→“粘贴”，复制的文本框架将不会粘贴到选定框架的内部。
7. 使用选择工具移动文本框架，方法是单击多边形框架中心的内容抓取工具并拖曳。

图4.70

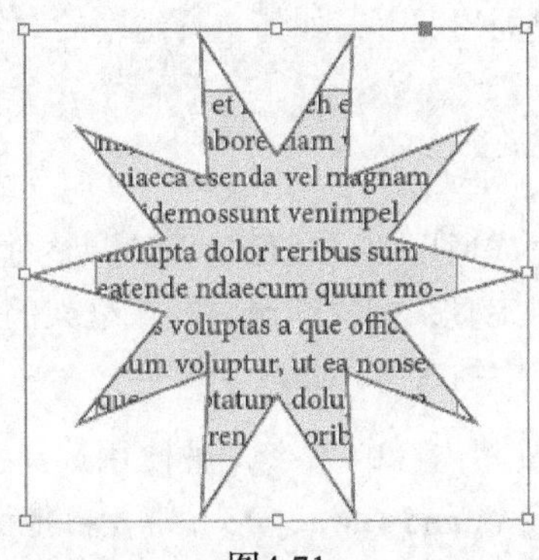

图4.71

8. 使用选择工具移动多边形框架，方法是单击多边形框架中心的内容抓取工具外边并拖曳。

9. 选择菜单“编辑”→“全部取消选择”。

10. 使用直接选择工具（ ）选择多边形框架，再拖曳任何一个手柄以修改该多边形的形状，如图 4.72 所示。

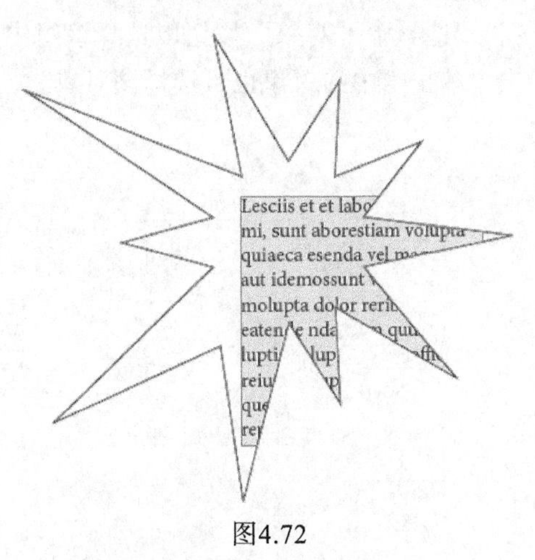

图4.72

11. 尝试完各种操作后，关闭文档但不保存所做的修改。

复习

复习题

1. 何时应使用选择工具来选择对象？何时应使用直接选择工具来选择对象？
2. 如何同时调整框架及其内容的大小？
3. 如何旋转框架内的图形但不同时旋转框架本身？
4. 在不取消对象编组的情况下，如何选择组中的对象？

复习题答案

1. 使用选择工具来完成通用的排版任务，如调整对象的位置和大小及旋转对象；使用直接选择工具来完成编辑路径或框架的任务，如移动路径上的锚点，或选择对象组中的对象并修改其颜色。
2. 要同时调整框架及其内容的大小，可使用选择工具选择框架，按住 Ctrl（Windows）或 Command（Mac OS）键，再拖曳手柄。拖曳时按住 Shift 键可保持对象的长宽比不变。
3. 要旋转框架内的图形，先使用选择工具单击内容抓取工具选择该图形，再在四个角手柄中的任一个外面单击并拖曳以旋转图形。
4. 要选择组中的对象，使用选择工具（）选择该组，然后单击控制面板中的“选择内容”按钮（），这样便可选择该组中的一个对象。然后可单击“选择上一对象”和“选择下一对象”按钮以选择该组中的其他对象。使用直接选择工具（）单击组中的对象也可选择该对象。

第5课 排文

本课简要地介绍如何排文，读者将学习以下内容：

- 在现有的文本框架中导入文本和排文；
- 对文本应用段落样式；
- 强制换行；
- 排文时手工创建框架；
- 添加 HTML 结构；
- 利用 Dreamweaver 创建 HTML；
- 排文时自动添加框架；
- 自动调整文本框架的大小；
- 自动创建链接的框架；
- 排文时自动添加页面和链接的框架；
- 添加跳转说明以指出文章在哪里继续；
- 添加分栏符。

本课需要大约 45 分钟。

local stats

Name: Alexis K.

Age: 35

Occupation: Executive Director, Urban Museum

Favorite Neighborhood: "I can't answer this question publicly if I'm expected to keep my job."

Favorite Meridien memory: "New Year's Eve 2002. The city was celebrating its bicentennial and everyone was out in the streets, happy, and talking about how much they loved where they lived. It was a mass bonding moment unlike any other. I also have fond childhood memories of the annual summertime Seven Nights Celebration in the park, watching the fireworks with my father."

LOCAL >> JAN/FEB 2012 P2

I thought that the light drizzle on this crisp fall day might be a deterrent.

When I asked Alexis, director of Meridien's Urban Museum, to give me her personal tour of the city she's resided in since her teenage years, she accepted, but only if we did it by bicycle. I'm not a fitness freak and Meridien is known for its formidable hills, so when 6am rolled around, when I noted damp streets outside my apartment window and my cell phone started buzzing, I was hoping it was Alexis calling to tell me that we were switching to Plan B.

"Sorry, Charlie. We're not going to let a little misty air ruin our fun. Anyway, the forecast says it will clear up by late morning."

So much for Plan B.

We met at the Smith Street subway station, a mid-century, mildly brutalist concrete cube designed by architects in 1962 that is in the process of a full greening renovation.

"I love this building. It's a modern masterpiece—poetic instead of cold and offputting. The city could have torn it down and put up a more contemporary structure, but they recognized its historical importance and instead are just working to make it more environmentally friendly and energy efficient through our Off-Grid program."

We were here not to tour the subway station, though, but to pick up our transportation for the long ride ahead. And, no, weren't taking the tube. ("It's not going to be that hard a ride," Alexis emailed me earlier in the week,

Bikes continued on page 2

在 Adobe InDesign 中，有多种方法可将文本排入现有的框架、排文时创建框架及添加框架和页面。这使得对产品目录、杂志文章和电子图书等稿件进行排文很容易。

5.1 概述

在本课中，读者将处理一篇杂志文章。这篇文章的第一个跨页已基本完成，其他几页也为导入文本做好了准备。处理这篇文章时，读者将尝试各种排文方法，并添加跳转说明以指出文章下转哪一页。

> 注意：如果还没有从配套光盘将本课的资源文件复制到硬盘中，那么现在请复制它们，详情可以参阅“前言”中的“复制课程文件”。

1. 为确保你的 Adobe InDesign CS6 首选项和默认设置与本课使用的一样，将文件 InDesign Defaults 移到其他文件夹，详情请参阅“前言”中的“存储和恢复文件 InDesign Defaults”。
2. 启动 Adobe InDesign CS6。为确保面板和菜单命令与本课使用的相同，选择菜单“窗口”→“工作区”→“高级”，再选择菜单“窗口”→“工作区”→“重置‘高级’”。
3. 选择菜单“文件”→“打开”，并打开文件夹 InDesignCIB\Lessons\Lesson05 中的文件 05_Start.indd。
4. 选择菜单“文件”→“存储为”，将文件重名为 05_FlowText.indd，并将其存储到文件夹 Lesson05 中。

> 注意：如果该文档中的图像看起来像马赛克，请选择菜单“视图”→“显示性能”→“高品质显示”。

5. 要查看完成后的文档，打开文件夹 Lesson05 中的文件 05_End.indd，如图 5.1 所示（在这里，完成后的文档并不代表最终设计，因为还会添加很多图像、题注和设计元素）。如果愿意，可让该文件打开以便工作时参考。

图5.1

6. 查看完毕后，单击文档窗口左上角的文件 05_FlowText.indd 的标签以切换到该文档。

5.2 在现有文本框架中排文

导入文本时，可将文本导入到新框架或现有框架中。如果框架是空的，可在其中单击载入文本图标来导入文本。在第一个跨页的左对页，有个子标题为 Local Stats 的空白旁注，可用于放置描述该页中女人的文本。下面将一个 Microsoft Word 文档导入该文本框架并应用段落样式，再使用两种方法解决孤立单词问题（这里指的是一个单词独占一行）。

> **提示**：除从字处理程序（如 Microsoft Word）导入文件外，还可置入 Adobe InCopy 和 Adobe Buzzword 格式的文件。Adobe Buzzword 是一种基于订购的在线文字处理器，可以让协作更容易。

1. 如果必要，调整视图的缩放比例或放大图像，以便能够看清第一个跨页的左对页中的旁注文本框架，确保没有选择任何对象。

你将使用文字工具编辑文本，并使用选择工具串接文本框架，但导入文本时选择什么工具没关系。

2. 选择菜单“文件”→“置入”。在“置入”对话框中，如果必要，取消选中复选框“显示导入选项”和“创建静态题注”。

3. 找到并双击文件夹 Lesson05 中的文件 05_LocalStats.docx。

鼠标将变成载入文本图标（），并显示将载入文章的前几行。将载入文本图标指向空文本框架时，该图标两边将出现括号（）。

4. 将载入文本图标指向占位符文本框架（包含子标题 Local Stats 的文本框架下方），如图 5.2 所示。

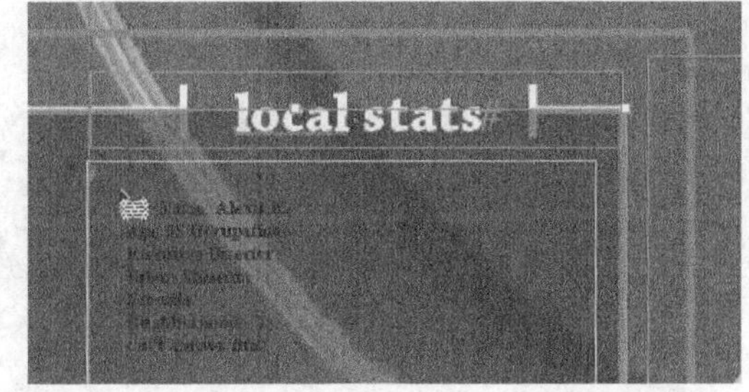

图5.2

5. 单击以置入文本。

6. 使用文字工具（T）在框架内单击以编辑文本。选择菜单“编辑”→“全选”选择框架中的所有文本。

7. 选择菜单“文字”→“段落样式”打开段落样式面板。

8. 单击样式 White Sidebar Text。如果必要，在段落样式面板中滚动以找到该样式，如图 5.3 所示。

在段落样式名称旁边有个加号（+），这表明有覆盖格式（与段落样式不同），因为选择的文本中有一些是粗体的。虽然有时候不希望出现覆盖格式，但在这里很好。

> **提示**：有一种方法可清除所有覆盖格式（确保文本的格式与样式完全一致），即从段落样式面板菜单中选择“清除优先选项”。有关样式的更多内容，请参阅第 9 课。

下面处理第 3 段的孤立单词，该段以 Occupation 开头。为此，将手工强制换行。

9. 如果必要，放大视图以便能够看清文本。

10. 使用文字工具，在旁注第 3 段的单词 Urban 前面单击，再按 Shift+Enter 组合键让单词 Urban 进入下一行，结果如图 5.4 所示。

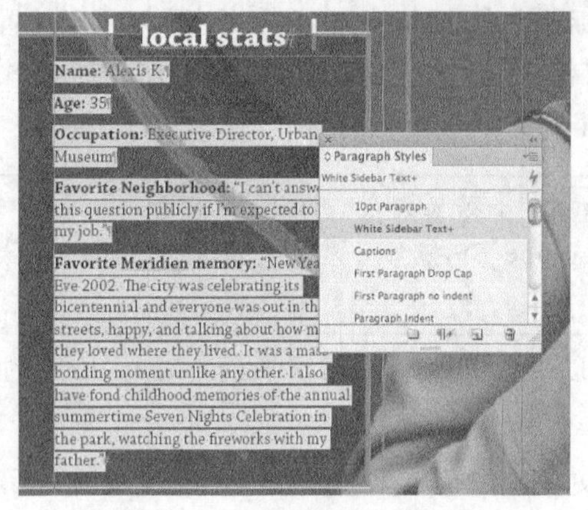

图5.3

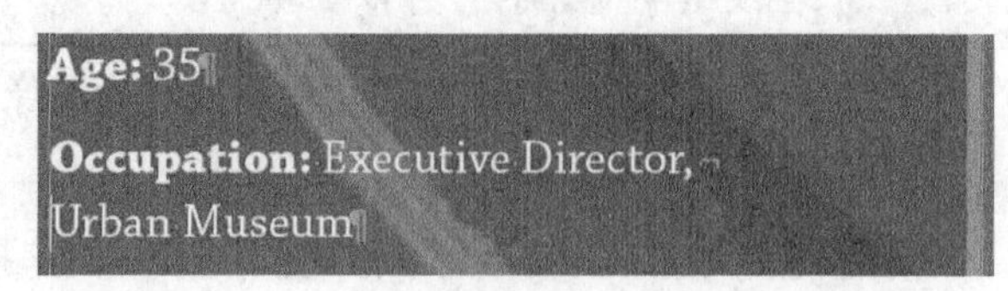

图5.4

下面通过调整字符间距来处理最后一行的孤立单词。字符间距调整选定字符之间的间距。

11. 如果必要，向下滚动以便能够看到最后一段（它以 Favorite Meridien memory 打头）。使用文字工具在该段中连续单击 4 次以选择所有文本。

12. 选择菜单“文字”→“字符”显示字符面板，在“字符间距”文本框中输入 -10，再按 Enter 键，如图 5.5 所示。

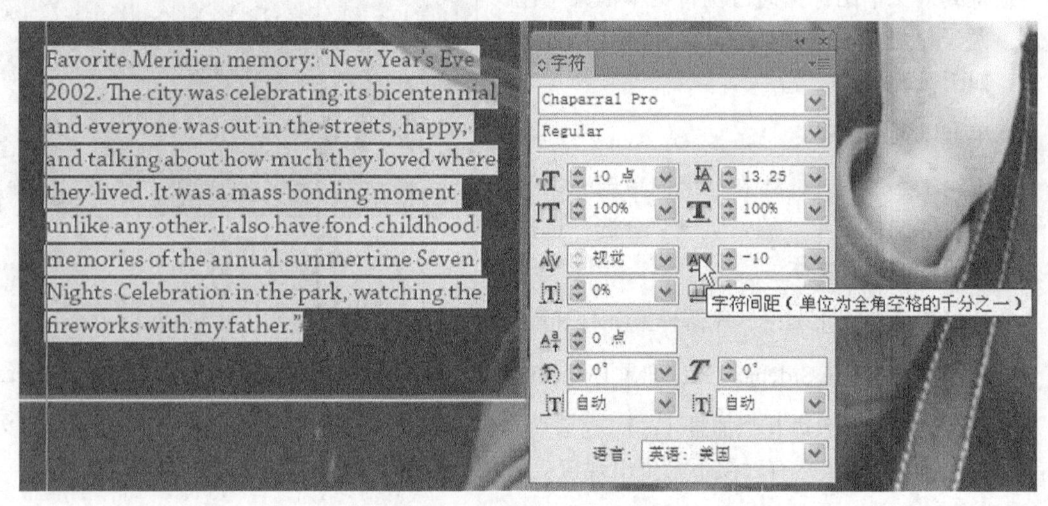

图5.5

13. 选择菜单“编辑”→“全部取消选择”，再选择菜单“文件”→“存储”。

载入多个文本文件

在“置入”对话框中，可载入多个文本文件，然后再分别置入它们。其方法如下：

- 首先，选择菜单“文件”→“置入”打开“置入”对话框。
- 按住Ctrl（Windows）或Command（MacOS）键并单击以选择多个不相邻的文件。
- 按住Shift键并单击以选择一系列相邻的文件。
- 单击“打开”按钮后，在载入文本图标中，将在括号中指出载入了多少个文件，如“(4)”。
- 通过单击以每次一个的方式置入文件。

提示：载入了多个文本文件时，可按箭头键选择要置入哪个文件，还可按Esc键将当前文件删除。

5.3 手动排文

将导入的文本（如来自字处理程序的文本）置入多个串接的文本框架中被称为排文。InDesign支持手动排文和自动排文，前者提供了更大的控制权，而后者可节省时间；还可在排文的同时添加页面。

在这里，读者将文本导入到第一个跨页的右对页底部的两栏中。首先，把一个Word文件导入到第一栏现有的文本框架中。其次，将第1个文本框架与第2个文本框架串接起来。最后，在文档的第3页新建文本框架以容纳多出来的文本。

提示：可以通过串接文本框架来创建多栏，也可将文本框架分成多栏——选择菜单“对象”→“文本框架选项”，并在打开的对话框的“常规”选项卡中指定栏数。有些设计师喜欢将文本框架分成多栏，这样版式将更灵活。

1 选择菜单“视图”→“使跨页适合窗口”，找到右对页底部的两个文本框架。如果必要，放大图像以便能够看清这些文本框架。

2. 选择文字工具（T），在女人手下方的文本框架中单击，如图5.6所示。

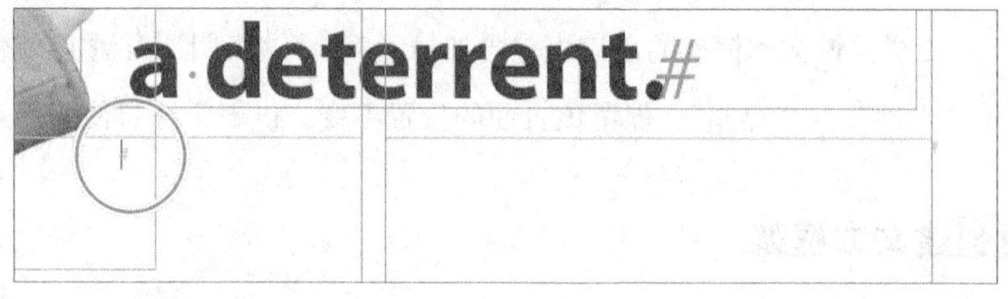

图5.6

3. 选择菜单“文件”→“置入”。

4. 找到并选择文件夹 Lesson05 中的文件 05_Long_Biking_Feature_JanFeb2010.docx，确保选中了复选框“替换所选项目”，再单击“打开”按钮。

文本将导入左栏现有的文本框架中。注意到文本框架的右下角有个出口，其中的加号（⊞）表明有溢流文本，即文本框架无法容纳所有文本。下面将溢流文本排入第 2 栏的另一个文本框架。

5. 使用选择工具（▶）单击该文本框架的出口，这将显示如图 5.7 所示的载入文本图标（如果必要，先单击文本框架以选择它，再单击其出口）。

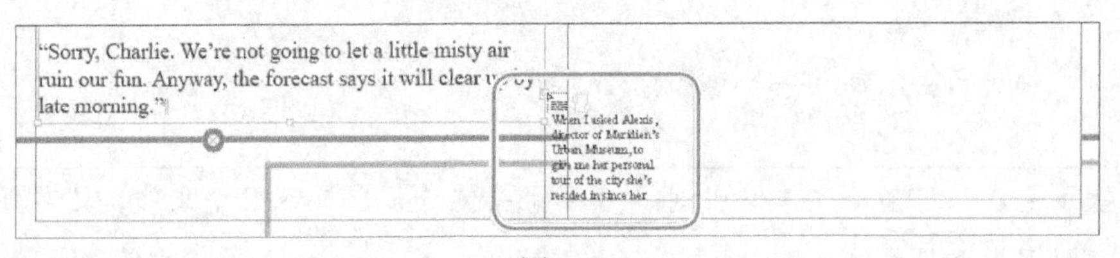

图5.7

> 提示：如果您改变了主意，不想将溢流文本排入其他文本框架，可按 Esc 键或单击工具面板的其他任何工具，以撤销载入文本图标，而不会删除任何文本。

6. 将载入文本图标指向右边文本框架的任何位置并单击，如图 5.8 所示。

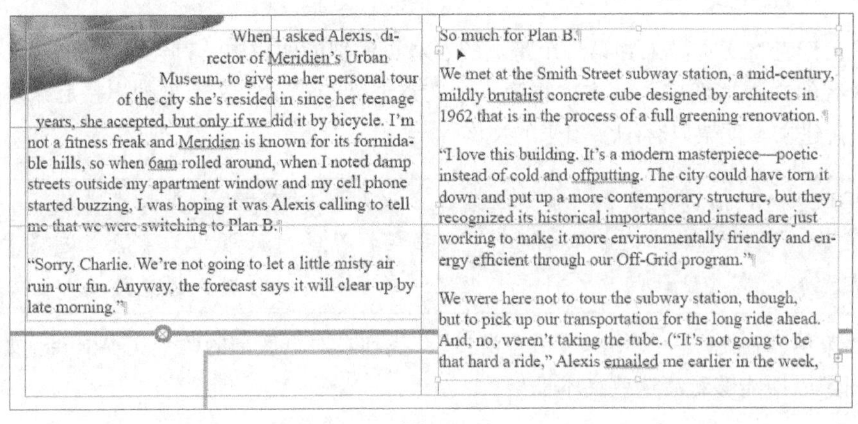

图5.8

文本将排入第 2 栏。该文本框架的出口也包含加号（⊞），这表明还有溢流文本。

7. 选择菜单“文件”→“存储”。保留该页面的位置不变，供下个练习使用。

5.4 排文时创建文本框架

下面尝试两种不同的排文方法。首先，使用半自动排文将文本置入到一栏中。半自动排文能够每次创建一个串接的文本框架，在每栏排入文本后，鼠标都将自动变成载入文本图标。然后，可使用载入文本图标手动创建一个文本框架。

> 提示：根据用户采用的是手动排文、半自动排文还是自动排文，载入文本图标的外观稍有不同。

1. 使用选择工具（），单击第 2 页第 2 栏的文本框架的出口。这将显示包含溢流文本的载入文本图标。

下面在第 3 页新建一个文本框架以容纳溢流文本。参考线指出了文本框架的位置。

2. 选择菜单“版面”→“下一跨页”以显示第 3 页和第 4 页，再选择菜单“视图”→“使跨页适合窗口”。

> 提示：在鼠标为载入文本图标的情况下，仍可导航到其他文档页面或创建新页面。

3. 将载入文本图标（）指向左上角两条参考线的交点，如图 5.9 所示。

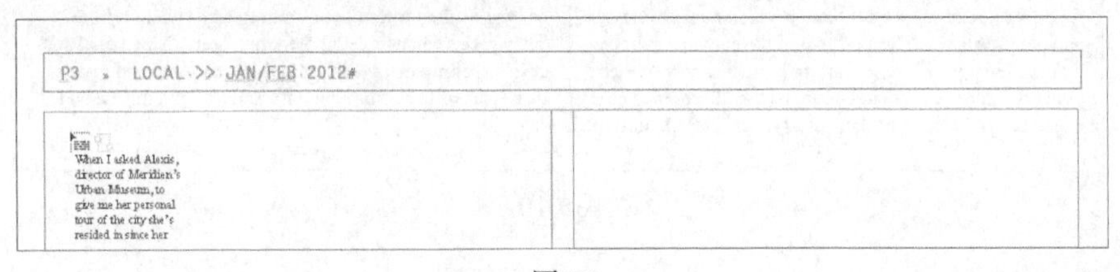

图5.9

4. 按住 Alt（Windows）或 Option（Mac OS）键并单击。

文本将排入第 1 栏。因为按住了 Alt 或 Option 键，鼠标还是载入文本图标，能够将文本导入其他文本框架。

5. 松开 Alt 或 Option 键，再将载入文本图标（）指向第 2 栏。

6. 通过拖曳鼠标在紫色栏参考线内新建一个文本框架。

从这篇文章的设计草图可知，将这两个新文本框架的上方和下方添加其他设计元素。因此，下面调整这两个文本框架的高度，使其位于两条青色水平参考线之间。

7. 使用选择工具拖曳每个文本框架的上边缘和下边缘，使其位于青色参考线之间，如图 5.10 所示。

> 注意：框架包含的文本数量随当前使用的字体而异。在印刷环境中，每个人都必须使用相同的字体，这很重要。但就本课而言，使用什么字体无关紧要。

第二个文本框架右下角的红色加号表明还有溢流文本。

8. 选择菜单“文件”→“存储”，保留该页面的位置不变，供下个练习使用。

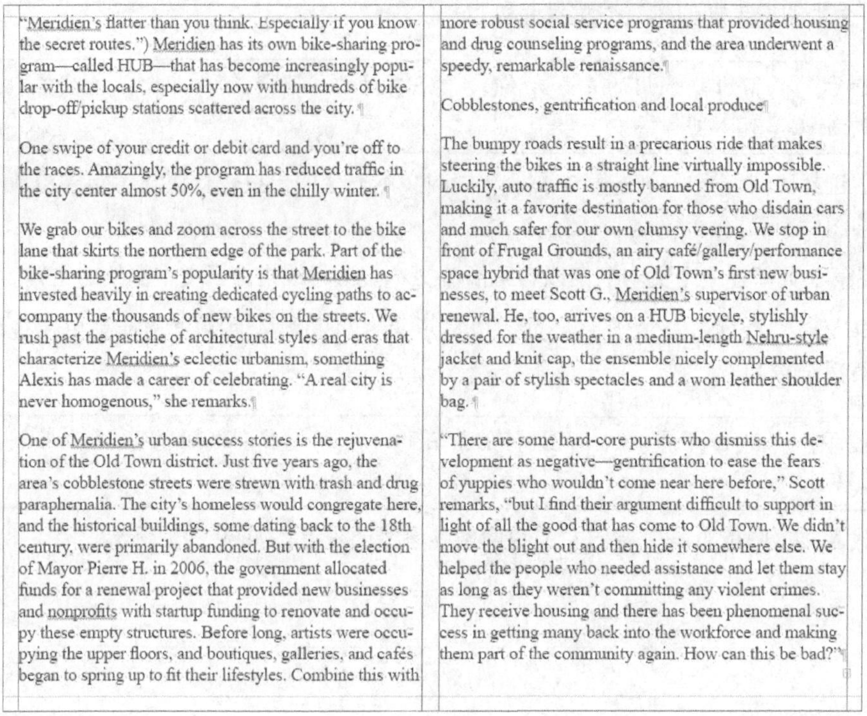

"Meridien's flatter than you think. Especially if you know the secret routes.") Meridien has its own bike-sharing program—called HUB—that has become increasingly popular with the locals, especially now with hundreds of bike drop-off/pickup stations scattered across the city.¶

One swipe of your credit or debit card and you're off to the races. Amazingly, the program has reduced traffic in the city center almost 50%, even in the chilly winter.¶

We grab our bikes and zoom across the street to the bike lane that skirts the northern edge of the park. Part of the bike-sharing program's popularity is that Meridien has invested heavily in creating dedicated cycling paths to accompany the thousands of new bikes on the streets. We rush past the pastiche of architectural styles and eras that characterize Meridien's eclectic urbanism, something Alexis has made a career of celebrating. "A real city is never homogenous," she remarks.¶

One of Meridien's urban success stories is the rejuvenation of the Old Town district. Just five years ago, the area's cobblestone streets were strewn with trash and drug paraphernalia. The city's homeless would congregate here, and the historical buildings, some dating back to the 18th century, were primarily abandoned. But with the election of Mayor Pierre H. in 2006, the government allocated funds for a renewal project that provided new businesses and nonprofits with startup funding to renovate and occupy these empty structures. Before long, artists were occupying the upper floors, and boutiques, galleries, and cafés began to spring up to fit their lifestyles. Combine this with more robust social service programs that provided housing and drug counseling programs, and the area underwent a speedy, remarkable renaissance.¶

Cobblestones, gentrification and local produce¶

The bumpy roads result in a precarious ride that makes steering the bikes in a straight line virtually impossible. Luckily, auto traffic is mostly banned from Old Town, making it a favorite destination for those who disdain cars and much safer for our own clumsy veering. We stop in front of Frugal Grounds, an airy café/gallery/performance space hybrid that was one of Old Town's first new businesses, to meet Scott G., Meridien's supervisor of urban renewal. He, too, arrives on a HUB bicycle, stylishly dressed for the weather in a medium-length Nehru-style jacket and knit cap, the ensemble nicely complemented by a pair of stylish spectacles and a worn leather shoulder bag.¶

"There are some hard-core purists who dismiss this development as negative—gentrification to ease the fears of yuppies who wouldn't come near here before," Scott remarks, "but I find their argument difficult to support in light of all the good that has come to Old Town. We didn't move the blight out and then hide it somewhere else. We helped the people who needed assistance and let them stay as long as they weren't committing any violent crimes. They receive housing and there has been phenomenal success in getting many back into the workforce and making them part of the community again. How can this be bad?"¶

图5.10

5.5 自动排文

下面使用自动排文将溢流文本置入下一个跨页。采用自动排文时，InDesign将自动在后续页面的栏参考线内新建文本框架，直到排完所有溢流文本为止。

1. 使用选择工具（ ）单击第3页第2栏的文本框架右下角的出口，这将显示载入文本图标和溢流文本（如果必要，先单击该框架以选择它，再单击其出口）。

2. 选择菜单“版面”→“下一跨页”以显示第5页和第6页。

3. 将载入文本图标（ ）指向第5页的第1栏，大概在该栏与页边距参考线相交的地方。稍后将调整文本框架的高度。

提示：当您使用载入文本图标单击以创建文本框架时，InDesign创建的文本框架将与您单击的分栏同宽。这些框架位于栏参考线内，但如果必要，可移动它们并调整其大小和形状。

4. 按住Shift键并单击。

注意到，在第5页和第6页的栏参考线内新建了文本框架。这是因为按住了Shift键，这将以自动方式进行排文。现在，文章的所有文本都置入了，但你将调整这些文本框架的大小，使其位于青色水平参考线之间。

5. 使用选择工具拖曳每个文本框架的上边缘和下边缘，使其位于青色参考线之间，如图 5.11 所示。

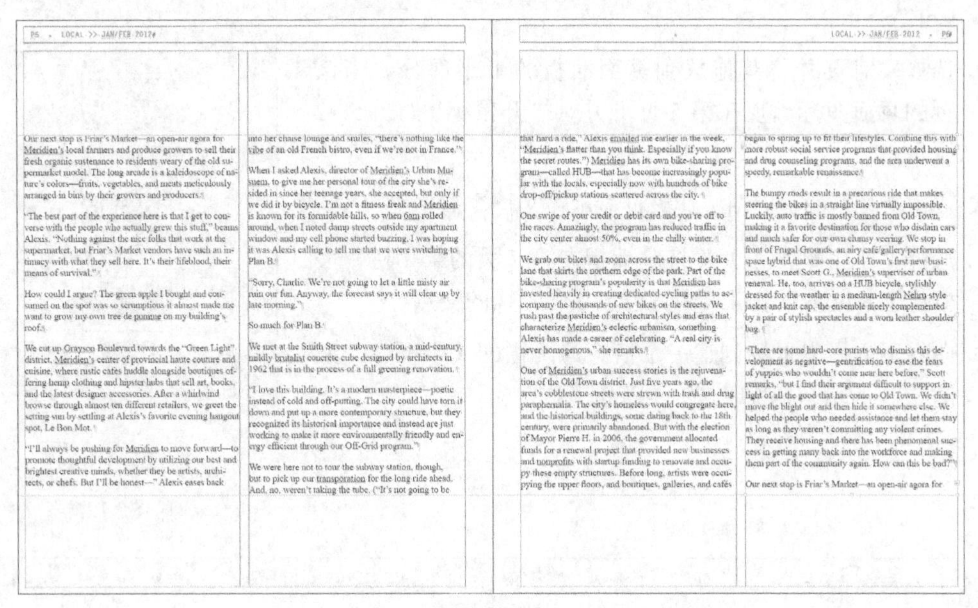
P5 • LOCAL >> JAN/FEB 2012

Our next stop is Friar's Market—an open-air agora for Meridien's local farmers and produce growers to sell their fresh organic sustenance to residents weary of the old supermarket model. The long arcade is a kaleidoscope of nature's colors—fruits, vegetables, and meats meticulously arranged in bins by their growers and producers.

"The best part of the experience here is that I get to converse with the people who actually grew this stuff," beams Alexis. "Nothing against the nice folks that work at the supermarket, but Friar's Market vendors have such an intimacy with what they sell here. It's their lifeblood, their means of survival."

How could I argue? The green apple I bought and consumed on the spot was so scrumptious it almost made me want to grow my own tree de pomme on my building's roof.

We cut up Grayson Boulevard towards the "Green Light" district, Meridien's center of provincial haute couture and cuisine, where rustic cafes huddle alongside boutiques offering hemp clothing and hipster hubs that sell art, books, and the latest designer accessories. After a whirlwind browse through almost ten different retailers, we greet the setting sun by settling at Alexis's favorite evening hangout spot, Le Bon Mot.

"I'll always be pushing for Meridien to move forward—to promote thoughtful development by utilizing our best and brightest creative minds, whether they be artists, architects, or chefs. But I'll be honest—" Alexis eases back into her chaise lounge and smiles, "there's nothing like the vibe of an old French bistro, even if we're not in France."

When I asked Alexis, director of Meridien's Urban Musuem, to give me her personal tour of the city she's resided in since her teenage years, she accepted, but only if we did it by bicycle. I'm not a fitness freak and Meridien is known for its formidable hills, so when 6am rolled around, when I noted damp streets outside my apartment window and my cell phone started buzzing, I was hoping it was Alexis calling to tell me that we were switching to Plan B.

"Sorry, Charlie. We're not going to let a little misty air ruin our fun. Anyway, the forecast says it will clear up by late morning."

So much for Plan B.

We met at the Smith Street subway station, a mid-century, mildly brutalist concrete cube designed by architects in 1962 that is in the process of a full greening renovation.

"I love this building. It's a modern masterpiece—poetic instead of cold and off-putting. The city could have torn it down and put up a more contemporary structure, but they recognized its historical importance and instead are just working to make it more environmentally friendly and energy efficient through our Off-Grid program."

We were here not to tour the subway station, though, but to pick up our transporation for the long ride ahead. And, no, weren't taking the tube. ("It's not going to be that hard a ride," Alexis emailed me earlier in the week, "Meridien's flatter than you think. Especially if you know the secret routes.") Meridien has its own bike-sharing program—called HUB—that has become increasingly popular with the locals, especially now with hundreds of bike drop-off/pickup stations scattered across the city.

One swipe of your credit or debit card and you're off to the races. Amazingly, the program has reduced traffic in the city center almost 50%, even in the chilly winter.

We grab our bikes and zoom across the street to the bike lane that skirts the northern edge of the park. Part of the bike-sharing program's popularity is that Meridien has invested heavily in creating dedicated cycling paths to accompany the thousands of new bikes on the streets. We rush past the pastiche of architectural styles and eras that characterize Meridien's eclectic urbanism, something Alexis has made a career of celebrating. "A real city is never homogenous," she remarks.

One of Meridien's urban success stories is the rejuvenation of the Old Town district. Just five years ago, the area's cobblestone streets were strewn with trash and drug paraphernalia. The city's homeless would congregate here, and the historical buildings, some dating back to the 18th century, were primarily abandoned. But with the election of Mayor Pierre H. in 2006, the government allocated funds for a renewal project that provided new businesses and nonprofits with startup funding to renovate and occupy these empty structures. Before long, artists were occupying the upper floors, and boutiques, galleries, and cafés began to spring up to fit their lifestyles. Combine this with more robust social service programs that provided housing and drug counseling programs, and the area underwent a speedy, remarkable renaissance.

The bumpy roads result in a precarious ride that makes steering the bikes in a straight line virtually impossible. Luckily, auto traffic is mostly banned from Old Town, making it a favorite destination for those who disdain cars and much safer for our own clumsy veering. We stop in front of Frugal Grounds, an airy café/gallery/performance space hybrid that was one of Old Town's first new businesses, to meet Scott G., Meridien's supervisor of urban renewal. He, too, arrives on a HUB bicycle, stylishly dressed for the weather in a medium-length Nehru style jacket and knit cap, the ensemble nicely complemented by a pair of stylish spectacles and a worn leather shoulder bag.

"There are some hard-core purists who dismiss this development as negative—gentrification to ease the fears of yuppies who wouldn't come near here before," Scott remarks, "but I find their argument difficult to support in light of all the good that has come to Old Town. We didn't move the blight out and then hide it somewhere else. We helped the people who needed assistance and let them stay as long as they weren't committing any violent crimes. They receive housing and there has been phenomenal success in getting many back into the workforce and making them part of the community again. How can this be bad?"

Our next stop is Friar's Market—an open-air agora for

LOCAL >> JAN/FEB 2012 • P6

图5.11

正如读者看到的，再次出现了溢流文本。

提示：要调整文本在框架中的排文方式，可以输入分隔符，如分栏符和框架分隔符（“文字”→“插入分隔符”）。

6. 选择菜单“文件”→“存储”，保留该页面的位置不变，供下一个练习使用。

5.6 自动创建串接的文本框架

为提高创建与分栏等宽的链接文本框架的速度，InDesign 提供了一种快捷方式。如果在拖曳文字工具以创建文本框架时按右箭头键，InDesign 自动将该文本框架分成多个串接起来的分栏。例如，如果创建文本框架时按右箭头键一次，将把文本框架分成两个等宽的分栏；如果按右箭头键五次，文本框架将被划分 5 次，分成 6 个等宽的分栏（如果你按右箭头键的次数太多，可按左箭头键减少分栏）。

下面在文档末尾添加一个页面，并将溢流文本排入一个分成了多栏的文本框架中。

提示：除串接框架以容纳载入的文本外，还可串接空文本框架。为此，可使用选择工具单击文本框架的出口，再在下一个文本框架的任何位置单击。重复这种操作，直到所有文本框架都串接起来了。

1. 选择菜单“窗口”→“页面”显示页面面板。
2. 在页面面板的上半部分，通过滚动找到主页跨页 FEA-2 Col Feature。
3. 选择左对页并将其拖放到页面面板的下半部分。当该页的页面图标出现在第 5 页下方时松开鼠标，如图 5.12 所示。
4. 双击第 7 页的页面图标让该页显示在文档窗口中央。
5. 选择文字工具（T）并将鼠标指向第 7 页的第 1 栏，大概位于紫色垂直参考线和青色水平参考线的交点。
6. 向右下方拖曳鼠标创建一个横跨这两栏的文本框架，如图 5.13 所示，拖曳时按右箭头键一次。

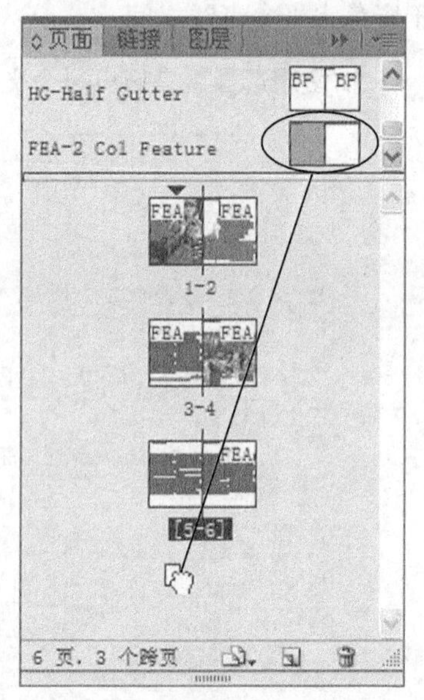

图5.12

注意：如果不小心按了右箭头键多次，将生成多个串接的文本框架。在这种情况下，可选择菜单“编辑”→“还原”，再重试即可；也可在拖曳时按左箭头键删除多余的文本框架。

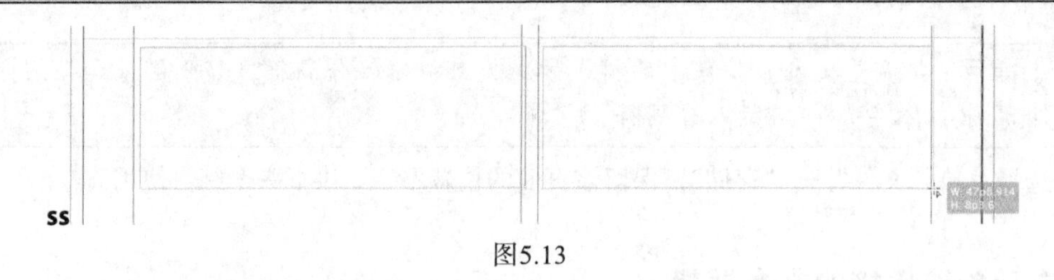

图5.13

InDesign 自动将该文本框架分成两个串接起来的文本框架，它们的宽度相等。

7. 向上滚动以便能够看到第 6 页的底部。
8. 使用选择工具（）单击以选择第 6 页第 2 栏的文本框架，再单击该框架右下角的出口，将显示载入文本图标和溢流文本。
9. 向下滚动到第 7 页，再在第 1 栏的文本框架中单击。

注意：将载入文本图标指向空文本框架时，将出现一个链条图标，指出可串接到该文本框架。还可将溢流文本排入空图形框架——该图形框架将自动转换为文本框架。

文本将排入这两个链接的文本框架中。

10. 选择菜单“文件”→“存储”。保留该页面的位置不变，供下个练习使用。

5.7　自动调整文本框架的大小

添加、删除和编辑文本时，常常需要调整文本框架的大小。使用 InDesign 的自动调整大小功能，可让文本框架根据指定的方式自动调整大小。

下面使用自动调整大小功能，让最后一个文本框根据文本长度自动调整其大小。

1. 使用选择工具单击第 7 页第 2 栏的文本框架，再选择菜单“对象”→“文本框架选项”。

2. 在“文本框架选项”对话框中，单击“自动调整大小”标签，再从“自动调整大小”下拉列表中选择“仅高度”选项。

3. 单击第一行中间的图标（ ），指定该文本框架只调整其下边缘，就像手工拖曳其下边缘那样，如图 5.14 所示，单击“确定”按钮。

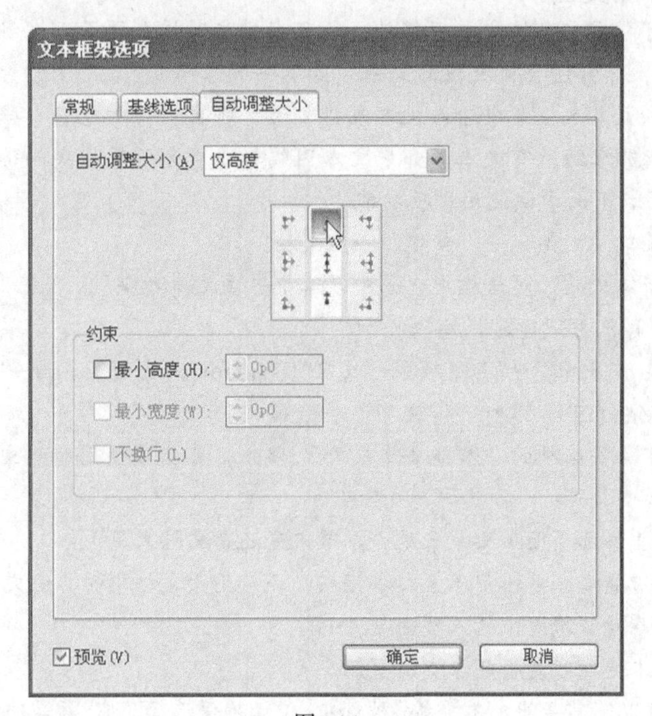

图5.14

4. 使用文字工具在文本 France 后面单击，再按 Enter 键，看看文本框将如何增大，如图 5.15 所示。

5. 使用选择工具单击左边的文本框架以选择它。向上拖曳该文本框架下边缘中央的手柄，以缩小该文本框架。

多出的文本将排入第 2 栏，而第 2 栏的文本框架将自动增大。

6. 保留这两个文本框架的大小不变——只要没有溢流文本。

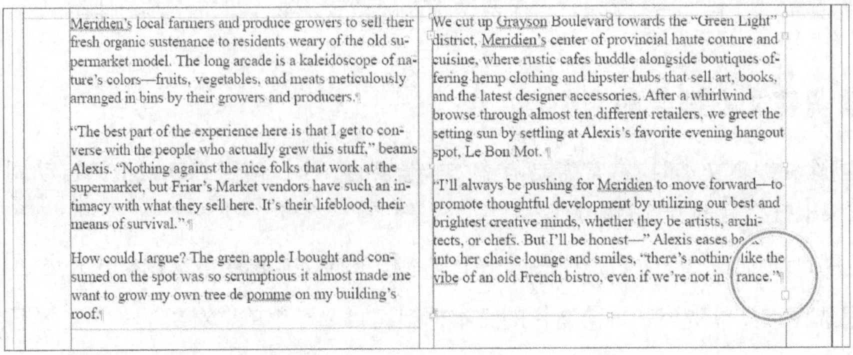

Meridien's local farmers and produce growers to sell their fresh organic sustenance to residents weary of the old supermarket model. The long arcade is a kaleidoscope of nature's colors—fruits, vegetables, and meats meticulously arranged in bins by their growers and producers.¶

"The best part of the experience here is that I get to converse with the people who actually grew this stuff," beams Alexis. "Nothing against the nice folks that work at the supermarket, but Friar's Market vendors have such an intimacy with what they sell here. It's their lifeblood, their means of survival."¶

How could I argue? The green apple I bought and consumed on the spot was so scrumptious it almost made me want to grow my own tree de pomme on my building's roof.¶

We cut up Grayson Boulevard towards the "Green Light" district, Meridien's center of provincial haute couture and cuisine, where rustic cafes huddle alongside boutiques offering hemp clothing and hipster hubs that sell art, books, and the latest designer accessories. After a whirlwind browse through almost ten different retailers, we greet the setting sun by settling at Alexis's favorite evening hangout spot, Le Bon Mot.¶

"I'll always be pushing for Meridien to move forward—to promote thoughtful development by utilizing our best and brightest creative minds, whether they be artists, architects, or chefs. But I'll be honest—" Alexis eases ba... into her chaise lounge and smiles, "there's nothin' like the vibe of an old French bistro, even if we're not in rance."¶

图5.15

7. 选择菜单“编辑”→“全部取消选择”，再选择菜单“文件”→“存储”。

在排文时添加页面

除在现有页面中串接文本框架外，还可在排文时添加页面。这种功能称为“智能文本重排”，非常适合排大段的文本（如本书的章节）。启用了“智能文本重排”后，当用户在主文本框架中输入文本或排文时，将自动添加包含串接的文本框架的页面，以便能够容纳所有文本。如果文本因编辑或重新设置格式而缩短，将自动删除多余的页面。下面尝试使用这项功能。

1. 选择菜单“文件”→“新建”→“文档”。

2. 在“新建文档”对话框中，选中复选框“主文本框架”，单击“边距和分栏”按钮，再单击“确定”按钮。

3. 选择菜单“编辑”→“首选项”→“文字”（Windows）或InDesign→“首选项”→“文字”（Mac OS），以打开“文字”首选项。

在“文字”首选项的“智能文本重排”部分，可指定使用智能文本重排时如何处理页面：

- 在哪里添加页面（文章末尾、章节末尾还是文档末尾）；
- 只将智能文本重排用于主文本框架，还是用于文档中的其他文本框架；
- 如何在对页跨页中插入页面；
- 当文本变短时是否删除空白页面。

4. 默认情况下，“智能文本重排”被选中，但请确保选择了它，再单击“确定”按钮。

5. 选择菜单“文件”→“置入”。在“置入”对话框中，选择文件夹Lesson05中的文件05_Long_Biking_Feature_JanFeb.docx，再单击“打开”按钮。

6. 在新文档的第1页中，在页边距内单击鼠标将所有文本排入主文本框架，在必要时将添加页面，注意页面面板中的页数。关闭该文件但不保存所做的修改。

5.8 添加跳转说明

如果文章跨越多页，读者必须翻页才能阅读后面的内容，最好添加一个跳转说明（如“下转第 × 页”）。在 InDesign 中可以添加跳转说明，跳转说明将自动指出文本流中下一页的页码，即文本框架链接到的下一页。

1. 在页面面板中双击第 2 页的页面图标，让该页在文档窗口中居中。向右滚动以便能够看到粘贴板。必要时放大视图以便能够看清文本。
2. 选择文字工具（T），在粘贴板中拖曳鼠标以创建 17p × 3p 的文本框架，如图 5.16 所示。

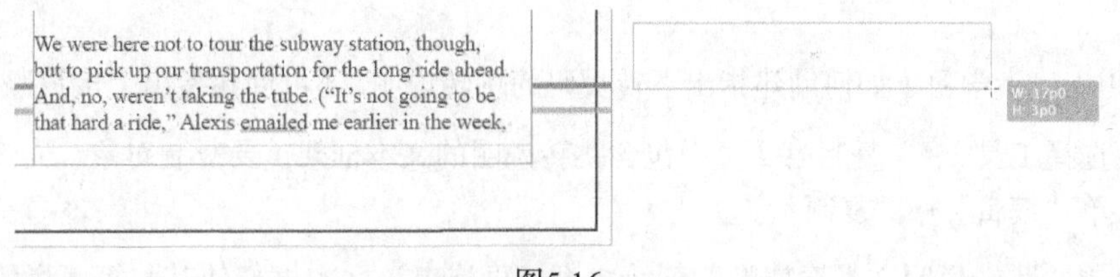

图5.16

3. 使用选择工具（ ）将新创建的文本框架拖放到第 2 页第 2 栏的底部，确保新文本框架的顶部与现有文本框架的底部相连，如图 5.17 所示。

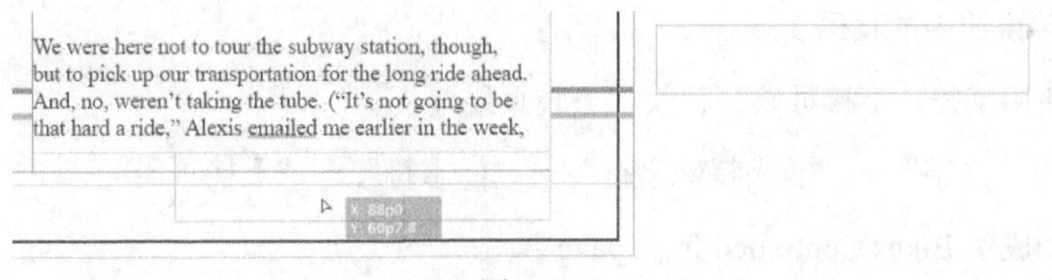

图5.17

注意：包含跳转说明的文本框架必须与串接文本框架相连或重叠，才能插入正确的“下转页码”字符。

4. 使用文字工具单击将光标插入新文本框架，输入 Bikes Continued on page 和一个空格。
5. 选择菜单“文字”→“插入特殊字符”→“标志符”→“下转页码”，如图 5.18 所示。跳转说明将变成 Continued on page 3。

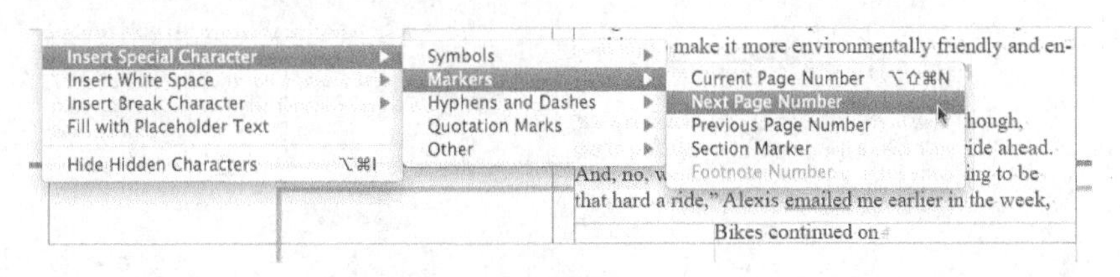

图5.18

6. 选择菜单“文字”→“段落样式”打开段落样式面板。在文本插入点仍位于跳转说明中的情况下，单击样式 Continued From/To Line，这将根据模板设置文本的格式，如图 5.19 所示。

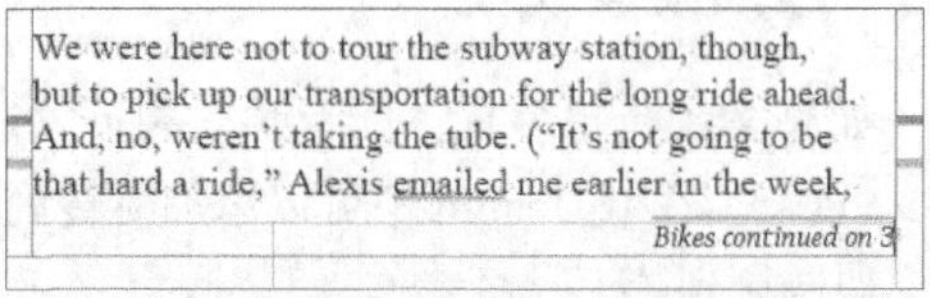

We were here not to tour the subway station, though,
but to pick up our transportation for the long ride ahead.
And, no, weren't taking the tube. ("It's not going to be
that hard a ride," Alexis emailed me earlier in the week,
Bikes continued on 3

图5.19

7. 选择菜单“文件”→“存储”。
8. 选择菜单“视图”→“使跨页适合窗口”。
9. 在应用程序栏中，从“屏幕模式”下拉列表中选择“预览”。

5.9 练习

在本课中，读者学习了如何创建指出下转页码的跳转说明，还可创建指出上接页码的跳转说明。

1. 使用选择工具（ ）复制第 2 页中包含跳转说明的文本框架（要复制对象，先选择它，再选择菜单“编辑”→“复制”）。
2. 将复制的跳转说明文本框架粘贴到第 3 页，再拖曳该文本框架使其与第 1 栏的文本框架顶部相连。
3. 使用文字工具（ ）将该文本框架的文字从 Bikes Continued on 改为 Bikes Continued from。
4. 选择跳转说明中的页码 3。

现在需要使用字符“上接页码”替换“下转页码”。

5. 选择菜单“文字”→“插入特殊字符”→“标志符”→“上接页码”。

跳转说明变成了 Bikes Continued from page 2。

复习

复习题

1. 使用哪种工具可串接文本框架？

2. 如何显示载入文本图标？

3. 在鼠标形状为载入文本图标的情况下，在栏参考线之间单击将发生什么？

4. 按什么键可自动将文本框架分成多个串接的文本框架？

5. 有种功能可自动添加页面和串接的文本框架以容纳导入文件中的所有文本，这种功能叫什么？

6. 哪项功能可根据文本长度自动调整文本框架的大小？

7. 要确保在跳转说明中插入正确的“下转页码”和“上接页码”,需要做什么？

复习题答案

1. 选择工具。

2. 选择菜单“文件”→“置入”并选择一个文本文件，或单击包含溢流文本的文本框架的出口。

3. InDesign 将在单击的位置创建文本框架，该框架位于垂直的栏参考线之间。

4. 拖曳以创建文本框架时按右箭头键。创建文本框架时，也可以按左箭头键以减少分栏数。

5. 智能文本重排。

6.“文本框架选项”对话框中的“自动调整大小”功能。

7. 包含跳转说明的文本框架必须与包含文章的串接文本框架相连。

第6课 编辑文本

在本课中，读者将学习以下内容：

- 处理缺失字体；
- 输入和导入文本；
- 查找并修改文本和格式；
- 在文档中检查拼写；
- 编辑拼写词典；
- 自动更正拼写错误的单词；
- 通过拖放移动文本；
- 使用文章编辑器；
- 显示修订。

本课需要大约60分钟。

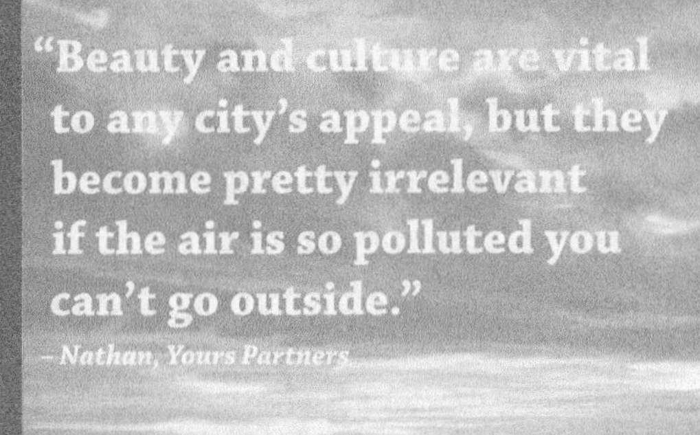

LOCAL >> JAN/FEB 2012 P3

LOCAL JAN/FEB 2012>>DESTINATION>>MERIDIEN
LAT:47°36'0" LONG:14°31'0"
MRD

P48/ 2 WHEELS GOOD
Alexes K., director of Meridien's Urban Museum, takes us on a personal tour. Sometimes the best way to see the city is by bicycle. **By Franklin M.**

P60/ BIN THERE, DONE THAT
The way we generate and dispose of refuse is not sustainable in the long run. That's why Meridien's Waste Disposal guru, Glen W., is developing new ways to get residents off their trashy ways. **By Ella G.**

P68/ FARM IN THE BACKYARD
More and more Meridien residents are forgoing the flower garden and swing set for tomato plants and chicken coops. Local contributing editor **Martin H.** talks to some of these modern-day Old McDonalds.

P12/ LETTERS

P18/ THE LOCAL LIST
From art restorers to restaurants, your monthly mix of better urban living.

P22/ PRODUCT PROTECTION
The latest do-no-harm wares that *Local* editors have been using, abusing, and keeping around the office.

P30/ 3X3
Our three monthly problems for another three of our favorite creative types: what to do with Meridien's empty South Square.

P76/ BY THE NUMBERS
How does Meridien stack up to other favorite cities?

InDesign CS6提供了专用字处理程序才有的多种文本编辑功能，包括查找和替换文本和格式、检查拼写、输入文本时自动校正拼写错误以及编辑时显示修订。

6.1 概述

在本课中，将执行图形设计人员经常面临的编辑任务，这包括导入新文章以及使用 InDesign 编辑功能搜索和替换文本和格式、执行拼写检查、修改文本和显示修订等。

> 注意：如果还没有从配套光盘将本课的资源文件复制到硬盘中，那么现在请复制它们，详情可以参阅“前言”中的“复制课程文件”。

1. 为确保你的 Adobe InDesign CS6 首选项和默认设置与本课使用的一样，需要将文件 InDesign Defaults 移到其他文件夹，详情可以参阅“前言”中的“存储和恢复文件 InDesign Defaults”。
2. 启动 Adobe InDesign CS6。为确保面板和菜单命令与本课使用的相同，选择菜单“窗口”→“工作区”→“高级”，再选择菜单“窗口”→“工作区”→“重置‘高级’”。
3. 选择菜单“文件”→“打开”，打开文件夹 InDesignCIB\Lessons\Lesson06 中的文件 06_Start.indd。
4. 出现“缺失字体”警告对话框时，单击“确定”按钮。打开的文件使用了系统没有安装的字体时，就会显示“缺失字体”警告对话框，如图 6.1 所示。

> 注意：如果你的系统中碰巧安装了字体 Corbel Bold，则不会出现警告消息。可看一下替换缺失字体的步骤，再进入下一节。

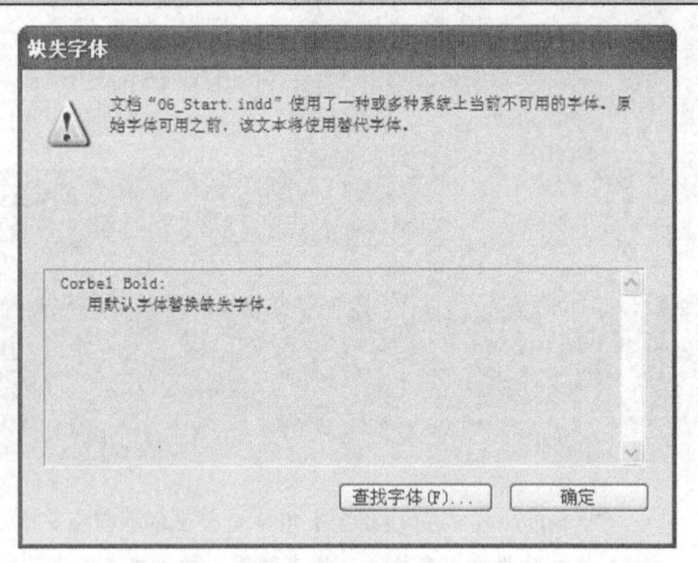

图6.1

下一节将使用系统安装的字体替换缺失的字体，从而解决字体缺失的问题。

5. 选择菜单“文件”→“存储为”，将文件重名为 06_Text.indd，并将其存储到文件夹 Lesson06 中。
6. 要查看完成后的文档，打开文件夹 Lesson06 中的文件 06_End.indd，如图 6.2 所示。可让该文件打开，以便工作时参考。

图6.2

7. 查看完毕后，单击文档窗口左上角的文件 06_Text.indd 的标签以切换到该文档。

6.2 查找并替换缺失字体

前面打开本课的文档时，可能指出缺失字体 Corbel Bold；如果读者的计算机安装了这种字体，将不会出现这种警告，但读者仍可按下面的步骤做，以便日后参考。下面搜索使用字体 Corbel Bold 的文本，并将这种字体替换为与之相似的字体 Chaparral Pro Bold。

注意：对于大多数项目，可能需要在计算机中添加缺失的字体，而不是替换它们。为此，可将字体安装到计算机中、使用字体管理软件激活字体或将字体文件复制到 InDesign 的 Font 文件夹中。有关这方面的详细信息，请参阅 InDesign 帮助。

1. 注意到在第 1 个跨页中，左对页的引文为粉色，这表明这些文本使用的字体缺失。
2. 选择菜单“文字”→“查找字体”。“查找字体”对话框列出了文档使用的所有字体及其类型（如 PostScript、TrueType 或 OpenType），在缺失字体的旁边有警告图标（⚠）。
3. 在列表“文档中的字体”中选择 Corbel Bold。
4. 在该对话框底部的“替换为：”部分，从下拉列表“字体系列”中选择 Chaparral Pro。从下拉列表“字体样式”中选择 Bold，如图 6.2 所示。
5. 单击“全部更改”按钮，如图 6.3 所示。

提示：在“查找字体”对话框中，如果你选中复选框“全部更改时重新定义样式和命名网格”，则使用了缺失字体的字符样式和段落样式都将被更新，以使用替换字体。这有助于快速更新文档和模板——条件是你确定这样修改是合适的。

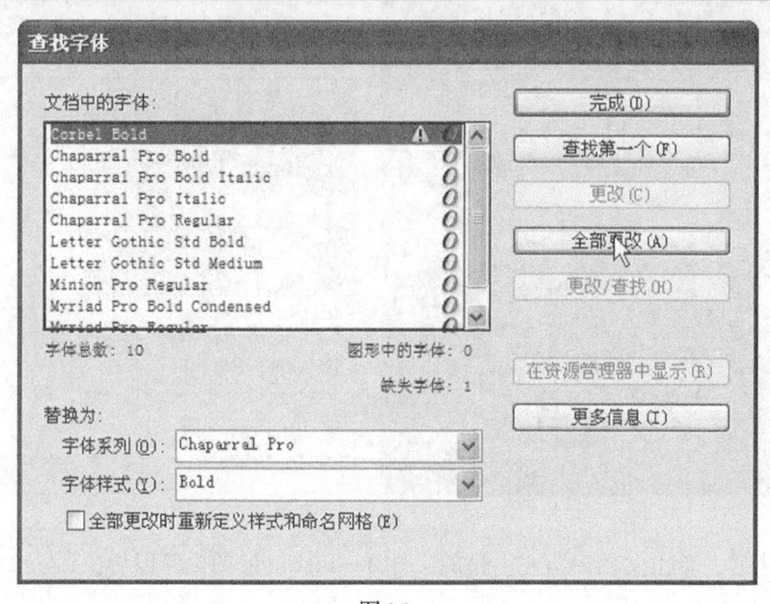

图6.3

6. 单击“完成”按钮关闭该对话框，并在文档中查看替换后的字体。

7. 选择菜单“文件”→“存储”。

6.3 输入和导入文本

可将文本直接输入到InDesign文档中，也可导入在其他程序（如字处理程序）中创建的文本。要输入文本，需要使用文字工具选择文本框架或文本路径。要导入文本，可从桌面拖曳文件，也可从Mini Bridge面板（位于“窗口”菜单中）拖曳文件，这将出现载入文本图标或将文件直接导入到选定文本框架中。

6.3.1 输入文本

虽然图形设计人员通常不负责版面中的文本（文字），但他们经常需要根据修订方案进行修改，这些修订方案是以硬拷贝和Adobe PDF提供的。在这里，将使用文字工具添加文本。

1. 调整文档在屏幕上的位置，以便能够看到左对页中的引文。

2. 选择菜单“视图”>“其他”>“显示框架边缘”。文本框架将出现金色轮廓，让你能看清它们。

3. 使用文字工具（T）在引文下方的单词 Nathan 后面单击。

4. 输入一个逗号，再输入 Yours Partners，如图 6.4 所示。

图6.4

5. 选择菜单“文件”>“存储”。

6.3.2 导入文本

使用模板处理项目（如杂志）时，设计人员通常将文本导入现有的文本框架。在这里，将导入一个 Microsoft Word 文件，并使用样式 body-copy 设置其格式。

1. 选择菜单“版面”→“下一跨页”，在文档窗口中显示第 2 个跨页。每页都包含一个可用于放置文章的文本框架。

2. 使用文字工具（T）单击左对页文本框架中最左边那栏，如图 6.5 所示。

图6.5

3. 选择菜单“文件”→“置入”。在“置入”对话框中,确保没有选中复选框“显示导入选项”。

4. 找到并选择文件夹 InDesignCIB\Lessons\Lesson06 中的文件 Biking_Feature_JanFeb2012.docx。

5. 单击“打开”按钮。

文本将从一栏排入另一栏，填满这两个文本框架。

> **提示：**在“置入”对话框中，可按住 Shift 并单击来选择多个文本文件。这样做时，鼠标将变成载入这些文件的图标，让你能够在文本框架中或页面上单击以导入每个文件中的文本。这非常适合置入存储在不同文件中的内容，如字幕。

6. 选择菜单“编辑”→“全选”选择文章中的所有文本。

7. 单击段落样式面板图标以显示段落样式面板。

8. 单击 Body Copy 样式组旁边的三角形以显示其中的样式。

9. 单击样式 Paragraph Indent 将其应用于所选段落。

10. 选择菜单“编辑”→“全部取消选择”，结果如图 6.6 所示。

such an intimacy with what they sell here. It's their lifeblood, their means of survival."

How could I argue? The green apple I bought and consumed on the spot was so scrumptious it almost made me want to grow my own tree de pomme on my building's roof.

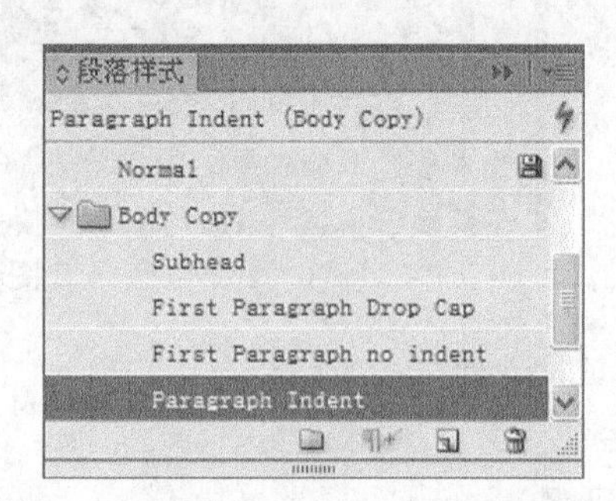

图6.6

由于修改了格式，文本框架无法容纳所有文本。在该跨页的右对页中，文本框架的右下角有个加号（⊞），这表明有溢流文本，后面将使用“文章编辑器”来解决这个问题。

11. 选择菜单“视图”→“其他”→“隐藏框架边缘”。

12. 再选择菜单“文件”→“存储”。

6.4 查找并修改文本和格式

和大多数流行的字处理程序一样，在 InDesign 中也可以查找并替换文本和格式。通常，在图形设计人员处理版面时，稿件还在不断修订中。当编辑要求进行全局修改时，“查找 / 更改”命令有助于确保所做的修改准确而一致。

6.4.1 查找并修改文本

对于这篇文章，校对人员发现导游的名字没有正确拼写为 Alexes，而拼写成了 Alexis。下面修改文档中所有的 Alexis。

1. 使用文字工具（T）在文章开头（左对页第一栏的 When I asked 前面）单击。

2. 选择菜单“编辑”→“查找 / 更改”。如果必要，在“查找 / 更改”对话框中单击顶部的标签“文本”以显示文本搜索选项。

3. 在文本框“查找内容”中输入 Alexis。

4. 按 Tab 键移到文本框“更改为”，并输入 Alexes。

“搜索”下拉列表指定了搜索范围。因为你认为 Alexis 可能用于文档的任何地方，如目录或标题中，因此需要搜索整个文档。

提示:通过“查找/更改”对话框中的下拉列表“搜索”，可选择搜索所有文档、文档、文章和到文章末尾。

5. 从“搜索”下拉列表中选择“文档”，如图 6.7 所示。

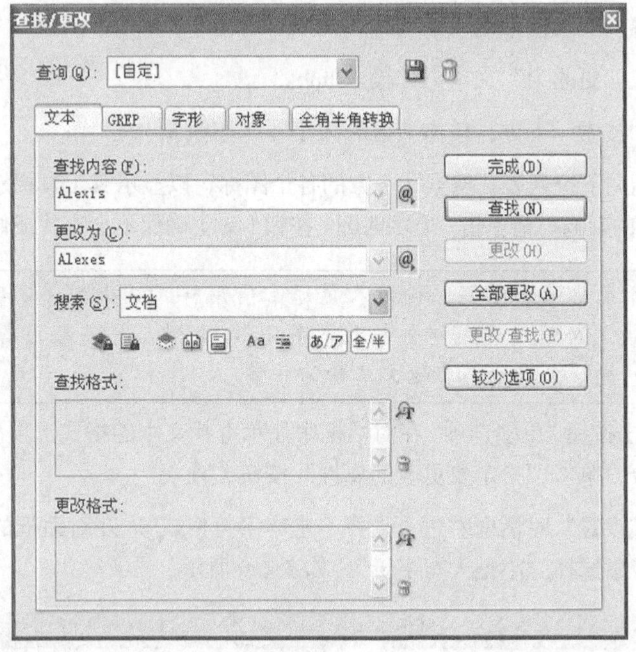

图6.7

使用“查找/更改”对话框时，务必对设置进行测试。找到符合搜索条件的文本后，替换它，并在进行全部修改前审阅文本。也可使用“查找”选项查看修改后的每块文本，这让你能够看到修改将如何影响周围的文本和换行符。

6. 单击“查找”按钮。显示第一个 Alexis 时，单击“更改”按钮。

7. 单击“查找下一个”，再单击“全部更改”。将出现一个消息框，指出进行了 7 次替换（如图 6.8 所示），单击“确定”按钮。如果消息框指出只进行了 6 次替换，你可能忘记了从“搜索”下拉列表中选择“文档”。

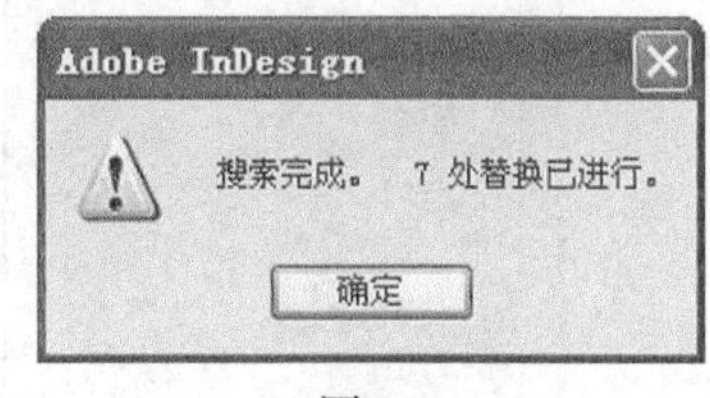

图6.8

提示：打开了“查找/更改”对话框时，仍可使用文字工具在文本中单击并进行编辑。通过让“查找/更改”对话框打开，可在编辑文本后继续搜索。

8. 让“查找/更改”对话框继续打开，供下个练习使用。

6.4.2 查找并修改格式

编辑要求再对这篇文章进行另一项全局性修改——这次修改的是格式而不是拼写。该城市的 HUB 自行车组织喜欢其名称用小型大写字母，而不是全部用大写字母。在这篇文章中，HUB 采用的是全部 3 个字母都大写，而不是使用“全部大写字母”样式格式化的。因为“小型大写字母”样式只适用于小写字母，因此还需将 HUB 改为 hub，这要求进行区分大小写的修改。

1. 在“查找内容”文本框中输入 HUB。

2. 按 Tab 键进入“更改为”文本框并输入 hub。

3. 在下拉列表“搜索”下方，单击“区分大小写”按钮（ ）。

4. 将鼠标依次指向下拉列表“搜索”下方的各个图标，以显示其工具提示，从而了解它们对查找 / 更改操作的影响。请单击“全字匹配”按钮（ ），确保不会查找或修改包括 HUB 的单词。

提示：对于缩略语和缩写，设计人员通常使用样式“小型大写字母”（大写字母的小型版）而不是样式“全部大写字母”。小型大写字母的高度通常与小写字母相同，能够更好地与其他文本融为一体。

5. 如果必要，单击按钮“更多选项”在对话框中显示查找文本的格式选项。在对话框底部的“更改格式”部分，单击“指定要更改的属性”按钮（ ）。

6. 在“更改格式设置”对话框左边，选择“基本字符格式”。在对话框的主要部分，从“大小写”下拉列表中选择“小型大写字母”，如图 6.9 所示。

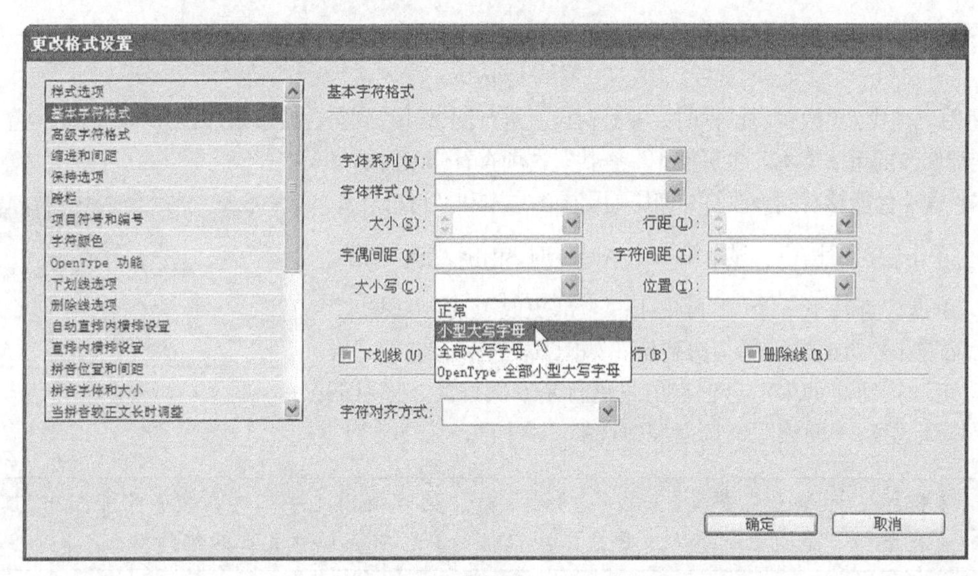

图6.9

7. 保留其他选项为空，并单击“确定”按钮返回“查找 / 更改”对话框。

注意到文本框“更改为”上方有个警告标记（ ），这表明 InDesign 将把文本修改为指定的格式，如图 6.10 所示。

8. 通过先单击“查找”再单击“更改”来测试设置。确定 HUB 被更改为 hub 后，再单击“全部更改”按钮。

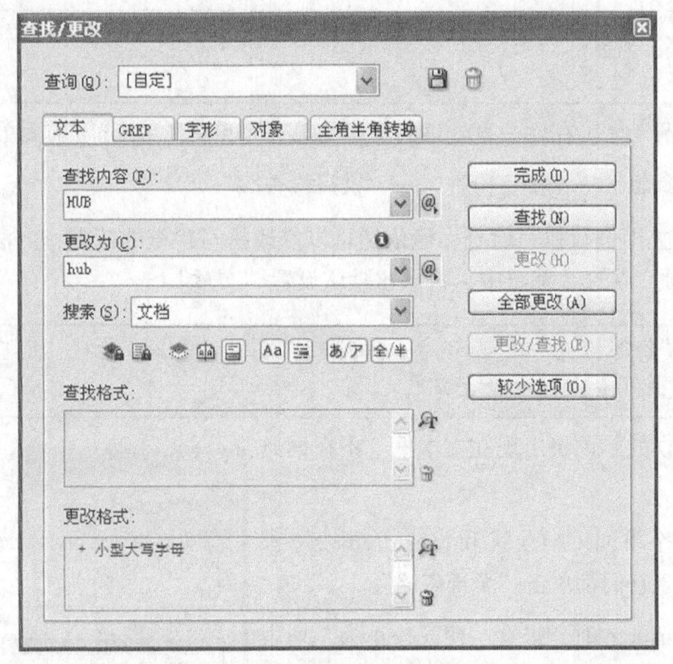

图6.10

> **注意：** 如果你对查找/更改结果不满意，可选择菜单“编辑”>“还原”将最后一次更改操作撤销，而不管这次操作是“更改”、“全部更改”还是“更改/查找”。

9. 当出现指出进行了多少次修改的消息框时，单击“确定”按钮，再单击“完成”按钮关闭“查找/更改”对话框。

10. 选择菜单“文件”→“存储”。

6.5 拼写检查

InDesign 包含拼写检查功能，该功能与字处理程序使用的拼写检查功能极其相似。可对选定文本、整篇文章、文档中所有的文章或多个打开的文档中所有的文章执行拼写检查。可将单词加入文档的词典中，以指定哪些单词可被视为拼写不正确。还可让 InDesign 在输入单词时发现拼写问题并校正拼写错误。

6.5.1 在文档中进行拼写检查

在打印文档或通过电子方式分发它之前，进行拼写检查是个不错的主意。在这里，我们怀疑新导入的文章的作者有些马虎，因此在设计版面之前先检查拼写。拼写检查功能不但检查显示在文本框架中的文本，还检查溢流文本。

提示：务必与客户或编辑讨论是否由你来进行拼写检查，很多编辑喜欢自己进行拼写检查。

1. 使用文字工具（T）在你一直处理的文章的第一个单词（When）前面单击。

2. 选择菜单“编辑”→“拼写检查”→“拼写检查”。

3. InDesign 将立即进行拼写检查，但依然可以修改拼写检查的范围，方法是从“搜索”下拉列表中选择一个选项。在这个练习中，将保留默认设置“文章”。

提示：在“拼写检查”对话框的下拉列表“搜索”中，可选择“所有文档”、“文档”、“文章”或“到文章末尾”。

4. 可能拼写错误的单词将出现在文本框“不在词典中”中。

5. 出现的前两个单词（Alexes 和 Meridien’s）都是姓名，对于它们都单击“全部忽略”。

6. 出现单词 Musuem 时，查看“建议校正为”列表并选择 Museum，再单击“更改”按钮，如图 6.11 所示。

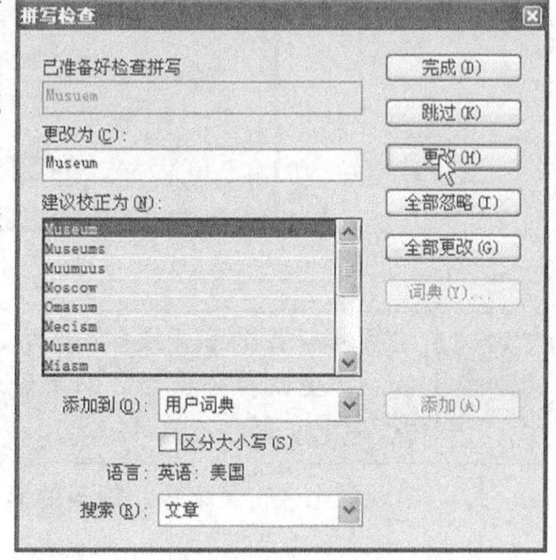

图6.11

7. 处理其他可能拼写错误的单词，这些单词如下。

- Meridien：单击“全部忽略”。
- 6am：单击“跳过”。
- brutalist：单击“跳过”。
- transporation：在“更改为”文本框中输入 transportation，再单击“更改”。
- emailed：单击“跳过”。
- in（Uncapitalized Sentence）：单击“跳过”。
- emailed、nonprofits、Nehru、pomme、Grayson、hotspots、vibe：单击“跳过”。

8. 单击“完成”按钮。

9. 选择菜单“文件”→“存储”。

6.5.2 将单词加入到文档专用的词典中

在 InDesign 中，可将单词加入到用户词典或文档专用的词典中。如果你与多位客户合作，而他们的拼写习惯可能不同，最好将单词添加到文档专用的词典中。下面将 Meridien 添加到文档专用词典中。

1. 选择菜单“编辑”→“拼写检查”→“用户词典”打开“用户词典”对话框。

2. 从“目标”下拉列表中选择“06_Text.indd”。

> **提示**：如果单词并非特定语言特有的，如人名，则可选择“全部语言”将该单词加入所有语言的拼写词典中。

3. 在“单词”文本框中输入 Meridien。

4. 选中复选框“区分大小写”（如图 6.12 所示），以便仅将 Meridien 添加到字典中。这确保在进行拼写检查时，使用小写字母的单词 meridien 仍被视为拼写错误。

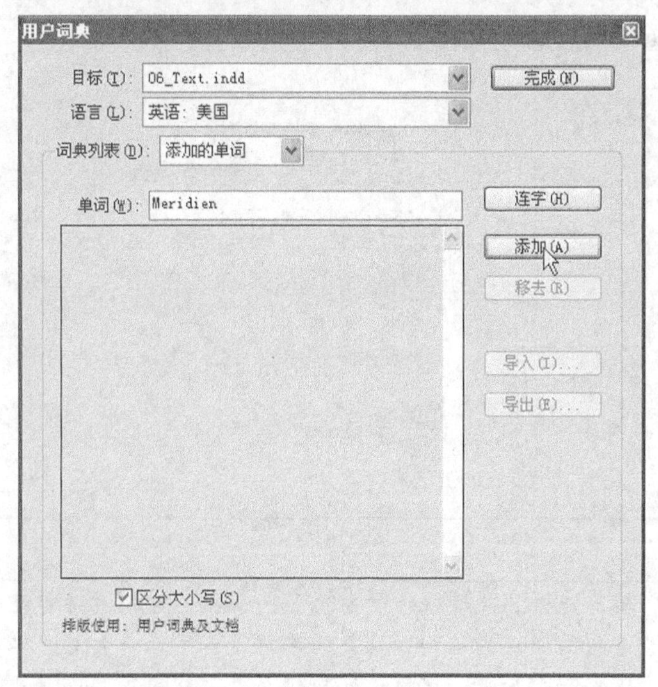

图6.12

5. 单击“添加”按钮，再单击“完成”按钮。

6. 选择菜单“文件”→“存储”。

6.5.3 动态拼写检查

无需等到文档完成后就可检查拼写。InDesign 内置了动态拼写检查功能，让用户能够发现拼写错误的单词。

1. 选择菜单“编辑”→“首选项”→“拼写检查”（Windows）或 InDesign>“首选项”→“拼

写检查”（Mac OS），以显示“拼写检查”首选项。

2. 在“查找”部分指定要指出哪些错误。

3. 选中复选框“启用动态拼写检查”。

4. 在“下划线颜色”选项组指定如何指出拼写错误，如图 6.13 所示。

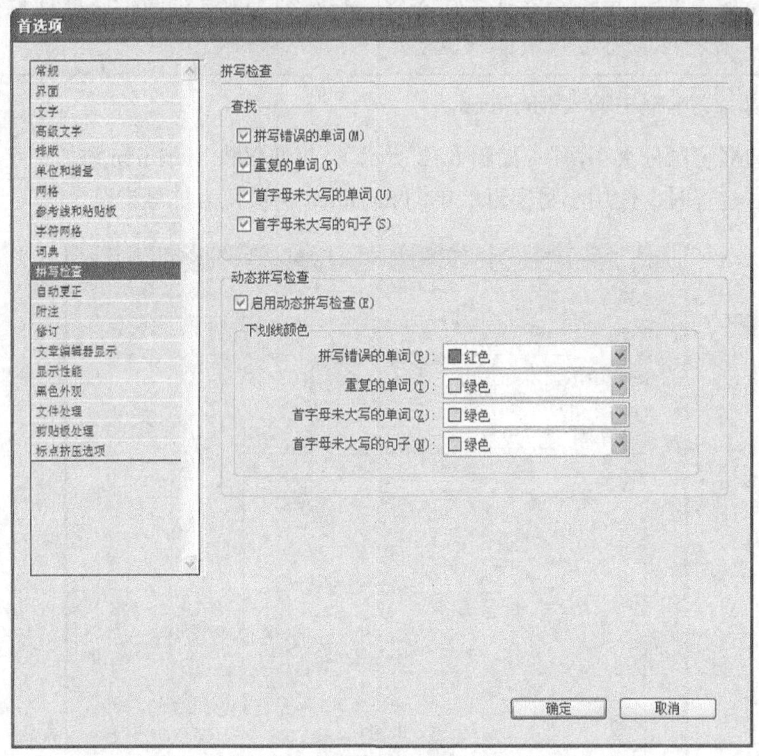

图6.13

提示：在“拼写检查首选项”的“查找”选项组，可指定拼写检查将指出哪些可能的错误：拼写错误的单词、重复的单词、首字母未大写的单词、首字母未大写的句子。例如，如果处理的是包含数百个名字的字典，则可能想选择复选框“首字母未大写的单词”，但不选择“拼写错误的单词”。

5. 单击“确定”按钮关闭“首选项”对话框并返回到文档。

6. 确保选择了菜单“编辑”→“拼写检查”中的菜单项“动态拼写检查”。根据默认用户词典被认为拼写错误的单词将带下划线，如图 6.14 所示。

7. 使用文字工具（T）在文本中单击，再输入一个拼写不正确的单词以便能够看到下划线。选择菜单“编辑”→“还原”，将这个单词删除。

8. 选择菜单“文件”→“存储”。

hills, so when 6am rolled around, when I noted damp streets outside my apartment window and my cell phone started buzzing, I was hoping it was Alexes calling to tell me that we were switching to Plan B.

"Sorry, Charlie. We're not going to let a little misty air ruin our fun. Anyway, the forecast says it will clear up by late morning."

So much for Plan B.

We met at the Smith Street subway station, a mid-century, mildly brutalist concrete cube designed by architects in 1962 that is in the pro-

图6.14

6.5.4 自动更正拼错的单词

“自动更正”功能比动态拼写检查的概念更进了一步。启用这种功能后，InDesign 将在用户输入拼错的单词时自动更正它们。更改是根据常见的拼错单词列表进行的，如果愿意，可将经常拼错的单词（包括其他语言的单词）添加到该列表中。

1. 选择菜单“编辑”→“首选项”→“自动更正”（Windows）或 InDesign →“首选项”→“自动更正”（Mac OS），以显示“自动更正”首选项。

2. 选中复选框“启用自动更正”，也可选中复选框“自动更正大写错误”。

在默认情况下，列出的是美国英语中常见的错拼单词。

3. 将语言改为法语，并查看该语言中常见的错拼单词。

4. 如果愿意，尝试选择其他语言。执行后续操作前，将语言改回到美国英语。

这篇文章的编辑意识到，其所在城市 Meridien 常被错误地拼写为 Meredien，即将中间的 i 错写为 e。为防止这种错误，应该在自动更正列表中添加上述错误拼写和正确拼写。

5. 单击“添加”按钮打开“添加到自动更正列表”对话框。在文本框“拼写错误的单词”中输入 Meredien，在文本框“更正”中输入 Meridien，如图 6.15 所示。

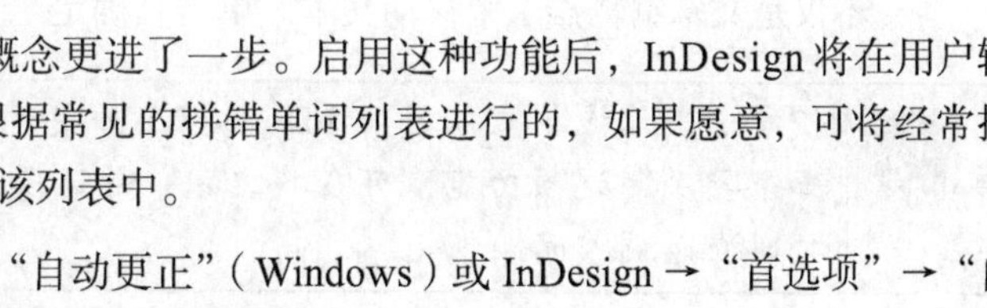

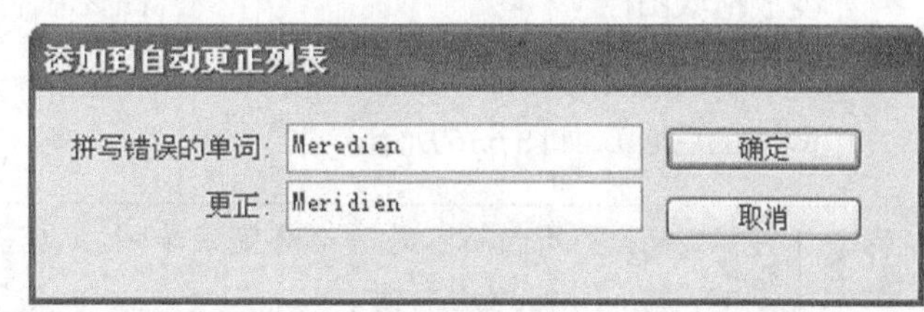

图6.15

6. 单击“确定”按钮添加该单词，再单击“确定”按钮关闭“首选项”对话框。

7. 选择菜单“编辑”→“拼写检查”→“自动更正”，以启用自动更正功能。

8. 使用文字工具（T）在文本的任何位置单击，再输入单词 Meredien。

9. 注意到自动更正功能将 Meredien 改为了 Meridien。选择菜单“编辑”>“还原”删除刚才添加的单词。

10. 选择菜单“文件”→“存储”。

6.6 拖放文本

为让用户能够在文档中快速剪切并粘贴单词，InDesign 提供了拖放文本功能，让你能够在文章内部、文本框架之间和文档之间移动文本。下面使用这种功能将文本从该杂志文章的一个段落移到另一个段落。

1. 选择菜单“编辑”→“首选项”→“文字”（Windows）或 InDesign →“首选项”→“文字”（Mac OS），以显示“文字”首选项。

2. 在“拖放式文本编辑”部分，选中复选框“在版面视图中启用”，这让你能够在版面视图（而不仅是文章编辑器）中移动文本。单击“确定”按钮。

提示：当你拖放文本时，InDesign 在必要时自动在单词前后添加或删除空格。如果要关闭这项功能，可在“文字”首选项中取消选中复选框“剪切和粘贴单词时自动调整间距”。

3. 在文档窗口中，向上滚动到文档的第一个跨页。如果必要，修改缩放比例以便能够看清右对页中最右边一栏的内容。

在 P22/PRODUCT PROTECTION 下面，习惯用法“using, abusing”被改为“abusing, using”。下面使用拖放方法快速修改它。

4. 使用文字工具（T）通过拖曳选中 abusing 及其后面的逗号和空格。

5. 将鼠标指向选定的单词，直到鼠标变成拖放图标（）。

6. 将该单词拖放到正确的位置（即单词 using 的后面），如图 6.16 所示。

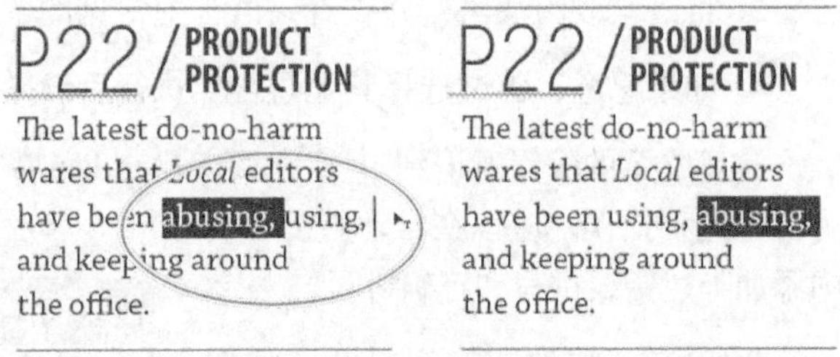

图6.16

注意：如果要复制而不是移动选定的单词，只需在开始拖曳后按住 Alt（Windows）或 Option（Mac OS）键。

7. 选择菜单“文件”→“存储”。

6.7 使用文章编辑器

如果需要输入很多文本、修改文章或缩短文章，可使用文章编辑器隔离文本。文章编辑器窗口的作用如下。

- 它显示没有应用任何格式的纯文本。所有图形和非文本元素都省略了，这使得编辑起来更 容易。
- 文本的左边有一个垂直深度标尺，并显示了应用于每个段落的段落样式名称。
- 显示行号以便参考。
- 与文档窗口中一样，动态拼写检查指出了拼错的单词。

如果在“文字”首选项中选择了“在文章编辑器中启用”，那么可以像前面那样在文章编辑器中拖放文本。

在首选项“文章编辑器显示”中，可指定“文章编辑器”窗口使用的字体、字号、背景颜色等选项。

第 2 个跨页中的文章在现有的两个文本框架中容纳不下，为解决这个问题，下面使用文章编辑器对文本进行编辑。

1. 选择菜单“视图”→“使跨页适合窗口”。
2. 向下滚动到文档的第 2 个跨页。使用文字工具（T）在文章的任何地方单击。
3. 选择菜单“编辑”→“在文章编辑器中编辑”。将“文章编辑器”窗口拖放到跨页最右边一栏的旁边。

> **注意**：在 Mac OS 中，如果“文章编辑器”窗口位于文档窗口后面，可从“窗口”菜单中选择它，让它位于文档窗口前面；在 Windows 中，没有这样的问题。

4. 拖曳“文章编辑器”的垂直滚动条以到达文章末尾，如图 6.17 所示。注意到此处有一条红线，这表明有溢流文本。

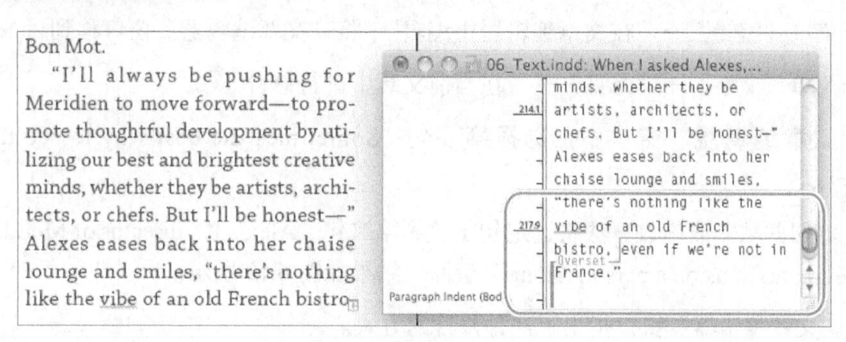

图6.17

5. 在最后一段中，在 creative minds 后面单击并输入一个句点。选择这句话的后半句：逗号、后面的空格、单词“whether they be artists, architects, or chefs”和句点，再按 Backspace 或

Delete 键将其删除。注意版面中的变化——文章不再有溢流文本了，如图 6.18 所示。

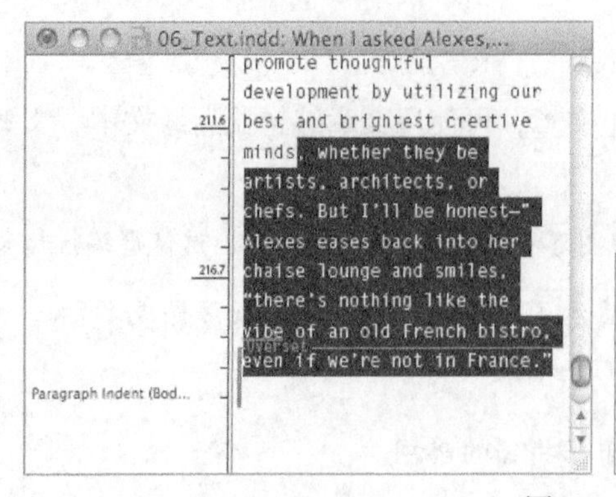

图6.18

注意：如果必要，删除最后一段中单词 France 后面的 Enter 键，让文本不再溢流。

6. 让“文章编辑器”窗口继续打开，供下一个练习使用。

7. 选择菜单“文件”→“存储”。

6.8 显示修订

对有些项目来说，需要在整个设计和审阅过程中看到对文本做了哪些修订，这很重要。另外，审阅者可能提出一些修改建议，而其他用户可能接受，也可能拒绝。与字处理程序一样，使用“文章编辑器”也可以显示被添加、删除或移动的文本。

在这篇文档中，笔者建议修改目录，然后接受修订，从而不再显示修订。

1. 向上滚动到文档的第一个跨页。使用文字工具（T）在第一个目录项（P48/2 Wheels Good）中单击。

2. 选择菜单“编辑”→“在文章编辑器中编辑”；将“文章编辑器”窗口移到目录旁边。

3. 选择菜单“文字”→“修订”→“在当前文章中进行修订”。

4. 在“文章编辑器”窗口中，选择第一句“Sometimes the best way to see the city is by bicycle.”。

5. 通过剪切并粘贴或拖放方法将选定句子放到第二句“Alexis K., director of Meridien’s Urban Museum, takes us on a personal tour.”后面，结果如图 6.19 所示。

请注意“文章编辑器”窗口指出了这种修订的方式。

6. 在打开“文章编辑器”窗口的情况下，查看子菜单“文字”→“修订”，接受和拒绝修订的菜单项。

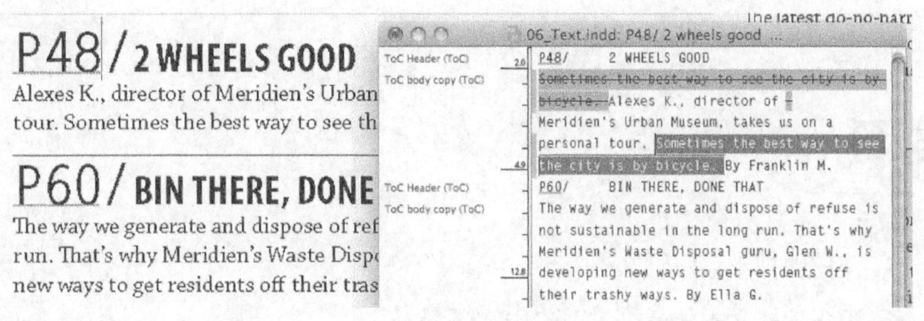

图6.19

7. 查看完毕后，在该子菜单中选择“接受所有更改”→“在此文章中”。

8. 在出现的“警告”对话框中单击“确定”按钮。

9. 选择菜单“文件”→“存储”。

祝贺你完成了本课!

6.9 练习

尝试 InDesign 的基本文本编辑工具后，下面练习使用它们来编辑和格式化这篇文档。

1. 使用文字工具（T）在第 2 个跨页的文章上方新建一个文本框架。输入一个标题并使用控制面板设置其格式。

2. 如果你的计算机中有其他文本文件，可尝试将它们从桌面拖放到该版面中以了解它们是如何被导入的。如果不希望导入的文件留在该文档中，可选择菜单“编辑”→“还原”。

3. 查看段落样式面板中的所有样式，并尝试将这些样式应用于该文章中的文本。

4. 在该文章中添加子标题，并对其应用段落样式 Subhead。

5. 使用“查找 / 更改”对话框查找该文章中的所有长破折号，并使用两边各有一个空格的长破折号来替换它们。

6. 使用“文章编辑器”和“修订”来编辑文章。看看各种更改是如何标识的，并尝试接受和拒绝这些更改。

7. 尝试更改“首选项”中的“拼写检查”、“自动更正”、“修订”和“文章编辑器显示”部分。

复习

复习题

1. 使用哪种工具编辑文本？
2. 用于编辑文本的命令主要集中在哪里？
3. 查找并替换功能叫做什么？
4. 对文档进行拼写检查时，InDesign 指出字典中没有的单词，但这些单词实际上并没有拼写错误。如何解决这个问题？
5. 如果经常错误地拼写某个单词，该如何办？

复习题答案

1. 文字工具。
2. 菜单“编辑”和“文字”中。
3. “查找 / 更改”（位于菜单“编辑”中）。
4. 将这些单词添加到文档专用词典或 InDesign 默认词典中，并指定你使用的语言。
5. 在“自动更正”首选项中添加该单词。

第7课 排版艺术

在本课中，读者将学习以下内容：

- 定制和使用基线网格；
- 调整文本的垂直和水平间距；
- 修改字体和字体样式；
- 插入 OpenType 字体中的特殊字符；
- 创建跨栏的标题；
- 平衡多栏的文本量；
- 将标点悬挂到边缘外面；
- 添加下沉效果并设置其格式；
- 使用 Adobe 段落书写器和 Adobe 单行书写器；
- 指定带前导符的制表符；
- 悬挂缩进；
- 添加段落线。

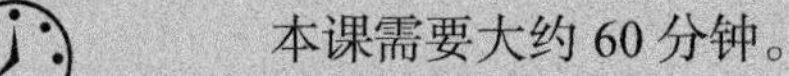
本课需要大约 60 分钟。

Mangia

*Restaurant*Profile

Assignments Restaurant

Sure, you can get Caesar salad prepared tableside for two at any of the higher-end restaurants in town—for $25 plus another $40 (just for starters) for a single slab of steak. Or, you can visit Assignments Restaurant, run by students of the International Culinary School at The Art Institute of Colorado, where tableside preparations include Caesar salad for $4.50 and steak Diane for $19. No, this isn't Elway's, but the chefs in training create a charming experience for patrons from start to finish.

Since 1992, the School of Culinary Arts has trained more than 4,300 chefs—all of whom were required to work in the restaurant. Those chefs are now working in the industry all over the country says Chef Instructor Stephen Kleinman, CEC, AAC. "Whether I go to a restaurant in Manhattan or San Francisco, people know me," Kleinman says, describing encounters with former students. Although he claims to be a "hippy from the '60s," Kleinman apprenticed in Europe, attended a culinary academy in San Francisco and had the opportunity to cook at the prestigious James Beard House three times. He admits that his experience lends him credibility, but it's his warm, easygoing, approachable style that leads to his success as a teacher.

"Some of the best restaurants in the world serve tableside; chefs are more grounded this way," claims Kleinman, who would never be mistaken for a snob. "By having the students come to the front of the house—serving as waitpeople and preparing dishes tableside—we break a lot of barriers.

IF YOU GO

Name .... Assignments Restaurant
Address .... 675 S. Broadway, Denver
Reservations .... call 303-778-6625 or visit www.opentable.com
Hours .... Wednesday–Friday, 11:30 a.m.–1:30 p.m. and 6–8 p.m.

THE RESTAURANT

Assignments Restaurant, tucked back by the Quest Diagnostics lab off South Broadway near Alameda Avenue, seats 71 at its handful of booths and tables. The blissful quiet, a welcome change from the typical hot spot, is interrupted only by solicitous servers dressed in chef attire. Despite decor that is on the edge of institutional with its cream-colored walls, faux cherry furniture and kitschy cafe artwork, this is a spot that welcomes intimate conversation with friends and family.

A perusal of the menu, while munching fresh bread and savoring a glass of wine, tempts you with its carefully planned variety. "The menu is all designed to teach cooking methods," says Kleinman. "It covers 80 to 85 percent of what students have been learning in class—saute, grill, braise, make vinaigrettes, cook vegetables, bake and make desserts." In a twist on "You have to know the rules to break them," Kleinman insists that students need to first learn the basics before they can go on to create their own dishes.

For our "test dinner," an amuse bouche, a crab-stuffed mushroom cap, arrives followed by an appetizer of chorizo-stuffed prawns wrapped in applewood-smoked bacon. The tableside Caesar preparation is a wonderful ritual that tastes as good as it looks.

2 COLORADO EXPRESSION JULY 2012

Entrees, all under $20, include grilled trout, sweet and sour spareribs, spinach lasagna, seared duck breast, flatiron steak, steak Diane prepared tableside and pesto-crusted lamb chops. We opted for a succulent trout and tender spareribs, and notice that a $10 macaroni and cheese entree makes Assignments kid-friendly for special occasions.

"Maybe the next celebrity chef to hit town will whip up a tableside bananas Foster for you."

THE GOALS

The purpose of this unique restaurant is to give students practical experience so they can hit the ground running. "The goal is to make the students comfortable, thinking on their feet, getting ready for reality," says Kleinman. He wants students to be able to read tickets, perform, and recover and learn getting valuable front-of-the-house and business experience in addition to cooking.

Five to seven students work in the kitchen at one time. Students work toward an associate of applied science degree in culinary arts or a bachelor of arts degree in culinary management.

With degree in hand, the school places 99 percent of its students. While many students are placed at country clubs and resorts that prefer formal training, chefs from all over town—Panzano or Jax Fish House—have trained at Assignments as well. Or try O's Restaurant, whose recent media darling chef Ian Kleinman is not just a former student but Stephen Kleinman's son. Make a reservation, and maybe the next celebrity chef to hit town will whip up a tableside bananas Foster for you.

Kelly Kordes Anton is the editor of Colorado Expression magazine and the co-author of various books on publishing technologies, including Adobe InDesign How-Tos: 100 Essential Techniques.

TRY IT AT HOME

CAESAR SALAD

2 cloves garlic
Taste kosher salt
2 anchovy fillets, chopped
1 coddled egg
½ lemon
½ Tbsp Dijon mustard
¼ cup red wine vinegar
¾ cup virgin olive oil
¼ tsp Worcestershire
Romaine lettuce heart, washed and dried
¼ cup croutons
¼ cup Parmesan cheese
Taste cracked black pepper

Grind together the garlic and salt. Add the chopped anchovies. Stir in the egg and lemon. Add the vinegar, olive oil and Worcestershire sauce, and whip briefly. Pour over lettuce and toss with croutons, Parmesan and black pepper.

CHORIZO-STUFFED PRAWNS

3 prawns, butterflied
3 Tbsp chorizo sausage
3 slices bacon, blanched
1 bunch parsley, fried
2 oz morita mayonnaise (recipe follows)
½ oz olive oil

Heat oven to 350°. Stuff the butterflied prawns with chorizo. Wrap a piece of the blanched bacon around each prawn and place in the oven. Cook until the chorizo is done. Place the fried parsley on a plate and place the prawns on top. Drizzle with the morita mayonnaise.

MORITA MAYONNAISE

1 pint mayonnaise
1 tsp morita powder
1 Tbsp lemon juice
Salt and pepper to taste

Mix ingredients and serve.

COLORADO EXPRESSION JULY 2012 3

InDesign提供了很多可用于微调排版方式的功能，包括突出段落的首字下沉、将标点悬挂到框架边缘外面的视觉边距对齐方式、精确控制行间距和字符间距以及自动平衡多栏的文本量。

7.1 概述

在本课中，读者将一篇在高端生活方式杂志上发表的餐厅评论的版面进行排版。为满足该杂志对版面美观的要求，精确地设置了文字的间距和格式：使用基线网格来对齐不同栏中的文本和菜谱的不同部分，并使用了装饰内容，如首字下沉和引文。

> **注意**：如果还没有从配套光盘将本课的资源文件复制到硬盘中，那么现在请复制它们，详情可以参阅“前言”中的“复制课程文件”。

1. 为确保你的 Adobe InDesign CS6 首选项和默认设置与本课使用的一样，需要将文件 InDesign Defaults 移到其他文件夹，详情请参阅“前言”中的“存储和恢复文件 InDesign Defaults”。
2. 启动 Adobe InDesign CS6。为确保面板和菜单命令与本课使用的相同，选择菜单“窗口”→“工作区”→“高级”，再选择菜单“窗口”→“工作区”→“重置‘高级’”。
3. 选择菜单“文件”→“打开”，并打开硬盘中文件夹 InDesignCIB\Lessons\Lesson07 中的文件 07_Start.indd。
4. 选择菜单“文件”→“存储为”，将文件重命名为 07_Type.indd，并将其存储到文件夹 Lesson07 中。
5. 如果要查看完成后的文档，打开文件夹 Lesson07 中的文件 07_End.indd，如图 7.1 所示。可让该文件打开以便工作时参考。查看完毕后，单击文档窗口左上角的标签 07_Type.indd 切换到该文档。

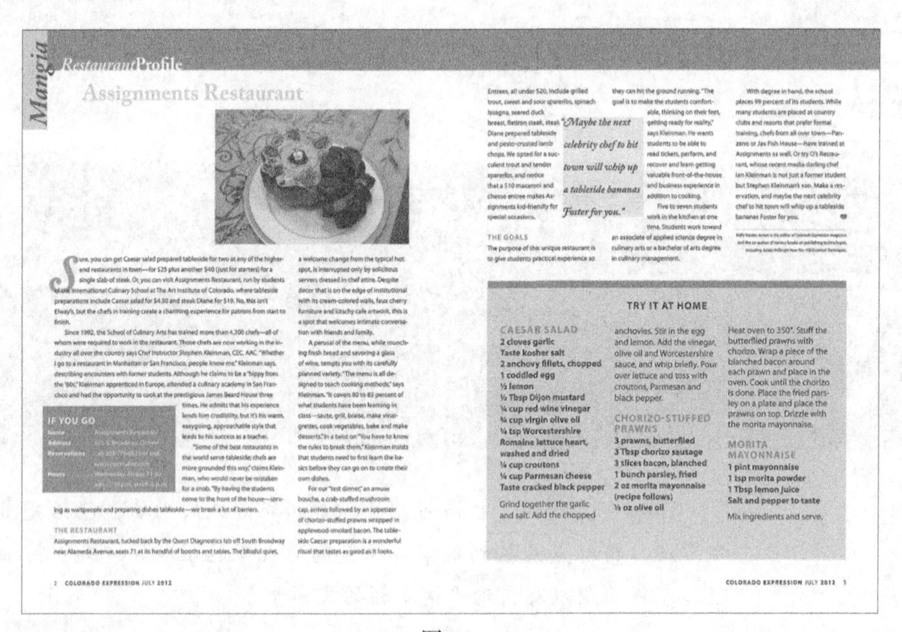

Mangia

*Restaurant*Profile

Assignments Restaurant

Sure, you can get Caesar salad prepared tableside for two at any of the higher-end restaurants in town—for $25 plus another $40 (just for starters) for a single slab of steak. Or, you can visit Assignments Restaurant, run by students of the International Culinary School at The Art Institute of Colorado, where tableside preparations include Caesar salad for $4.50 and steak Diane for $19. No, this isn't Elway's, but the chefs in training create a charming experience for patrons from start to finish.

Since 1992, the School of Culinary Arts has trained more than 4,300 chefs—all of whom were required to work in the restaurant. Those chefs are now working in the industry all over the country says Chef Instructor Stephen Kleinman, CEC, AAC. "Whether I go to a restaurant in Manhattan or San Francisco, people know me," Kleinman says, describing encounters with former students. Although he claims to be a "hippy from the '60s," Kleinman apprenticed in Europe, attended a culinary academy in San Francisco and had the opportunity to cook at the prestigious James Beard House three times. He admits that his experience lends him credibility, but it's his warm, easygoing, approachable style that leads to his success as a teacher.

"Some of the best restaurants in the world serve tableside; chefs are more grounded this way," claims Kleinman, who would never be mistaken for a snob. "By having the students come to the front of the house—serving as waitpeople and preparing dishes tableside—we break a lot of barriers.

IF YOU GO

Name

Address

Reservations

Hours

THE RESTAURANT

Assignments Restaurant, tucked back by the Quest Diagnostics lab off South Broadway near Alameda Avenue, seats 71 at its handful of booths and tables. The blissful quiet, a welcome change from the typical hot spot, is interrupted only by solicitous servers dressed in chef attire. Despite decor that is on the edge of institutional with its cream-colored walls, faux cherry furniture and kitschy cafe artwork, this is a spot that welcomes intimate conversation with friends and family.

A perusal of the menu, while munching fresh bread and savoring a glass of wine, tempts you with its carefully planned variety. "The menu is all designed to teach cooking methods," says Kleinman. "It covers 80 to 85 percent of what students have been learning in class—saute, grill, braise, make vinaigrettes, cook vegetables, bake and make desserts." In a twist on "You have to know the rules to break them," Kleinman insists that students need to first learn the basics before they can go on to create their own dishes.

For our "test dinner," an amuse bouche, a crab-stuffed mushroom cap, arrives followed by an appetizer of chorizo-stuffed prawns wrapped in applewood-smoked bacon. The tableside Caesar preparation is a wonderful ritual that tastes as good as it looks.

2 COLORADO EXPRESSION JULY 2012

Entrees, all under $20, include grilled trout, sweet and sour spareribs, spinach lasagna, seared duck breast, flatiron steak, steak Diane prepared tableside and pesto-crusted lamb chops. We opted for a succulent trout and tender spareribs, and notice that a $10 macaroni and cheese entree makes Assignments kid-friendly for special occasions.

"Maybe the next celebrity chef to hit town will whip up a tableside bananas Foster for you."

THE GOALS

The purpose of this unique restaurant is to give students practical experience so they can hit the ground running. "The goal is to make the students comfortable, thinking on their feet, getting ready for reality," says Kleinman. He wants students to be able to read tickets, perform, and recover and learn getting valuable front-of-the-house and business experience in addition to cooking.

Five to seven students work in the kitchen at one time. Students work toward an associate of applied science degree in culinary arts or a bachelor of arts degree in culinary management.

With degree in hand, the school places 99 percent of its students. While many students are placed at country clubs and resorts that prefer formal training, chefs from all over town—Panzano or Jax Fish House—have trained at Assignments as well. Or try O's Restaurant, whose recent media darling chef Ian Kleinman is not just a former student but Stephen Kleinman's son. Make a reservation, and maybe the next celebrity chef to hit town will whip up a tableside bananas Foster for you.

TRY IT AT HOME

CAESAR SALAD

2 cloves garlic
Taste kosher salt
2 anchovy fillets, chopped
1 coddled egg
½ lemon
½ Tbsp Dijon mustard
¼ cup red wine vinegar
¾ cup virgin olive oil
¼ tsp Worcestershire
Romaine lettuce heart, washed and dried
¼ cup croutons
¼ cup Parmesan cheese
Taste cracked black pepper

Grind together the garlic and salt. Add the chopped anchovies. Stir in the egg and lemon. Add the vinegar, olive oil and Worcestershire sauce, and whip briefly. Pour over lettuce and toss with croutons, Parmesan and black pepper.

CHORIZO-STUFFED PRAWNS

3 prawns, butterflied
3 Tbsp chorizo sausage
3 slices bacon, blanched
1 bunch parsley, fried
2 oz morita mayonnaise (recipe follows)
½ oz olive oil

Heat oven to 350°. Stuff the butterflied prawns with chorizo. Wrap a piece of the blanched bacon around each prawn and place in the oven. Cook until the chorizo is done. Place the fried parsley on a plate and place the prawns on top. Drizzle with the morita mayonnaise.

MORITA MAYONNAISE

1 pint mayonnaise
1 tsp morita powder
1 Tbsp lemon juice
Salt and pepper to taste

Mix ingredients and serve.

COLORADO EXPRESSION JULY 2012 3

图7.1

在本课中，读者将处理大量文本。为此，可使用控制面板中的“字符格式控制”和“段落格式控制”，也可使用字符面板和段落面板。设置文本的格式时，使用字符面板和段落面板将更容易，因此可根据需要将这些面板拖放到任何地方。

6. 选择菜单“文字”→“字符”和“文字”→“段落”打开这两个用于设置文本格式的面板。让这些面板一直打开，直到完成本课。

> 注意：如果愿意，将段落面板拖放到字符面板中以创建一个面板组。

7.2 调整垂直间距

InDesign 提供了多种方法用于定制和调整框架中文本的垂直间距，用户可以：

- 使用基线网格设置所有文本行的间距；
- 使用字符面板中的下拉列表“行距”设置每行的间距；
- 使用段落面板中的文本框“段前间距”和“段后间距”设置每个段落的间距；
- 使用“文本框架选项”对话框的“垂直对齐”部分的选项对齐文本框架中的文本。

在本节中，读者将使用基线网格来对齐文本。

7.2.1 使用基线网格对齐文本

确定文档正文的字体大小和行间距后，可能想为整个文档设置一个基线网格（也叫行距网格）。基线网格描述了文档正文的行距，用于对齐相邻文本栏和页面中文字的基线。

设置基线网格前，需要查看文档的上边距和正文的行距。通常，你将记录这些值，并在下面的步骤中，指出这些值。这些元素与网格协同工作，确保设计的外观一致。

1. 要查看页面的上边距，选择菜单“版面”→“边距和分栏”。从“边距和分栏”对话框中可知，上边距为 6p0（6 派卡 0 点），单击“取消”按钮。
2. 要获悉正文的行距，选择工具面板中的文字工具（T），并在文章第一段（它以 Sure 开头）中的任何位置单击。从字符面板的下拉列表“行距”（ ）中可知，行距为 14 点。

> 注意：要查看默认基线网格的效果，可选择所有文本（选择菜单“编辑”→“全选”），再从段落面板菜单中选择“网格对齐方式”→“罗马字基线”。查看行距改变了多少，再选择菜单“编辑”→“还原”。

3. 选择菜单“编辑”→“首选项”→“网格”（Windows）或 InDesign →“首选项”→“网格”（Mac OS）以设置网格选项。
4. 在“基线网格”选项组的“开始”文本框中输入 6p0，以便与上边距 6p0 匹配。该选项决定了文档的第一条网格线的位置。如果使用默认值 3p0，第一条网格线将在上边距上方。

5. 在“间隔”文本框中输入 14pt，使其与行距匹配。

6. 从下拉列表“视图阈值”中选择 100%，如图 7.2 所示。

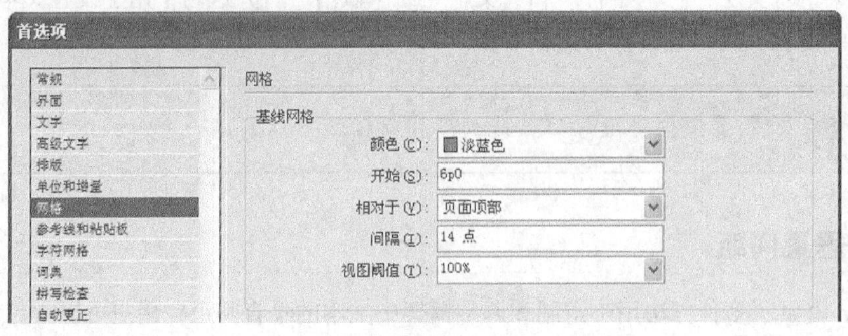

图7.2

视图阈值指定了缩放比例至少为多少，才能在屏幕上看到基线网格。将其设置为 100% 时，仅当缩放比例不小于 100% 时，才会在文档窗口中显示基线网格。

7. 单击“确定”按钮关闭该对话框。

8. 选择菜单“文件”→“存储”。

7.2.2 查看基线网格

下面让刚设置的基线网格在屏幕上可见。

1. 要在文档中查看基线网格，选择菜单“视图”→“实际尺寸”，再选择菜单“视图”→“网格和参考线”→“显示基线网格”，结果如图 7.3 所示。

注意：如果基线网格没有出现，那是因为文档的缩放比例小于基线网格的视图阈值。选择菜单“视图”→“实际尺寸”将视图放大到视图阈值 100%。

Sure, you can get Caesar salad prepared tableside for two at any of the higher-end restaurants in town—for $25 plus another $40 (just for starters) for a single slab of steak. Or, you can visit Assignments Restaurant, run by students of the International Culinary School at The Art Institute of Colorado, where tableside preparations include Caesar salad for $4.50 and steak Diane for $19. No, this isn't Elway's, but the chefs in training create a charming experience for patrons from start to finish.

Since 1992, the School of Culinary Arts has trained more than 4,300 chefs—all of whom were required to work in the restaurant. Those chefs are now working in the industry all over the country says Chef Instructor Stephen Kleinman, CEC, AAC. "Whether I go to a restaurant in Manhattan or San Francisco, people know me," Kleinman says, describing encounters with former students. Although he claims to be a "hippy from

colored walls, faux cherry furniture and kitschy cafe artwork, this is a spot that welcomes intimate conversation with friends and family.

A perusal of the menu, while munching fresh bread and savoring a glass of wine, tempts you with its carefully planned variety. "The menu is all designed to teach cooking methods," says Kleinman. "It covers 80 to 85 percent of what students have been learning in

图7.3

可让一个段落、选定段落或文章中的所有段落对齐基线网格；文章指的是一系列串接文本框架中的所有文本。下面使用段落面板将主文章与基线网格对齐。

2. 使用文字工具（T）在跨页中第一段的任何地方单击，再选择菜单“编辑”→“全选”以选择主文章的所有文本。

提示：设置段落属性时，无需使用文字工具选中整段，只需选中要格式化的段落的一部分即可。如果只格式化一段，只需使用文字工具在该段中单击。

3. 如果段落面板不可见，选择菜单“文字”→“段落”。

4. 在段落面板中，从面板菜单中选择“网格对齐方式”→“罗马字基线”。文本将移动使字符基线与网格线对齐，如图 7.4 所示。

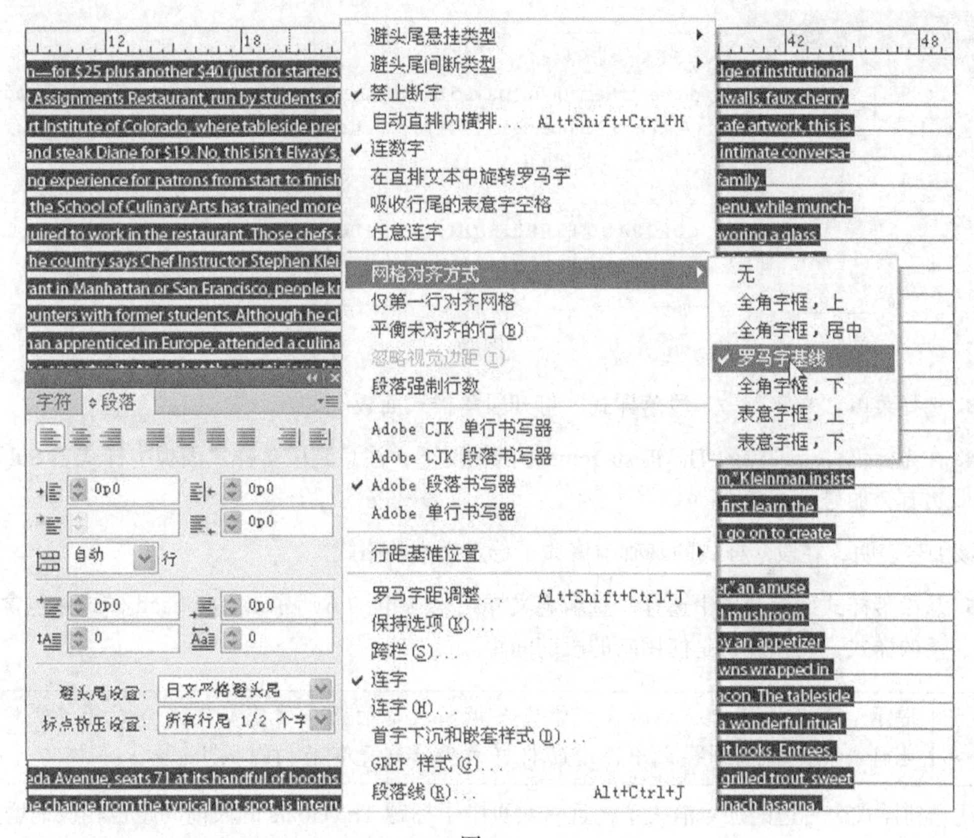

图7.4

在该杂志中，引文、文本框和菜谱不与基线网格对齐。为获得颇具创意的版面，设计者让它们“浮动”。

5. 单击粘贴板取消选择文本，再选择菜单“文件”→“存储”。

7.2.3 修改段间距

段落对齐网格后，再指定段前间距和段后间距时，段前间距和段后间距将被忽略，而让段落的第一行与下一条网格线对齐。例如，如果网格间隔为 14 点，而你设置了段前间距（大于 0 点且小于 14 点），段落将自动从下一条网格线开始。如果你设置了段后间距，下一个段落将自动从下一条网格线开始，这样段间距将为 14 点。

下面增大主文章中子标题的段前间距，以便子标题更突出。然后更新段落样式，从而将新的段前间距应用于所有子标题。

1. 使用文字工具（T）单击左对页中子标题 The Restaurant 的任何地方。

2. 在段落面板的“段前间距”文本框（ ）中输入 6pt 并按 Enter 键。

点数值将自动转换为派卡值，而该子标题将自动移到与下一条网格线对齐的地方，如图 7.5 所示。

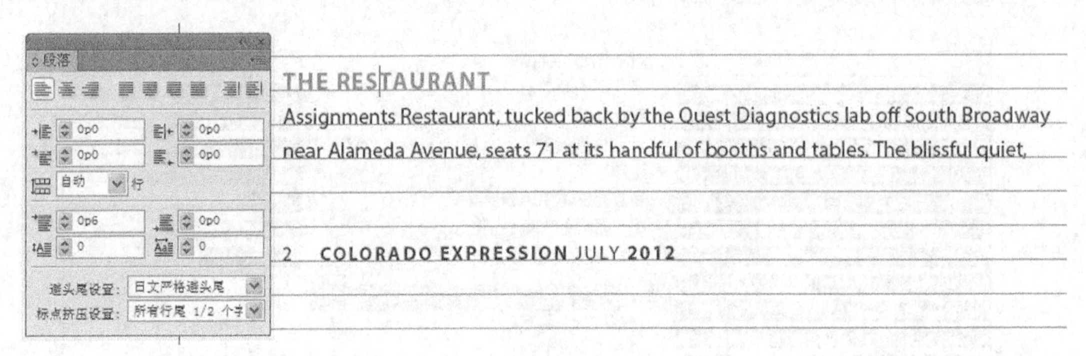

图7.5

3. 选择菜单“文字”→“段落样式”打开段落样式面板。

4. 在光标仍位于子标题 The Restaurant 中的情况下，注意到段落样式面板中样式名 Subhead 右边有个加号。

该加号表明，在段落样式的基础上修改了选定文本的格式。

5. 从段落样式面板菜单中选择“重新定义样式”（如图 7.6 所示），Subhead 样式将包含选定段落的样式，具体地说是使用新的段前间距。

> **提示**：重新设计出版物时，经常需要调整文本的格式。重新定义样式能够轻松地将新格式存储到样式中，进而将样式存储到更新后的模板中。

注意到样式名右边的加号消失了，且右对页中子标题 The Goals 的段前间距也相应地增大了。

6. 选择菜单“视图”→“网格和参考线”→“隐藏基线网格”。

> **提示**：要显示或隐藏基线网格，也可从应用程序栏的下拉列表“视图选项”中选择“基线网格”。

7. 选择菜单“编辑”→“全部取消选择”。

8. 选择菜单“文件”→“存储”。

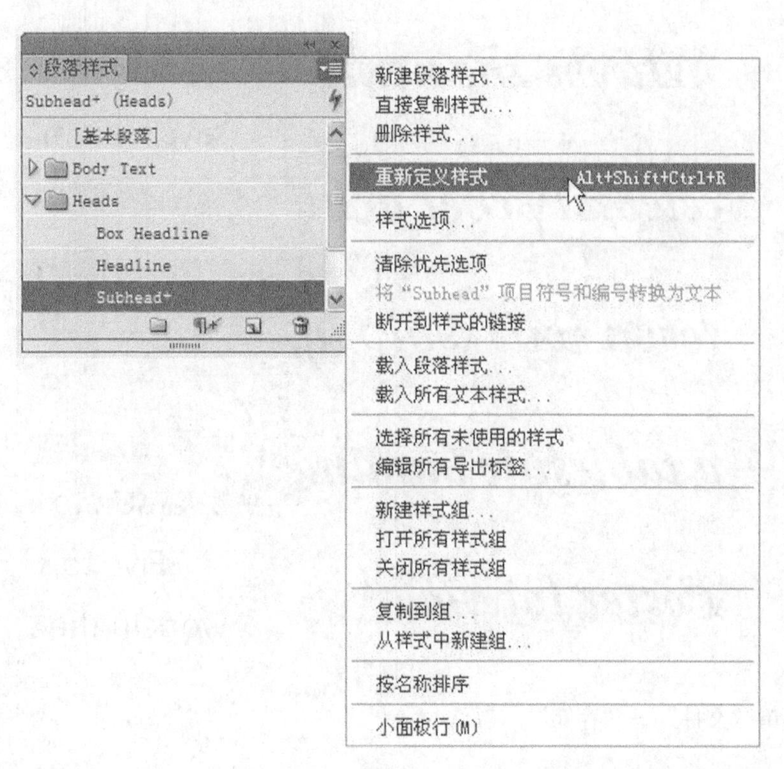

图7.6

7.3 修改字体和字体样式

通过修改文本的字体和字体样式，可使文档的外观完全不同。在这里，读者将修改右对页中引文文本的字体、字体样式、大小和行间距。还将插入 OpenType 字体中的一个替代字——花饰字。你将通过字符面板和字形面板完成这些修改。

1. 放大右对页中的引文。

2. 如果字符面板不可见，选择菜单“文字”→“字符”。

3. 使用文字工具（T）在右对页引文的文本框架中单击，再单击 4 次以选中整个段落。

4. 在字符面板中设置如下选项（如图 7.7 所示）。

- 字体：Adobe Caslon Pro（该字体被归入 C 中）；
- 字体样式：Bold Italic；
- 字体大小：14 点；
- 行距：30 点。

5. 选择菜单“编辑”→“全部取消选择”。

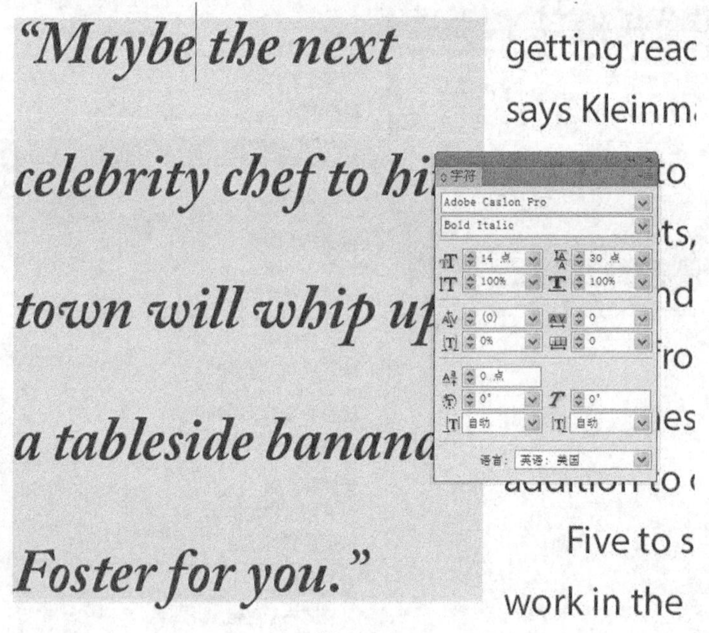

图7.7

6. 选择菜单“文件”→“存储”。

7.3.1 使用替代字替换字符

由于 Adobe Caslon Pro 是一种 OpenType 字体（这种字体通常给标准字符提供了多个替代字），因此可选择很多字符的替代字。字形是字符的特定形式。例如，在有些字体中，大写字母 A 有多种形式，如花饰字和小型大写字母。可使用字形面板来选择替代字以及找到一种字体的所有字形。

1. 使用文字工具（T）选择引文中的第一个 M。

2. 选择菜单“文字”→“字形”。

3. 在字形面板中，从下拉列表“显示”中选择“所选字体的替代字”，从而只列出 M 的替代字。根据使用的 Adobe Caslon Pro 字体的版本，你的选项可能不同。

> **注意：**字形面板有很多控件可用于筛选字体中的字符，如标点和花式字。有些字体有数百个替代字，而有些只有几个。

4. 双击更像手写体的 M 替代字，用它替换引文中原来的 M，如图 7.8 所示。

5. 重复上述过程，将引文末尾的 Foster 中的 F 替换为花饰字 F，如图 7.9 所示。

6. 选择菜单“编辑”→“全部取消选择”。

7. 选择菜单“文件”→“存储”。

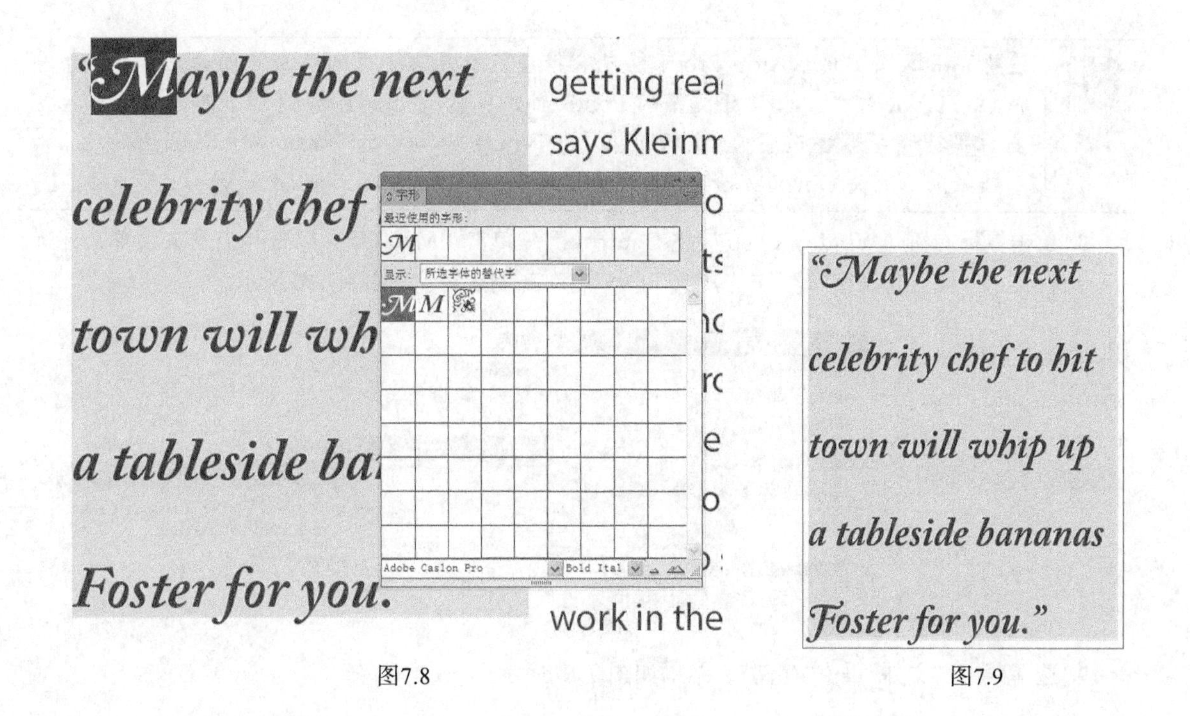

图7.8　　图7.9

7.3.2　添加特殊字符

下面在文章末尾添加一个花饰字和一个右对齐制表符（也称为文章结束字符）。这让读者知道文章到此结束了。

1. 通过滚动或缩放以便能够看到文章正文的最后一段，它以 bananas Foster for you 结束。

2. 使用文字工具（T）在最后一段的句号后面单击。

3. 如果字形面板没有打开，选择菜单“文字”→“字形”。

可以使用字形面板来查看和插入 OpenType 字符，如花饰字、花式字、分数和标准连笔字。

提示：通过菜单“文字”（“插入特殊字符”→“符号”）和上下文菜单也包含一些常用的字形（如版权符号和商标符号）。要打开上下文菜单，可在光标处单击鼠标右键（Windows）或按住 Control 键并单击（Mac OS）。

4. 从字形面板底部的“字体”下拉列表中选择 Adobe Caslon Pro。

5. 在字形面板中，从下拉列表“显示”中选择“花饰字”。

6. 可从滚动的列表中选择任何喜欢的花饰字，并双击以插入该字符。该字符将出现在文档的插入点处。

7. 使用文字工具（T）通过单击将光标插入到最后的句号和花饰符之间。

> **注意**：字体 Adobe Caslon Pro 可能包含很多以前没有见过的字形，因为它是一种 OpenType 字体。相比于更早的 PostScript 字体，OpenType 字体能够包含更多的字符和字形替代字。Adobe 的 OpenType 字体与 PostScript 建立在相同的基础之上。有关 OpenType 字体的更详细信息，请访问 Adobe.com/type。

8. 单击鼠标右键（Windows）或按住 Control 键并单击（Mac OS）以打开上下文菜单，并选择菜单“插入特殊字符”→“其他”→“右对齐制表符”，如图 7.10 所示。

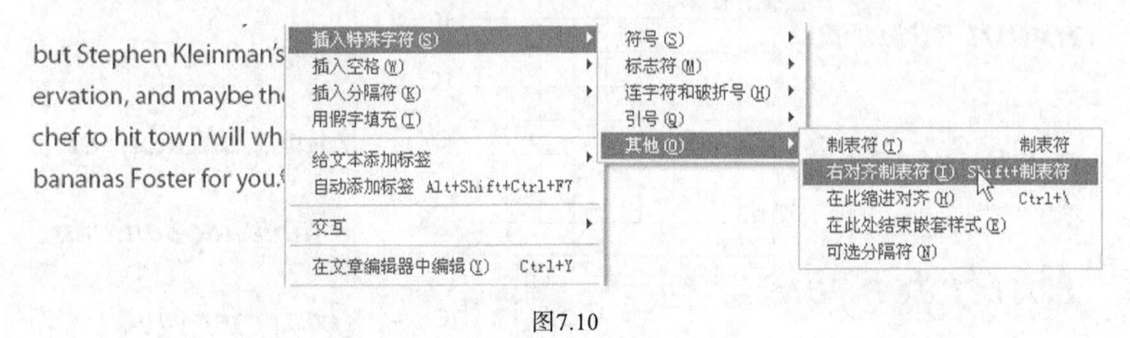

图7.10

9. 选择菜单“文件”→“存储”，结果如图 7.11 所示。

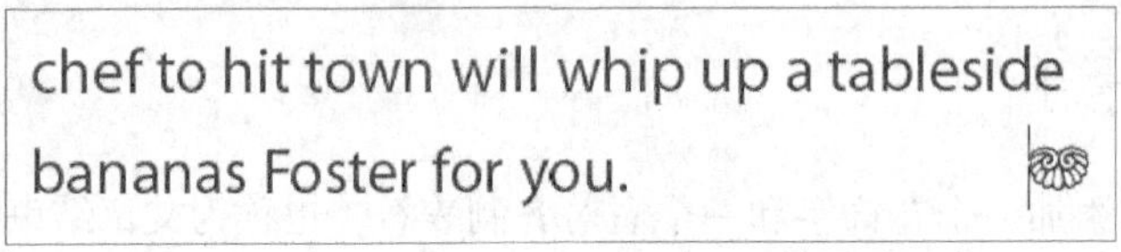

chef to hit town will whip up a tableside
bananas Foster for you.

图7.11

7.3.3 插入分数字符

在该文章的菜谱中，使用的并非实际的分数字符，其中的 1/2 是由数字 1、斜线和数字 2 组成的。大多数字体都包含表示常见分数（如 1/2、1/4 和 3/4）的字符。与使用数字和斜线表示的分数相比，这些优雅的分数字符看起来更专业。

> **提示**：制作菜谱或其他需要各种分数的文档时，大多数字体内置的分数字符并不包含你需要的所有值。你需要研究使用有些 OpenType 字体中的分子和分母格式或购买特定的分数字体。

1. 滚动到右对页底部的菜谱。

2. 使用文字工具（T）选择第一个 1/2（菜谱 Caesar Salad 中 1/2 lemon 中的 1/2）。

3. 如果没有打开字形面板，选择菜单“文字”→“字形”。

4. 增大该面板以便能够看到更多字符，并在必要时向下滚动以找到分数 1/2。

5. 双击分数字符 1/2，以使用它替换选定的文本 1/2，如图 7.12 所示。

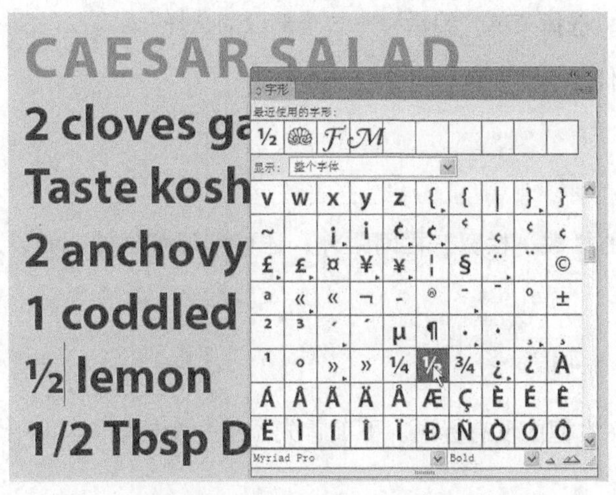

图7.12

注意到分数字符 1/2 被存储到字形面板底部的“最近使用的字形”部分中。

下面修改分数 1/4 和 3/4。

6. 在菜谱 Caesar Salad 中，找到并选择 1/4（1/4 cup red wine vinegar）。

7. 在字形面板中，找到并双击分数字符 1/4。

8. 重复第 6 步和第 7 步，找到并选择 3/4（3/4 cup virgin olive oil）并在字形面板中使用分数字符 3/4 替换它。

9. 如果读者愿意，替换菜谱中余下的 1/2 和 1/4：选择它们，并在字形面板的“最近使用的字形”部分双击相应的字形。最终结果如图 7.13 所示。

图7.13

10. 关闭字形面板，选择菜单“编辑”→“全部取消选择”。

11. 选择菜单“文件”→“存储”。

7.4 微调分栏

除调整文本框架的栏数、栏宽、栏间距外，还可创建跨栏的标题以及自动平衡多栏中的文本量。

7.4.1 创建跨栏的标题

包含菜谱的旁注文本框中没有标题。下面首先添加一个标题，然后让该标题横跨文本框架中的三栏。

1. 使用文字工具（T）在 Caesar Salad 前面单击并输入 TRY IT AT HOME，再按 Enter 键。在 TRY IT AT HOME 中单击。

2. 选择菜单“文字”→“段落样式”。如果必要，单击文件夹 Heads 左边的三角形以显示为标题创建的所有段落样式。

3. 单击段落样式 Recipe Box Heading 应用该样式，结果如图 7.14 所示。

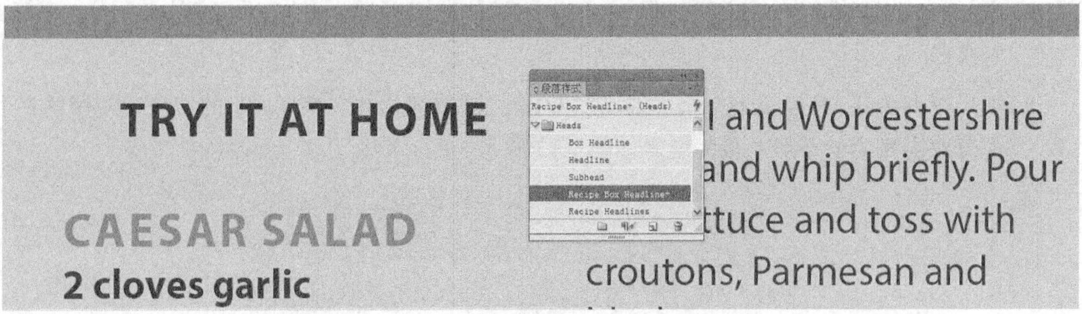

图7.14

4. 如果段落面板没有打开，选择菜单“文字”→“段落”。

5. 在文本插入点依然位于标题 TRY IT AT HOME 中的情况下，从段落面板菜单中选择“跨栏”。

> 提示：也可在选择了文字工具的情况下，从控制面板的面板菜单中选择“跨栏”。

6. 在“跨栏”对话框中，从“段落版面”下拉列表中选择“跨栏”。

7. 选择“预览”复选框，从“跨越”下拉列表中选择不同的选项，并观察该标题的外观。然后选择“全部”并单击“确定”按钮，如图 7.15 所示。

8. 选择菜单“文件”→“存储”，保存所做的工作。

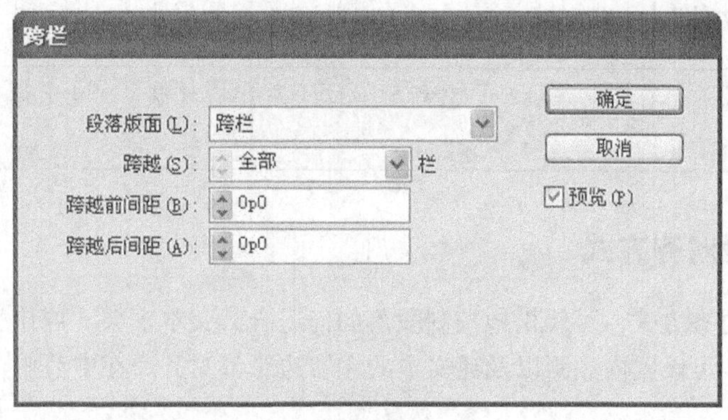

图7.15

7.4.2 平衡分栏

添加标题后，下面通过平衡每栏的文本量完成对旁注文本框的微调。可通过插入一个分栏符（“文字”→“插入分隔符”→“分栏符”）手工完成这项任务，但重排文本后，分隔符仍将保留，这常常导致文本进入错误的分栏。下面自动平衡分栏。

1. 使用选择工具（）单击以选择包含菜谱的文本框架。
2. 单击控制面板中的“平衡栏”按钮（），结果如图 7.16 所示。控制栏的选项位于控制面板右端。

图7.16

3. 选择菜单“文件”→“存储”。

> 提示：也可在“文本框架选项”对话框（位于菜单“对象”中）中选中复选框“平衡栏”。

7.5 修改段落的对齐方式

通过修改水平对齐方式，可轻松地控制段落如何适合其文本框架。可让文本与文本框架的一个或两个边缘对齐、可设置内边距以及让文本的左右边缘都对齐。在本节中，读者将让作者小传与右边距对齐。

1. 如果必要，滚动并缩放以便能够看到文章最后一段下面的作者小传。

2. 使用文字工具（T）通过单击将光标放在小传内。

3. 在段落面板中单击“右对齐”按钮（）。

由于小传中的文本字体很小，导致文本行与基线网格之间的间距看起来太大。为修复这种问题，读者将让该段落不与基线网格对齐。

4. 在光标仍在小传段落中的情况下，从段落面板菜单中选择“网格对齐方式”→“无”，如图 7.17 所示。如果文本框架不再能够容纳所有文本，使用选择工具稍微加大文本框架。

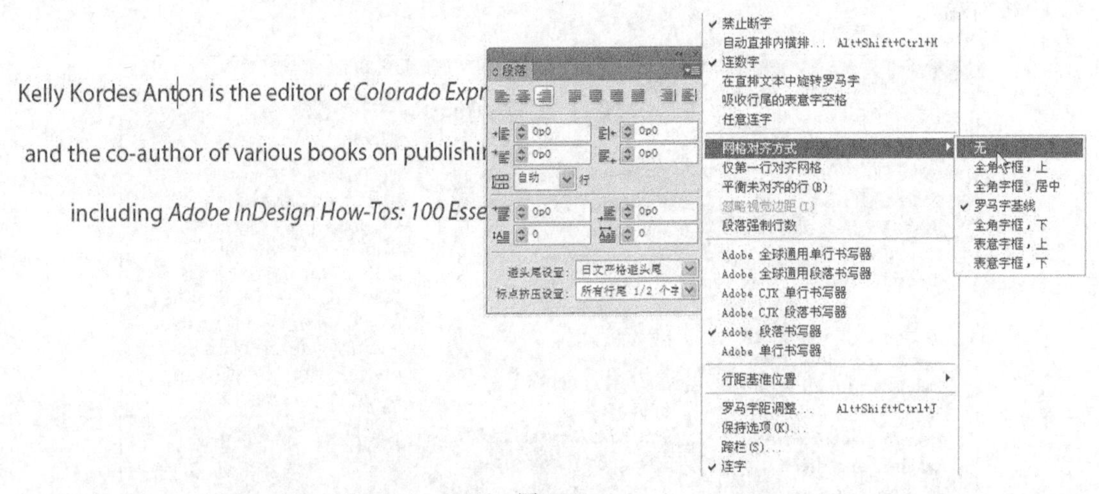

图7.17

5. 选择菜单“编辑”→“全部取消选择”。

6. 选择菜单“文件”→“存储”。

7.5.1 将标点悬挂在边缘外面

有时候，边距看起来并不相等，尤其标点位于行首或行尾时。为修复这种视觉差异，设计人员使用视觉边距对齐方式将标点和字符的突出部分悬挂在文本框架的外面一点。

在这个练习中，你将对引文部分应用视觉边距对齐。

文章
文章方向：水平
框架类型：文本框架
视觉边距对齐方式
12 点

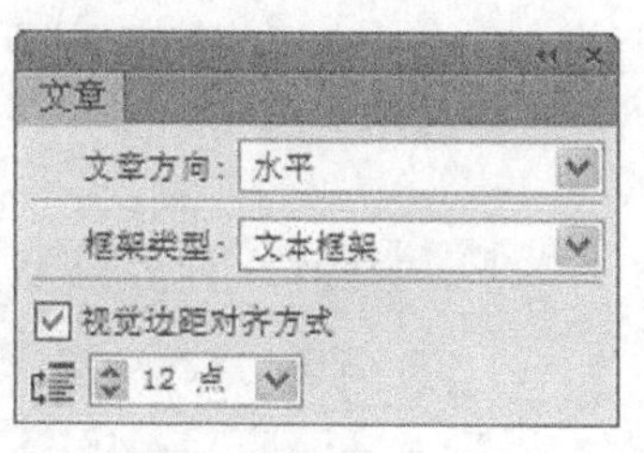

图7.18

1. 如果必要，通过滚动和缩放使得能够看到右对页中的引文。
2. 使用选择工具单击包含引文的文本框架以选择它。
3. 选择菜单“文字”→“文章”打开文章面板。
4. 选中复选框“视觉边距对齐方式”，如图 7.18 所示。然后关闭文章面板。

> **注意**：选中“视觉边距对齐方式”复选框时，它将应用于文章中的所有文本（一系列串接的文本框架中的所有文本），因此通过文章面板应用它。

注意到现在左引号的左边缘悬挂在文本框架的外面，但文本看起来对齐得更准，如图 7.19 所示。

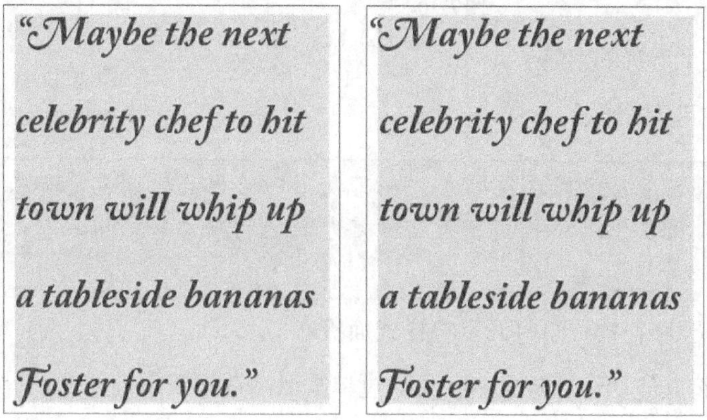

“Maybe the next celebrity chef to hit town will whip up a tableside bananas Foster for you.”
“Maybe the next celebrity chef to hit town will whip up a tableside bananas Foster for you.”

应用视觉边距对齐方式之前（左）和之后（右）

图7.19

5. 选择菜单“编辑”→“全部取消选择”。
6. 选择菜单“文件”→“存储”。

7.6 创建下沉效果

使用 InDesign 的特殊字体功能，可在文档中添加富有创意的点缀。例如，可使段落中第一个字符或单词下沉、使用渐变或颜色填充文本、创建上标和下标字符以及连笔字和默认数字样式。下面给文章第一段的第一个字符创建下沉效果。

> **提示**：下沉效果可存储到段落样式中，让你能够快速而一致地应用这种效果。

1. 通过滚动以便看到左对页的第一段，使用文字工具（T）在该段的任何地方单击。

2. 在段落面板的文本框“首字下沉行数”中输入 3，让字母下沉 3 行。

3. 在文本框“首字下沉一个或多个字符”（ ）中输入 1 以增大 Sure 中的 S，再按 Enter 键，如图 7.20 所示。

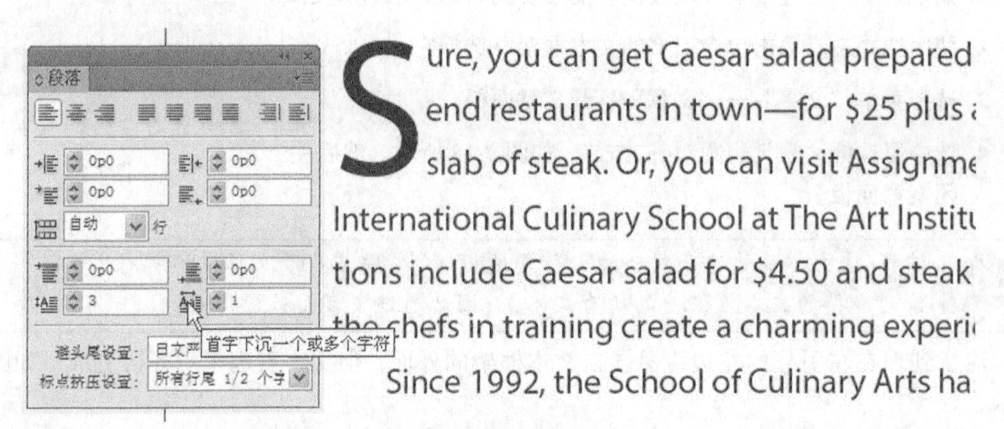

图7.20

4. 使用文字工具选择这个下沉的字符。

现在，可根据需要应用字符格式了。

提示：可手工给下沉字符设置其他格式，也可使用字符样式来设置。如果经常将同一种字符格式用于下沉字符，可将这种格式嵌套到段落样式中，以便自动应用这种格式。

5. 选择菜单“文字”→“字符样式”打开字符样式面板。

6. 单击样式 Drop Cap 将其应用于选定文本，再通过单击取消选择该字符并查看下沉效果，如图 7.21 所示。

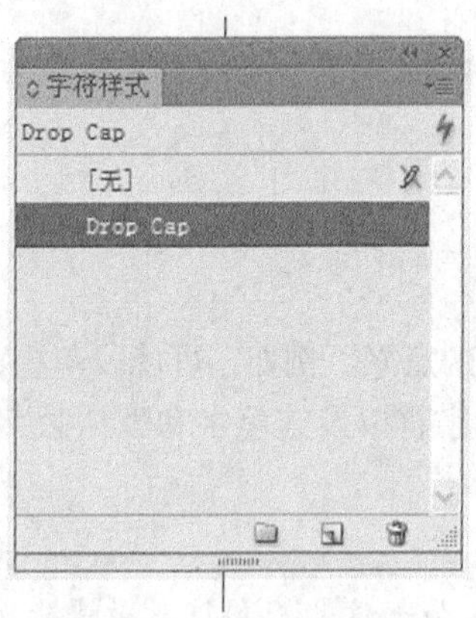

图7.21

7. 选择菜单“文件”→“存储”，保存所做的工作。

7.6.1 给文本添加描边

下面给下沉字符添加描边。

1. 使用文字工具（T）选择下沉字符。
2. 选择菜单“窗口”→“描边”打开描边面板。在描边面板的“粗细”文本框中输入 1 点并按 Enter 键，如图 7.22 所示。

图7.22

选定字符周围出现了描边，下面修改描边的颜色。

3. 选择菜单“窗口”→“颜色”→“色板”。在色板面板中，单击描边框（），再单击深绿色色板（C=41，M=0，Y=68，K=24）。

> 提示：如果觉得描边的颜色不够深，可修改色板面板顶部的“色调”值。

4. 按 Shift + Ctrl + A（Windows）或 Shift + Command + A（Mac OS）组合键取消选择文本，以查看描边效果，如图 7.22 所示。

即使编辑文本时，描边和下沉效果也将保留下来。为确定这一点，下面使用一个替代字替换 Sure 中的 S。

5. 关闭描边面板。如果必要，选择菜单“文字”→“字符”打开字符面板。
6. 使用文字工具选择下沉字符 S。
7. 从字符面板菜单中选择 OpenType →“花饰字”。
8. 选择菜单“文件”→“存储”。

7.6.2 调整下沉字符的对齐方式

可调整下沉字符的对齐方式，还可缩放带下行部分的下沉字符（如 y）。在本节中，读者将调整下沉字符使其更好地对齐左边距。

1. 使用文字工具（T）在包含下沉字符的段落中单击。
2. 选择菜单“文字”→“段落”。从段落面板菜单中选择“首字下沉和嵌套样式”。
3. 选中右边的复选框“预览”，以便能够看到所做的修改。
4. 选中复选框“左对齐”让下沉字符更好地与左边缘对齐，如图 7.23 所示。

> 提示：左对齐尤其适合用于调整无衬线下沉字符的位置。

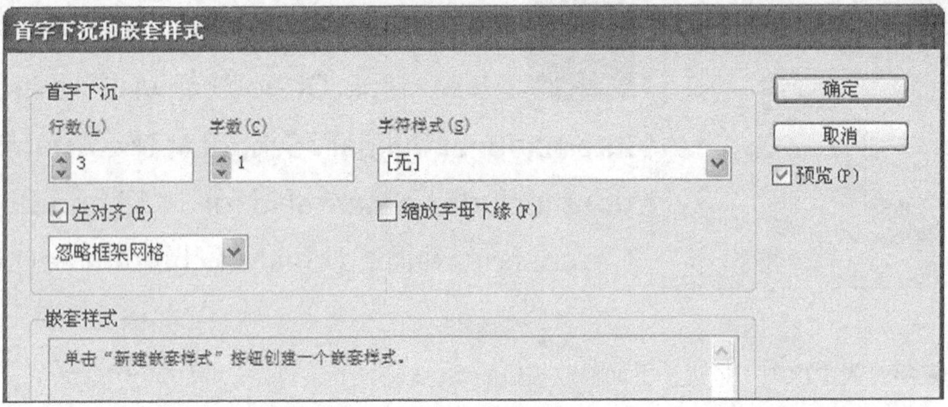

图7.23

5. 选择菜单“文件”→“存储”。

7.7 调整字符间距和字间距

使用字符间距调整和字偶间距调整功能可调整字间距和字符间距；还可以使用 Adobe 单行书写器和 Adobe 段落书写器控制整个段落中文本的间距。

7.7.1 调整字偶间距和字符间距

字偶间距调整指的是增大或缩小两个特定字符之间的间距；字符间距调整将一系列的字母之间的间距设置为相同的值。对文本可以同时调整字符间距和字偶间距。

下面手工调整下沉字符 S 与 u 的字偶间距，再调整绿色框中标题 IF YOU GO 的字符间距。

1. 为方便看清字符间距的差别及调整字偶间距后的效果，选择工具面板中的缩放工具（🔍）并拖曳出一个环绕下沉字符的矩形框。
2. 使用文字工具（T）在下沉字符 S 和 u 之间单击。
3. 按 Alt + 右方向键（Windows）或 Option + 右方向键（Mac OS）将字母 u 向右移。重复按

上述组合键，直到对这两个字母之间的间距满意为止。

> **注意**：调整字偶间距时，在按住 Alt（Windows）或 Option（Mac OS）键的同时按左方向键将缩小间距，而按右方向键将增大间距。

这里将字偶间距设置为 80，如图 7.24 所示。字符面板也指出了新的字偶间距。

图7.24

下面增大整个标题 IF YOU GO 的字符间距。要设置字符间距，必须首先选中要设置其字符间距的文本。

4. 选择菜单“编辑”→“全部取消选择”。向下滚动以便能够看到单词 Sure 下方的绿色框中的标题 IF YOU GO。

5. 使用文字工具（T）在标题 IF YOU GO 上单击 3 次以选择整个标题（如果这样选择有困难，请先使用选择工具选择绿色文本框架）。

6. 在字符面板中，在下拉列表“字符间距”（AV）中选择 50，如图 7.25 所示。

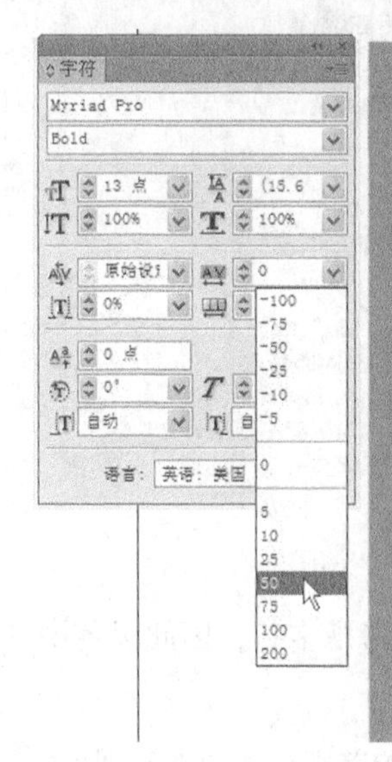

图7.25

7. 单击粘贴板以取消选择文本。

8. 选择菜单“视图”→“使跨页适合窗口”以便能够看到最近所做修改的整体效果。

9. 选择菜单“文件”→“存储”。

7.7.2 使用 Adobe 段落书写器和 Adobe 单行书写器

段落中文字的疏密程度是由使用的排版方法决定的。排文时，InDesign 根据用户指定的字间距、字符间距、字形缩放和连字选项，评估并选择最佳的换行方式。InDesign 提供了两种排版方法：Adobe 段落书写器和 Adobe 单行书写器，前者考虑段落中所有的行，而后者分别考虑每一行。

用户使用段落书写器时，InDesign 对每行进行排版时都将考虑对段落中其他行的影响，最终将获得最佳的段落排版方式。用户修改某一行的文本时，同一段落中前面的行和后面的行可能改变换行位置，以确保整个段落中文字之间的间距是均匀的。使用单行书写器时（这是其他排版和字处理程序使用的标准排版方式），只有被编辑的文本后面的文本行被重排。

本课的文档使用的是默认排版方法：Adobe 段落书写器。为让读者明白段落书写器和单行书写器之间的差别，下面使用单行书写器重排正文。

1. 使用文字工具（T）在主文章中单击。

2. 选择菜单“编辑”→“全选”。

3. 从段落面板菜单中选择“Adobe 单行书写器”，如图 7.26 所示。如果必要，增大视图以便能够看出差别。

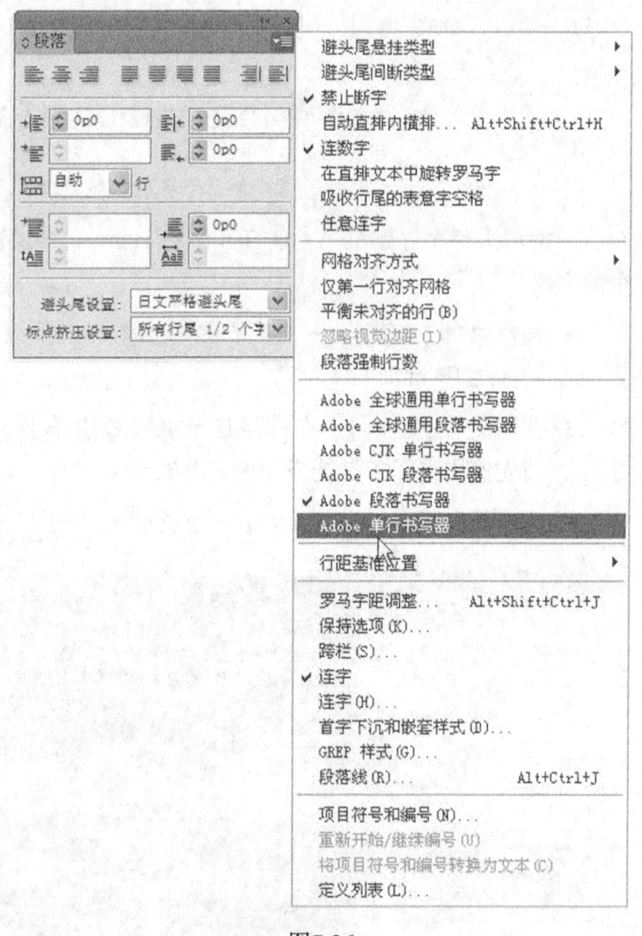

图7.26

单行书写器分别处理每一行，因此可能导致段落中的某些行比其他行更稀疏或更紧密。由于段落书写器同时考虑多行，因此段落中各行的疏密程度更一致。

4. 单击页面的空白区域以取消选择文本，然后查看间距和换行方面的差别，如图 7.27 所示。

Adobe 段落书写器（左）和 Adobe 单行书写器

A perusal of the menu, while munching fresh bread and savoring a glass of wine, tempts you with its carefully planned variety. "The menu is all designed to teach cooking methods," says Kleinman. "It covers 80 to 85 percent of what students have been learning in class—saute, grill, braise, make vinaigrettes, cook vegetables, bake and make desserts." In a twist on "You have to know the rules to break them," Kleinman insists that students need to first learn the basics before they can go on to create their own dishes.	A perusal of the menu, while munching fresh bread and savoring a glass of wine, tempts you with its carefully planned variety. "The menu is all designed to teach cooking methods," says Kleinman. "It covers 80 to 85 percent of what students have been learning in class—saute, grill, braise, make vinaigrettes, cook vegetables, bake and make desserts." In a twist on "You have to know the rules to break them," Kleinman insists that students need to first learn the basics before they can go on to create their own dishes.

图7.27

5. 为将文章恢复成使用 Adobe 段落书写器，选择菜单“编辑”→“还原”。

6. 选择菜单“文件”→“存储”，保存所做的工作。

7.8 设置制表符

可使用制表符将文本放置到分栏或框架的特定水平位置。通过制表符面板，可组织文本、指定制表符前导符以及设置缩进和悬挂缩进。

7.8.1 让文本与制表符对齐及添加制表符前导符

在本节中，读者将使用制表符格式化左对页的 IF YOU GO 框中的信息。已在文本中输入了制表符标记，因此读者只需设置文本的最终位置。

1. 如果必要，滚动并缩放以便能够看到 IF YOU GO 框。

2. 要看到文本中的制表符标记，选择菜单“文字”→“显示隐含的字符”，并确保在工具面板中选择了“正常模式”（ ）。

3. 使用文字工具（T）在 IF YOU GO 框内单击，再选择菜单“编辑”→“全选”以选择所有文本。

4. 选择菜单“文字”→“制表符”打开制表符面板。

当插入点位于文本框架中且文本框架上方有足够的空间时，制表符面板将与文本框架靠齐，使制表符面板中的标尺与文本对齐，如图 7.28 所示。无论制表符面板位于什么地方，都可通过输入值来精确地设置制表符。

> **注意：**如果修改缩放比例，制表符面板可能不再与包含插入点的文本框架靠齐。要重新对齐制表符面板，可单击该面板中的“将面板放在文本框架上方”图标（磁铁形图标）。

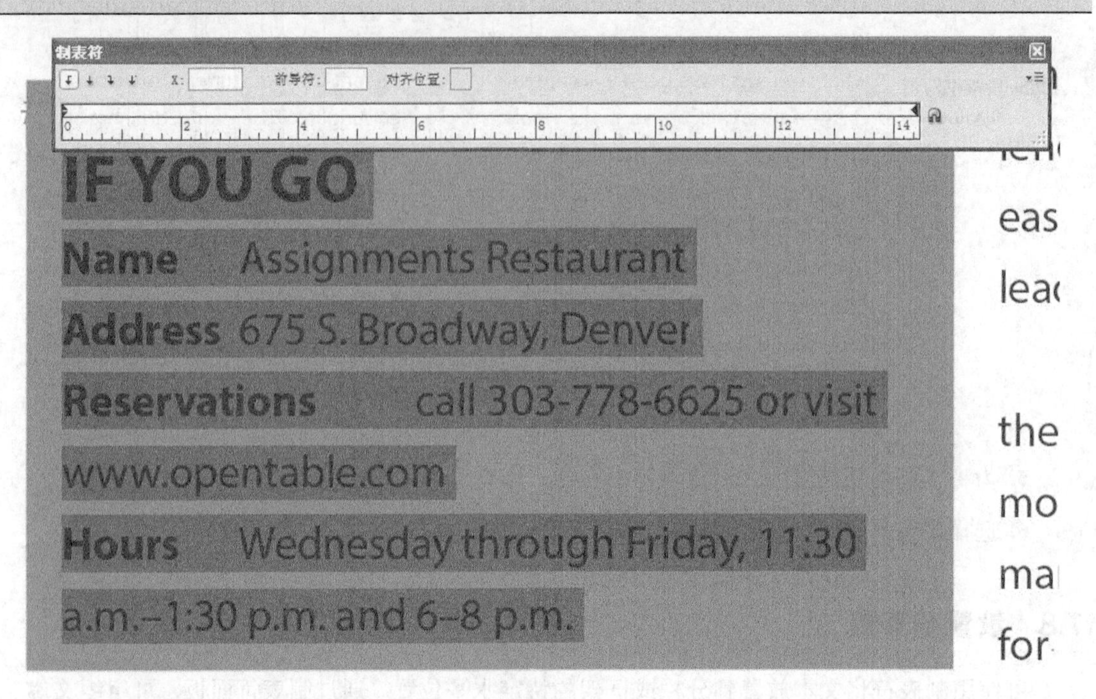

图7.28

5. 在制表符面板中，单击“左对齐制表符”按钮（）让文本与左端的制表符位置对齐。

6. 在文本框 X 中输入 5p5 并按 Enter 键。

现在，在选定文本中，每个制表符标记后面的信息都与新制表符位置对齐，制表符位于制表符面板中标尺的上方。

7. 在文本依然被选中且制表符面板依然打开的情况下，单击制表符标尺上的新制表符位置以选择它。

在文本框“前导符”中指定的字符将用于填补文本和制表符位置之间的空白。在目录中通常需要使用前导符。在“前导符”文本框中输入一个句点和一个空格。通过在前导符中使用空格，可增大句点间的间距。

8. 按 Enter 键让前导符生效，如图 7.29 所示。让制表符面板打开，并保持其位置不变，以方便下一节使用。

9. 选择菜单“文件”→“存储”，保存所做的工作。

图7.29

使用制表符

处理制表符时，选择菜单“文字”→“显示隐含的字符”以显示制表符将有所帮助。在字处理文件中，创建者经常为对齐文本而输入了多个制表符，甚至输入空格而不是制表符。要处理并修复这样的问题，唯一的途径是显示隐藏的字符。

InDesign中用于创建和定制制表符的控件与字处理器中的控件极其相似。用户可精确地指定制表符的位置、在栏中重复制表符、为制表符指定前导符、指定文本与制表符的对齐方式以及轻松地修改制表符。制表符是一种段落格式，因此它们应用于插入点所在的段落或选定段落。所有用于处理制表符的控件都在制表符面板中，可通过选择菜单“文字”→“制表符”打开该面板。下面是制表符控件的工作原理。

- 输入制表符：要在文本中输入制表符，可按Tab键。
- 指定制表符对齐方式：要指定文本与制表符位置的对齐方式（如传统的左对齐或对齐小数点），可单击制表符面板左上角的一个按钮。这些按钮分别是“左对齐制表符”、“居中对齐制表符”、“右对齐制表符”和“对齐小数位（或其他指定字符）制表符”。
- 指定制表符的位置：要指定制表符位置，可单击对齐方式按钮之一，然后在文本框X中输入一个值并按Enter键。也可单击对齐方式按钮之一，再单击标尺上方的空白区域。

- 重复制表符：要创建多个间距相同的制表符位置，选择标尺上的一个制表符位置，再从制表符面板菜单中选择“重复制表符”命令，将根据选定制表符位置与前一个制表符位置之间的距离（或左缩进量）创建多个覆盖整栏的制表符位置。
- 指定文本中对齐的字符：要指定文本中哪个字符（如小数点）与制表符位置对齐，单击按钮“对齐小数位（或其他指定字符）制表符”，然后在“对齐位置”文本框中输入或粘贴一个字符（如果文本没有包含该字符，文本将与制表符位置左对齐）。
- 指定制表符前导符：要填充文本和制表符位置之间的空白区域，例如在目录中的文本和页码之间添加句点，可在“前导符”文本框中输入将重复的字符，最多可输入 8 个这样的字符。
- 移动制表符位置：要调整制表符位置，选择标尺上的制表符位置，再在文本框 X 中输入新值，然后按 Enter 键。也可将标尺上的制表符位置拖放到新地方。
- 删除制表符位置：要删除制表符位置，将其拖离标尺；也可选择标尺上的制表符位置，然后从制表符面板菜单中选择“删除制表符”。
- 重置默认制表符：要恢复默认制表符位置，从制表符面板菜单中选择“清除全部”选项。默认制表符的位置随在“首选项”对话框的“单位和增量”中所做的设置而异。例如，如果水平标尺的单位被设置为英寸，则默认每隔 0.5 英寸放置一个制表符。
- 修改制表符对齐方式：要修改制表符对齐方式，可在标尺上选择制表符，然后单击其他制表符按钮。也可按住 Alt（Windows）或 Option（Mac OS）键并单击标尺上的制表符，这将在 4 种对齐方式之间切换。

ID | **注意**：在 Mac OS 中，输入制表符的新位置后，如果按数字键盘中的 Enter 键，将新建一个制表符，而不是移动选定的制表符。

7.8.2 设置悬挂缩进

悬挂缩进指的是制表符标记前面的文本向左缩进，这在项目符号列表或编号列表中经常见到。为给 IF YOU GO 框中的信息设置悬挂缩进，读者要使用制表符面板，也可使用段落面板中的“左缩进”（ ）和“首行左缩进”（ ）。

1. 使用文字工具（T）选中 IF YOU GO 框中的文本。

2. 确保制表符面板依然与该文本框架靠齐。

ID | **注意**：如果制表符面板移动了，单击制表符面板右边的“将面板放在文本框架上方”图标（磁铁形图标）。

3. 在制表符面板中，向右拖曳标尺左端下面的缩进标记，直到 X 的值为 5p5。拖曳下面的标记将同时移动两个标记，注意到所有文本都向右移动，且段落面板中的左缩进值为 5p5。

下面将分类标题恢复到原来的位置，以创建悬挂缩进。

4. 在段落面板的在文本框“首行左缩进”（ ）中输入 −5p5，如图 7.30 所示。取消选中文本以查看悬挂缩进效果。

> **提示**：也可通过拖曳制表符标尺上面那个标记来调整选定段落的首行缩进，但该标记难以选择，试图选择它时可能不小心创建或修改制表符位置。

图7.30

5. 关闭制表符面板。

注意到现在文本框架存在溢流文本，文本框架右下角的加号指出了这一点。修复这种问题的方法有多种，包括增大文本框架、调整字符间距或编辑文本。这里将采用编辑文本的方法。

6. 使用文字工具双击 Hours 部分的单词 through。

7. 选择菜单“文字”→“插入特殊字符”→“连字符和破折号”→“半角破折号”，再删除破折号两边的空格。

在很多情况下，编辑（及其样式参考）都喜欢在指定取值范围时使用半角破折号而不是连字符。

8. 选择菜单“文件”→“存储”。

处理悬挂缩进

要调整段落缩进——包括左缩进、右缩进、首行左缩进和末行右缩进，可使用控制面板、段落面板（“文字”→“段落”）或制表符面板（“文字”→“制表符”）中的控件。除指定值外，还可用如下方式设置悬挂缩进：

- 拖曳制表符标尺上的缩进标记时，按住Shift键，能够独立地调整各个缩进标记。
- 按Control + \（Windows）或Command + \（Mac OS）插入一个“在此缩进对齐”字符，这将把文本悬挂缩进到该字符右边。
- 选择菜单“文字”→“插入特殊字符”→“其他”→“在此缩进对齐”，以插入这种悬挂缩进字符。

7.9 在段落前面添加段落线

可以在段落前面和后面添加段落线。使用段落线而不是绘制一条直线的优点是，可对段落线应用段落样式，且重排文本时，段落线将随段落一起移动。例如，在用于引文的段落样式中，可指定段前线和段后线。

下面在文章后面的作者小传前面添加段落线。

1. 滚动到包含作者小传的右对页的第3栏。

2. 使用文字工具（T）在作者小传中单击。

3. 从段落面板菜单中选择“段落线”。

4. 从“段落线”对话框左上角的下拉列表中选择“段前线”，并选中复选框“启用段落线”。

5. 选中复选框“预览”。将对话框移到一边，以便能够看到段落。

6. 在“段落线”对话框中设置如下选项（如图7.31所示）：

- 从“粗细”下拉列表中选择“1点”；
- 从“颜色”下拉列表中选择深黄色色板（C=12，M=0，Y=79，K=6）；
- 从“宽度”下拉列表中选择“栏”；
- 在文本框“位移”中输入0p9。

提示：将“宽度”设置为“栏”时，段落线的长度将为文本栏的宽度减去段落缩进设置。要让段落线与分栏等宽，可在“段落线”对话框中，将“左缩进”和“右缩进”设置为负数。将“宽度”设置为“文本”时，段落线的长度将等于相应文本行的宽度：对于段前线，相应文本行为段落的第一行；对于段后线，相应文本行为段落的最后一行。

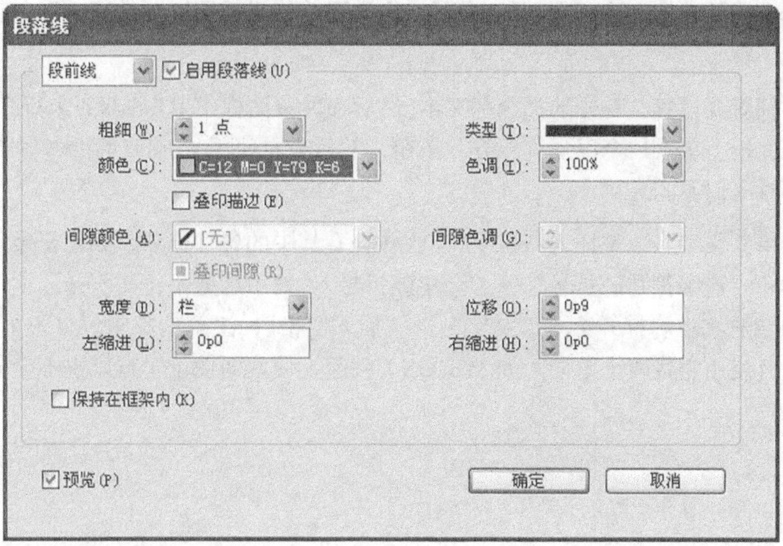

图7.31

7. 单击“确定”按钮让修改生效。

作者小传上方将出现一条深黄色段落线。

8. 查看结果：

- 选择菜单“编辑”→“全部取消选择”。
- 选择菜单“视图”→“使跨页适合窗口”。
- 在屏幕顶部的应用程序栏中，从“屏幕模式”下拉列表（）中选择“预览”。
- 按Tab键隐藏所有面板。

9. 选择菜单“文件”→“存储”。

祝贺你学完了本课。为制作好这篇文章，你还可能需要与编辑或校对人员一起修复文本行过紧或过松、换行位置不合适、孤寡词等问题。

7.10 练习

学习了对InDesign文档中的文本进行格式化的基本知识后，可以自己来使用这些技巧。尝试完成下述任务，以提高你的排版技能。

1. 使用文字工具在各种段落中单击，并尝试通过段落面板菜单启用和禁用连字功能。选中一个用连字符连接的单词，并从字符面板菜单中选择“不换行”，以避免用连字符连接单词。

2. 尝试各种连字设置。首先选择主文章中的所有文本，然后从段落面板菜单中选择“连字”命令。在“连字设置”对话框中，选中复选框“预览”，并尝试各种设置。例如，对于这些文本，选中了复选框“连字大写的单词”，但编辑可能想禁用这项功能，以免在厨师的姓名中添加连字符。

3. 尝试各种对齐设置。首先选择全部文本，然后在段落面板中单击“双齐末行齐左”按钮（ ）。在段落面板上单击“全部强制双齐”按钮，然后查看使用 Adobe 单行书写器和 Adobe 段落书写器时有何不同。

4. 打开菜单“文字”→“插入特殊字符”，并查看其中的各种选项，如“符号”→“项目符号字符”和“连字符和破折号”→“全角破折号”。使用这些字符而不是连字符可极大地提高版面的专业水准。打开菜单“文字”→“插入空格”，注意到其中包含一个“不间断空格”选项。可使用它将两个单词（如 Mac OS）粘起，使其即使位于行尾也不会分开。

复习

复习题

1. 如何显示基线网格?
2. 什么情况下在什么地方使用右对齐制表符?
3. 如何将标点悬挂在文本框架边缘的外面?
4. 如何平衡分栏?
5. 字符间距和字偶间距之间的区别何在?
6. Adobe 段落书写器和 Adobe 单行书写器之间的区别何在?

复习题答案

1. 选择"视图"→"网格和参考线"→"显示基线网格"。仅当文档的缩放比例不小于在首选项"基线网格"中设置的视图阈值时才会显示基线网格。默认情况下，视图阈值为 75%。
2. 右对齐制表符自动将文本与段落的右边缘对齐，这在添加文章结束符号时很有用。
3. 选择文本框架，再选择菜单"文字"→"文章"。选中复选框"视觉边距对齐方式"，自动将这种对齐方式应用于文章中所有的文本。
4. 使用选择工具选择文本框架，然后单击控制面板中的"平衡栏"按钮，也可在"文本框架选项"对话框("对象"→"文本框架选项")中选中复选框"平衡栏"。
5. 字偶间距调整的是两个字符之间的间距；字符间距是一系列选定字符之间的间距。
6. 段落书写器在确定最佳换行位置时同时评估多行；而单行书写器每次只考虑一行。

第8课 处理颜色

本课将简要地介绍如何使用和管理颜色，读者将学习以下内容：

- 色彩管理；
- 在开始创建颜色和导入彩色图像前考虑输出方法；
- 在色板面板中添加颜色；
- 将颜色应用于对象和文本；
- 创建虚线描边；
- 创建并应用渐变色板；
- 调整渐变的混合方向；
- 创建并应用色调；
- 创建并应用专色。

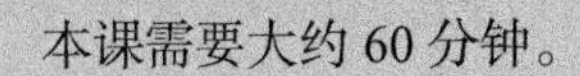

本课需要大约60分钟。

用户可以创建、保存印刷色和专色并将其应用于对象、描边和文本。存储的颜色包括色调、混合油墨和渐变。使用印前检查配置文件有助于确保颜色得以正确输出。

8.1 概述

在本课中，读者将为一家虚构的巧克力公司 Tifflins Truffles 处理一幅广告画——向其中添加颜色、色调和渐变。这幅广告画包括 CMYK 和专色以及导入的 CMYK 图像。然而，你将先做另外两项工作，以确保文档印刷出来后与屏幕上一样漂亮：检查色彩管理设置；使用印前检查配置文件查看导入图像的颜色模式。

> 注意：如果还没有从配套光盘将本课的资源文件复制到硬盘中，现在请复制它们，详情请参阅“前言”中的“复制课程文件”。

1. 为确保你的 Adobe InDesign CS6 首选项和默认设置与本课使用的一样，将文件 InDesign Defaults 移到其他文件夹，详情请参阅“前言”中的“存储和恢复文件 InDesign Defaults”。
2. 启动 Adobe InDesign CS6。为确保面板和菜单命令与本课使用的相同，选择菜单“窗口”→“工作区”→“高级”，再选择菜单“窗口”→“工作区”→“重置‘高级’”。
3. 选择菜单“文件”→“打开”，打开硬盘中文件夹 InDesignCIB\Lessons\Lesson08 中的文件 08_Start.indd。
4. 选择菜单“文件”→“存储为”，将文件重命名为 08_Color.indd 并存储到文件夹 Lesson08 中。

> 注意：鉴于当前的“显示性能”设置，图片可能看起来像马赛克或呈锯齿状。本课后面将消除这种问题。

5. 如果想查看最终的文档，可打开文件夹 Lesson08 中的 08_End.indd，如图 8.1 所示。可以让该文件打开供工作时参考。查看完毕后，单击文档窗口左上角的标签“08_Color.indd”切换到该文档。

图8.1

8.2 色彩管理

色彩管理可在一系列输出设备（如显示器、彩色打印机和胶印机）上重现一致的颜色。在Adobe Creative Suite 6组件中，易于使用的色彩管理功能可帮助你获得一致的颜色，而无需成为色彩管理方面的专家。Creative Suite默认启用了色彩管理，你在各个应用程序和平台上看到的颜色将一致，同时可在从编辑、校样到打印输出的过程中，确保颜色更精确。

Adobe指出：对大多数采用色彩管理的工作流程来说，最好使用经过Adobe Systems测试的预设颜色设置。仅当色彩管理知识很丰富且对自己所做的更改非常有信心时，才建议你更改特定选项。本节讨论Adobe InDesign和Creative Suite中的一些预设颜色设置和方案，使用它们可在项目中获得一致的颜色。

任何显示器、胶片、打印机、复印机或印刷机都无法生成肉眼能够看到的所有颜色。每台设备都有特定的功能，在重现彩色图像时进行了不同的折衷。输出设备所特有的颜色渲染能力被统称为色域或色彩空间。InDesign和其他图形应用程序（如Adobe Photoshop和Adobe Illustrator）使用颜色值来描绘图像中每个像素的颜色。具体使用的颜色值取决于颜色模型，如表示红色、绿色和蓝色分量的RGB值以及表示青色、洋红、红色和黑色分量的CMYK值。

提示：要获得一致的颜色，定期校准显示器和打印机很重要。校准可使设备与预先定义的输出标准相符。很多色彩方面的专家都认为校准是色彩管理中最重要的方面之一。

色彩管理旨在以一致的方式将每个像素的颜色值从源（存储在计算机中的文档或图像）转换到输出设备中（如显示器、电子书阅读器、iPad、彩色打印机和高分辨率印刷机，它们的色域各不相同）。有关色彩管理的更多信息，可参阅InDesign Help文档（www.adobe.com，搜索色彩管理即可）或Peachpit出版的*Real World Color Management*等书，还可参阅出版的DVD/视频，如*Color Management without the Jargon: A Simple Approach for Designers and Photographers Using the Adobe Creative Suite*。

为色彩管理营造查看环境

工作环境影响在显示器和打印输出上看到的颜色。为获得最佳效果，请按照以下所述在工作环境中控制颜色和光照：

- 在光照强度和色温保持不变的环境中查看文档。例如，太阳光的颜色特性整天都在变化，这将影响颜色在屏幕上的显示方式，因此，请始终关闭窗帘或在没有窗户的房间工作。为消除荧光灯的蓝-绿色色偏，可安装 D50（开氏 5000°）灯。还可使用 D50 看片台查看打印的文档。

- 在墙壁和天花板为中性色的房间查看文档。房间的颜色会影响你感觉到的显示器颜色和打印颜色。查看文档的房间的最佳颜色是中性灰色。另外，显示器屏幕反射的衣服颜色也可能影响屏幕上的颜色。
- 删除显示器桌面的彩色背景图案。文档周围纷乱或明亮的图案会干扰准确的颜色感觉。将桌面设置为仅以中性的灰色显示。
- 在观众看到最终文档的条件下查看文档校样。例如，家用用品目录通常可能会在家用白炽灯下查看，而办公家具目录可能会在办公室使用的荧光灯下查看。然而，做出最终的颜色判断时，务必在所属国家的法律要求的光照条件进行。

——摘自 InDesign 帮助

8.3 在 Adobe Bridge 中同步颜色设置

注意：如果你安装的不是 Adobe Creative Suite，请跳过本节，直接进入下一节。

Adobe Creative Suite 用户可使用 Adobe Bridge 在各个应用程序之间同步颜色设置，这有助于确保所有 Adobe Creative Suite 应用程序都以一致的方式显示和打印颜色。为此，你将在 Adobe Bridge 中选择一个颜色设置文件（CSF）。请根据工作流程来选择正确的 CSF 文件，有关 Adobe Bridge 的更多信息，请在帮助文档中搜索 Adobe Bridge。

要选择用于 Creative Suite 的 CSF 文件，可以按照以下步骤操作。

1. 在文档窗口顶部的应用程序栏中，单击“转至 Bridge”按钮（Br），如图 8.2 所示。

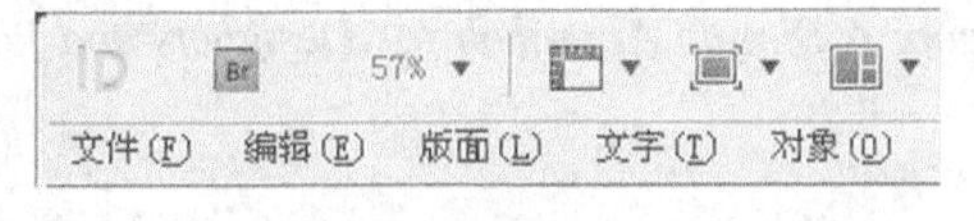

图8.2

2. 选择菜单“编辑”→“Creative Suite 颜色设置”。

3. 查看其中的选项（如图 8.3 所示）。

- 北美常规用途 2：这是默认设置，它禁用了配置文件警告。对大多数工作流程来说，这是一种安全的设置。
- 北美印前 2：它启用了配置文件警告，这是高端印刷工作流程常用的设置。这是一个复杂的工作流程，涉及图像、文档和设备的源配置文件和输出配置文件。

- 北美 Web/Internet：对制作在线查看的内容很有帮助。

4. 单击“应用”按钮并返回到 InDesign。

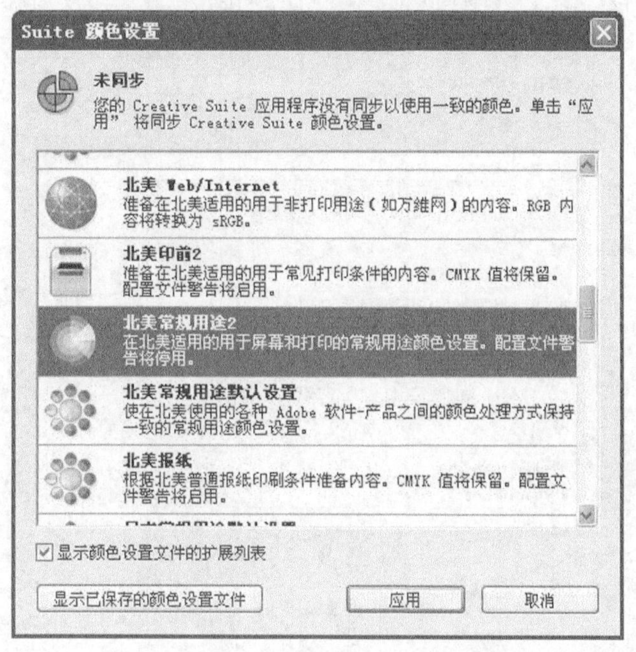

图8.3

8.4 在 InDesign 中指定颜色设置

要在 InDesign 中获得一致的颜色，可指定一个包含预设颜色管理方案和默认配置文件的颜色设置文件（CSF）。即使使用 Bridge 在所有 Creative Suite 应用程序之间同步了颜色设置，也可在 InDesign 中为特定项目覆盖这些设置。这些颜色设置针对的是 InDesign 应用程序，而不是各个文档。

1. 在 InDesign 中，选择菜单“编辑”→“颜色设置”。
2. 如果你安装了 Creative Suite，“颜色设置”对话框的顶部将指出是否同步了颜色设置，如图 8.4 所示。
3. 单击该对话框中的各个选项，以了解可设置哪些方面。

> **提示**：要获悉各项设置的含义，将鼠标指向其名称，再阅读“颜色设置”对话框底部的“说明”文本框中的信息。

4. 单击“取消”按钮，以关闭“颜色设置”对话框而不做任何修改。

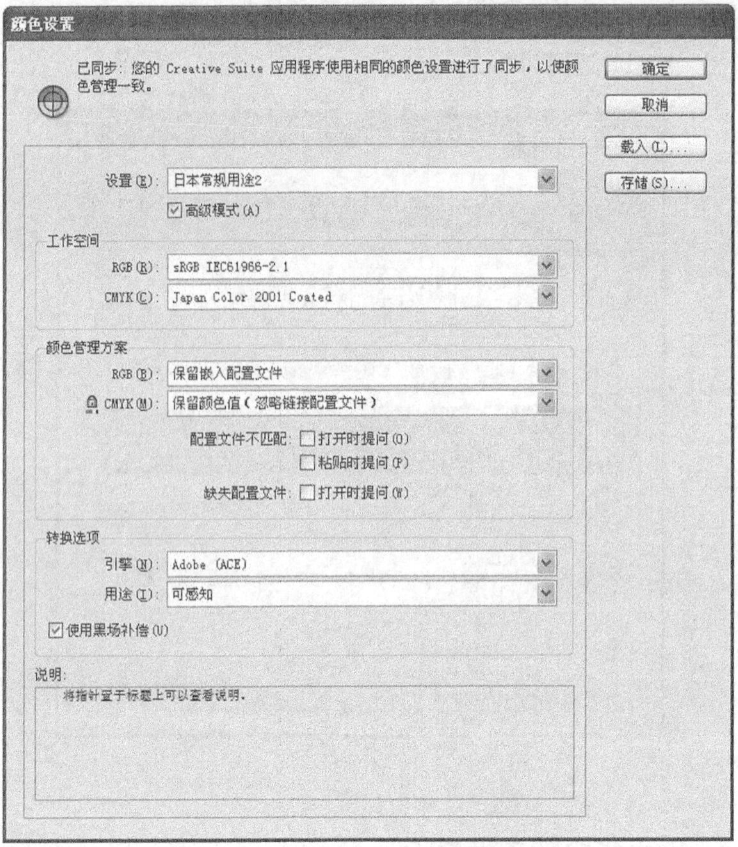

图8.4

8.5 在全分辨率下显示图像

在彩色管理工作流程中，即使使用默认的颜色设置，也应以高品质（显示器能够显示的最佳颜色）显示图像。如果显示图像的分辨率低于高品质，显示图像的速度将更快，但显示的颜色将不那么精确。

为查看在不同分辨率下显示图像的差异，请尝试使用菜单“视图”→“显示性能”中的选项：

- “快速显示”（适用于快速编辑文本，因为不显示图像）；
- “典型显示”；
- “高品质显示”。

> **提示**：用户可在“首选项”中指定“显示性能”的默认设置，还可使用菜单“对象”→“显示性能”修改各个对象的显示性能。

就本课而言，选择菜单“视图”→“显示性能”→“高品质显示”。

8.6 在屏幕上校样颜色

在屏幕上校样颜色（也称为**软校样**）时，InDesign 将根据特定的输出条件显示颜色。模拟的精确程度取决于各种因素，包括房间的光照条件以及是否校准了显示器。下面尝试软校样：

1. 在 InDesign 中，选择菜单“窗口”→“排列”→“新建‘08_Color.indd’窗口”，为本课的文档再打开窗口。
2. 选择菜单“窗口”→“排列”→“平铺”，以同时显示已打开的文档的窗口（如果你没有关闭 08_End.indd，将同时显示 3 个窗口）。
3. 单击 08_Color.indd:2 以激活该窗口，再选择菜单“视图”→“校样颜色”，如图 8.5 所示，将看到颜色的软校样，它基于菜单“视图”→“校样设置”中的当前设置。

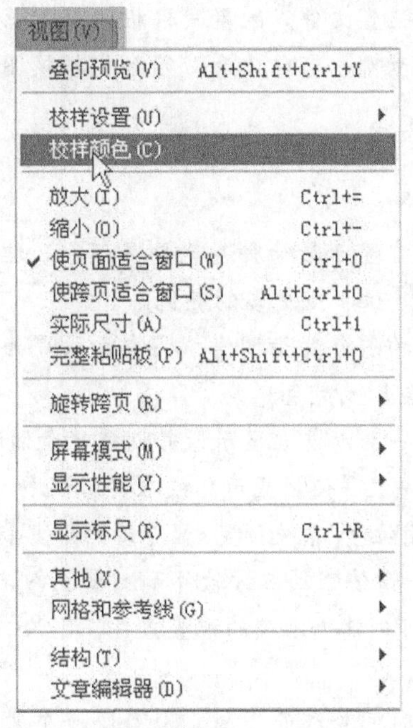

图8.5

提示：如果文档包含叠印并将使用胶印机印刷，则除选择菜单“视图”→“校样颜色”外，还需选择“视图”→“叠印预览”。

4. 要自定软校样，选择菜单“视图”→“校样设置”→“自定”。
5. 在“自定校样条件”对话框中，从下拉列表“要模拟的设备”中选择各种印刷机、桌面打印机以及显示器等输出设备，再单击“确定”按钮以查看使用各种输出设备时的文档。注意到在 InDesign 文档的标题栏中，显示了当前模拟的设备，如“文档 CMYK”。

6. 重复第 4 步和第 5 步，以查看各种软校样选项的效果。

7. 查看完各种软校样选项的效果后，单击 08_Color.indd:2 的关闭按钮，将该窗口关闭。如果必要，调整 08_Color.indd 的窗口位置和大小。

有什么遗漏吗？

配置文件生成软件可以校准显示器并描述其特性。校准显示器可使其符合预定义的标准；例如，调整显示器使其用开氏5000度（图形艺术标准白场色温）来显示颜色。描述显示器特性就是创建一个描述显示器当前如何重现颜色的配置文件。

显示器校准涉及调整以下视频设置：亮度和对比度（显示强度的总体级别和范围）、灰度系数（中间色调的亮度值）、荧光粉（CRT 显示器用于发光的物质）和白场（显示器能够重现的最亮的白色和强度）。

校准显示器就是调整显示器，使它符合已知的规范。显示器校准后，配置文件生成实用程序，能够保存配置文件。配置文件描述显示器的颜色特性：显示器能够显示哪些颜色、不能够显示哪些颜色以及必须如何转换图像的颜色值才能准确地显示颜色。

1. 确保显示器开启了至少半小时，这为预热和生成更一致的颜色提供了充足时间。

2. 确保显示器目前可以显示数千种甚至更多颜色。理想状况下，确保显示器能够显示数百万种（24 位）或更多的颜色。

3. 删除显示器桌面上的彩色背景图案，将桌面设置为显示中性灰色。文档周围纷乱或明亮的图案会影响颜色感知。

4. 请执行如下操作之一，以校准显示器并创建显示器配置文件：

- 在 Windows 中，安装并使用显示器校准实用程序。
- 在 Mac OS 中，使用位于“系统预置 / 显示器 / 颜色”标签中的“校准”实用程序。
- 要获得最佳结果，请使用第三方软件和测量设备。一般来说，结合使用测量设备（如色度计）和软件可创建更准确的配置文件，因为工具测量得到的显示器显示的颜色要远比人眼准确。

注意，显示器性能随时间推移而下降，应每隔一个月左右重新校准显示器并创建显示器配置文件。如果很难或不可能将显示器校准到符合标准，说明显示器可能太旧且性能退化了。

大多数配置文件生成软件都会自动将新配置文件指定为默认显示器配置文件。有关如何手动指定显示器配置文件，请参阅操作系统的“帮助”系统。

——摘自 InDesign 帮助

8.7 确定印刷要求

不管处理的文档要以印刷还是数字格式提供，开始处理文档之前都应了解输出要求。例如，对于要打印的文档，与印前服务提供商联系，同他们讨论文档的设计和如何使用颜色。印前服务提供商知道其设备的功能，可能提供一些建议，帮助你节省时间和费用、提高质量以及避免代价高昂的印刷或颜色问题。本课使用的杂志文章被设计成由采用 CMYK 颜色模型的商业印刷厂印刷。

> **提示**：输出提供商或商业印刷厂可能提供印前检查配置文件，其中包含有关输出的所有规范。可导入该配置文件，并检查你的作品是否满足其中指定的条件。

为核实文档是否满足印刷需求，可使用印前检查配置文件对文档进行检查。印前检查配置文件包含一组有关文档的尺寸、字体、颜色、图像、出血等方面的规则。印前检查面板将指出文档存在的问题，即没有遵循配置文件中规则的地方。在本节中，读者将导入杂志印刷商提供的印前检查配置文件，本课的广告将由该印刷商印刷。

1. 选择菜单“窗口”→“输出”→“印前检查”。
2. 从印前检查面板菜单中选择“定义配置文件”。
3. 在“印前检查配置文件”对话框中，单击左边的印前检查配置文件列表底部的按钮“印前检查配置文件菜单”( )，并选择“载入配置文件”。
4. 选择硬盘中文件夹 InDesignCIB\Lessons\Lesson08 中的 Magazine Profile.idpp，再单击“打开”按钮。
5. 在选择了 Magazine Profile 的情况下，查看为该广告指定的输出设置，如图 8.6 所示。选定的复选框表示 InDesign 将把它标记为不正确，例如，因为在“颜色”→“不允许使用色彩空间和模式”下，选中了复选框 RGB，所以任何 RGB 图像都将被视为错误。
6. 单击“确定”按钮关闭“印前检查配置文件”对话框。

> **提示**：文档窗口左下角总是显示文档中有多少个印前检查错误，如果你看到有很多错误，可打开印前检查面板查看更多信息。

7. 在印前检查面板中，从下拉列表“配置文件”中选择 Magazine Profile。

注意到该配置文件检测到导入的 Illustrator 文件存在一个问题。如果要在杂志中使用该广告，必须先更正这个错误。

8. 要查看这个错误，单击“图像和对象”旁边的三角形。
9. 单击“描边粗细过小”旁边的三角形。

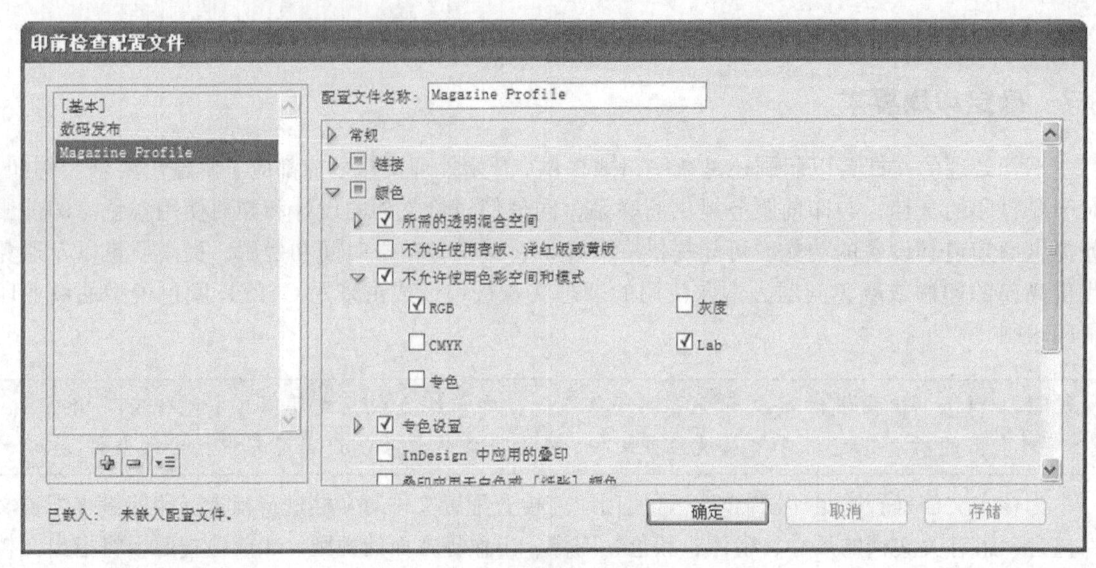

图8.6

10. 双击图形文件名 scc.ai 以查看有问题的图像。要查看有关问题的详细信息，单击“信息”旁边的三角形，如图 8.7 所示。

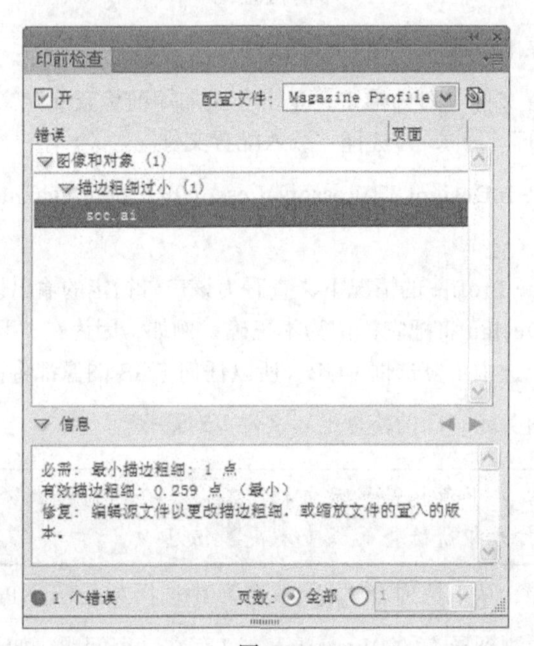

图8.7

> 提示：要编辑导入的图像——使用用于创建它的图像编辑程序或喜欢的编辑程序，可在链接面板中选择它，再从链接面板菜单中选择“编辑原稿”或“编辑工具”。

11. 关闭印前检查面板。

12. 选择菜单“文件”→“存储”。

8.8 创建和应用颜色

为最大限度地提高设计的灵活性，InDesign 提供了很多创建并应用颜色和渐变的方法，这使得用户很容易进行各种尝试，同时又可确保输出的正确性。在本节中，读者将学习各种创建并应用颜色的方法。

8.8.1 在色板面板中添加颜色

可以结合使用面板和工具给对象添加颜色。InDesign CS6 色彩工作流程以色板面板为中心。可使用色板面板给颜色命名，这样将颜色应用于文档中的对象，以及编辑和更新其颜色将更方便。虽然也可使用颜色面板将颜色应用于对象，但没有更新这些颜色（被称为未命名颜色）的快速方法，而必须分别更新每个对象的未命名颜色。

> 注意：完成本课的任务时，请根据需要随意移动面板和修改缩放比例。有关这方面的更详细信息，可以参阅第 1 课的“修改文档的缩放比例”一节。

下面创建将在该文档中使用的大部分颜色。由于该文档将用于商业出版，因此将创建 CMYK 印刷色。

1. 确保没有选中任何对象，再打开色板面板（如果色板面板不可见，选择菜单“窗口”→“颜色”→“色板”）。

色板面板包含用户创建并为重用而存储的颜色、色调和渐变。

2. 从色板面板菜单中选择“新建颜色色板”。

3. 在“新建颜色色板”对话框中，取消选中复选框“以颜色值命名”，并在文本框“色板名称”中输入 Brown。确保颜色类型和颜色模式分别为印刷色和 CMYK。

> 注意：选中复选框“以颜色值命名”时，将使用输入的颜色值给颜色命名，并在用户修改颜色值时自动更新名称。该选项仅用于印刷色，当你想在色板面板中获悉印刷色色板的组成时很有用。对于这个新色板，取消选中复选框“以颜色值命名”，可给它指定名称 Brown，这将更容易识别。

4. 对颜色百分比做如下设置：青色（C）=0，洋红色（M）=76，黄色（Y）=76，黑色（K）=60，如图 8.8 所示。

5. 单击“添加”按钮将该颜色添加到色板面板中，而不关闭该对话框。InDesign 将创建当前颜色的拷贝，供你进行编辑。

6. 重复前 3 步以创建下面的颜色并给它们命名。

- Blue：青色（C）=60，洋红色（M）=20，黄色（Y）=0，黑色（K）=0；
- Tan：青色（C）=5，洋红色（M）=13，黄色（Y）=29，黑色（K）=0。

7. 完成后在“新建颜色色板”对话框中单击“完成”按钮。此时的色板面板如图 8.9 所示。

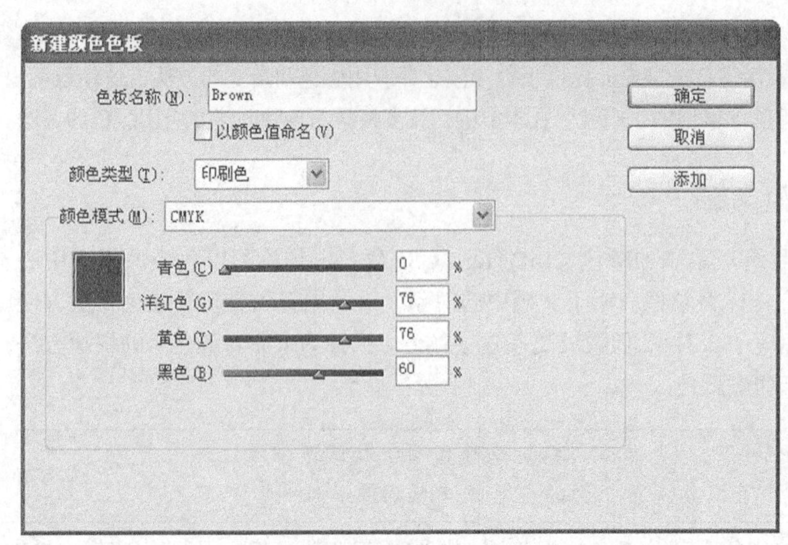

图8.8

图8.9

> **提示**：如果忘记输入颜色的名称或输入的颜色值不正确，可双击色板面板中的色板，修改其名称或颜色值，再单击“确定”按钮。

添加到色板面板中的颜色只随当前文档一起存储，但可将它们导入到其他文档中。下面将这些颜色应用于该文档中的文本、图像和描边。

8. 选择菜单“文件”→“存储”。

8.8.2 使用色板面板将颜色应用于对象

可使用色板面板或控制面板将颜色应用于对象。应用色板颜色的三个基本步骤如下：选中文本或对象；根据要修改描边还是填色，在工具面板中选择描边框或填色框；在色板面板中选择颜色。也可将色板从色板面板中直接拖放到对象上。在本小节中，读者将使用色板面板将颜色应用于描边和填充。

1. 选择工具面板中的缩放工具（🔍），拖曳出一个环绕文档右上角的三个菱形的方框。这将放大视图，使方框内的区域充满文档窗口，确保你能看到这三个菱形。

> **提示**：要增大缩放比例，可按 Ctrl + =（Windows）或 Command + =（Mac OS）组合键；要缩小缩放比例，可按 Ctrl + -（Windows）或 Command + -（Mac OS）组合键。

2. 使用选择工具（▶）单击中间的菱形。选择色板面板中的描边框（◧），再选择颜色 Green（可能需要向下滚动才能看到它），如图 8.10 所示。

图8.10

描边 / 填色框（ ）能够将颜色指定应用于对象边缘（描边）还是对象内部（填色）。不管什么时候应用颜色，请注意描边 / 填色框，因为很容易将颜色应用到对象的错误部分。

该菱形的描边现在变成了绿色。

3. 选择左边的菱形。在色板面板中选择 Brown 以应用棕色描边。

4. 在左边的菱形仍被选中的情况下，在色板面板中单击填色框（ ），再选择色板 Green，如图 8.11 所示。

图8.11

提示：如果将颜色应用到了错误的对象或对象的错误部分，总是可以选择菜单“编辑”→“还原”，然后重试。

8.8.3 使用吸管工具应用颜色

右边的菱形也需要使用棕色描边和绿色填充，读者将使用吸管一次性复制左边菱形的描边和填充属性。另外，还将尝试使用工具面板（而非色板面板）中的填色框来应用“[纸色]”。

1. 选择吸管工具（ ）并单击左边的菱形。

鼠标变成了被填充的吸管图标（ ），这表明它获得了被单击的对象的属性，如图 8.12 所示。

2. 使用吸管工具单击右边菱形的灰色背景。

该菱形将获得左边菱形的填色和描边属性，如图 8.13 所示。

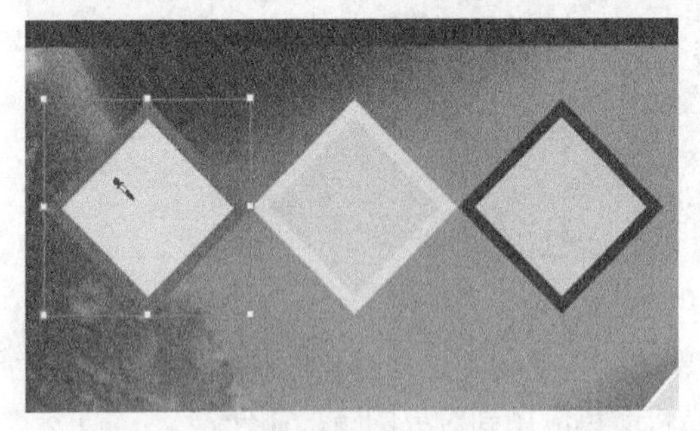

图8.12

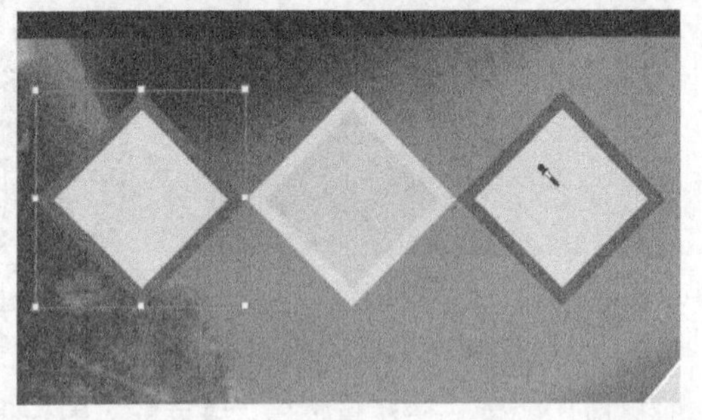

图8.13

下面将中间菱形的颜色改为 [纸色]。

3. 使用选择工具（ ）单击中间的菱形。单击工具面板中的填色框（ ），如图 8.14 所示，再单击色板面板中的“[纸色]”。

> 提示：纸色是一种模拟印刷纸张颜色的特殊颜色。对于位于纸色对象后面的对象，被纸色对象遮住的部分将不会打印，而是为纸色。

4. 选择菜单“编辑”→“全部取消选择”，再选择菜单“视图”→“使页面适合窗口”。

8.8.4 使用控制面板将颜色应用于对象

下面使用棕色给广告画底部的 6 个小菱形描边。

1. 使用选择工具（ ）单击菱形之一，以选择整个对象组。

2. 在控制面板中央，找到“填色”和“描边”控件。单击“描边”下拉列表以查看其中的颜色。

3. 选择色板 Brown（如果必要，向下滚动以便能够看到它），如图 8.15 所示。

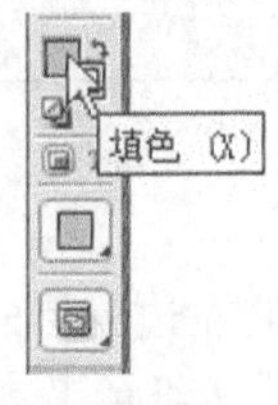

图8.14

图8.15

8.8.5 创建虚线描边

下面将广告画周围的黑色边框改为自定义的虚线。由于该自定义虚线只用于一个对象，因此将使用描边面板来创建它。如果要保存描边以便在当前文档中重用，可创建一种描边样式。有关保存描边样式（包括虚线、点线和条纹线）的更详细信息，请参阅 InDesign 帮助。

在本小节中，读者将为该广告的框架指定一种虚线描边，再定制该虚线。

1. 选择菜单“编辑”→“全部取消选择”。如果必要，选择菜单“视图”→“使页面适合窗口”。
2. 使用选择工具（ ）选择广告画周围的黑色轮廓。
3. 如果描边面板不可见，选择菜单“窗口”→“描边”。
4. 从下拉列表“类型”中选择“虚线”（最后一项）。

描边面板底部出现三个“虚线”文本框和三个“间隔”文本框。要创建虚线，需要指定虚线长度及虚线之间的间隔（间距），通常需要尝试这些值以获得理想的效果。

5. 从下拉列表“间隙颜色”中选择 Brown，以便用棕色填充间隙。
6. 在“虚线”文本框和“间隔”文本框中依次输入 12、4、2、4、2 和 4（输入每个值后按 Tab 键进入下一个文本框），如图 8.16 所示。

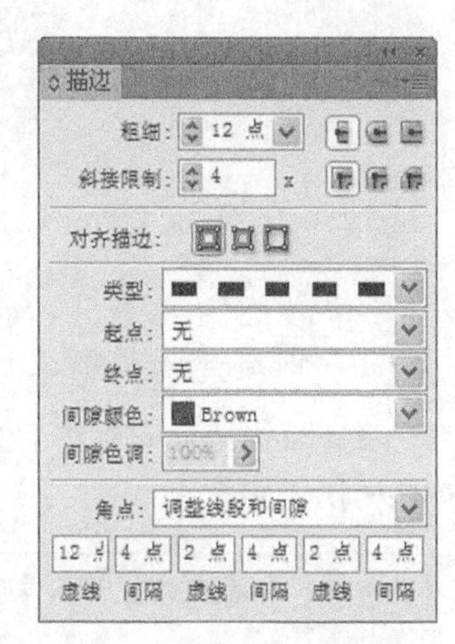

图8.16

7. 选择菜单“编辑”→“全部取消选择”并关闭描边面板。
8. 选择菜单“文件”→“存储”，此时的广告画如图 8.17 所示。

图8.17

8.9 使用渐变

渐变是逐渐混合多种颜色或同一种颜色的不同色调。可创建线性渐变或径向渐变，如图 8.18 所示。在本节中，读者将使用色板面板创建一种线性渐变，将其应用于多个对象，并使用渐变色板工具调整渐变。

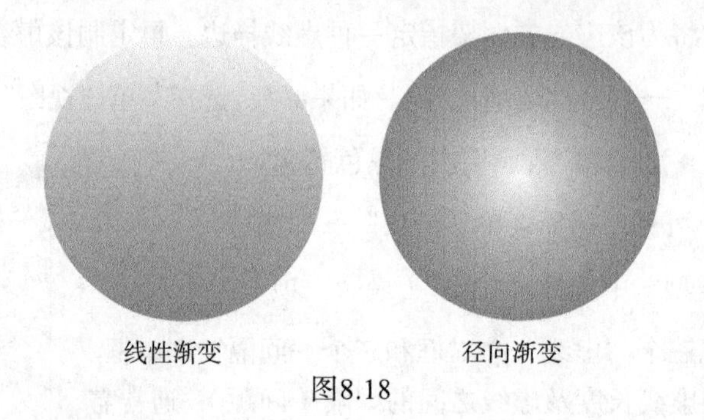

图8.18

8.9.1 创建并应用渐变色板

每种 InDesign 渐变都至少有两个颜色站点。通过编辑每个站点的颜色混合以及新增颜色站点，可以创建自定渐变。

译者注：在帮助文档中，Stop 被翻译成“色标”；而在界面中，Stop 被汉化为“站点”。这里按界面汉化方式进行翻译。

1. 确保没有选中任何对象。

2. 从色板面板菜单中选择“新建渐变色板”。

在“新建渐变色板”对话框中，渐变是在渐变曲线中使用一系列颜色站点定义的。站点是渐变从一种颜色变成下一种颜色的地方，由位于渐变曲线下方的方块标识。

3. 在文本框“色板名称”中输入 Brown/Tan Gradient；将“类型”设置为“线性”。

4. 单击左站点标记（ ），从下拉列表“站点颜色”中选择“色板”，然后滚动色板列表并选择 Brown，如图 8.19 所示。

注意到渐变曲线的左端变成了棕色。

5. 单击右站点标记，从下拉列表“站点颜色”中选择“色板”，再向下滚动色板列表并选择 Tan，如图 8.20 所示。

渐变曲线显示了棕色和茶色之间的混合。

6. 单击“确定”按钮。新建的渐变色板出现在色板面板中。

下面使用该渐变来填充页面右上角中间的菱形。

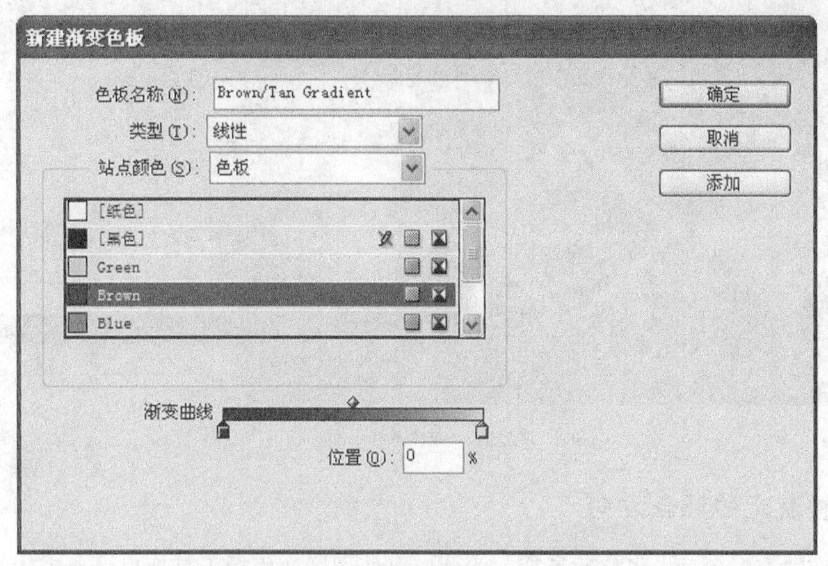

图8.19

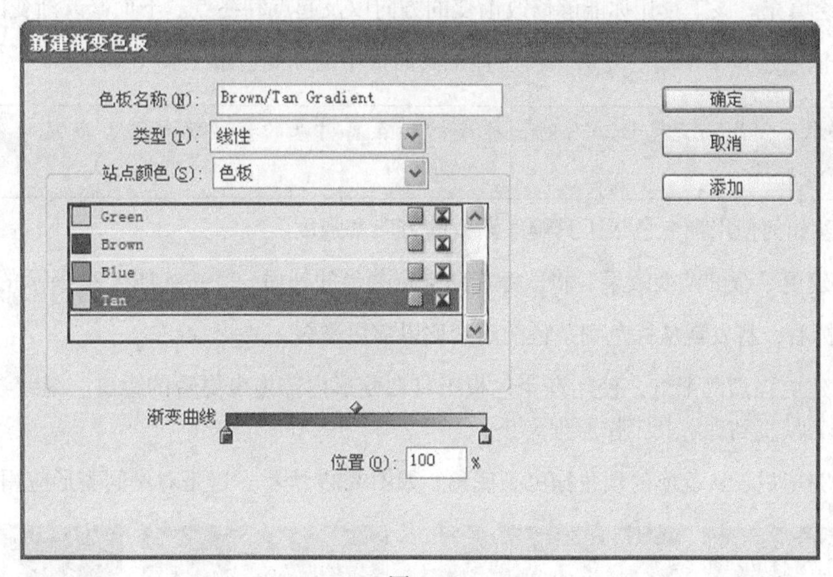

图8.20

7. 放大页面的右上角，使三个菱形出现在视图中。

8. 使用选择工具（ ）选择中间的菱形。

9. 在工具面板中单击填色框（ ），再在色板面板中单击 Brown/Tan Gradient，如图 8.21 所示。

10. 选择菜单“文件”→“存储”。

图8.21

8.9.2 调整渐变的混合方向

使用渐变填充对象后，可修改渐变。为此，可使用渐变色板工具拖曳一条虚构的直线，从而沿该直线重绘填充。该工具让你能够修改渐变的方向以及起点和终点。下面修改渐变的方向。

1. 确保依然选择了中间的菱形，再选择工具面板中的渐变色板工具（ ）。

> 提示：使用渐变色板工具时，拖曳的起点离对象的外边缘越远，渐变的变化程度越平滑。

下面探索如何使用渐变色板工具修改渐变的方向和强度。

2. 为创建更平缓的渐变效果，将鼠标指向选定菱形的外面，并按如图 8.22 所示的那样拖曳。

松开鼠标后，将发现从棕色到茶色的渐变比以前更平缓。

3. 要创建更强烈的渐变，使用渐变色板工具在菱形内部拖曳更短的距离。继续尝试使用渐变色板工具直到理解其工作原理为止。

4. 试验完毕后，从菱形的顶角拖曳到底角，如图 8.23 所示。这是对中间菱形应用的最终渐变。

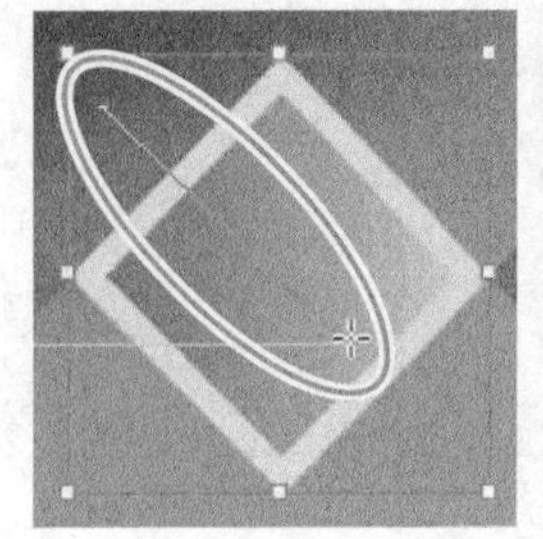
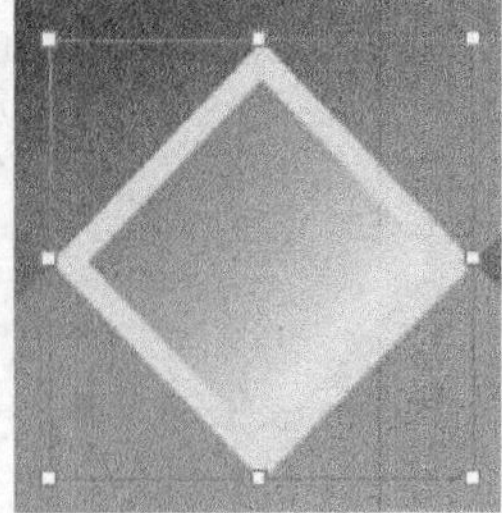

图8.22

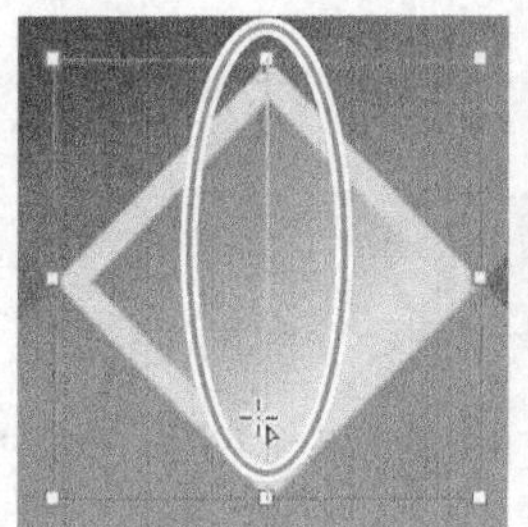
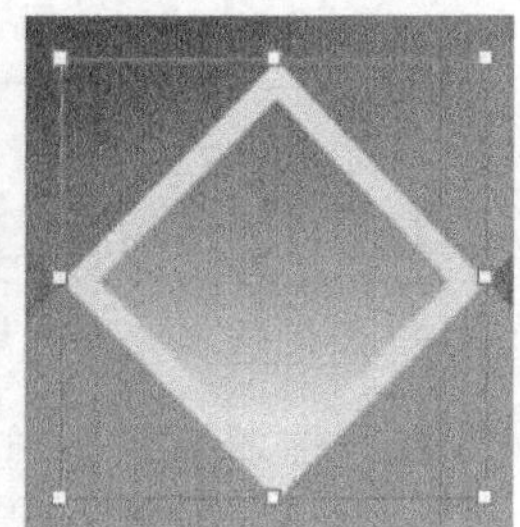

图8.23

5. 选择菜单“文件”→“存储”。

8.10 创建色调

除添加颜色和渐变外，还可在色板面板中添加色调。色调是某种颜色经过加网而变得较浅的版本。你可快速而一致地应用色调，下面创建本课前面存储的 Brown 色板的 30% 色调。

> **提示**：色调很有用，因为 InDesign 维持色调同其父颜色的关系。例如，如果将 Brown 色板改为其他颜色，下面将创建的色调色板将变成新颜色的较浅版本。

1. 选择菜单“视图”→“使页面适合窗口”使页面位于文档窗口中央。

2. 选择菜单“编辑”→“全部取消选择”。

3. 单击色板面板中的 Brown，再从色板面板菜单中选择“新建色调色板”。

4. 在“新建色调色板”对话框中，只有底部的“色调”可以修改。在“色调”文本框中输入 30，再单击“确定”按钮。

新建的色调色板出现在色板列表末尾。色板面板的顶部显示了有关选定色板的信息，填色 / 描边框表明该色板为当前选定的填充色，下拉列表“色调”的值表明该颜色为 Brown 的 30%，如图 8.24 所示。

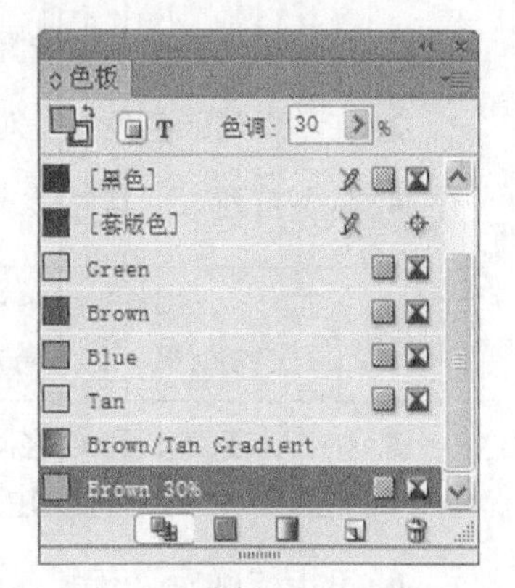

图8.24

5. 使用选择工具（▶）单击页面中央的文本“!Si!”。

6. 确保选中了填色框，再在色板面板中单击刚创建的 Brown 色调。注意到颜色发生了变化，如图 8.25 所示。

图8.25

7. 选择菜单“文件”→“存储”。

8.11 创建专色

该广告画将由采用标准 CMYK 颜色模型的商业印刷机印刷，这种印刷机需要使用四个分色印版——分别用于青色、洋红色、黄色和黑色。然而，CMYK 颜色模型的颜色范围是有限的，这为专色提供了用武之地。因此，专色用于创建 CMYK 色域外的颜色或一致的专用颜色（如公司徽标使用的颜色）。

该广告画要求使用 CMYK 颜色模型中没有的专色，下面添加颜色库中的一种专色。

1. 选择菜单“编辑”→“全部取消选择”。
2. 从色板面板菜单中选择“新建颜色色板”。
3. 在“新建颜色色板”对话框中，从下拉列表“颜色类型”中选择“专色”。
4. 从下拉列表“颜色模式”中选择 PANTONE+ Solid Coated。

> **提示：**选择用于印刷的 PANTONE 颜色时，最好根据 PANTONE 印刷颜色指南进行选择，该指南可在 www.pantone.com 找到。

5. 在 PANTONE 和 C 之间的文本框中输入 567，将在 Pantone 色板列表中自动滚动到本项目所需的颜色：PANTONE 567 C，如图 8.26 所示。
6. 单击“确定”按钮，指定的专色被加入到色板面板中。在色板面板中，该颜色旁边的图标（）表明它是一种专色，如图 8.27 所示。

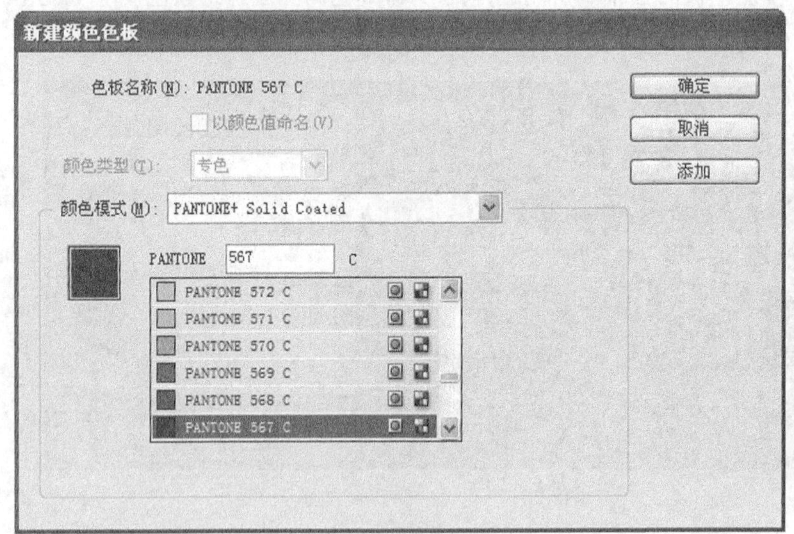

图8.26

图8.27

专色和印刷色

专色是一种预先混和好的特殊油墨，用于替代或补充 CMYK 印刷油墨，印刷时需要专门的印版。当指定的颜色较少且对颜色准确性要求较高时使用专色。专色油墨可准确地重现印刷色色域外的颜色。然而，印刷出的专色取决于印刷商混合的油墨和印刷纸张，因此，并不受指定的颜色值或色彩管理影响。指定专色值时，只是在为显示器和复合打印机描述该颜色的模拟外观（受这些设备的色域限制的影响）。

印刷色是使用以下4种标准印刷色油墨的组合进行印刷的：青色、洋红色、黄色和黑色（CMYK）。当作业需要的颜色较多，导致使用专色油墨的成本很高或不可行时（如印刷彩色照片），需要使用印刷色。指定印刷色时，请记住下列原则：

- 要使高品质印刷文档呈现最佳效果，请参考印刷在四色色谱（印刷商可能提供）中的 CMYK 值来指定颜色。
- 印刷色的最终颜色值是其 CMYK 值，因此如果使用 RGB 或 LAB 指定印刷色，在分色时，这些颜色值将转换为 CMYK 值。转换方式将随色彩管理设置和文档配置文件而异。
- 除非正确地设置了色彩管理系统，且了解它在预览颜色方面的局限性，否则不要根据显示器上的显示指定印刷色。
- 由于 CMYK 的色域比典型显示器小，因此不要在只供在数字设备上查看的文档中使用印刷色。

有时候，在同一作业中同时使用印刷色油墨和专色油墨是可行的。例如，在年度报告的同一个页面上，可使用专色油墨来印刷公司徽标的精确颜色，而使用印刷色重现照片。还可使用一个专色印版，在印刷色作业区域中应用上光色。在这两种情况下，印刷作业共使用五种油墨：四种印刷色油墨和一种专色油墨或上光色。可将印刷色和专色相混和以生成混和油墨颜色。

——摘自 InDesign 帮助

注意：每使用一种专色，印刷时都将增加一个专色印版。一般而言，商业印刷厂可提供双色印刷（黑色和一种专色）以及增加一种或多种专色的 4 色 CMYK 印刷。使用专色通常会增加印刷费用。在文档中使用专色之前，应向印刷商咨询。

8.12 将颜色应用于文本和对象

创建颜色色板后，可将其应用于选定文本和对象的填充和（或）描边，这包括已转换为轮廓的文本，如这幅广告画中间的文本。

8.12.1 将颜色应用于文本

和对象一样，也可将描边和填色应用于文本。下面将颜色应用于文档顶部和底部的文本。

1. 使用选择工具（ ）选择包含文本“Indulgent?”的文本框架。
2. 在工具面板中，单击填色框下面的单击“格式针对文本”按钮（ ），确保选择了填色框（ ），如图 8.28 所示。

图8.28

3. 在色板面板中单击 PANTONE 567 C，然后单击文档窗口的空白区域以取消选择这个文本框架，现在文本的颜色为指定的专色。
4. 按 T 选择文字工具（ ），选择右下角的单词 Paris Madrid New York。
5. 在控制面板中，单击“字符格式控制”按钮（ ）。
6. 找到控制面板中间的“填色”和“描边”控件，单击“填色”下拉列表以查看其中的颜色。
7. 选择色板 PANTONE 567 C（如果必要，向下滚动以便能够看到它），如图 8.29 所示。

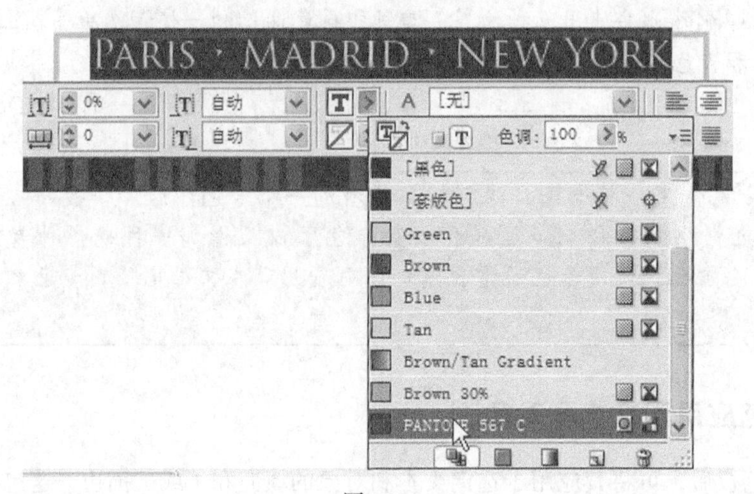

图8.29

8. 选择菜单“编辑”→“全部取消选择”，再选择菜单“文件”→“存储”。

8.12.2 给其他对象应用颜色

广告画中央的文本被转换为轮廓，这样文档就不再需要这些文本原来使用的字体了，在这里，每个单词都被转换为一个对象。要将文本转换为轮廓，可使用选择工具选择其所属的文本框架，再选择菜单“文字”→“创建轮廓”；还可使用文字工具选择字符，并将它们转换为锚定的对象。下面将文本“Oui!”的颜色应用于文本“Yes!”，这些文本都已转换为轮廓。首先，放大文本“Oui!”以便看清其颜色。

> **提示**：将文本转换为轮廓，可能旨在用图像填充形状类似于文本的对象，也可能旨在调整字符的形状。

1. 选择工具面板中的缩放工具（🔍），并拖曳出一个环绕页面中央文本的方框。

2. 选择直接选择工具（↖），并单击文本“Oui!”。

选择对象后，在色板面板中应用于该对象的色板将被选中，如图 8.30 所示。

图8.30

> **注意**：使用直接选择工具选择对象后，可调整其形状。

下面将这种颜色应用于文本“Yes!”。

3. 确保色板面板中的色调值为 100%。

4. 将色板 Green 从色板面板拖曳到文本“Yes!”上，如图 8.31 所示。务必在鼠标位于对象内部而不是对象的描边上时松开鼠标。将色板拖曳到文本的填充区域时，鼠标将变成带黑框的箭头（▶■）；如果鼠标位于文本的描边上，鼠标将为带斜线的箭头（▶/）。

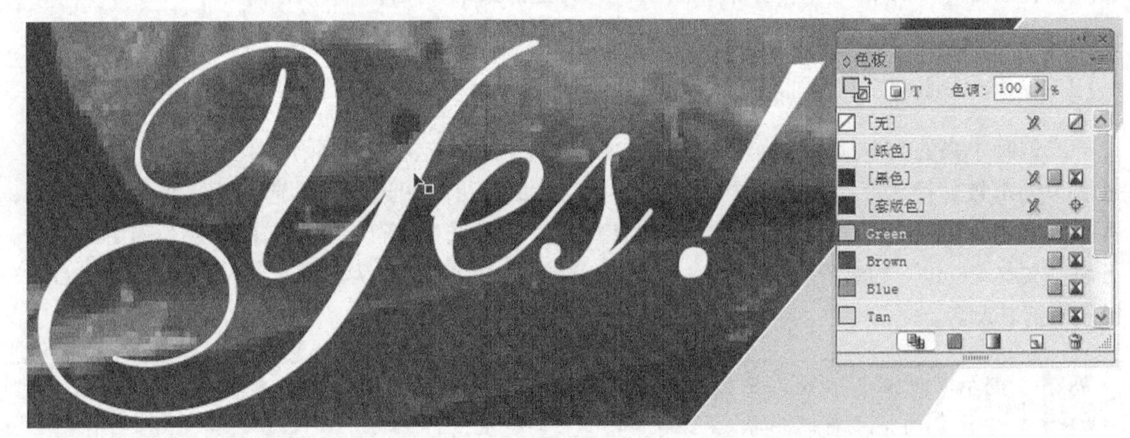

图8.31

8.12.3 再创建一种色调

下面创建一种基于颜色 Blue 的色调。当编辑颜色 Blue 时，基于该颜色的色调将随之变化。

1. 选择菜单“编辑”→“全部取消选择”。
2. 单击色板面板中的 Blue，从色板面板菜单中选择“新建色调色板”。在“色调”文本框中输入 40，再单击“确定”按钮。
3. 使用选择工具（）选择文本“!Si!”，并使用 Blue 40% 进行填充，如图 8.32 所示。

图8.32

下面修改颜色 Blue。Blue 40% 是基于色板 Blue 的，因此该色调也将相应地变化。

4. 选择菜单“编辑”→“全部取消选择”。
5. 双击色板 Blue（而不是 Blue 40%）以修改该颜色。在文本框“色板名称”中输入 Violet Blue，对颜色百分比做如下设置：C=59，M=80，Y=40，K=0。

6. 单击“确定”按钮。

在色板面板中，该颜色色板及基于它的色调的名称和颜色都更新了。

7. 选择菜单“文件”→“存储”。

8.13 使用高级渐变技术

在 InDesign 中，可创建由多种颜色组成的渐变，并控制颜色的混合位置。另外，可将渐变分别应用于每个对象，也可同时将渐变应用于一组对象。

8.13.1 创建一种由多种颜色组成的渐变

在本课前面，读者创建了由两种颜色（棕色和茶色）组成的渐变。下面创建包含三个站点的渐变，使得从两端的黄色 / 绿色逐渐变成中间的白色。执行下面的操作前，确保没有选择任何对象。

1. 从色板面板菜单中选择“新建渐变色板”，再在文本框“色板名称”中输入 Green/White Gradient。

将“类型”设置为“线性”。对话框底部的渐变曲线显示的还是前一次创建渐变时使用的颜色。

2. 单击左站点标记（▲），从下拉列表“站点颜色”中选择“色板”，并在列表框中选择 Green。

3. 单击右站点标记（▲），从下拉列表“站点颜色”中选择“色板”，并在列表框中选择 Green。

4. 在依然选择了右站点标记的情况下，从下拉列表“站点颜色”中选择 CMYK，按住 Shift 键并向左拖曳“黄色”滑块，直到其值为 40% 后松开鼠标和按键。

> ID **注意**：调整一种颜色值时，如果按住 Shift 键，其他颜色也将按比例调整。

现在渐变曲线由绿色和浅绿色组成。下面在中间添加一个站点，使得颜色向中央逐渐变成白色。

5. 在渐变曲线中央的下方单击以添加一个站点。

6. 在文本框“位置”中输入 50，确保该站点位于正中央，按 Tab 键应用该值。

7. 从下拉列表“站点颜色”中选择 CMYK，再将全部 4 个颜色滑块都拖曳到 0 以得到白色，如图 8.33 所示。

8. 单击“确定”按钮，再选择菜单“文件”→“存储”。

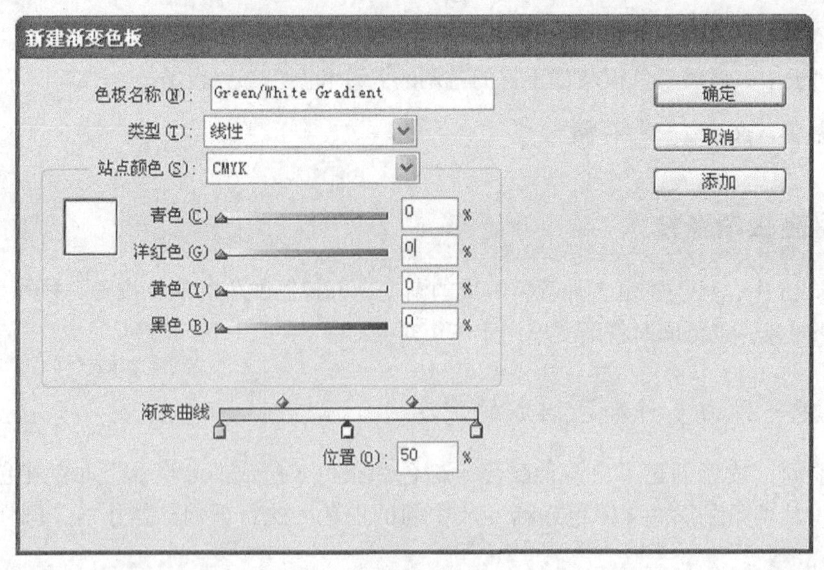

图8.33

8.13.2 将渐变应用于对象

下面应用刚创建的渐变填色。首先，修改视图缩放比例以便能够看到整个页面。

1. 选择菜单“视图”→“使页面适合窗口”，也可双击工具面板中的抓手工具（），能获得相同的效果。

2. 使用选择工具（）选择巧克力右边的绿色条带。

3. 在工具面板中单击填色框（），再在色板面板中选择 Green/White Gradient。

4. 为调整颜色过渡，选择工具面板中的渐变色板工具（），并在对象中向右上方拖曳，如图 8.34 所示。结果取决于从哪里开始拖曳。

5. 选择菜单“编辑”→“全部取消选择”，再选择菜单“文件”→“存储”。

8.13.3 将渐变应用于多个对象

在本课前面，读者使用渐变色板工具来更改渐变的方向以及起点和终点。下面将使用渐变色板工具使渐变横跨多个对象：页面底部的 6 个菱形，然后以演示文稿模式查看最终的版面。

1. 使用缩放工具（）放大文本“Paris • Madrid • New York”下方的 6 个菱形。

2. 使用选择工具（）单击以选择整个对象组，包括这 6 个菱形及其后面的线条，如图 8.35 所示。

下面将渐变 Green/White Gradient 应用于这 6 个菱形。

3. 确保在色板面板中选中了填色框。

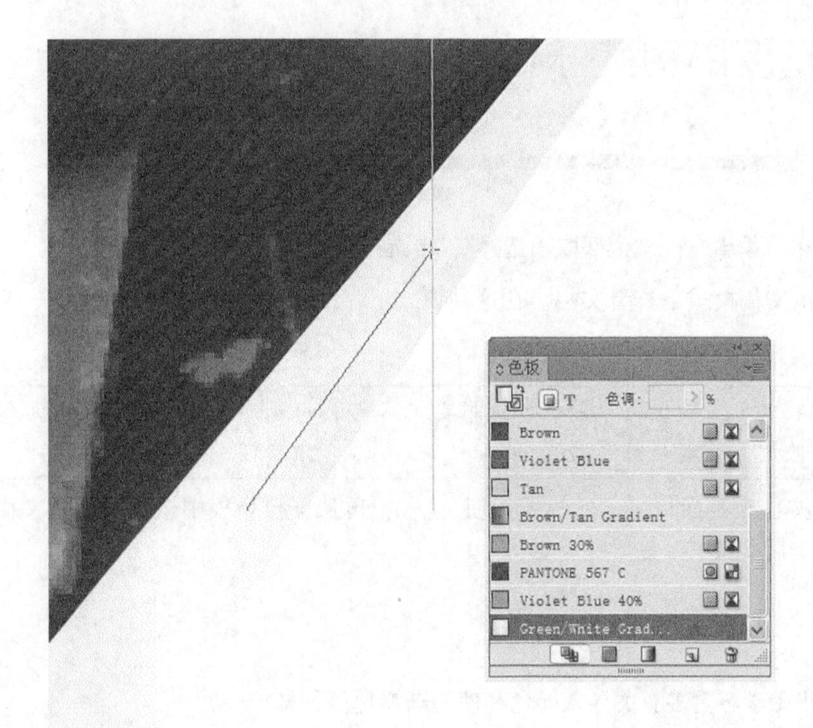

图8.34

图8.35

4. 在工具面板中，单击并按住“应用颜色”按钮，再从下拉列表中选择“应用渐变”命令，如图 8.36 所示，将应用上一次使用的渐变。

图8.36

注意到渐变被分别应用于每个对象。下面使用渐变色板工具将 6 个选定对象作为一个整体来应用渐变。

5. 在依然选择了这 6 个对象的情况下，选择工具面板中的渐变色板工具（ ）。

6. 拖曳一条穿越全部对象的线条，从最左边的对象开始，一直拖曳到最右边的对象。

渐变跨越了 6 个选定对象，如图 8.37 所示。

图8.37

7. 选择菜单“编辑”→“全部取消选择”，再选择菜单“文件”→“存储”。

下面在演示文稿模式下查看文档。在这种模式下，InDesign 界面完全被隐藏，文档充满了整个屏幕。

> **提示**：演示文稿模式非常适合使用笔记本电脑向客户演示设计理念。可使用键盘上的箭头键来导览页面。

8. 单击并按住工具面板底部的模式按钮（ ），再从下拉列表中选择“演示文稿”（ ）。查看完文档后，按 Esc 键。

8.14 练习

按下面的步骤学习更多有关导入颜色和使用渐变色板的知识：

1. 选择菜单“文件”→“新建”→“文档”，然后在“新建文档”对话框中单击“边距和分栏”，再在“边距和分栏”对话框中单击“确定”按钮创建一个新文档。
2. 如果必要，选择菜单“窗口”→“颜色”→“色板”打开色板面板。
3. 从色板面板菜单中选择“新建颜色色板”。
4. 从下拉列表“颜色模式”中选择“其他库”，然后在“打开文件”对话框中切换到文件夹 Lesson08。
5. 双击 08_End.indd，在本课前面创建的颜色都出现在“新建颜色色板”对话框的列表中。
6. 选择 Brown/Tan Gradient 并单击“添加”按钮。
7. 继续选择其他色板并单击“添加”按钮，以便将颜色加载到新文档中。
8. 添加完颜色后单击“完成”按钮。
9. 使用框架工具创建几个矩形和椭圆形，再练习使用渐变色板工具。请注意拖曳较短的距离和较长的距离时渐变有何区别。
10. 双击色板“[纸色]”，并修改其颜色组成。为获得更真实的预览，将页面颜色修改为用于打印文档的纸张颜色。

> **提示**：除导入其他文档中选定的颜色外，还可快速导入其他文档中的所有颜色，因此可从色板面板菜单中选择“载入色板”。

复习

复习题

1. 使用色板面板而不是颜色面板来应用颜色有何优点？
2. 与使用印刷色相比，使用专色有何优缺点？
3. 创建渐变并将其应用于对象后，如何调整渐变的混合方向？
4. 应用色板颜色的三个基本步骤是什么？

复习题答案

1. 如果使用色板面板将同一种颜色应用于文本和对象，然后发现还需要使用另一种颜色时，则无需分别更新每个对象，而只需在色板面板中修改这种颜色，所有这些对象的颜色都将自动更新。
2. 通过使用专色，可确保颜色的准确性。然而，印刷时每种专色都需要一个独立的印版，因此使用专色是极其昂贵的。当作业使用的颜色非常多，导致使用专色油墨将非常昂贵或不现实时（如打印彩色照片时），使用印刷色。
3. 要调整渐变的混合方向，使用渐变色板工具沿所需方向拖曳一条虚构直线，从而沿该直线重新绘制填充。
4. 应用色板颜色的基本步骤如下：选择文本或对象；根据要修改描边还是填色选择描边框或填色框；选择颜色，可从色板面板和控制面板中选择颜色，在工具面板中也可快速访问到上次使用的颜色。

第9课 使用样式

本课简要地介绍如何使用 InDesign 样式，读者将学习以下内容：

- 创建和应用段落样式；
- 创建和应用字符样式；
- 在段落样式中嵌套字符样式；
- 创建和应用对象样式；
- 创建和应用单元格样式；
- 创建和应用表样式；
- 全面更新段落样式、字符样式、对象样式、单元格样式和表样式；
- 导入并应用其他 InDesign 文档中的样式；
- 创建样式组。

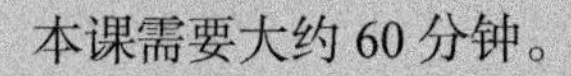

本课需要大约 60 分钟。

Premium Loose Leaf Teas, Teapots & Gift Collections

EXPEDITION TEA COMPANY™ carries an extensive array of teas from all the major tea growing regions and tea estates. Choose from our selection of teas, gift collections, teapots, or learn how to make your tea drinking experience more enjoyable from our STI Certified Tea Specialist, T. Elizabeth Atteberry.

Loose Leaf Teas

We carry a wide selection of premium loose leaf teas including black, green, oolong, white, rooibos and chai. Many of these are from Ethical Tea Partnership monitored estates, ensuring that the tea is produced in socially responsible ways.

2

OOLONG TEA

Formosa Oolong :: *Taiwan* • This superb long-fired oolong tea has a bakey, but sweet fruity character with a rich amber color.

Orange Blossom Oolong :: *Taiwan, Sri Lanka, India* • Orange and citrus blend with toasty oolong for a "jammy" flavor.

Ti Kuan Yin Oolong :: *China* • A light "airy" character with lightly noted orchid-like hints and a sweet fragrant finish.

Phoenix Iron Goddess Oolong :: *China* • An light "airy" character with delicate orchid-like notes. A top grade oolong.

Quangzhou Milk Oolong :: *China* • A unique character —like sweet milk with light orchid notes from premium oolong peeking out from camellia depths.

GREEN TEA

Dragonwell (Lung Ching) :: *China* • Distinguished by its beautiful shape, emerald color, and sweet floral character. Full-bodied with a slight heady bouquet.

Genmaicha (Popcorn Tea) :: *Japan* • Green tea blended with fire-toasted rice with a natural sweetness. During the firing the rice may "pop" not unlike popcorn.

Sencha Kyoto Cherry Rose :: *China* • Fresh, smooth sencha tea with depth and body. The cherry flavoring and subtle rose hints give the tea an exotic character.

Superior Gunpowder :: *Taiwan* • Strong dark-green tea with a memorable fragrance and long lasting finish with surprising body and captivating green tea taste.

4 *Contains tea from Ethical Tea Partnership monitored estates.*

在 Adobe InDesign 中，可创建样式（一组格式属性）并将其应用于文本、对象、表等。修改样式时，将自动影响应用了该样式的所有文本或对象。通过使用样式，可快速、一致地设置文档的格式。

9.1　概述

在本课中，你将创建一些样式，并将其应用于 Expedition Tea Company 产品目录的一些页面。样式是一组属性，让你能够以一致的方式设置文档格式。例如，段落样式 Intro Body 指定了字体、字体大小、行距和对齐方式等属性。这里的产品目录页面包含文本、表格和对象，你将设置它们的格式，并根据这些内容创建样式。这样，如果以后你置入了更多产品目录内容，只需单击一下鼠标，就能使用样式来设置这些新文本、表格和对象的格式。

> **注意**：如果还没有从配套光盘将本课的资源文件复制到硬盘中，现在请复制它们，详情请参阅“前言”中的“复制课程文件”。

1. 为确保你的 Adobe InDesign CS6 首选项和默认设置与本课使用的一样，将文件 InDesign Defaults 移到其他文件夹，详情请参阅“前言”中的“存储和恢复文件 InDesign Defaults”。
2. 启动 Adobe InDesign CS6。为确保面板和菜单命令与本课使用的相同，选择菜单“窗口”→“工作区”→“高级”，再选择菜单“窗口”→“工作区”→“重置‘高级’”。

为开始工作，需要打开一个现有的 InDesign 文档。

3. 选择菜单“文件”→“打开”，打开硬盘中文件夹 InDesignCIB\Lessons\Lesson09 中的文件 09_Start.indd。
4. 选择菜单“文件”→“存储为”，将文件重命名为 09_Styles.indd，并将其保存到文件夹 Lesson09 中。
5. 如果想查看完成后的文档，请打开文件夹 Lesson09 中的 09_End.indd，如图 9.1 所示。可让该文档打开以便工作时参考。查看完毕后，单击文档窗口左上角的标签 09_Styles.indd 切换到该文档。

图9.1

9.2 创建和应用段落样式

段落样式让用户能够将样式应用于文本以及对格式进行全局性修改，这样可提高效率以及整体设计的一致性。段落样式涵盖了所有的文本格式元素，这包含诸如字体、字体大小、字体样式和颜色等字符属性以及诸如缩进、对齐、制表符和连字等段落属性。段落样式不同于字符样式，它们应用于整个段落，而不仅仅是选定字符。

9.2.1 创建段落样式

在本节中，读者将创建一种段落样式，并将其应用于选定段落。首先，读者将设置文档中部分文本的格式（即不基于样式），然后让 InDesign 使用这些格式新建一种段落样式。

1. 在文档 09_Styles.indd 的第 2 页，调整缩放比例以便能看清文本。

2. 使用文字工具（T）单击并拖曳子标题 Loose Leaf Teas 以选中它，它位于第 1 栏第 1 段的后面，如图 9.2 所示。

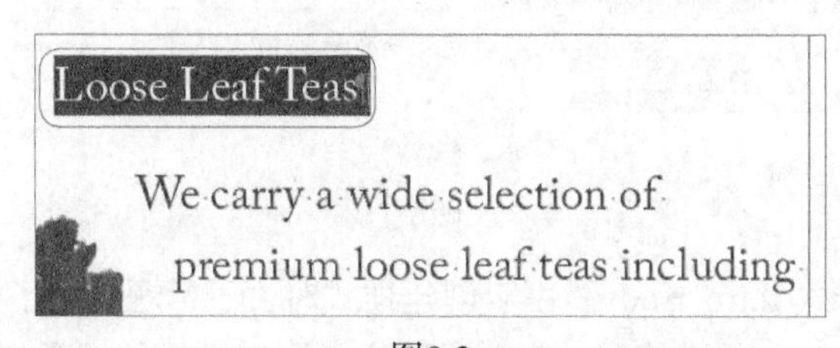

图9.2

> **提示：**创建段落样式的最简单方法是，以局部（不是基于样式）方式设置一个段落的格式，再根据该段落新建一种样式，这让你能够在创建样式前看到其外观。然后，就可将样式应用于文档的其他部分。

3. 在控制面板中，单击“字符格式控制”按钮（A），再做如下设置（如图 9.3 所示）。

- 字体样式：Semibold。
- 大小：18 点。

保留其他设置为默认值。

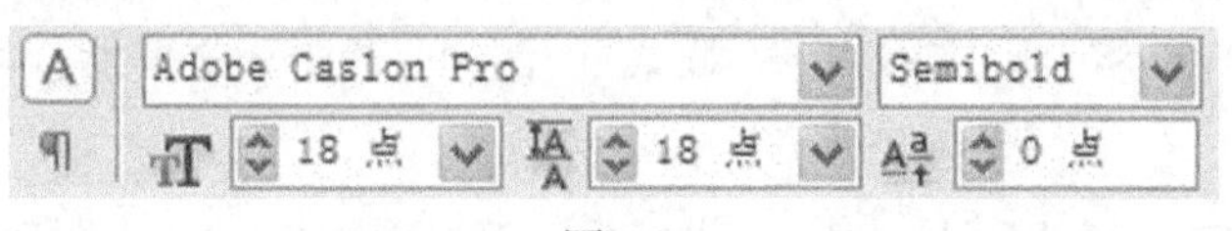

图9.3

4. 在控制面板中，单击“段落格式控制”按钮（¶），并将段前间距（）增加到 p3。

下面将根据这些格式创建一种段落样式，以便使用它来设置文档中其他子标题的格式。

5. 确保文本光标位于刚设置了其格式的文本中。如果段落样式面板不可见，选择菜单“文字”→“段落样式”显示它。

注意到该面板中有多种样式，其中包括默认样式 [基本段落]。

6. 从段落样式面板菜单中选择“新建段落样式”以创建一种新的段落样式，如图 9.4 所示。在出现的“新建段落样式”对话框中，“样式设置”部分显示了刚应用的格式。

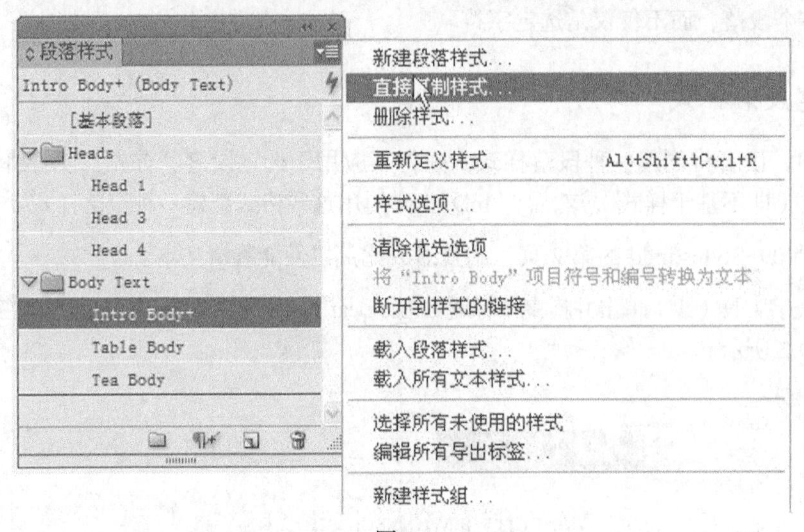

图9.4

注意到新样式基于样式 Intro Body。由于创建样式时，子标题应用了样式 Intro Body，因此新样式将自动基于 Intro Body。通过使用“新建段落样式”对话框的“常规”部分的“基于”选项，可以现有样式为起点来创建新样式。

> **提示：**如果修改基于的样式（如修改其字体），将自动更新基于该样式的所有样式，而这些样式的独特特征将保持不变。如果要创建一系列相关的样式，如 Body Copy、Body Copy No Indent、Bulleted Copy 等，则将样式基于其他样式将很有帮助。在这种情况下，如果你修改了样式 Body Copy 的字体，所有相关样式的字体都将相应地更新。

7. 在对话框顶部的文本框“样式名称”中，输入 Head 2，因为该样式用于设置二级标题的格式。

在 InDesign 中输入文本时，为快速设置文本的格式，可为“下一样式”指定一种段落样式。按 Enter 键时，InDesign 将自动应用“下一样式”。例如，段落正文可能自动应用它前面标题使用的样式。

8. 从下拉列表“下一样式”中选择 Intro Body，因为这是 Head 2 标题后面的文本样式。

还可指定快捷键以方便应用该样式。

9. 在文本框“快捷键”中单击，再按住 Ctrl 键（Windows）或 Command 键（Mac OS）和数

字键盘中的数字 9（InDesign 要求样式快捷键包含一个修正键）。注意，在 Windows 中，必须按住数字键盘中的数字键以创建或应用样式快捷键。

注意：如果使用的是没有数字键盘的笔记本电脑，可跳过这一步。

10. 选择复选框“将样式应用于选区”（如图 9.5 所示），将这种新样式应用于刚设置了其格式的文本。

提示：如果不选中复选框“将样式应用于选区”，新样式将出现在段落样式面板中，但不会自动应用于刚设置了其格式的文本，因此如果以后更新样式 Head 2，这些文本将不会自动更新。

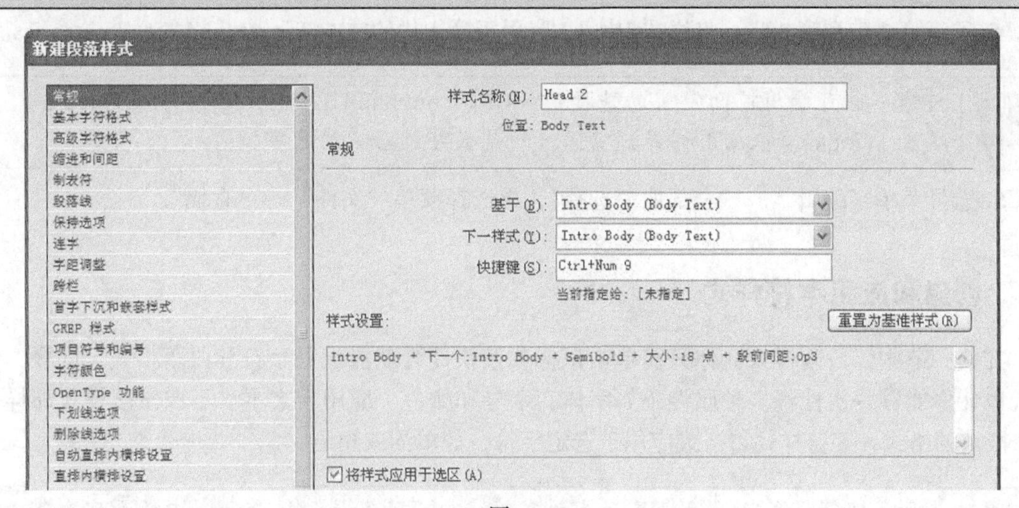

图9.5

11. 单击“确定”按钮关闭“新建段落样式”对话框。

新样式 Head 2 将出现在段落样式面板中且被选中，这表明该样式被应用于选定段落。

12. 在段落样式面板中，将样式 Head 2 向上拖放到样式组 Heads 中，并放在样式 Head 1 和 Head 3 之间。

13. 选择菜单“编辑”→“全部取消选择”，再选择菜单“文件”→“存储”。

9.2.2 应用段落样式

下面将新建的段落样式应用于文档的其他段落。

1. 如果必要，向右滚动以便能够看到当前跨页的右对页。

2. 使用文字工具（T）单击将光标放在 Tea Gift Collections 中。

3. 在段落样式面板中单击样式 Head 2，将其应用于这些文本。文本属性将根据应用的段落样式发生相应变化，如图 9.6 所示。

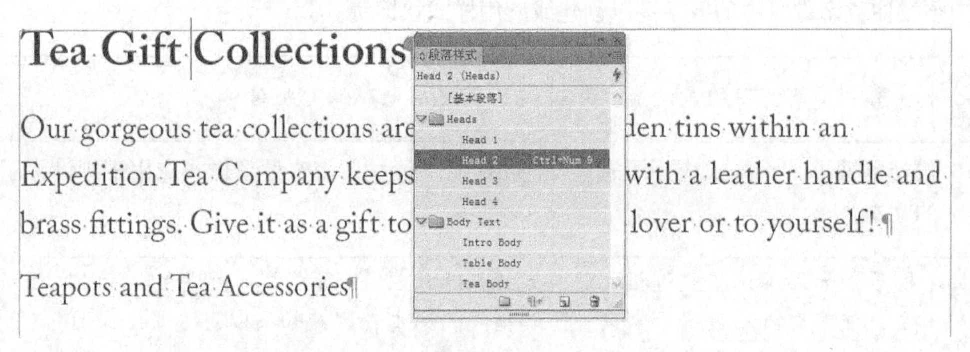

图9.6

4. 重复第 2 步和第 3 步，将样式 Head 2 应用于第 2 栏的文本 Teapots and Tea Accessories。

> **注意**：也可使用前面定义的快捷键（Ctrl/Command + 9）来应用样式 Head 2。要在 Windows 中应用样式，确保按的是数字键盘中的数字键。

5. 选择菜单“编辑”→“全部取消选择”，再选择菜单“文件”→“存储”。

9.3 创建和应用字符样式

在前一节中，段落样式让你只需单击鼠标或按快捷键就能设置字符和段落格式。同样，字符样式也让你能够一次性将多种属性（如字体、字号和颜色）应用于文本。不像段落样式那样设置整个段落的格式，字符样式将格式应用于选定字符，如单词或短语。

> **提示**：字符样式可用于设置开头的字符，如项目符号、编号列表中的数字和下沉字母；还可用于突出正文中的文本，例如，股票名通常使用粗体和小型大写字母。

9.3.1 创建字符样式

下面创建一种字符样式并将其应用于选定文本，这将演示字符样式在效率和确保一致性方面的优点。

1. 在第 2 页中滚动，以便能够看到第 1 段。

2. 如果字符样式面板不可见，选择菜单“文字”→“字符样式”打开它。

该面板中只包含默认样式 [无]，如图 9.7 所示。

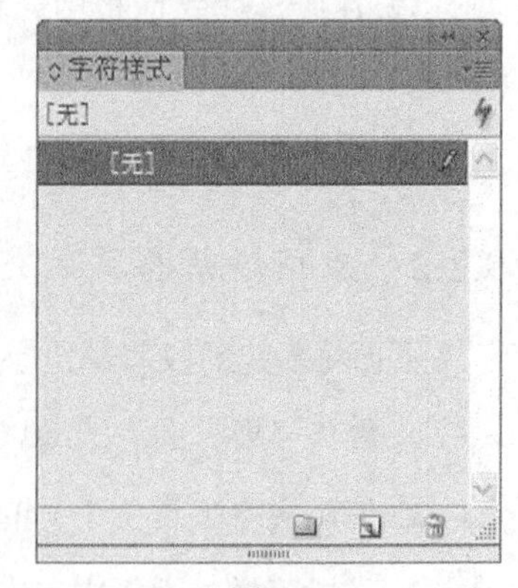

图9.7

与在前一节中创建段落样式一样，这里也将基于现有文本格式来创建字符样式。这种方法让你在创建样式前就能“看到”其格式。

在这里，你将设置公司名 Expedition Tea Company 的格式，并使用这些格式创建一种字符样式，以便能够在整个文档中高效地重用它。

3. 使用选择文字工具（T）选择第 2 页第 1 段开头的 Expedition Tea Company，如图 9.8 所示。

Premium Loose Leaf Teas,¬
Teapots & Gift Collections¶

Expedition Tea Company™ carries an extensive array of teas from all the major tea growing regions and tea estates. Choose from our selection of teas, gift collections, teapots, or learn how to make your tea drinking experience more enjoyable from our STI Certified Tea Specialist, T. Elizabeth Atteberry.¶

图9.8

4. 在控制面板中，单击“字符格式控制按钮（A）。从“字体样式”下拉列表中选择 Semibold，再单击“小型大写字母”按钮（Tr）。

设置文本的格式后，下面新建一种字符样式。

5. 从字符样式面板菜单中选择“新建字符样式”。在打开的“新建字符样式”对话框中的“样式设置”部分列出了刚应用于文本的格式。

6. 在对话框顶部的文本框“样式名称”输入 Company Name 以指出该样式的用途。

像创建段落样式一样，下面指定快捷键以方便应用该样式。

ID **注意**：如果你使用的是没有数字键盘的笔记本电脑，那么可跳过这一步。

7. 在文本框“快捷键”中单击，然后按住 Shift 键（Windows）或 Command 键（Mac OS）并按数字键盘中的数字 8。在 Windows 中，确保按的是数字键盘中的数字 8。

8. 选中复选框“将样式应用于选区”，将新样式应用于前面选定的文本。

如果不这样做，该样式也将出现在字符样式面板中，但不会自动应用于前面选定的文本，因此如果以后更新了样式 Company Name，这些文本将不会自动更新。

9. 单击左边列表中的“基本字符格式”，以查看包含哪些字符格式，如图 9.9 所示。

ID **提示**：字符样式只包含不同于段落样式的属性，如小型大写字母。可将字符样式应用于任何文本，而不管它使用的是哪种段落样式，这意味着可使用字符样式将字符设置为粗体。

10. 单击“确定”按钮关闭“新建字符样式”对话框。新样式 Company Name 将出现在字符样式面板中，如图 9.10 所示。

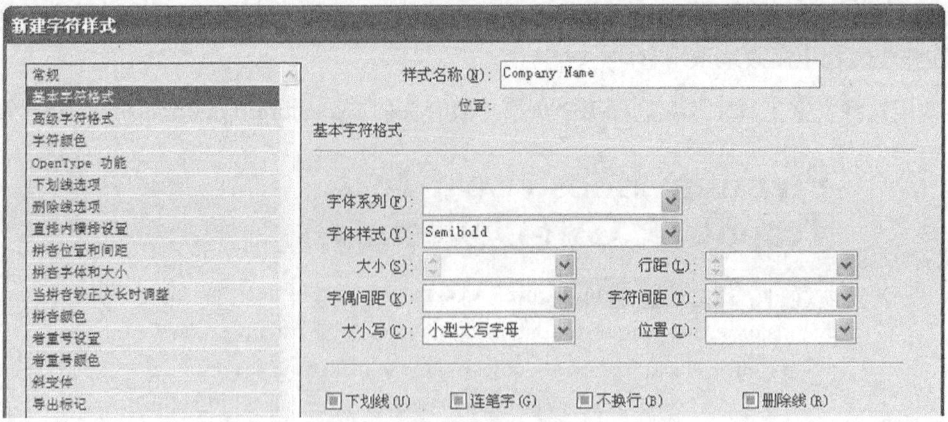

图9.9

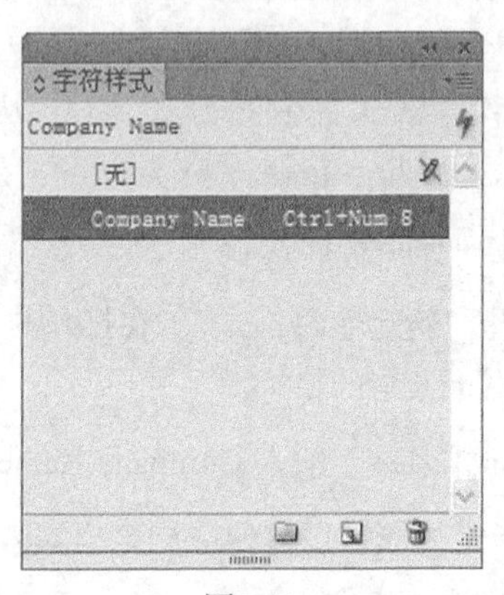

图9.10

11. 选择菜单“编辑”→“全部取消选择”，再选择菜单“文件”→“存储”。

9.3.2 应用字符样式

现在可以将字符样式应用于已置入到文档中的文本了。和段落样式一样，通过使用字符样式，可避免手工分别将文字属性应用于不同的文本。

1. 向右滚动以便能够看到第一个跨页的右对页。

为保持公司名的外观一致，将应用字符样式 Company Name。

2. 使用文字工具（T）选择第一段正文中的 Expedition Tea Company。

3. 在字符样式面板中，单击样式 Company Name 将其应用于这些文本，其字体将变化以反映刚创建的字符样式，如图 9.11 所示。

注意：也可使用前面定义的快捷键（Ctrl/Command + 8）来应用样式 Comanpy Name。

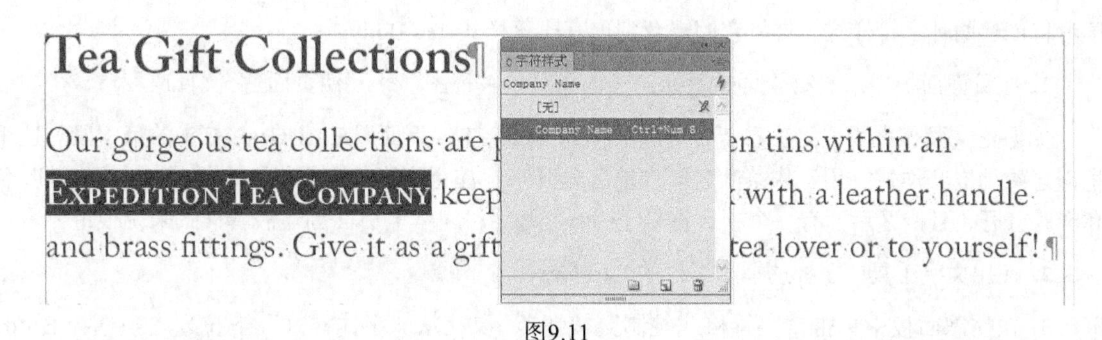

图9.11

4. 使用字符样式面板或键盘快捷键将字符样式 Company Name 应用于第二段正文中的 Expedition Tea Company，结果如图 9.12 所示。

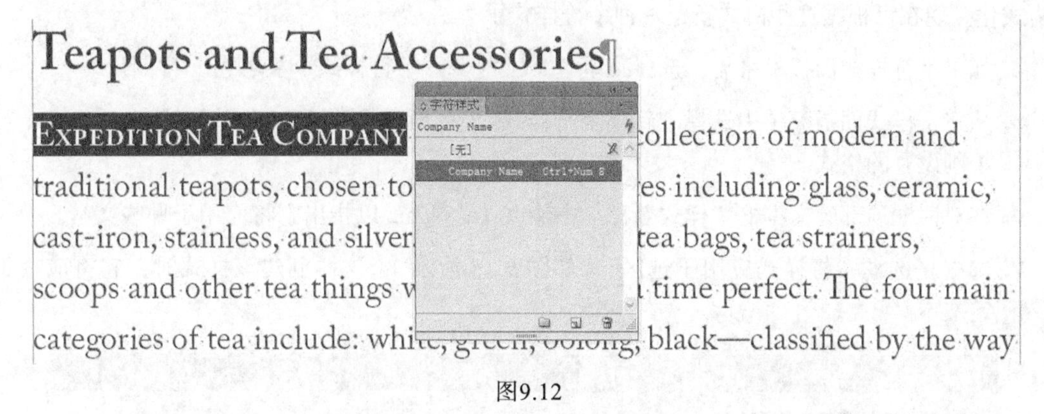

图9.12

5. 选择菜单“编辑”→“全部取消选择”，再选择菜单“文件”→“存储”。

9.4 在段落样式中嵌套字符样式

为使样式使用起来更方便、功能更强大。InDesign 支持在段落样式中嵌套字符样式。这些嵌套样式让用户能够将字符格式应用于段落的一部分（如第一个字符、第二个单词或最后一行），同时应用段落样式。这使得嵌套样式非常适合用于接排标题，即一行或一段的开头部分与其他部分使用不同的格式。事实上，每当在段落样式中定义模式（如应用斜体直到到达第一个句点）时，都可使用嵌套样式来自动设置格式。

提示：通过使用功能极其强大的嵌套样式，可根据特定模式在段落中应用不同的格式。例如，在目录中，可将文本设置为粗体、修改制表符前导符（页码前面的句点）的字符间距以及修改页码的字体和颜色。

9.4.1 创建用于嵌套的字符样式

要创建嵌套的样式，首先需要创建一种字符样式和一种嵌套该字符样式的段落样式。在本节中，读者将创建两种字符样式，再将它们嵌套到现有段落样式 Tea Body 中。

1. 在页面面板中双击第 4 页的图标，再选择菜单“视图”→“使页面适合窗口”。

如果正文段落太小，无法看清，可放大标题 Black Tea 下面以 Earl Gray 打头的第 1 段。这里将创建两种嵌套样式，用于将茶叶名同产地区分开来。注意到当前使用了两个冒号（::）将茶叶名和产区分开，且产区后面有一个项目符号（•）。这些字符对本节后面创建嵌套样式来说很重要。

2. 使用文字工具（T）选择第 1 栏的 Earl Gray。

3. 在控制面板中单击“字符格式控制”按钮（A），从“字体样式”下拉列表中选择 Bold，并保留其他设置的默认值不变。

通过在控制面板、段落面板和字符面板中指定设置（而不是应用样式）来格式化文本称为局部格式化。现在可根据这些格式新建一种字符样式了。

4. 如果字符样式面板不可见，选择菜单“文字”→“字符样式”显示它。

5. 从字符样式面板菜单中选择“新建字符样式”。在出现的“新建字符样式”对话框中，显示了刚设置的格式。

6. 在对话框顶部的文本框“样式名称”中输入 Tea Name 以指出它将应用于哪些文本。

7. 选中复选框“将样式应用于选区”（如图 9.13 所示），这样创建该样式时，它将应用于选定文本。

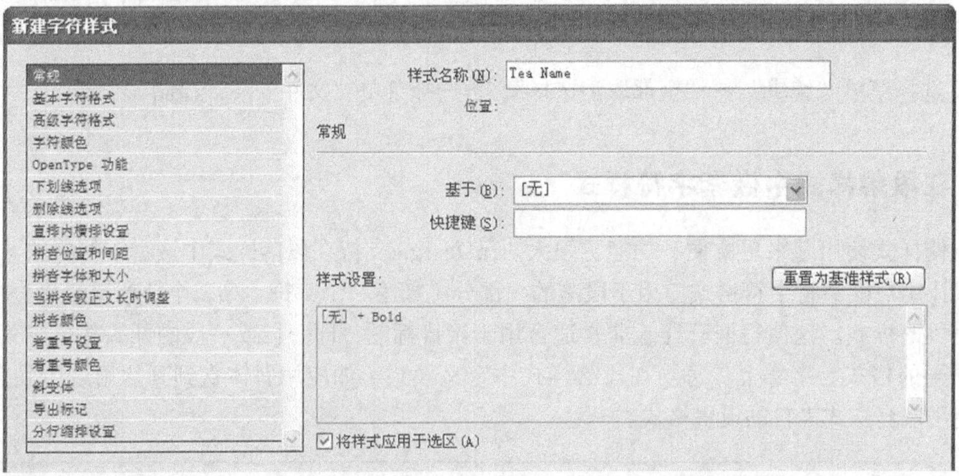

图9.13

为使茶叶名更醒目，下面其颜色从黑色改为紫红色。

8. 在对话框左边的列表中，单击“字符颜色”选项。

9. 在对话框右边的“字符颜色”部分，选择紫色（C=43、M=100、Y=100、K=30），如图 9.14 所示。

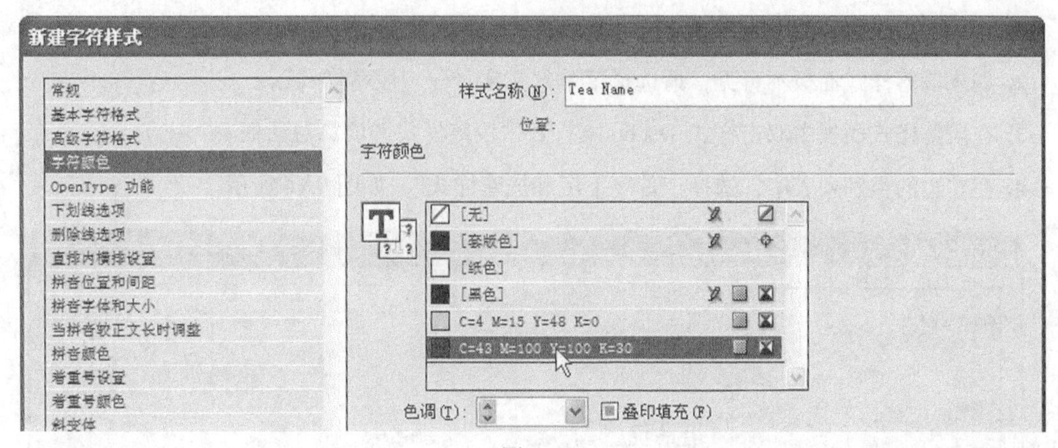

图9.14

10. 单击“确定”按钮关闭“新建字符样式”对话框，新建的样式 Tea Name 将出现在字符样式面板中。

下面创建另一种用于嵌套的字符样式。

11. 选择文本 Sri Lanka，它位于刚设置过其格式的文本 Earl Gray 右边。在字符面板或控制面板中，将字体样式设置为 Italic。

12. 重复第 4 步至第 7 步新建一个名为 Country Name 的字符样式。完成后单击“确定”按钮关闭“新建字符样式”对话框，新样式 Country Name 将出现在字符样式面板中，如图 9.15 所示。

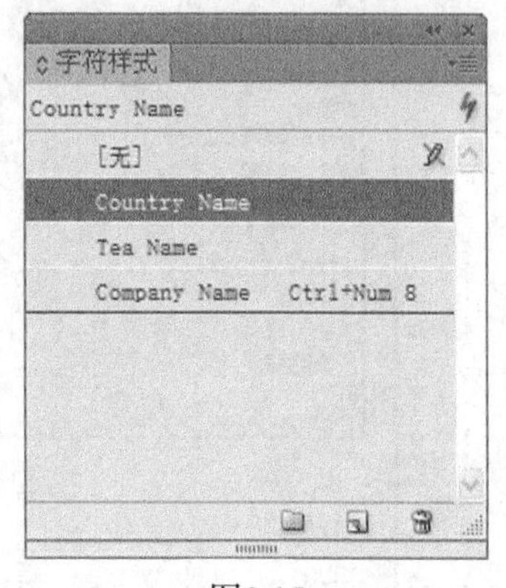

图9.15

13. 选择菜单“编辑”→“全部取消选择”，再选择菜单“文件”→“存储”。

现已成功地创建了两种新的字符样式，加上早就有的段落样式 Tea body，现在可以创建并应用嵌套样式了。

9.4.2 创建嵌套样式

在现有段落样式中创建嵌套样式时，实际上创建了 InDesign 格式化段落时应遵循的一套辅助规则。在本小节中，读者使用前面创建的两种字符样式中的一种在样式 Tea body 中创建一种嵌套样式。

> **提示**：除嵌套样式外，InDesign 还提供了嵌套行样式，让用户能够指定段落中各行的格式，如下沉字母后面为小型大写字符，这在杂志文章中的第一段很常见。如果修改了文本或其他对象的格式，将导致文本重排，InDesign 将调整格式，使其只应用于指定的行。创建嵌套行样式的控件位于“段落样式选项”对话框的“首字下沉和嵌套样式”面板中。

1. 让第 4 页位于文档窗口中央。

2. 如果段落样式面板不可见，请选择菜单“文字”→“段落样式”。

3. 在段落样式面板中双击样式 Tea body 打开“段落样式选项”对话框。

4. 在左边的类别列表中，选择“首字下沉和嵌套样式”，如图 9.16 所示。

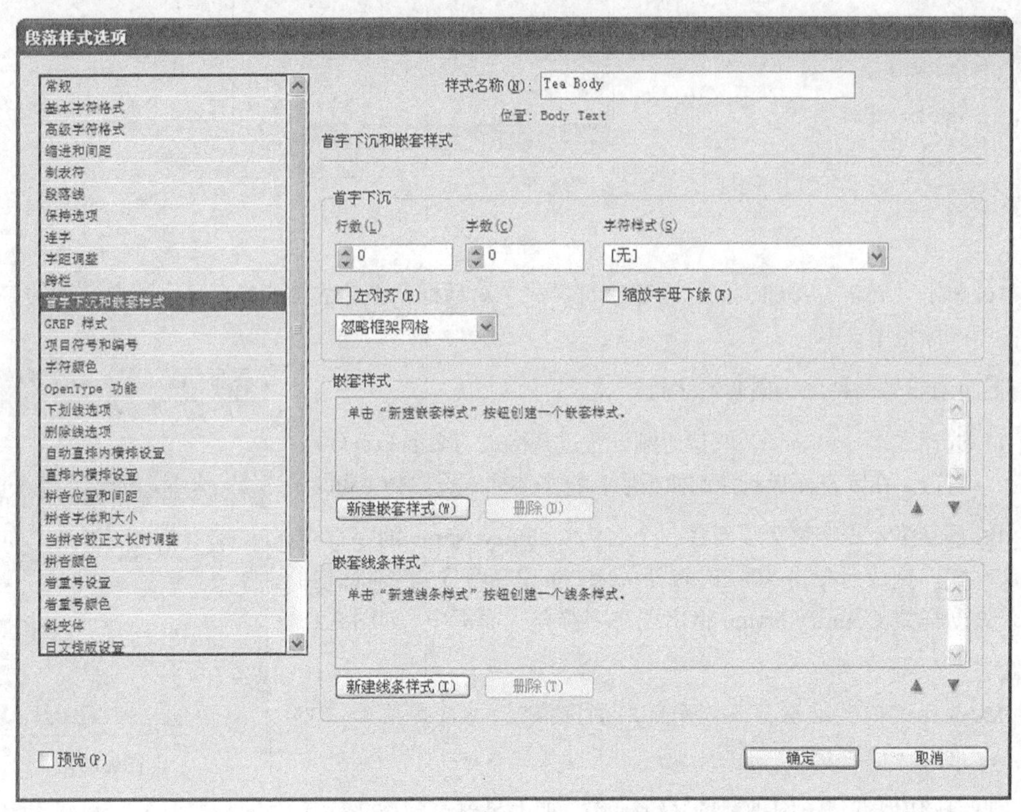

图9.16

5. 在“嵌套样式”选项组，单击“新建嵌套样式”按钮以新建一种嵌套样式，将显示样式“[无]”。

6. 单击“[无]”打开一个下拉列表。选择 Tea Name，它是第一个嵌套样式。

7. 单击“包括”打开另一个下拉列表。该列表只包含两个选项：“包括”和“不包括”。你将把该嵌套样式应用于 Earl Gray 后的第一个冒号前，因此选择“不包括”。

8. 单击“不包括”旁边的 1 显示一个文本框，可在其中输入数字，以指定嵌套样式将应用于多少个指定字符之前。虽然这里有两个冒号，但只需引用第一个冒号，因此保留该选项的默认值 1 不变。

9. 单击“字符”显示另一个下拉列表。单击向下箭头打开该下拉列表，其中包含很多元素选项（包括句子、字符和空格），用于指定要将样式应用于什么元素之前（或包括该元素）。这里不选择其中的任何列表项，而单击文本框以关闭列表，再输入“:”，如图 9.17 所示。

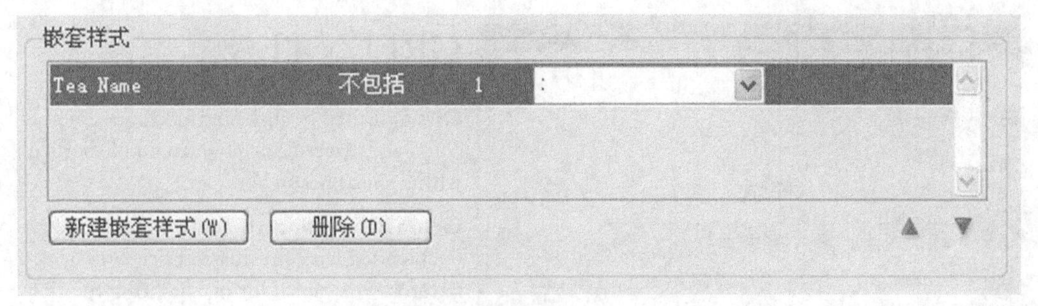

图9.17

10. 选中左下角的复选框“预览”，并将“段落样式选项”对话框移到一边。你将看到冒号前面的每个茶叶名都为粗体和紫色，单击“确定”按钮。

11. 选择菜单“编辑”→“全部取消选择”，再选择菜单“文件”→“存储”。

9.4.3 添加另一种嵌套样式

下面添加另一种嵌套样式，但首先需要从文档中复制项目符号。下面创建的嵌套样式将应用于项目符号前面的文本，但在对话框中无法输入项目符号，因此需要粘贴它。

1. 在第 1 栏的 Black Tea 后面，找到 Sri Lanka 后面的项目符号并选择它，再选择菜单“编辑”→“复制”。

> 注意：在 Mac OS 中，可复制并粘贴项目符号，也可按 Option + 8 组合键在文本框中插入项目符号。

2. 双击段落样式面板中的样式 Tea body。在“段落样式选项”对话框的“首字下沉和嵌套样式”部分，单击“新建嵌套样式”按钮以新建另一个嵌套样式。

3. 重复前一小节的第 6 步至第 9 步，并采用如下设置创建该嵌套样式：

- 从第 1 个下拉列表中选择 Country Name；
- 从第 2 个下拉列表中选择“不包括”；
- 保留第 3 个下拉列表的默认设置 1 不变；
- 对于第 4 个下拉列表，通过粘贴（“编辑”→“粘贴”）输入前面复制的项目符号。

4. 如果必要，选中对话框左下角的“预览”复选框。将“段落样式选项”对话框移到一边，以便能够看到每个茶叶产地都为斜体。然而，茶叶名和产地之间的两个冒号也为斜体，这不符合设计要求，如图 9.18 所示。

为解决这种问题，将创建另一个嵌套样式，将样式 [无] 应用于冒号。

5. 单击“新建嵌套样式”按钮以再创建一种嵌套样式。

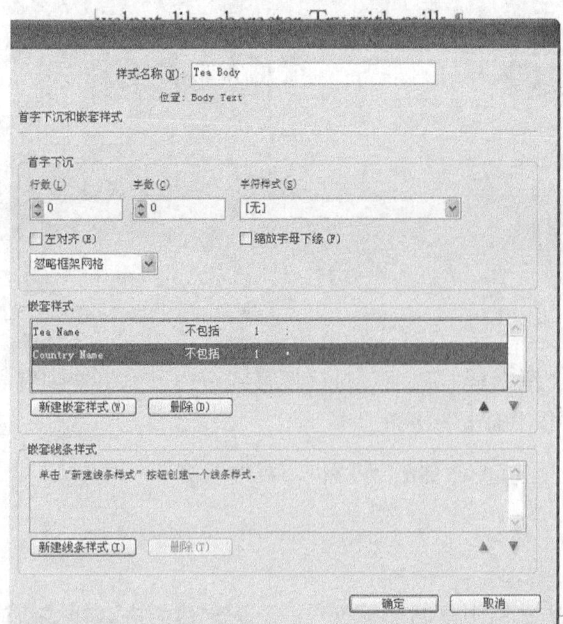

图9.18

6. 重复前一小节的第 6 步至第 9 步，对这个新嵌套样式做如下设置：

- 从第 1 个下拉列表中选择"[无]"；
- 从第 2 个下拉列表中选择"包括"；
- 对于第 3 个下拉列表，输入 2；
- 对于第 4 个下拉列表，输入冒号。

至此，创建好了第三个嵌套样式，但必须将它放在嵌套样式 Tea Name 和 Country Name 之间。

7. 在选定了嵌套样式"[无]"的情况下，单击上移箭头按钮一次，将其移到其他两种嵌套样式之间，如图 9.19 所示。

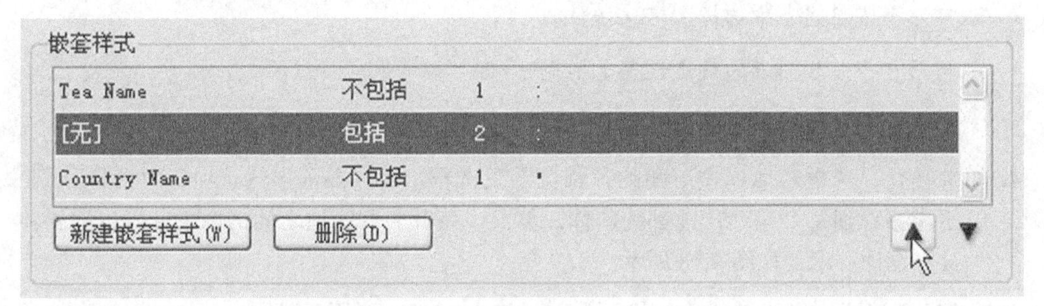

图9.19

8. 单击"确定"按钮让修改生效。至此，嵌套样式便创建好了，它将字符样式 Tea Name 和

Country Name 应用于使用段落样式 Tea body 的所有段落，如图 9.20 所示。

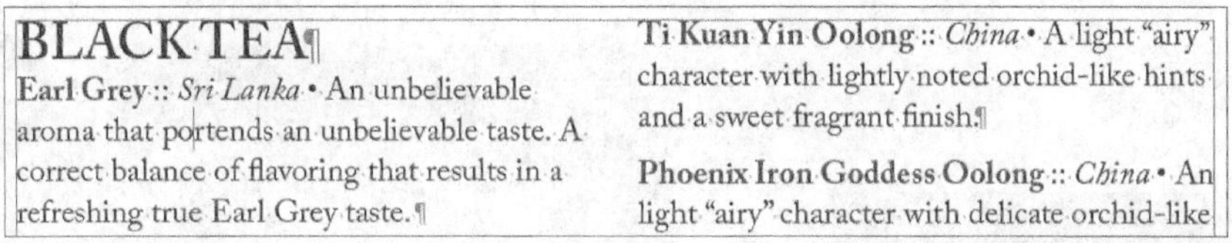

BLACK TEA¶
Earl Grey :: *Sri Lanka* • An unbelievable aroma that portends an unbelievable taste. A correct balance of flavoring that results in a refreshing true Earl Grey taste.¶

Ti Kuan Yin Oolong :: *China* • A light "airy" character with lightly noted orchid-like hints and a sweet fragrant finish.¶

Phoenix Iron Goddess Oolong :: *China* • An light "airy" character with delicate orchid-like

图9.20

9. 选择菜单“编辑”→“全部取消选择”，再选择菜单“文件”→“存储”。

9.5 创建和应用对象样式

对象样式让用户能够将格式应用于图形和框架以及对这些格式进行全局性更新。通过将格式属性（包括填色、描边、透明度和文本绕排选项）组合成对象样式，有助于让整个设计更一致以及提高完成繁琐任务的速度。

提示：在所有 InDesign 样式面板（包括字符样式、对象样式、表样式等）中，用户都可将类似样式放在被称为样式组的文件夹中。要创建样式组，可单击面板底部的“创建新样式组”按钮，再双击样式组名称以重命名。为组织样式，可将其拖曳到文件夹中，还可调整样式在列表中的位置。

9.5.1 设置对象的格式以便基于它来创建样式

在本节中，读者将创建一种对象样式，并将其应用于第 2 跨页中包含文本 etp 的黑色圆圈，其中 etp 表示 Ethical Tea Partnership（茶叶供货商）。下面根据黑色圆圈的格式来新建对象样式，因此先对黑色圆圈应用投影效果并修改其颜色，再定义新样式。

1. 在页面面板中双击第 4 页的图标，让该页面位于文档窗口中央。

2. 选择工具面板中的缩放工具（🔍），并提高缩放比例以便能够看清 English Breakfast 附近的 etp。

为设置这个符号的格式，使用紫色填充它并应用投影效果。为完成这项任务，所有与 etp 符号相关的文字和圆圈都放在独立图层中：文字放在图层 etp Type 中，而圆圈放在图层 etp Circle 中。

3. 选择菜单“窗口”→“图层”打开图层面板。

4. 单击图层 etp Type 左边的方框以显示锁定图标（🔒），如图 9.21 所示。这将锁定该图层，以免编辑对象时不小心修改了文本。

5. 使用选择工具（▶）单击 English Breakfast 旁边的黑色圆圈。

6. 选择菜单“窗口”→“颜色”→“色板”。在色板面板中，单击填色框，再单击紫色色板

（C=43、M=100、Y=100、Z=30），如图 9.22 所示。

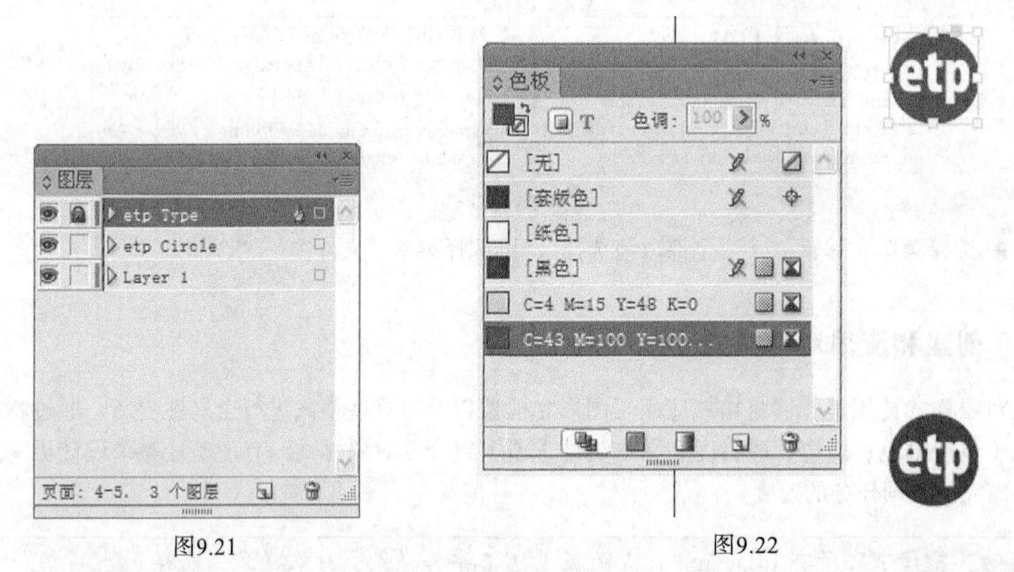

图9.21　　图9.22

7. 在依然选择了 etp 符号的情况下，选择菜单“对象”→“效果”→“投影”。在对话框的“位置”部分，将 X 位移和 Y 位移都设置为 0p2，如图 9.23 所示。

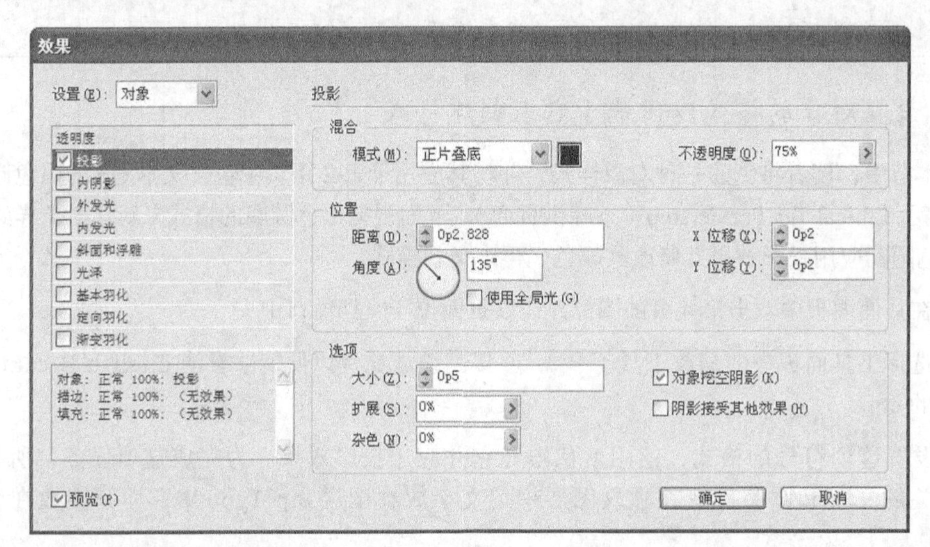

图9.23

8. 单击“确定”按钮，选定符号将有投影。

9.5.2　创建对象样式

正确地设置 etp 符号的格式后，便可基于其格式创建对象样式了。确保选定了 etp 符号，以便根据其格式新建一种对象样式。

提示：像段落样式和字符样式一样，也可基于一种对象样式来创建另一种对象样式。修改对象样式时，将更新基于它的所有对象样式（这些样式特有的属性将保持不变）。“基于”选项位于“新建对象样式”对话框的“常规”面板中。

1. 选择菜单“窗口”→“样式”→“对象样式”打开对象样式面板。
2. 在对象样式面板中，单击右下角的“创建新样式”按钮，如图 9.24 所示。
3. 一个名为“对象样式 1”的新样式出现在对象样式面板中，双击该样式以编辑其名称和属性。
4. 在对话框“对象样式选项”顶部的文本框“样式名称”中，输入 ETP Symbol 以描述该样式的用途，如图 9.25 所示。

图9.24

对话框左边的复选框指出了使用该样式时将应用哪些属性。下面选择其中一些属性，以稍微修改 ETP Symbol 样式。

图9.25

5. 为修改该样式的投影效果，选择左下角列表中的“投影”复选框。如果必要，单击字样“投影”以显示“投影”设置。

6. 在“混合”选项组，单击颜色色板，再选择淡黄色（C=4、M=15、Y=48、Z=0），如图 9.26 所示。

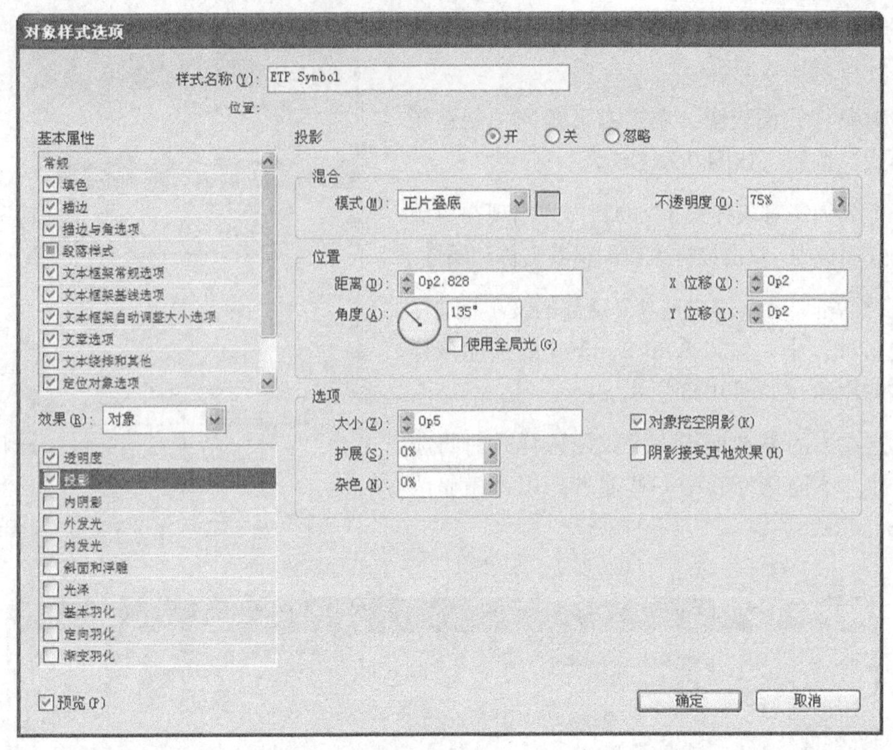

图9.26

7. 单击“确定”按钮关闭“对象样式选项”对话框，新建的 ETP Symbol 样式将出现在对象样式面板中，如图 9.27 所示。

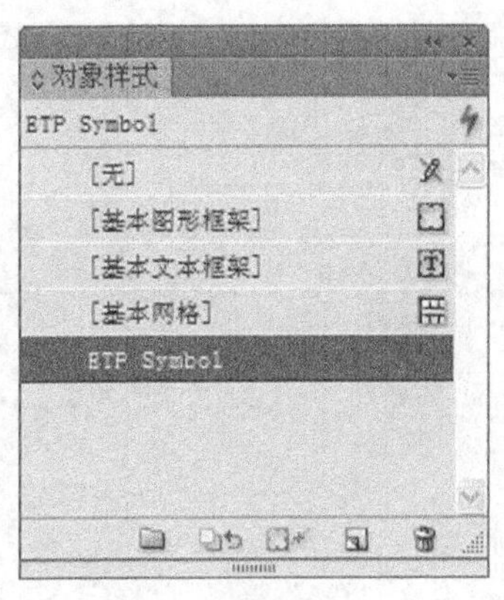

图9.27

8. 选择菜单“编辑”→“全部取消选择”，再选择菜单“文件”→“存储”。

9.5.3 应用对象样式

下面将该对象样式应用于第 2 个跨页的其他圆圈。通过使用对象样式，可自动修改圆圈的格式，而无需分别对每个圆圈手工应用颜色和投影效果。

1. 在显示了第 4 页和第 5 页的情况下，选择菜单“视图”→“使跨页适合窗口”。

为方便快速地选择 etp 对象，下面隐藏包含文本的图层。

2. 选择菜单“窗口”→“图层”。在图层面板中，单击图层 Layer 1 最左边的可视性方框，以隐藏该图层，如图 9.28 所示。

3. 切换到选择工具（ ），再选择菜单“编辑”→“全选”。

4. 在选择了所有 etp 圆圈的情况下，在对象样式面板中单击样式 ETP Symbol，如图 9.29 所示。

图9.28

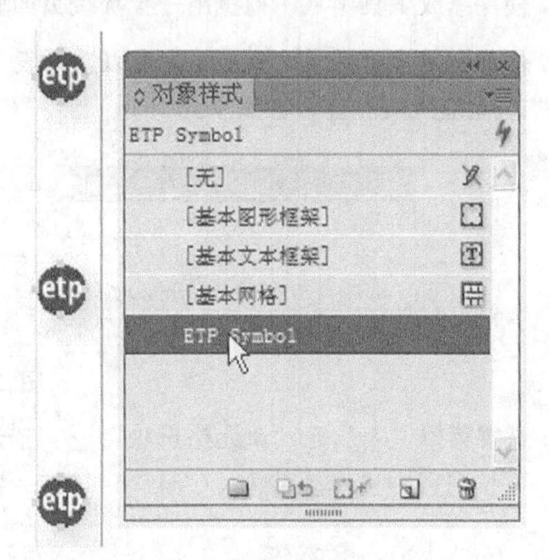

图9.29

5. 在图层面板中，单击图层 Layer 1 最左边的方框，以显示该图层。

6. 选择菜单“编辑”→“全部取消选择”，再选择菜单“文件”→“存储”。

9.6 创建和应用表样式和单元格样式

通过使用表样式和单元格样式，可轻松、一致地设置表的格式，就像使用段落样式和字符样式设置文本格式一样。表样式让用户能够控制表的视觉属性，这包括表边框、表前间距和表后间距、行描边和列描边以及交替填色模式。单元格样式让用户能够控制单元格的内边距、垂直对齐方式、单元格的描边和填色以及对角线。第 11 课将更详细地介绍如何创建表。

在本节中，读者将创建一种表样式和两种单元格样式，并将其应用于文档中的表以帮助区分对茶叶的不同描述。

提示：对文本、对象和表的外观有大概的想法后，便可以开始创建样式并应用它们。然后，在你尝试不同的设计和修改时，只需使用面板菜单项“重新定义样式”更新样式定义即可，这将自动更新应用了该样式的对象的格式。所有InDesign样式面板的面板菜单都包含菜单项“重新定义样式”。

9.6.1 创建单元格样式

读者将首先创建两种单元格样式，分别用于设置表头行和表体行的格式，该表格位于第3页底部。后面将把这两种样式嵌套到表样式中，就像本课前面将字符样式嵌套到段落样式中一样。下面创建两种单元格样式。

1. 在页面面板中双击第3页的图标，再选择菜单“视图”→“使页面适合窗口”。
2. 使用缩放工具（ ）拖曳出一个环绕页面底部表格的方框，以便能够看清该表格。
3. 使用文字工具（ ）单击并拖曳以选择表头行的前两个单元格，它们分别包含文本TEA和FINISHED LEAF，如图9.30所示。

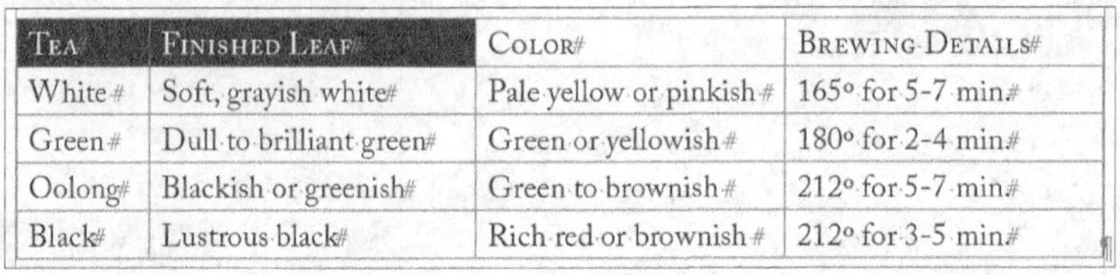

TEA	FINISHED LEAF	COLOR	BREWING DETAILS
White	Soft, grayish white	Pale yellow or pinkish	165º for 5-7 min.
Green	Dull to brilliant green	Green or yellowish	180º for 2-4 min.
Oolong	Blackish or greenish	Green to brownish	212º for 5-7 min.
Black	Lustrous black	Rich red or brownish	212º for 3-5 min.

图9.30

4. 选择菜单“表”→“单元格选项”→“描边和填色”。在“单元格填色”部分，从“颜色”下拉列表中选择淡黄色（C=4、M=15、Y=48、K=0），再单击“确定”按钮，如图9.31所示。

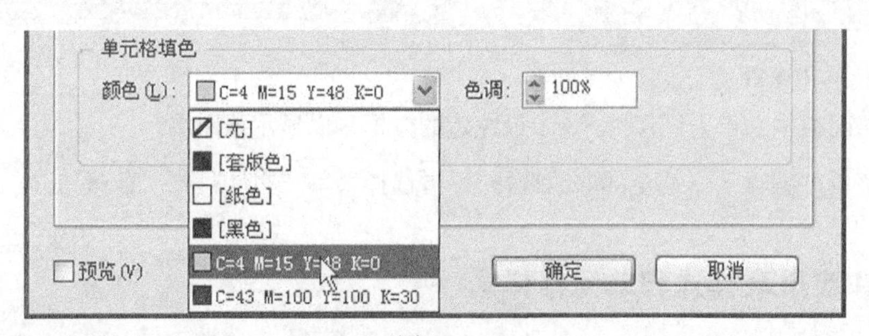

图9.31

5. 在依然选择了这两个单元格的情况下，选择菜单“窗口”→“样式”→“单元格样式”打开单元格样式面板。
6. 从单元格样式面板菜单中选择“新建单元格样式”，如图9.32所示。

在打开的对话框中，“样式设置”部分将显示前面对选定单元格应用的单元格格式。注意到该对话框左边还有其他单元格格式选项，但这里只指定表头使用的段落样式。

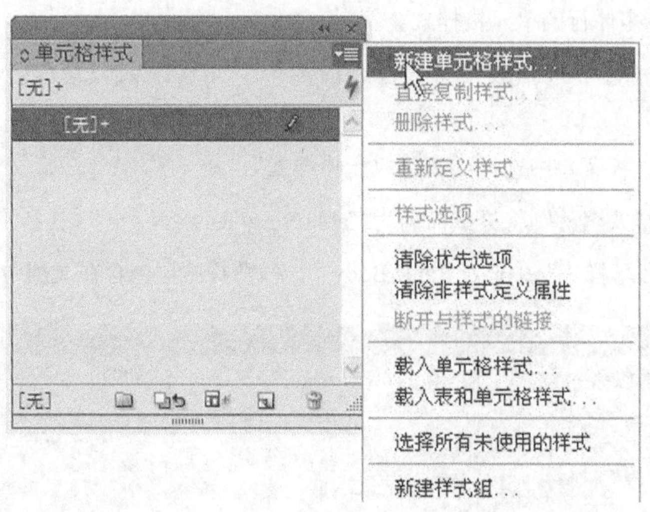

图9.32

7. 在对话框顶部的文本框“样式名称”中输入 Table Head。

> **提示：**在任何 InDesign 样式面板（字符样式面板、对象样式面板、表样式面板等）中，都可这样创建新样式，即从面板菜单中选择“新建样式”或单击面板底部的“创建新样式”按钮。

8. 从下拉列表“段落样式”中选择 Head 4（该段落样式已包含在文档中），再单击“确定”按钮，如图 9.33 所示。

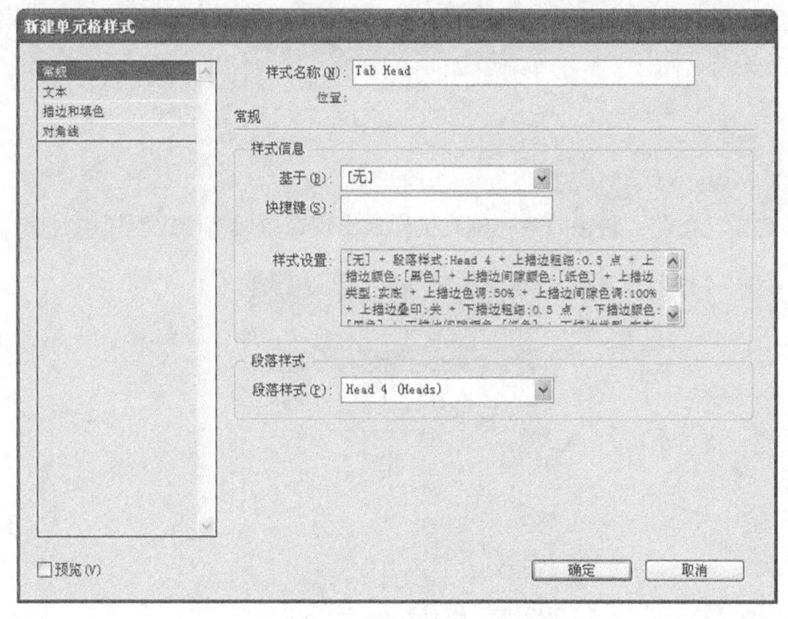

图9.33

下面创建一种用于表体行的单元格样式。

9. 使用文字工具（T）选择表格第 2 行的前两个单元格，它们分别包含 White 和 “Soft, grayish white”。

10. 从单元格样式面板菜单中选择“新建单元格样式”。

11. 通过文本框“样式名称”将样式命名为 Table Body Rows。

12. 从下拉列表“段落样式”中选择 Table Body（该段落样式已包含在文档中），如图 9.34 所示。

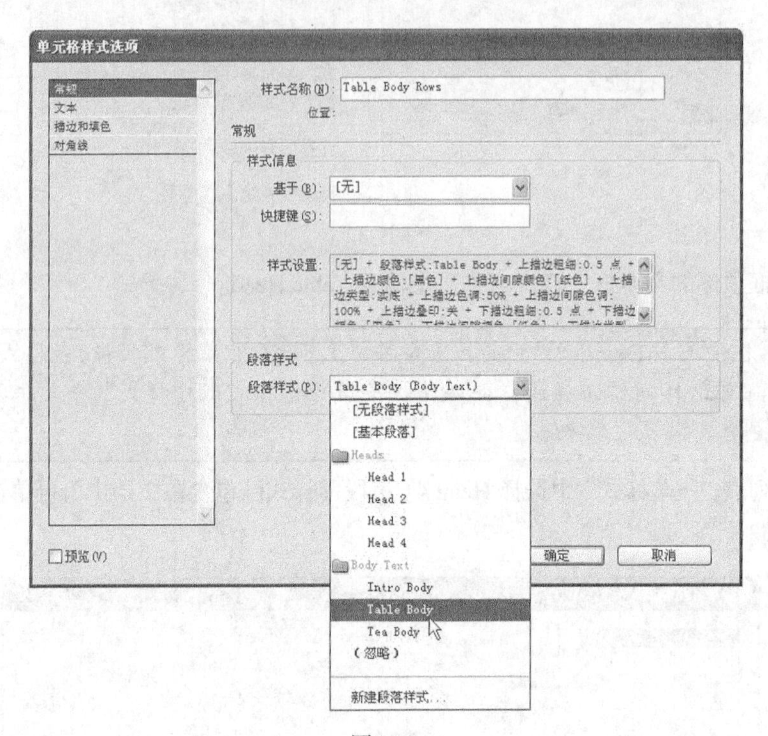

图9.34

13. 单击“确定”按钮，新建的两种单元格样式出现在单元格样式面板中，如图 9.35 所示。

图9.35

14. 选择菜单“编辑”→“全部取消选择”，再选择菜单“文件”→“存储”。

9.6.2 创建表样式

下面创建一种表样式，它不仅设置表格的整体外观，还将前面创建的两种单元格样式分别应用于表头行和表体行。

1. 在能够看到表格的情况下，选择文字工具（T），并通过单击将光标放到表格中。

2. 选择菜单“窗口”→“样式”→“表样式”打开表样式面板，并从表样式面板菜单中选择“新建表样式”，如图 9.36 所示。

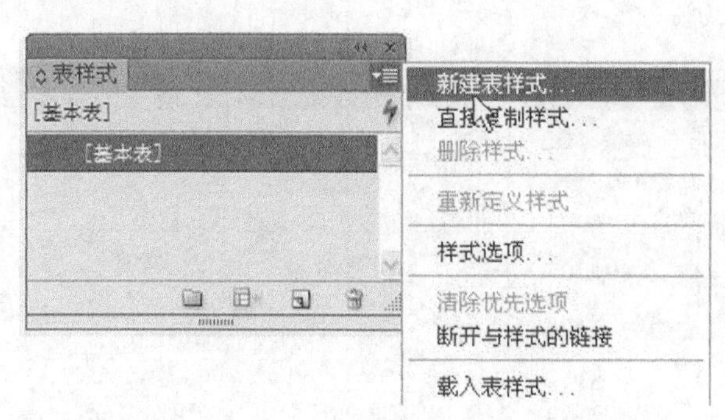

图9.36

3. 在“样式名称”中输入 Tea Table。

4. 在“单元格样式”部分做如下设置（如图 9.37 所示）。

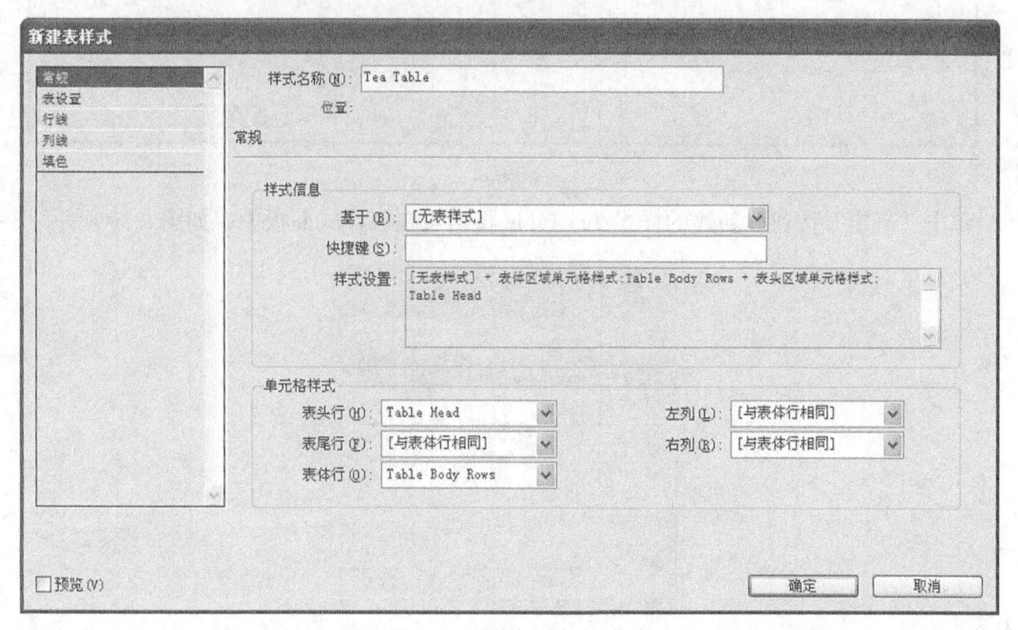

图9.37

- 从下拉列表“表头行”中选择 Table Head；
- 从下拉列表“表体行”中选择 Table Body Rows。

下面设置该表格样式，使表体行交替改变颜色。

5. 在“新建表样式”对话框中，从左边的列表中选择“填色”，再从下拉列表“交替模式”中选择“每隔一行”，“交替”部分的选项将变得可用。

6. 对交替选项做如下设置（如图 9.38 所示）：

- 从“颜色”下拉列表中选择淡黄色（C=4、M=15、Y=48、K=0）；
- 将色调设置为 30%。

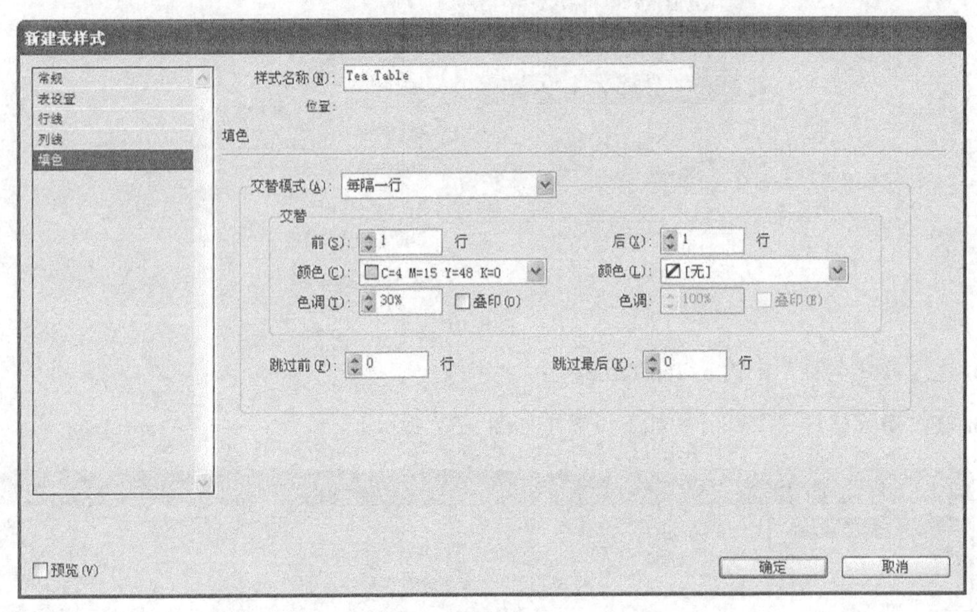

图9.38

7. 单击“确定”按钮，新建的样式 Tea Table 将出现在表样式面板中，如图 9.39 所示。

图9.39

8. 选择菜单“编辑”→“全部取消选择”，再选择菜单“文件”→“存储”。

9.6.3 应用表样式

下面将刚创建的表样式应用于文档中的两个表格。

提示：将既有文本转换为表格（选择菜单“表”→“将文本转换为表”）时，可在转换过程中应用表样式。

1. 在能够在屏幕上看到表格的情况下，使用文字工具（T）通过单击将光标放到表格的任何地方。
2. 单击表样式面板中的样式 Tea Table，使用前面创建的表样式和单元格样式重新设置该表格的格式，如图 9.40 所示。

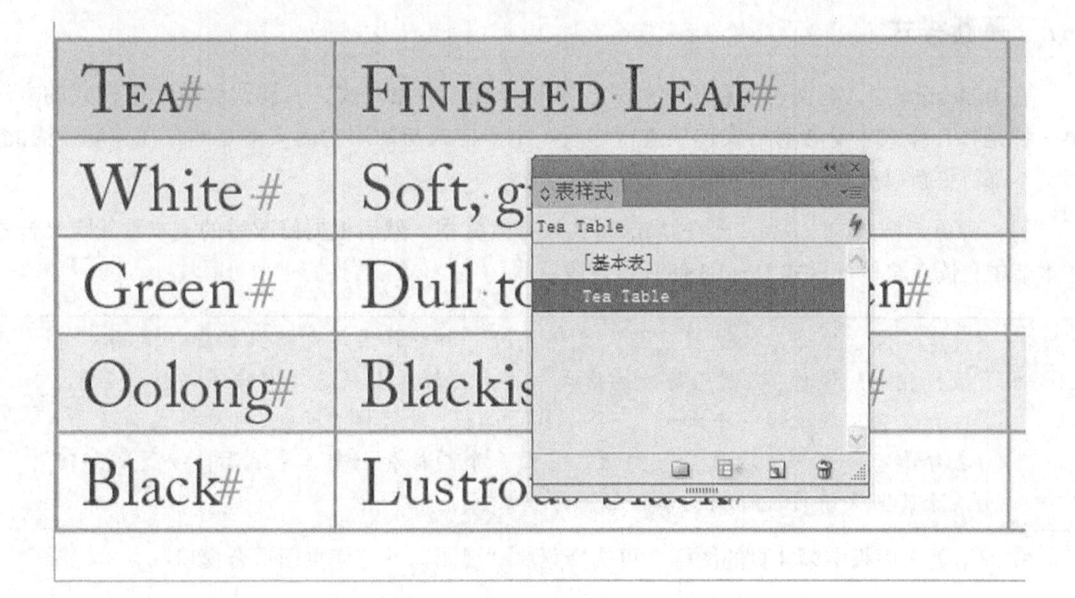

图9.40

3. 在页面面板中双击第 6 页的图标，选择菜单“视图”→“使页面适合窗口”，再将光标放在表格 Tea Tasting Overview 的任何地方。
4. 单击表样式面板中的样式 Tea Table，使用前面创建的单元格样式和表样式重新设置这个表格的格式，如图 9.41 所示。
5. 选择菜单“编辑”→“全部取消选择”，再选择菜单“文件”→“存储”。

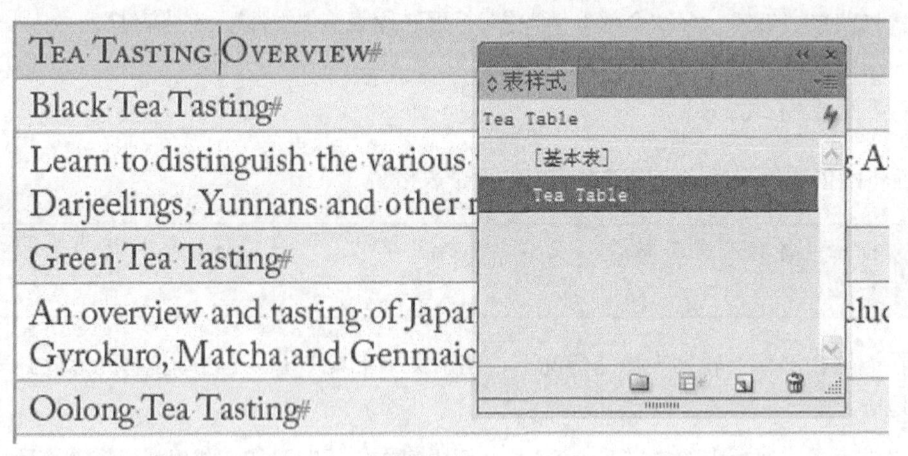

图9.41

9.7 更新样式

在 InDesign 中，有两种更新段落样式、字符样式、对象样式、表样式和单元格样式的方法。第一种是打开样式本身并对格式选项进行修改。由于样式与使用它的文本之间存在关联，因此所有文本都将更新以反映修改后的样式。

另一种更新样式的方法是，通过局部格式来修改文本，然后根据修改后的文本重新定义样式。在本节中，读者将修改样式 Head 3 使其包含段后线。

注意：像这里介绍的这样重新定义样式时，将让样式与新格式匹配。然而，可执行相反的操作，强制已修改的格式与样式匹配（如果选定对象不与样式匹配，样式名旁边将出现一个加号）。每个样式面板（段落样式面板、对象样式面板等）底部都有一个“清除覆盖”按钮，它由一个图标和一个加号表示。要了解如何清除覆盖，请将鼠标指向该按钮。

1. 双击页面面板中第 4 页的图标，再选择菜单“视图”→“使页面适合窗口”。
2. 使用文字工具（T）通过单击将光标放在第一栏顶部的的 Black Tea 中。
3. 如果段落样式面板不可见，选择菜单“文字”→“段落样式”打开它。注意到选择了样式 Head 3，这表明该样式被应用于选定文本。
4. 选择菜单“文字”→“段落”以显示段落面板。从段落面板菜单中选择“段落线”。
5. 在“段落线”对话框中，从顶部的下拉列表中选择“段后线”，并选中复选框“启用段落线”；确保选中了复选框“预览”，并将对话框移到一边以便能够在屏幕上看到文本 Black Tea。
6. 对段后线做如下设置（如图 9.42 所示）。

- 粗细：1 点。

- 颜色：C=4、M=15、Y=48、K=0（浅黄色）。
- 位移：0p2。

保留其他选项为默认值。

段落线
段后线
启用段落线(U)
粗细(W): 1 点
类型(T):
颜色(C): C=4 M=15 Y=48 K=0
色调(I): 100%
叠印描边(E)
间隙颜色(A): [无]
间隙色调(G):
叠印间隙(R)
宽度(D): 栏
位移(O): 0p2
左缩进(L): 0p0
右缩进(H): 0p0
保持在框架内(K)
预览(P)
确定
取消

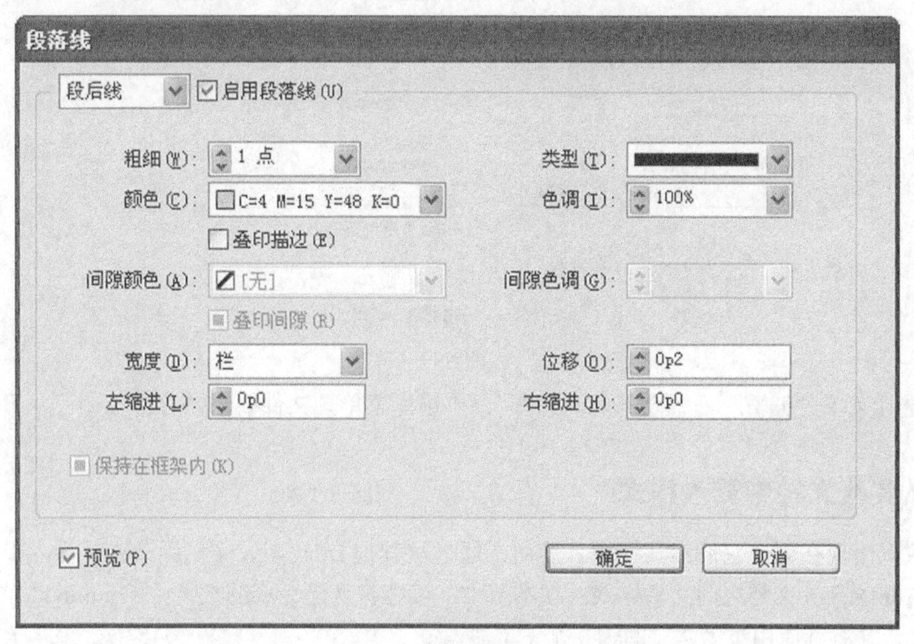

图9.42

7. 单击“确定”按钮，文本 Black Tea 下方将出现一条黄线，如图 9.43 所示。

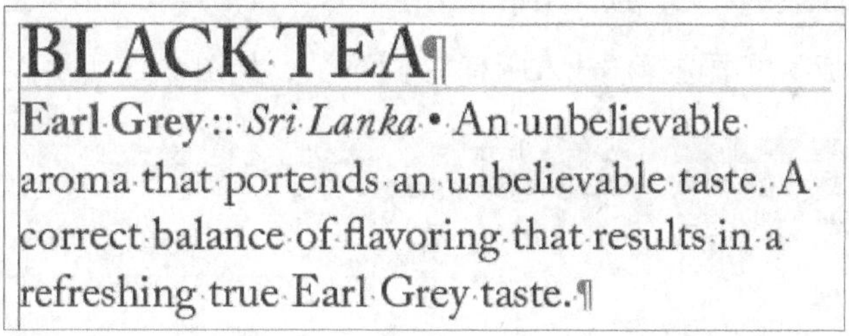

BLACK TEA¶
Earl Grey :: Sri Lanka • An unbelievable aroma that portends an unbelievable taste. A correct balance of flavoring that results in a refreshing true Earl Grey taste.¶

图9.43

在段落样式面板中，注意到样式 Head 3 右边有个加号，这表明除样式 Head 3 外，还对选定文本设置了局部格式，这些格式覆盖了应用的样式。下面重新定义样式，将这种局部修改加入这种段落样式定义中，从而自动将其应用于使用样式 Head 3 的所有标题。

> **注意**：可使用第 8 步的方法，基于局部格式重新定义任何类型的样式。

8. 从段落样式面板菜单中选择“重新定义样式”，如图 9.44 所示。样式 Head 3 右边的加号将消失，而文档中使用样式 Head 3 的所有标题都将更新以反映所做的修改。

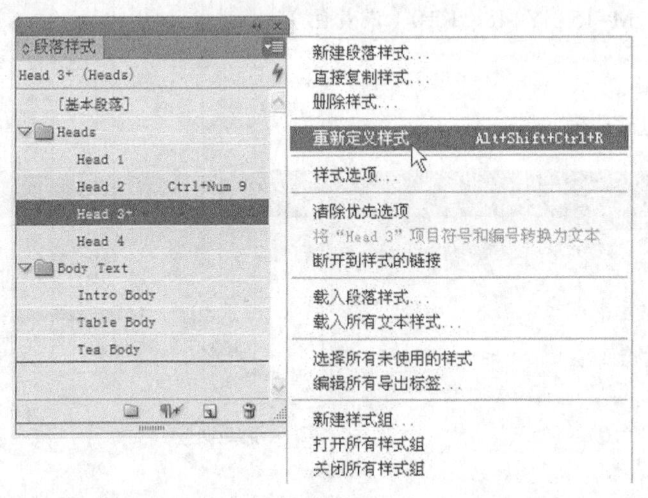

图9.44

9. 选择菜单“编辑”→“全部取消选择”，再选择菜单“文件”→“存储”。

9.8 从其他文档中载入样式

样式只出现在创建它们的文档中。然而，通过从其他 InDesign 文档中载入（导入）样式，可轻松地在 InDesign 文档之间共享样式。在本节中，读者将从已完成的文档 09_End.indd 中导入一种段落样式，并将其应用于第 2 页的第一个正文段落。

1. 双击页面面板中第 2 页的图标，再选择菜单“视图”→“使页面适合窗口”。

2. 如果段落样式面板不可见，选择菜单“文字”→“段落样式”显示它。

3. 从段落样式面板菜单中选择“载入所有文本样式”，如图 9.45 所示。

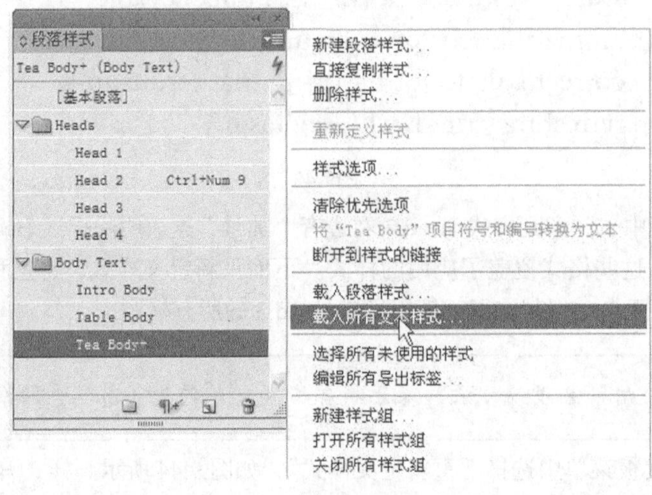

图9.45

4. 在“打开文件”对话框中双击文件夹 Lesson09 中的 09_End.indd，将出现“载入样式”对话框。

5. 单击“全部取消选中”按钮。你无需导入所有样式，因为大部分样式已包含在当前文档中。

6. 选中复选框 Drop Cap Body。向下滚动到 Drop Cap 并确保选中了该复选框，如图 9.46 所示。

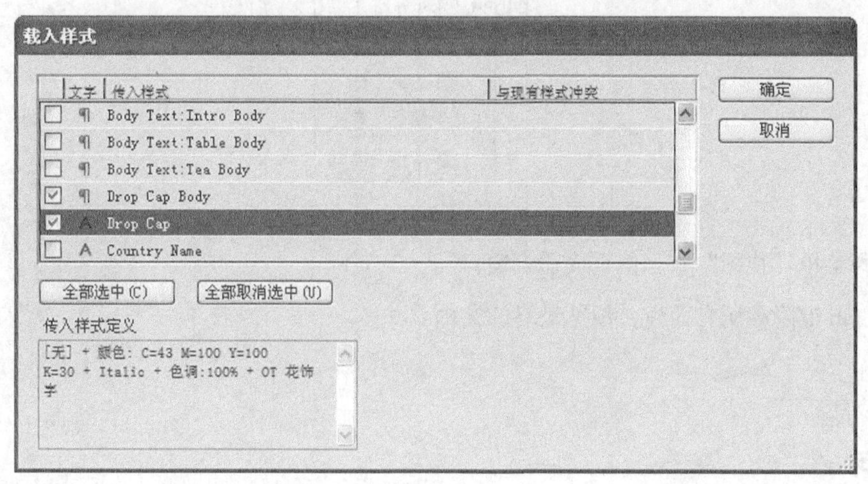

图9.46

7. 单击“确定”按钮载入这两种样式。

8. 使用文字工具（T）通过单击将光标放在以 We carry 打头的第二段正文中，再在段落样式面板中单击样式 Drop Cap Body。字母 We 将下沉并变成紫红色斜体，如图 9.47 所示。

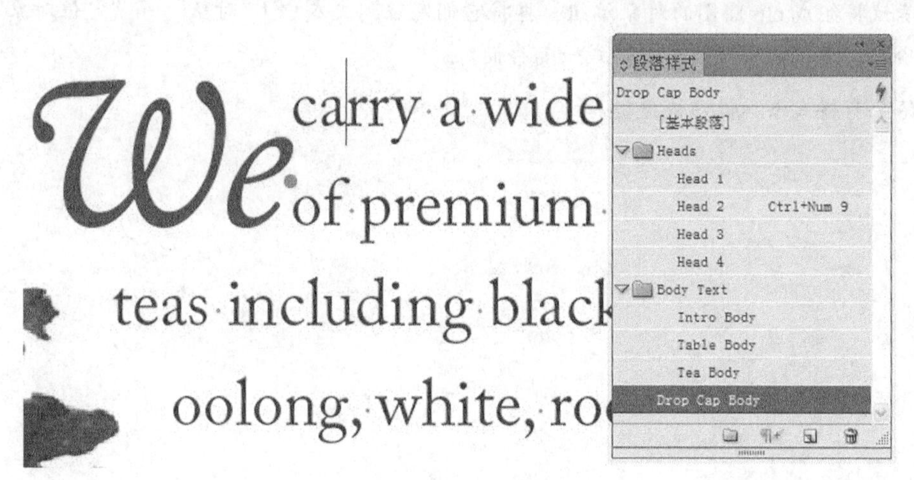

图9.47

9. 选择菜单“编辑”→“全部取消选择”，再选择菜单“文件”→“存储”。

作为最后一步，读者将预览完成后的文档。

1. 单击工具面板底部的“预览”按钮，如图 9.48 所示。

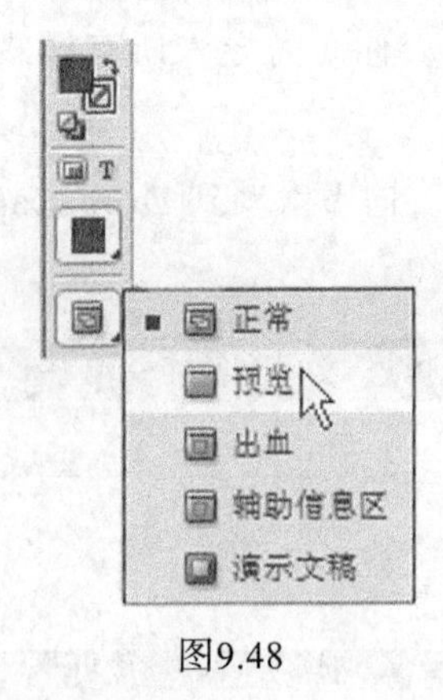

图9.48

2. 选择菜单“视图”→“使页面适合窗口”。

3. 按 Tab 键隐藏所有面板，预览最终的文档。

祝贺你学完了本课。

9.9 练习

创建长文档或用于其他文档的模板时，你可能想充分利用各种样式功能。为进一步探索样式，可以尝试执行如下操作。

- 在段落样式面板中，将刚导入的样式 Drop Cap Body 拖放到样式组 Body Text 中。
- 尝试将组成 etp 圆圈的对象编组，再将它们定位到文本中（“对象”→“定位对象”→“选项”），定位选项可随对象样式一起存储。
- 给既有样式添加键盘快捷键。

复习

复习题

1. 使用对象样式为何能提高工作效率？
2. 要创建嵌套样式，首先必须创建什么？
3. 对已应用于 InDesign 文档的样式进行全局更新的方法有哪两种？
4. 如何从其他 InDesign 文档导入样式？

复习题答案

1. 使用对象样式可以组合一组格式属性，并可将其快速应用于图形和框架，从而可节省时间。如果需要更新格式，无需分别对使用样式的每个对象进行修改，而只需修改对象样式，所有使用该样式的框架都将自动更新。
2. 创建嵌套样式前，必须首先创建一种字符样式，并创建一种嵌套该字符样式的段落样式。
3. 在 InDesign 中更新样式的方法有两种：一是打开样式本身并对格式选项进行修改；二是使用局部格式修改一个实例，再基于该实例重新定义样式。
4. 导入样式非常容易。只需从对象样式面板、字符样式面板、段落样式面板、表样式表面或单元格样式面板的面板菜单中选择合适的载入样式选项，然后找到要从中载入样式的 InDesign 文档。样式将载入相应的面板中，并可在当前文档中使用它们。

第10课 导入和修改图形

在本课中，读者将学习以下内容：

- 区分矢量图和位图；
- 置入使用 Adobe Photoshop 和 Adobe Illustrator 创建的图形；
- 使用链接面板管理置入的文件；
- 调整图形的显示质量；
- 使用路径和 Alpha 通道修改图形的外观；
- 创建定位的图形框架；
- 创建和使用对象库；
- 使用 Adobe Bridg 导入图形。

本课需要大约 60 分钟。

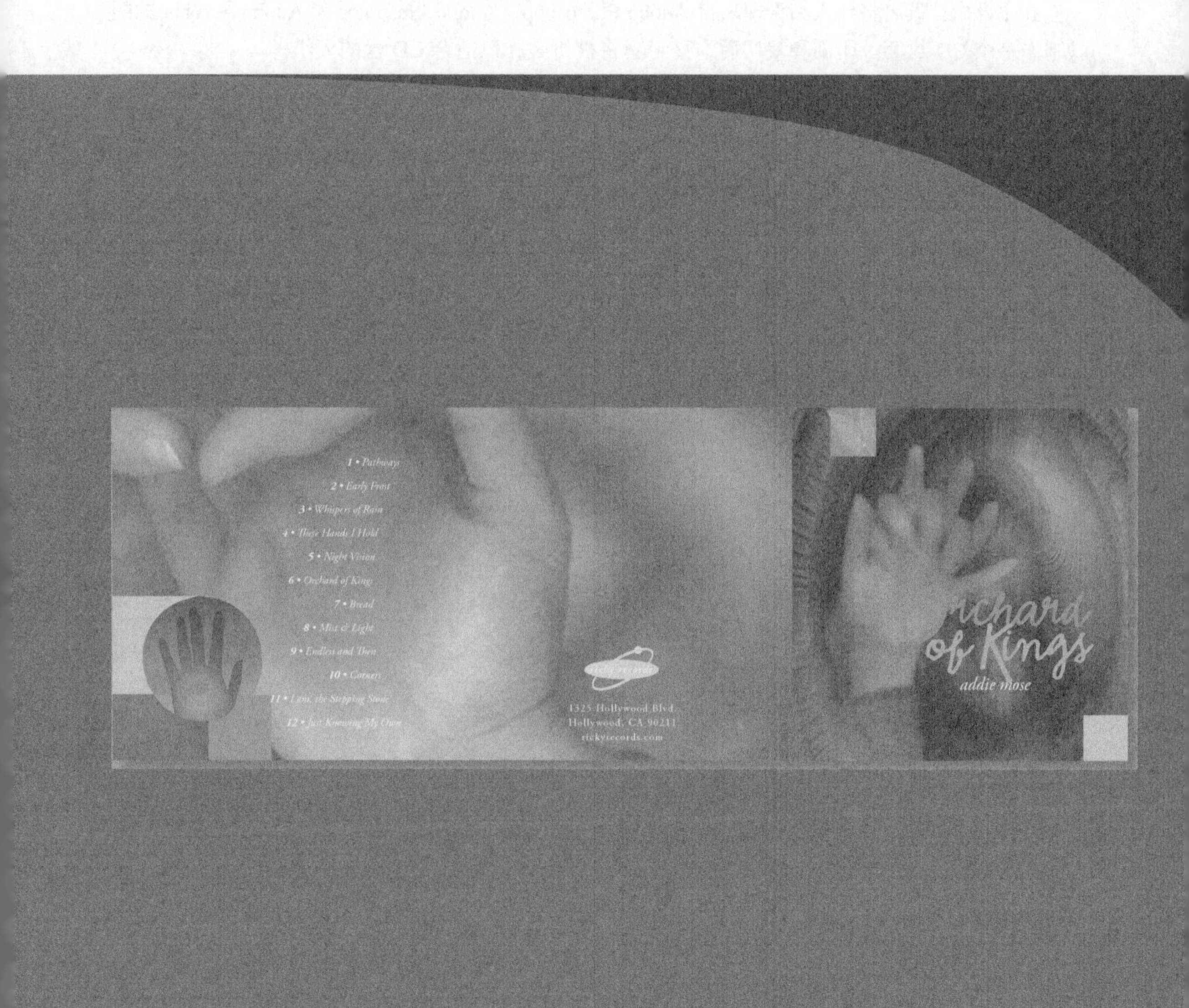

通过导入在 Adobe Photoshop、Adobe Illustrator 或其他图形程序中创建的照片和图稿，可轻松地改善文档。如果这些导入的图形被修改，InDesign 将指出有新版本，用户可随时更新或替换导入的图形。

10.1 概述

在本课中，读者将导入和管理来自 Adobe Photoshop、Adobe Illustrator 和 Adobe Acrobat 的图形，以制作一个 CD 封套。印刷和裁切后，该封套将被折叠，以适合 CD 盒的大小。

本课包含可使用 Adobe Photoshop 完成的工序——如果你的计算机安装了该软件。

> 注意：如果还没有从配套光盘将本课的资源文件复制到硬盘中，现在请复制它们，详情请参阅“前言”中的“复制课程文件”。

1. 为确保你的 Adobe InDesign CS6 首选项和默认设置与本课使用的一样，将文件 InDesign Defaults 移到其他文件夹，详情请参阅“前言”中的“存储和恢复文件 InDesign Defaults”。
2. 启动 Adobe InDesign CS6。为确保面板和菜单命令与本课使用的相同，选择菜单“窗口”→“工作区”→“高级”，再选择菜单“窗口”→“工作区”→“重置‘高级’”。
3. 选择菜单“文件”→“打开”，打开硬盘中文件夹 InDesignCIB\Lessons\Lesson10 中的文件 10_a_Start.indd。将出现一个消息框，指出该文档包含指向修改过的文件的链接。
4. 单击“不更新链接”按钮，读者将在本课后面对此进行修复。
5. 如果必要，关闭链接面板以免它遮住文档。每当用户打开包含缺失或已修改链接的 InDesign 文档时，链接面板都将自动打开。
6. 要查看完成后的文档，打开文件夹 Lesson10 中的文件 10_b_End.indd，如图 10.1 所示。如果愿意，可让该文档打开供工作时参考。查看完毕后，选择菜单“窗口”→“10_a_Start.indd”。

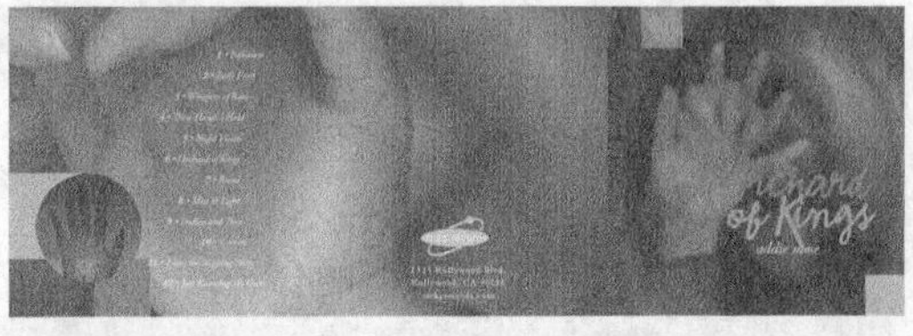

图10.1

7. 选择菜单“文件”→“存储为”，将该文件重命名为 10_cdbook.indd，并将其存储在文件夹 Lesson10 中。

> 注意：完成本课的任务时，请根据需要随意移动面板和修改缩放比例。有关这方面的更详细信息，可以参阅第 1 课的“修改文档的缩放比例”一节。

10.2 添加来自其他程序的图形

InDesign 支持很多常见的图形文件格式。虽然这意味着你可以使用在各种图形程序中创建的图形，但 InDesign 同其他 Adobe 专业图形程序（如 Photoshop、Illustrator 和 Acrobat）协作时最顺畅。

默认情况下，导入的图像是链接的，这意味着虽然 InDesign 在版面上显示图形文件的预览，但并没有将整个图形文件复制到 InDesign 文档中。

链接图形文件的主要优点有两个。首先，可节省磁盘空间，尤其是在很多 InDesign 文档中重用同一个图形时；其次，可使用创建链接的图形的程序编辑它，然后在 InDesign 链接面板中更新链接。更新链接文件时，将保持图形文件的位置和设置不变，因此无需重做。

链接面板中列出了链接的所有图形和文本文件，该面板提供了用于管理链接的按钮和命令。使用 PostScript 或便携式文档格式（PDF）创建最终输出时，InDesign 将根据链接，使用外部存储的置入图形的原始版本提供尽可能高的品质。

10.3 比较矢量图和位图

Adobe InDesign 和 Adobe Illustrator 绘图工具创建的是矢量图形，这种图形是由基于数学表达式的形状组成的。矢量图形由平滑线组成，缩放时仍然是清晰的。这适用于插图、文字以及诸如徽标等通常将缩放到不同尺寸的图形。

位图图像由像素网格组成，通常使用数码相机和扫描仪创建，再使用 Adobe Photoshop 等图像编辑程序进行修改。处理位图图像时，编辑的是各个像素而不是对象或形状。由于位图图形能够呈现细微的颜色和色调层次，因此适合于连续调整图像，如照片或在绘画程序中创建的作品。位图图形的一个缺点是，放大时不再清晰且出现锯齿，如图 10.2 所示。另外，位图图像文件通常比类似的矢量文件大。

绘制为矢量图形的徽标（左）　　光栅化为位图图像后（右）

图10.2

一般而言，使用矢量绘图工具来创建线条清晰的线条图或文字，如名片和招贴画上的徽标，它们在任何尺寸下都是清晰的。可使用 InDesign 的绘图工具来创建矢量图，也可利用 Illustrator 中品种繁多的矢量绘图工具。可使用 Photoshop 来创建具有绘图或摄影般柔和线条的位图图像以及对线条图应用特殊效果。

10.4 管理到导入文件的链接

读者打开本课的文档时，看到了一个警告消息框，它指出了链接文件存在的问题。下面使用链接面板解决这种问题，该面板提供了有关文档中所有链接的文本和图形文件的完整状态信息。

通过使用链接面板，还可以众多其他的方式管理置入的图形，如更新或替换文本或图形。读者在本课学习的所有管理链接文件的方法都适用于置入文档中的图形文件和文本文件。

10.4.1 查找导入的图像

为查找已导入到文档中的部分图像，读者将采用两种使用链接面板的方法。在本课后面，还将使用链接面板来编辑和更新导入的图形。

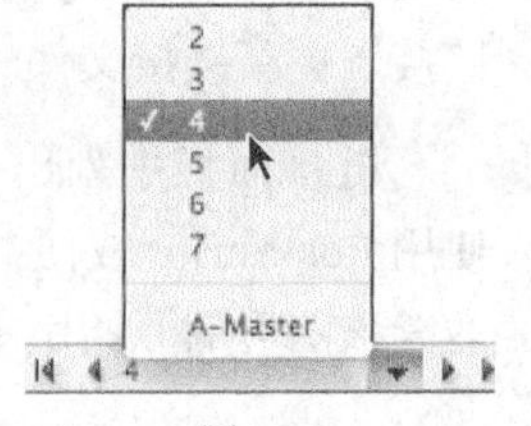

图10.3

1. 从文档窗口左下角的“页面”下拉列表中选择 4（如图 10.3 所示），让该页面在文档窗口中居中显示。
2. 如果链接面板不可见，选择菜单“窗口”→“链接”。
3. 使用选择工具（ ）选择第 4 页（第一个跨页的右页面）中的标识文字 Orchard of Kings。在版面中选中该图形时，在链接面板中该图形的文件名 10_i.ai 将被选中，如图 10.4 所示。

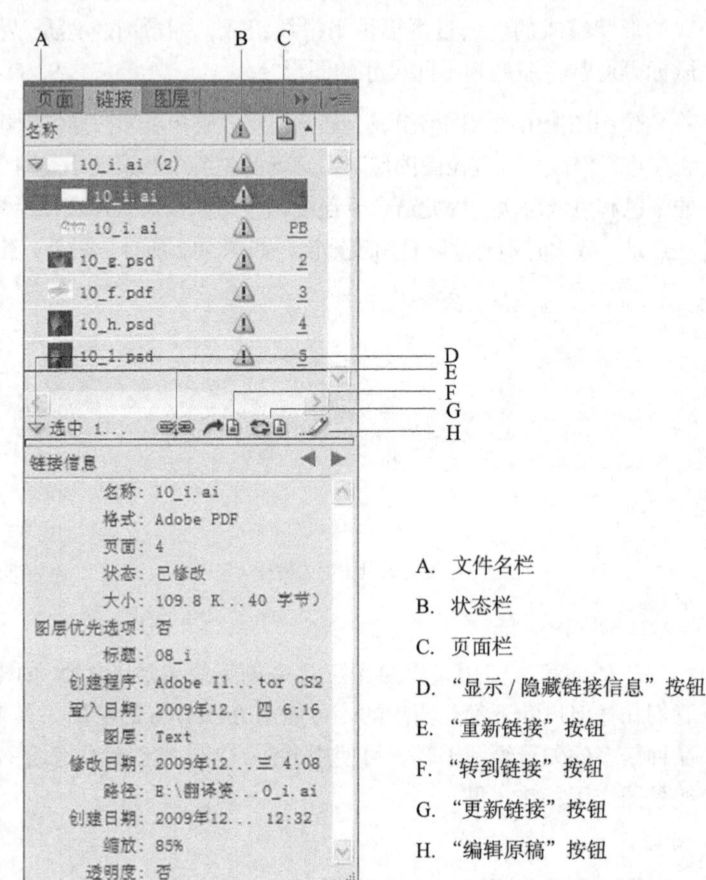

图10.4

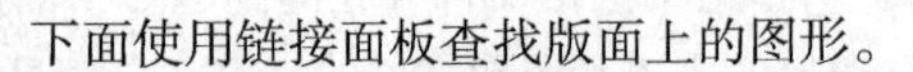

下面使用链接面板查找版面上的图形。

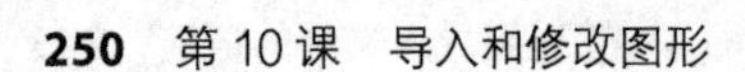

4. 在链接面板中选择 10_g.psd，再单击“转到链接”按钮（ ）。该图形将被选中且位于文档窗口中央。在知道文件名的情况下，这是一种快速查找图形的方法。

在本课中以及需要处理大量导入的文件时，这些识别和查找链接图形的方法都很有用。

10.4.2 查看有关链接文件的信息

通过使用链接面板，处理链接的图形和文本文件以及显示更多有关链接文件的信息将更容易。

> 提示：通过拖曳链接面板的标签可将链接面板同其所属的面板组分开。将面板分离后，便可通过拖曳其右下角来调整宽度和高度。

1. 如果链接面板不可见，选择菜单“窗口”→“链接”显示它。如果在不滚动的情况下无法看到所有链接文件的名称，请向下拖曳链接面板中间的分隔条以扩大该面板的上半部分，以便能够看到所有链接。
2. 选择链接 10_g.psd，链接面板的下半部分的“链接信息”中将显示有关选定链接的信息。
3. 单击“在列表中选择下一个链接”按钮（ ）以查看链接面板列表中下一个文件（10_f.psd）的信息。以这种方式可快速查看所有链接的信息。当前，每个链接的状态栏都显示一个警告图标（ ），这表明存在链接问题，稍后将解决这些问题。查看完链接信息后，单击“链接信息”上方的“显示 / 隐藏链接信息”按钮（ ）以隐藏“链接信息”部分。

默认情况下，存储在链接面板中的文件是按照页码排序的。可以其他方式对文件列表进行排序。

4. 单击链接面板中名称栏标题，链接将按字母排序，如图 10.5 所示。每当用户单击栏标题时，都将在升序和降序排列之间切换。

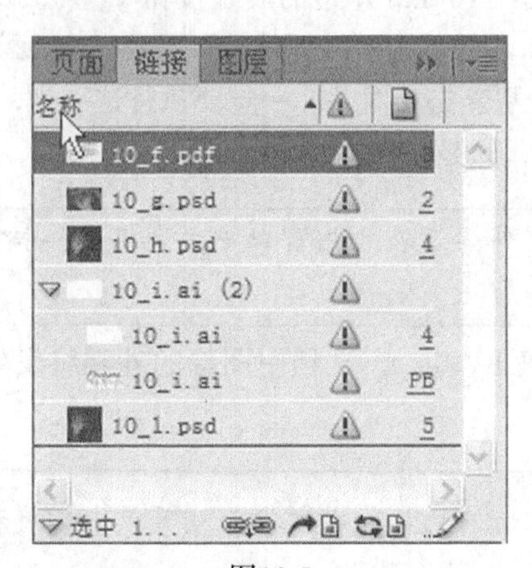

图10.5

> 提示：要重新排列链接面板中的各栏，可拖曳栏标题。

10.4.3 在资源管理器（Windows）或 Finder（Mac OS）中显示文件

虽然链接面板提供了有关导入的图形文件的属性和位置等信息，但并不能让用户修改文件或文件名。通过使用“在资源管理器中显示”（Windows）或“在 Finder 中显示”（Mac OS），可访问导入的图形文件的原始文件。

提示：要找到导入的图形文件并给它重命名，也可从链接面板的面板菜单中选择“在 Bridge 中显示”。

1. 如果当前没有选择图形 10_g.psd，选择该图形。从链接面板菜单中选择“在资源管理器中显示”（Windows）或“在 Finder 中显示”（Mac OS），这将打开链接文件所在的文件夹并选择该文件。这种功能对于在硬盘中查找文档并在必要时对其重命名很有用。
2. 关闭资源管理器或 Finder 并返回 InDesign。

10.5 更新链接

即使将文本或图形文件置入 InDesign 文档后，也可使用其他程序修改这些文件。链接面板指出了哪些文件在 InDesign 外被修改了，让用户能够使用这些文件的最新版本更新 InDesign 文档。

在链接面板中，文件 10_i.ai 有一个警告图标（⚠），这表明原稿被修改过。正是该文件及其他一些文件导致打开该 InDesign 文档时出现警告消息。下面更新该文件的链接，让 InDesign 文档使用最新的版本。

1. 在链接面板中，单击文件 10_i.ai 左边的展开按钮（▷），以显示该导入文件的两个实例。选择位于第 4 页的 10_i.ai 并单击“转到链接”按钮（），以便在放大的视图下查看该图形，如图 10.6 所示。更新链接时并非一定要执行这一步，但如果要核实将更新的是哪个导入的文件并查看结果，这是一种快速方法。

提示：要让链接的文件显示在文档窗口中央，可在链接面板中单击链接名右边的页码。

2. 单击“更新链接”按钮（），文档中图像的外观将发生变化，呈现最新的版本，如图 10.7 所示。

提示：链接面板底部所有的按钮在链接面板菜单中都有相应的命令。

3. 为更新其他所有已修改的图形文件，从链接面板的面板菜单中选择“更新所有链接”。

下面将第一个跨页(第 2 页～第 4 页)中的手形图像替换为修改后的图像。你将使用“重新链接”按钮给链接指定另一个图形。

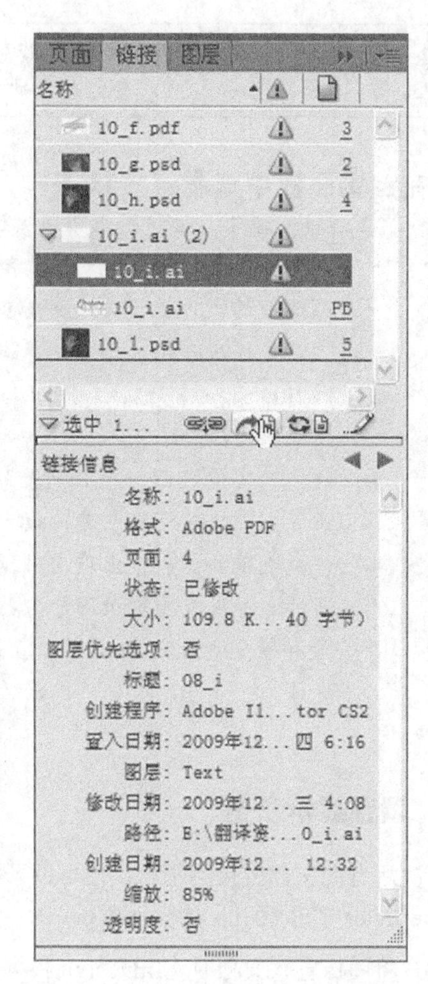

图10.6

4. 切换到第一个跨页（第 2 页～第 4 页）并选择菜单“视图”→“使跨页适合窗口”。

5. 使用选择工具（ ）选择图像 10_h.psd，这是第 4 页上一幅两只手交叉握在一起的照片。如果在内容抓取工具中单击，你选择的将是图形而非框架，但在本节中，你选择什么都行。可根据链接面板中选定的文件名来判断是否选择了正确的图像。

图10.7

6. 在链接面板中单击“重新链接”按钮（ ）。

7. 选择文件夹 Lesson10 中的 10_j.psd，然后单击“打开”按钮。新的图像版本（其背景不同）将替换原来的图像，链接面板也将相应地更新。

8. 单击粘贴板的空白区域以取消选择跨页中的对象。

9. 选择菜单“文件”→“存储”保存所做的工作。

提示：要定制链接面板中显示的栏和信息，可从链接面板菜单中选择“面板选项”。添加栏后，可调整它们的大小和位置。

在链接面板中查看链接状态

在链接面板中，链接图形以下列方式之一出现：

- 最新的图形只显示其文件名和所在的页面。
- 修改过的文件显示一个带惊叹号的黄色三角形（⚠）。该警告图标表明磁盘上的文件版本比文档中的版本新。例如，如果你将一个 Photoshop 图形导入到 InDesign 中，然后另一位美工使用 Photoshop 编辑并保存了原始图形，将出现该图标。
- 缺失的文件显示一个带问号的六边形（?）。文件不在最初被导入时所在的位置，虽然它可能在其他地方。如果原始文件导入后，有人将其移到其他文件夹或服务器，将出现这种情形。找到缺失文件之前，无法知道它是否是最新的。如果在出现该图标时打印或导出文档，相应的图形可能不会以全分辨率打印或导出。

——摘自 InDesign 帮助

10.6 调整显示质量

解决所有的文件链接问题后，便可以开始添加其他图形了。但在此之前，将调整本课前面更新的 Illustrator 文件 10_i.ai 的显示质量。

用户将图像置入文档时，InDesign 根据当前在“首选项”的“显示性能”部分所做的设置自动创建其低分辨率（代理）版本。当前，该文档中所有的图像都是低分辨率代理，这就是图像的边缘呈锯齿状的原因。降低置入图形的屏幕质量可提高页面的显示速度，而不会影响最终输出的质量。可对 InDesign 用来显示置入图形的详细程度进行控制。

1. 在链接面板中，选择你在前一节中更新的图像 10_i.ai（在第 4 页上）。单击“转到链接”按钮（ ）在放大的视图中查看该图形。
2. 在图像 Orchard of Kings 上单击鼠标右键（Windows）或按住 Control 并单击（Mac OS），然后从上下文菜单中选择“显示性能”→“高品质显示”。该图像将以全分辨率显示，如图 10.8 所示。通过使用这种方法，可确定在 InDesign 文档中置入的各个图形的清晰度、外观或位置。
3. 选择菜单“视图”→“显示性能”→“高品质显示”。这将修改当前文档的默认显示性能，所有图形都将以高品质显示。

使用老式计算机或文档中包含大量导入的图形时，这种设置可能导致屏幕重绘速度降低。在大多数情况下，将“显示性能”设置为“典型显示”，然后根据需要修改某些图形的显示质量是个明智的选择。

使用“典型显示”

“高品质显示”

图10.8

4. 选择菜单“文件”→“存储”。

10.7 使用剪切路径

在 InDesign 中，可删除图像中不想要的背景。在本节中，读者将获得一些这方面的经验。除使用 InDesign 删除背景外，还可在 Photoshop 中创建路径或 alpha 通道，然后将其用于指定置入到 InDesign 版面中的图像的轮廓。

稍后将置入的图像的背景是一个实心矩形，无法看到它后面的区域。可使用剪切路径（绘制的矢量轮廓，被用作蒙版）隐藏不想要的图像部分。InDesign 可从多种图像创建出剪切路径：

- 如果在 Photoshop 中绘制一条路径并将其随图像保存，InDesign 将能够使用它来创建剪切路径。
- 如果在 Photoshop 中绘制 alpha 通道并将其随图像保存，InDesign 将能够使用它来创建剪切路径。alpha 通道包含透明区域和不透明区域，通常是在用于照片或视频合成的图像中创建的。
- 如果图像背景的颜色很淡或为白色，InDesign 将能够自动检测出对象和背景之间的边缘，并创建一条剪切路径。

将要置入的梨子图像没有剪切路径和 alpha 通道，但其背景是纯白色的，InDesign 能够将其删除。

使用 InDesign 删除白色背景。

下面隐藏梨子图像的白色背景。可使用“剪切路径”对话框中的“检测边缘”选项将图像的纯白色背景隐藏。“检测边缘”选项创建环绕图像中每个形状的路径，以隐藏图像的某些区域。

1. 在页面面板中双击第 7 页的图标切换到文档的第 7 页。选择菜单“文件”→“置入”，然后双击文件夹 Lesson10 中的文件 10_c.psd，鼠标将变成载入图形图标。

2. 确保在图层面板中选择了图层 Photos，以便将图像放在该图层中。

3. 将鼠标指向紫色方框左边缘的外部——在紫色方框上边缘的左下方一点（确保没有将鼠标

放在方框内），然后单击以置入一个背景为白色的梨子图像，如图 10.9 所示。如果需要调整图像的位置，现在就这样做。

图10.9

4. 选择菜单“对象”→“剪切路径”→“选项”。如有必要拖曳“剪切路径”对话框以便能够看到梨子图像。

5. 从下拉列表“类型”中选择“检测边缘”。如果复选框“预览”没有选中，现在选中它，图像的白色背景几乎完全消失了。

6. 拖曳“阈值”滑块直到隐藏了大部分白色背景但没有隐藏梨子图像，这里把“阈值”设置为 20。

注意：如果无法找到删除了所有背景而又不影响梨子的阈值设置，指定一个保留完整的梨子和少量白色背景的值。将在接下来的步骤中通过微调剪切路径来消除残留的白色背景。

“阈值”选项从白色开始隐藏图像的淡色区域。当向右拖曳以指定更大的值时，越来越暗的色调将包含在将被隐藏的色调范围内。不要试图找到刚好只留下梨子图像的设置，稍后将介绍如何微调剪切路径。

7. 稍微向左拖曳“容差”滑块直到容差值大约为 1，如图 10.10 所示。

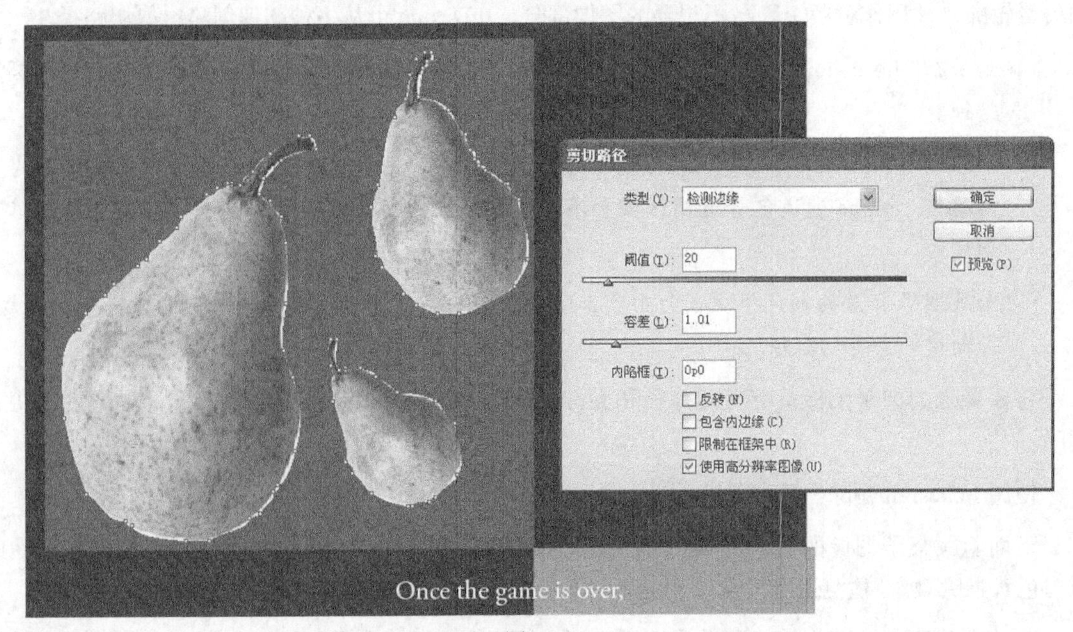

图10.10

“容差”选项决定了用多少个点定义将要自动生成的剪切路径。当向右拖曳时，InDesign 将使用较少的点，因此剪切路径与图像的适合程度较低（容差较大）。在路径上使用较少的点可提高文档的打印速度，但也可能降低精度。

8. 对于“内陷框”，指定一个与余下的背景区域大小接近的值，这里使用 0p1（0 派卡 1 点）。该选项均匀地收缩剪切路径的当前形状（如图 10.11 所示），而不影响图像的亮度。单击“确定”按钮关闭“剪切路径”对话框。

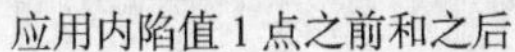
应用内陷值 1 点之前和之后

图10.11

9. （可选）可以手工微调剪切路径。为此，切换到直接选择工具（![]），然后便可拖曳各个锚点并使用绘图工具来编辑梨子周围的剪切路径。对于边缘很复杂的图像，可能需要放大视图以便能够高效地处理锚点。

10. 选择菜单“文件”→“存储”保存文件。

> 注意：也可使用“检测边缘”功能来删除纯黑色背景。为此，只需选中复选框“反转”和“包含内边缘”并指定较高的阈值（255）。

10.8 使用 alpha 通道

当图像的背景不是纯白色或纯黑色时，“检测边缘”功能可能无法有效地删除背景。对于这种图像，如果根据背景的亮度值来隐藏背景，也可能隐藏主体中使用相同亮度值的区域。在这种情况下，可使用 Photoshop 中的高级背景删除工具，用路径或 alpha 通道来标记透明区域，再让 InDesign 根据这些区域创建剪切路径。

> 注意：如果置入由图像和透明背景组成的 Photoshop 文件（.psd），InDesign 将根据透明背景进行剪切，而无需依赖于剪切路径或 alpha 通道。在置入有羽化边缘的图像时，透明背景很有用。

10.8.1 导入包含 alpha 通道的 Photoshop 文件

前面导入图像时，使用的是“置入”命令；这里使用另一种方法：将 Photoshop 图像直接拖曳到 InDesign 跨页中。InDesign 能够直接使用 Photoshop 路径和 alpha 通道，无需将 Photoshop 文件保存为另一种文件格式。

1. 在图层面板中确保选择了图层 Photos，这样图像将放到该图层中。

2. 切换到文档的第 2 页，并选择菜单“视图”→“使页面适合窗口”。

3. 在资源管理器窗口（Windows）或 Finder 窗口（Mac OS）中，切换到文件 10_d.psd 所在的文件夹 Lesson10。

重新调整资源管理器窗口（Windows）或 Finder 窗口（Mac OS）和 InDesign 窗口的位置和大小，以便能够同时看到文件夹 Lesson10 中的文件列表和 InDesign 文档窗口。确保第 2 页左下角的四分之一是可见的。

4. 将文件 10_d.psd 拖曳到 InDesign 文档第 2 页左边的粘贴板，再松开鼠标，如图 10.12 所示。在粘贴板上单击切换到 InDesign，再次单击将图像以 100% 的比例置入。

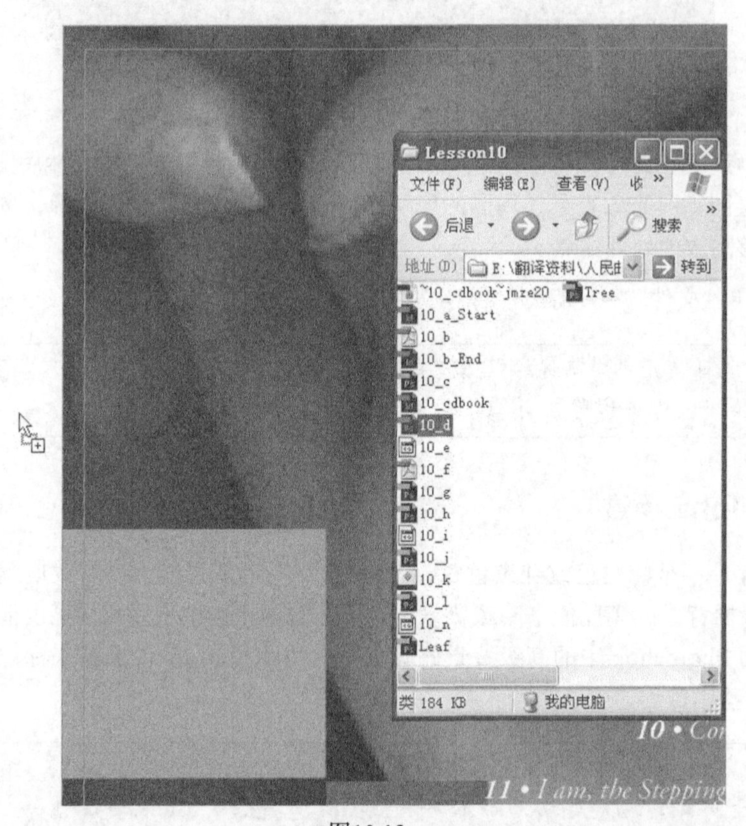

图10.12

注意：置入该文件时，一定要将其拖曳到第 2 页左边的粘贴板上再放下。如果在现有框架中放下，将放到该框架内。如果发生这种情况，选择菜单“编辑”→“还原”，再重试。

5. 使用选择工具（ ）调整图形的位置，使其位于页面的左下角，如图 10.13 所示。

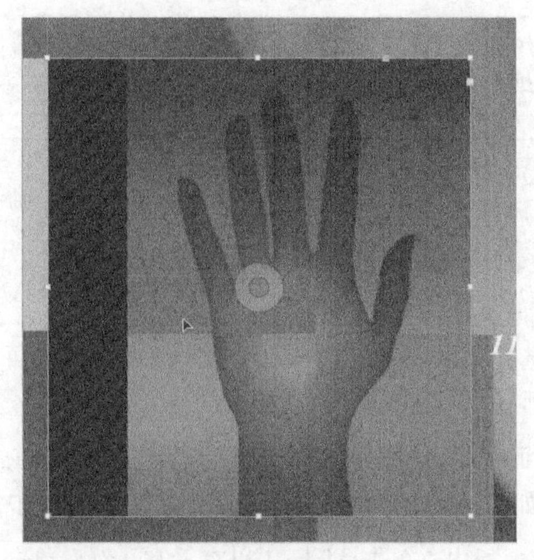

图10.13

6. 如果必要，最大化 InDesign 窗口使其恢复到以前的大小，你已经完成了置入文件的工作。

10.8.2 查看 Photoshop 路径和 alpha 通道

在刚拖入 InDesign 中的 Photoshop 图像中,手形图像和背景的很多亮度值相同。因此,使用“剪切路径”对话框中的“检测边缘”选项难以将背景分离。

还要设置 InDesign，使其使用来自 Photoshop 的 alpha 通道。首先，使用链接面板在 Photoshop 中打开该图像，以查看它包含哪些路径或 alpha 通道。

本节要完成的工作需要使用 Photoshop 4.0 或更高版本，如果你的计算机有足够的内存，能够同时启动 InDesign 和 Photoshop，完成起来将更容易。如果你的计算机不能满足上述两个要求，仍可阅读这些步骤，以了解 Photoshop 通道是什么样的、有何用途，然后接着做下一节的工作。

1. 如果没有选择前一节导入的图像 10_d.psd，使用选择工具（ ）选择它。

2. 如果链接面板没有打开，选择菜单“窗口”→“链接”。在链接面板中，该图像的文件名将被选中，如图 10.14 所示。

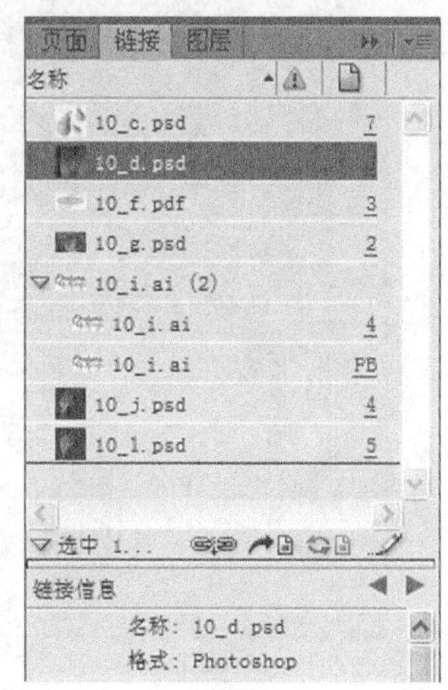

图10.14

3. 在链接面板中单击“编辑原稿”按钮（ ）。这将在一个能够查看或编辑该图像的程序中打开它。该图像来自 Photoshop，因此如果你的计算机安装了 Photoshop，InDesign 将启动它并在其中打开选定的文件。

提示：除使用链接面板中的“编辑原稿”按钮编辑选定图像外，还可从链接面板菜单中选择“编辑工具”，并从中选择要使用的应用程序。

注意：有时候，单击“编辑原稿”按钮不会在 Photoshop 或创建图像的程序中打开它。当安装软件时，有些安装程序会修改操作系统中有关文件和程序的关联设置。“编辑原稿”按钮使用有关文件和程序的关联设置。要修改这种设置，可以参阅操作系统文档。

4. 在 Photoshop 中，选择菜单“窗口”→“通道”或单击通道面板图标以显示通道面板。单击通道面板顶部的标签并将其拖曳到文档窗口中。

5. 如果必要，增大通道面板的高度以便能够查看除标准 RGB 通道外的其他 3 个通道（Alpha1、Alpha2 和 Alpha3），如图 10.15 所示。这些通道是在 Photoshop 中使用蒙版和绘画工具绘制的。

6. 在 Photoshop 的通道面板中，单击 Alpha 1 以查看它，然后单击 Alpha 2 和 Alpha 3，对它们进行比较。

7. 在 Photoshop 中，选择菜单“窗口”→“路径”或单击路径面板图标打开路径面板，如图 10.16 所示。

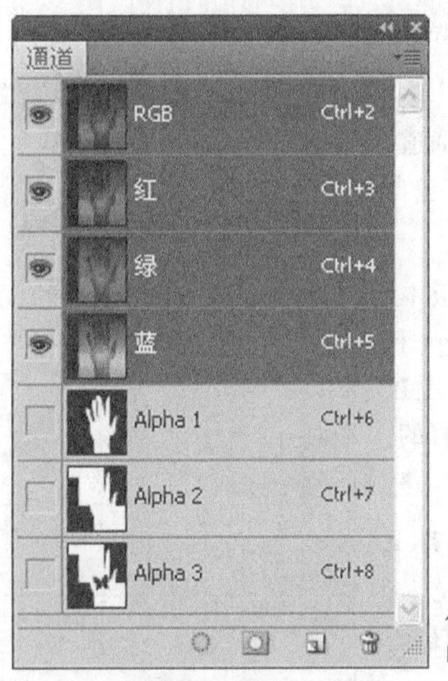

包含 3 个 alpha 通道的 Photoshop 文件

图10.15

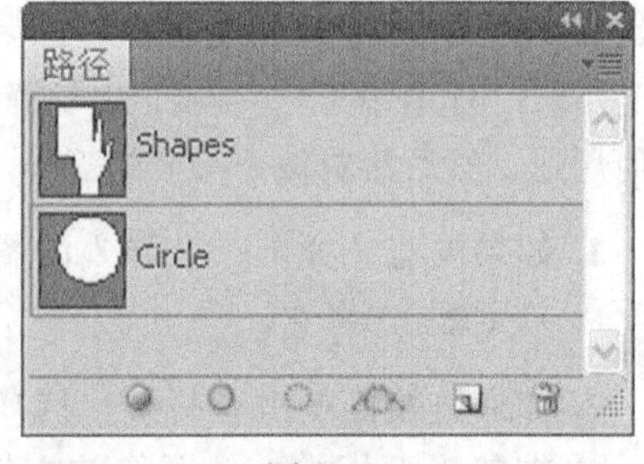

图10.16

路径面板中包含两条已命名的路径：Shapes 和 Circle，这些路径是在 Photoshop 中使用钢笔工具（ ）及其他路径工具绘制的，但也可在 Illustrator 中绘制，然后粘贴到 Photoshop 中。

8. 在 Photoshop 路径面板中，单击 Shapes 以查看该路径，再单击 Circle 路径。

9. 退出 Photoshop，因为本课中不再需要使用该程序。

10.8.3 在 InDesign 中使用 Photoshop 路径和 alpha 通道

下面返回到 InDesign，并探索如何使用 Photoshop 路径和 alpha 通道创建不同的剪切路径。

1. 切换到 InDesign。确保依然选中了页面中的文件 10_d.psd；如果必要，使用选择工具（ ）选择它。

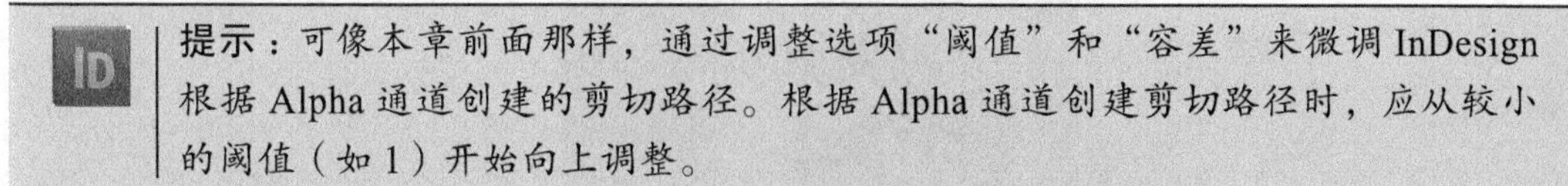

提示：可像本章前面那样，通过调整选项“阈值”和“容差”来微调 InDesign 根据 Alpha 通道创建的剪切路径。根据 Alpha 通道创建剪切路径时，应从较小的阈值（如 1）开始向上调整。

2. 在依然选择了手形图像的情况下，选择菜单“对象”→“剪切路径”→“选项”打开“剪切路径”对话框，如果必要，将该对话框移到一边以便在工作时能够看到图像。

3. 确保选中了复选框“预览”，再从下拉列表“类型”中选择“Alpha 通道”选项。将出现下拉列表 Alpha，其中列出了你在 Photoshop 中看到的 3 个通道。

4. 从下拉列表 Alpha 中选择 Alpha 1。InDesign 将使用该 Alpha 通道创建一条剪切路径；然后从该下拉列表中选择 Alpha 2，并对结果进行比较。

5. 从下拉列表 Alpha 中选择 Alpha 3，再选中复选框“包含内边缘”，如图 10.17 所示。注意图像发生的变化。

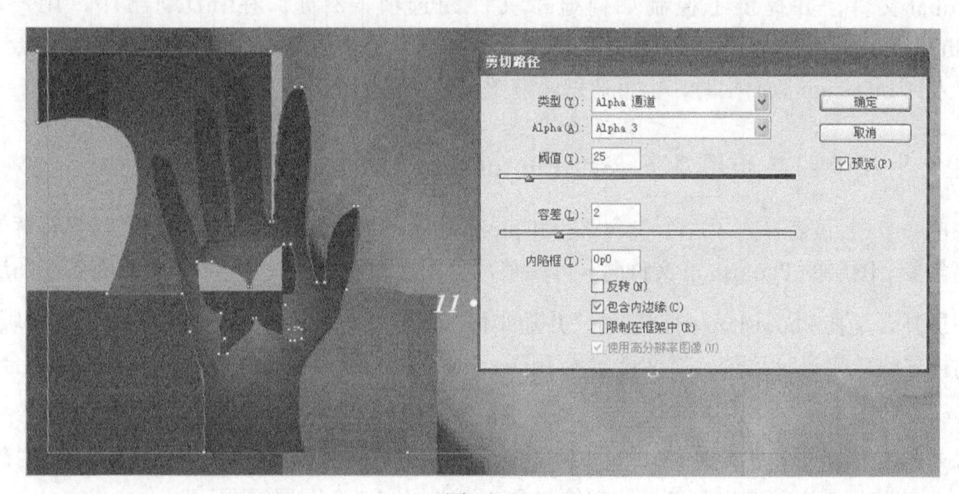

图10.17

选中复选框“包含内边缘”后，InDesign 将能够识别 Alpha 3 内部的蝴蝶形空洞，并将其边缘加入到剪切路径中。

提示：在 Photoshop 中，可通过查看原始 Photoshop 文件中的通道 Alpha 3 获悉蝴蝶形空洞是什么样的。

6. 从下拉列表“类型”中选择“Photoshop 路径”，再从下拉列表“路径”中选择 Shapes。InDesign 将调整图像的框架形状使其与 Photoshop 路径匹配。

7. 从下拉列表“路径”中选择 Circle，并单击“确定”按钮，结果如图 10.18 所示。

图10.18

8. 选择菜单“文件”→“存储”将文件存盘。

10.9 置入 Adobe 原生图形文件

InDesign 让用户能够以独特的方式导入 Adobe 原生（Native）文件，如 Photoshop、Illustrator 和 Acrobat 文件，并提供了控制如何显示文件的选项。例如，在 InDesign 中，用户可调整 Photoshop 图层的可视性，还可查看不同的复合。同样，将使用 Illustrator 创建的包含图层的 PDF 文件导入到 InDesign 版面中时，也可通过调整图层的可视性来改变插图。

10.9.1 导入带图层和图层复合的 Photoshop 文件

在前一节中，读者导入了一个包含路径和 alpha 通道的 Photoshop 文件，但该文件只有背景图层。导入包含多个图层的 Photoshop 文件时，可调整每个图层的可视性，另外，还可查看各个图层复合。

图层复合是在 Photoshop 中创建的，并随文件一起存储，它通常用于创建图像的多个版本以便对不同样式或效果进行比较。将文件置入 InDesign 中后，可对不同复合与整个版面的配合情况进行预览。下面来查看一些图层复合。

1. 在链接面板中单击文件 10_j.psd 的链接，再单击“转到链接”按钮（ ）以选择该图像并使其位于文档窗口中央。该文件包含 4 个图层和 3 个图层复合。

2. 选择菜单“对象”→“对象图层选项”打开“对象图层选项”对话框。在该对话框中，可显示 / 隐藏图层以及在图层复合之间切换。

3. 移动“对象图层选项”对话框，以便能够更清晰地查看选定图像。选中复选框“预览”，这让你能够在不关闭“对象图层选项”对话框的情况下看到图像变化。

4. 在“对象图层选项”对话框中，单击图层 hands 左边的眼睛图标（ ），将隐藏图层 hands，只留下图层 simple background 可见。在图层 hands 左边的方框中单击以显示该图层。

5. 从下拉列表“图层复合”中选择 Green Glow。该图层复合的背景不同。从下拉列表“图层复合”中选择 Purple Opacity，该图层复合的背景不同且图层 hands 是部分透明的，如图 10.19 所示。单击“确定”按钮。

图10.19

图层复合不仅仅是不同图层的排列，还能够存储 Photoshop 图层效果、可视性和位置。用户修改了包含多个图层的文件的可视性时，InDesign 将在链接面板的“链接信息”部分指出这一点。

6. 如果链接面板底部的“链接信息”部分不可见，单击“显示 / 隐藏链接信息”按钮（▷）显示它。找到“图层优先选项”选项，其中显示“是（2）”，这表明有两个图层被覆盖。如果没有覆盖图层，将显示“否”。

7. 选择菜单“文件”→“存储”保存所做的工作。

10.9.2 创建定位的图形框架

定位的图形框架随文本一起编排。在本小节中，将把 CD 封套徽标定位到第 6 页的文本框架中。

1. 在页面面板中双击第 2 个跨页，然后选择菜单“视图”→“使跨页适合窗口”。如果必要，向下滚动文档窗口。在粘贴板底部有徽标 Orchard of Kings。下面将该图形插入该页面的一个段落中。

2. 使用选择工具（ ）单击该徽标，注意到该框架右上角附近有一个小型的绿色方块，如图 10.20 所示。可通过拖曳这个方块，将对象定位到文本中。

3. 按 Z 暂时切换到缩放工具或选择缩放工具（ ），再通过单击放大视图，以便能够看清这个徽标及其上方的文本框架，这里放大到 150%。

4. 选择菜单“文字”→“显示隐含的字符”以显示文本中的空格和换行符。这有助于确定在哪里粘贴该框架。

> **注意**：置入定位的图形时，并非必须显示隐含的字符；这里这样做旨在帮助用户了解文本的结构。

5. 按住 Shift 键，并拖曳徽标右上角附近的绿色方块，将徽标拖放到单词 streets 下方的换行符前面，如图 10.21 所示。按住 Shift 键可将徽标内嵌在两个段落之间。注意到置入图像后，图像后面的文本将重排。

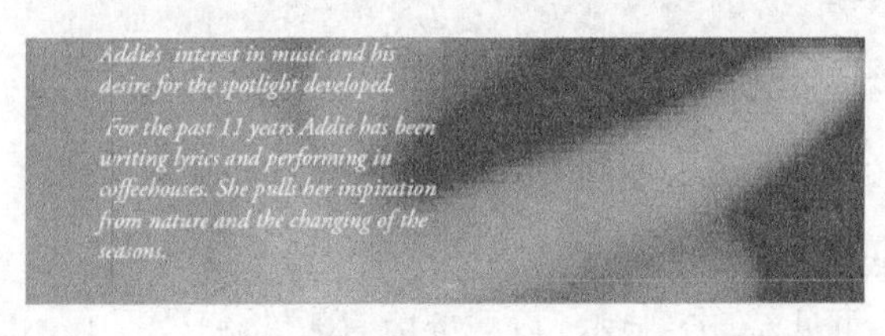

图10.20

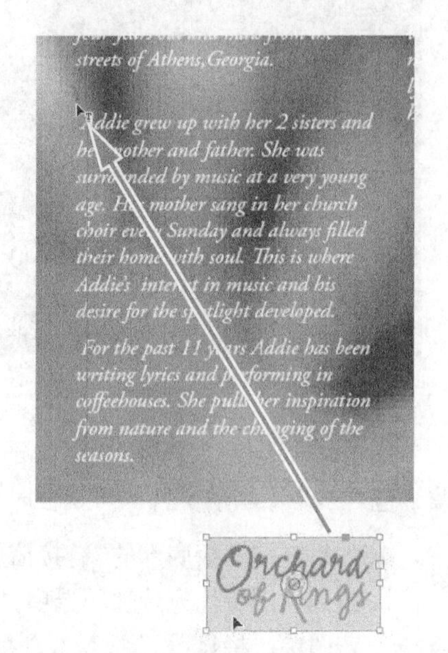

图10.21

下面通过设置段前间距增大图形与其周围文本之间的间距。

6. 使用文字工具单击内嵌图形的右边，将光标放在这个段落中。

7. 在控制面板中单击“段落格式控制”按钮（ ）。单击文本框“段前间距”（ ）中的上箭头，将值改为 0p4。当增大这个值时，定位的图形框架及其后面的文本将稍微向下移动，如图 10.22 所示。

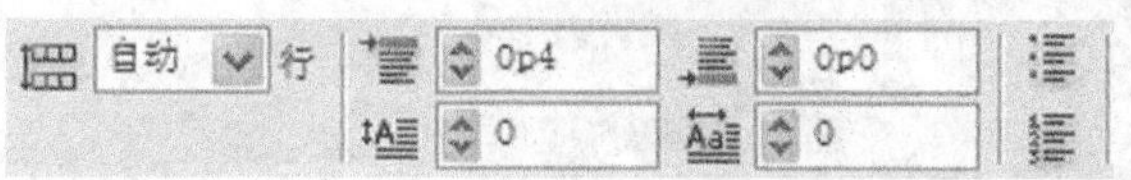

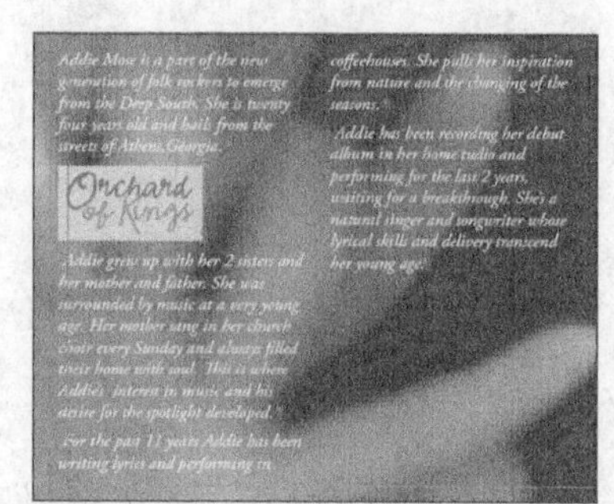

图10.22

8. 选择菜单“文件”→“存储”保存所做的工作。

10.9.3 给定位的图形框架设置文本绕排

给定位的图形设置文本绕排非常容易，该功能让用户能够尝试不同的布局并可立刻看到结果。

1. 使用选择工具（ ）选择刚置入的图形 Orchard of Kings。
2. 按住 Ctrl + Shift（Windows）或 Command + Shift（Mac OS），再向右上方拖曳框架右上角的手柄，直到将图形放大到大约有 25% 位于第 2 栏中，如图 10.23 所示。按住 Ctrl + Shift（Windows）或 Command + Shift（Mac OS）能够同时按比例缩放图形及其框架。

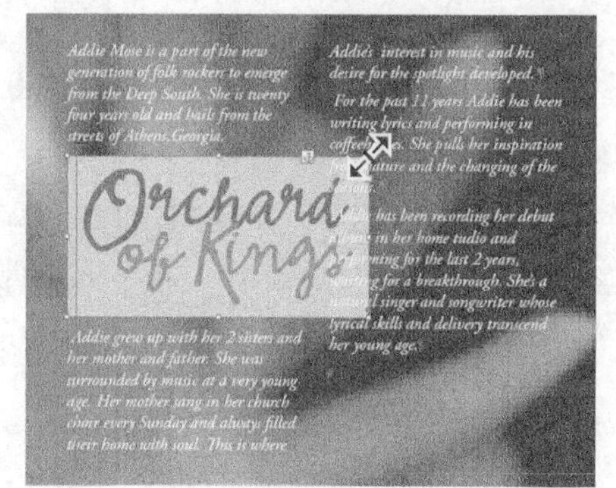

图10.23

3. 选择菜单“窗口”→“文本绕排”打开文本绕排面板。虽然该图形是定位的，但它依然位于现有文本下面。
4. 在文本绕排面板中单击“沿对象形状绕排”按钮（ ），给图形设置文本绕排方式。
5. 为增大定界框与环绕文本之间的间距，单击文本框“上位移”中的上箭头（ ），将值增大到 1p0。

也可让文本沿图形形状而不是其定界框绕排。

6. 为看得更清楚，单击粘贴板取消选择所有对象，然后单击徽标 Orchard of Kings，再按斜杠键（/）应用无填色。
7. 在文本绕排面板中，从下拉列表“类型”中选择“检测边缘”。由于该图像是矢量图形，因此将沿该图中文字的边缘绕排文本。为更清楚地查看文档，单击粘贴板取消选择该图形，然后选择菜单“文字”→“不显示隐藏字符”以隐藏换行符和空格，如图 10.24 所示。
8. 再次使用选择工具（ ）选择徽标 Orchard Of Kings。
9. 在文本绕排面板中，从下拉列表“绕排到”中依次选择如下选项：

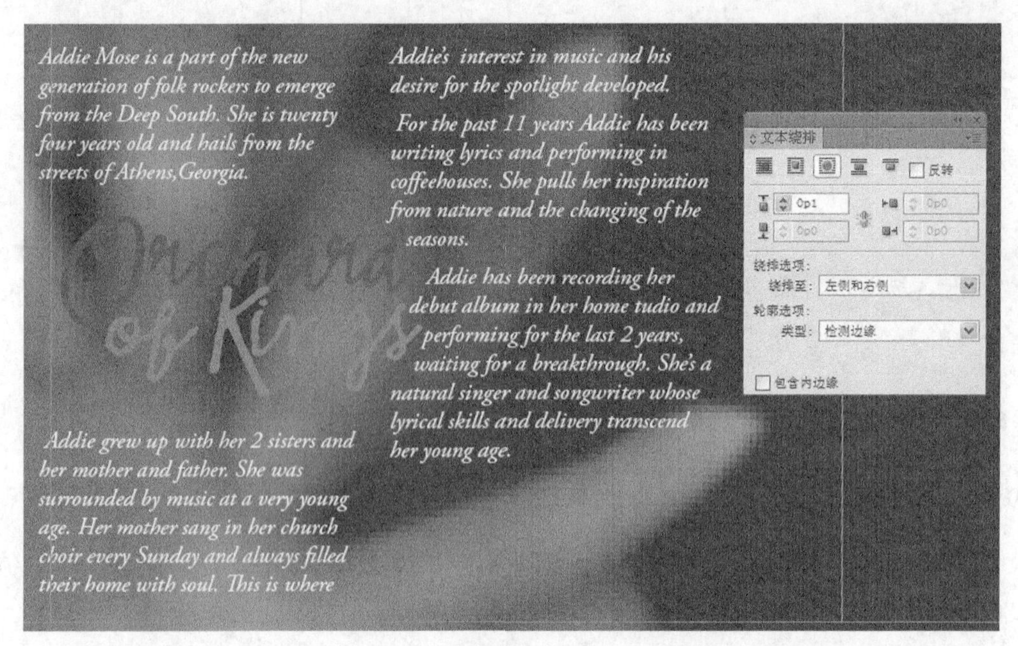

图10.24

- “右侧”：文字将移到图像右边，并避开图像正下方的区域，虽然这里有足够的空间显示文字。
- “左侧和右侧”：文字将占据图像周围所有可用的区域，但在文本绕排边界插入文字中的区域，文字之间有一些间隙。
- “最大区域”：文字将移到文本绕排边界空间较大的一侧。

10.（可选）使用直接选择工具（▶）单击该图形，以查看用于文本绕排的锚点。使用选项“检测边缘”时，可以手工调整用于定义文本绕排的锚点。为此，可单击锚点并将其拖曳到其他地方。

11. 关闭文本绕排面板。

12. 选择菜单“文件”→“存储”。

10.9.4 导入 Illustrator 文件

InDesign 可充分利用矢量图形（如来自 Adobe Illustrator 的矢量图形）的平滑边缘。在 InDesign 中使用高品质屏幕显示时，在任何尺寸或放大比例下，矢量图形和文字的边缘都是平滑的。大多数矢量图形不需要剪切路径，因为大多数程序将它们存储为采用透明背景的图片。在本小节中，将把一个 Illustrator 图形置入 InDesign 文档中。

1. 在图层面板中选择图层 Graphics。选择菜单“编辑”→“全部取消选择”确保没有选择文档中的任何东西。

2. 选择菜单“视图”→“使跨页适合窗口”以便能够看到整个跨页。

3. 选择菜单“文件”→“置入”，选择文件夹 Lesson10 中的 10_e.ai，确保没有选中复选框“显示导入选项”，再单击“打开”按钮。

4. 单击第 5 页的左上角，将 Illustrator 文件加入到该页面中，再将其移到如图 10.25 所示的位置。在 Illustrator 中创建的图形背景默认是透明的。

图10.25

5. 选择菜单“文件”→“存储”保存所做的工作。

10.9.5 导入包含多个图层的 Illustrator 文件

可以将包含图层的原生 Illustrator 文件导入到 InDesign 版面中，并控制图层的可视性以及调整图形的位置，但不能编辑路径、对象或文本。

1. 单击文档窗口中的粘贴板以确保没有选择任何对象。

2. 选择菜单“文件”→“置入”，在“置入”对话框的左下角，选中复选框“显示导入选项”，再选择文件 10_n.pdf 并单击“打开”按钮。选中了复选框“显示导入选项”时，将打开“置入 PDF”对话框。

3. 在“置入 PDF”对话框中，确保选中复选框“显示预览”。在“常规”选项卡中，从下拉列表“裁切到”中选择了“定界框（所有图层）”，并确保选中了复选框“透明背景”。

4. 单击标签“图层”以查看图层。该文件包含 3 个图层：由树木构成的背景图像（Layer 3）、包含英文文本的图层（English Title）以及包含西班牙语文本的图层（Spanish Title），如图 10.26 所示。

虽然在这里可指定要导入哪些图层，但过小的预览区域使得难以看清结果。

5. 单击“确定”按钮。下面选择要导入文档中的图层。

6. 将变成了载入图形图标（ ）的鼠标指向第 5 页中较大的蓝色框左边。不要将鼠标指向蓝色框内，否则将把图形插入到该框架内。单击以置入该图形，再使用选择工具（ ）调整图形的位置，使其在蓝色框上面居中。

7. 使用缩放工具（ ）放大图形。

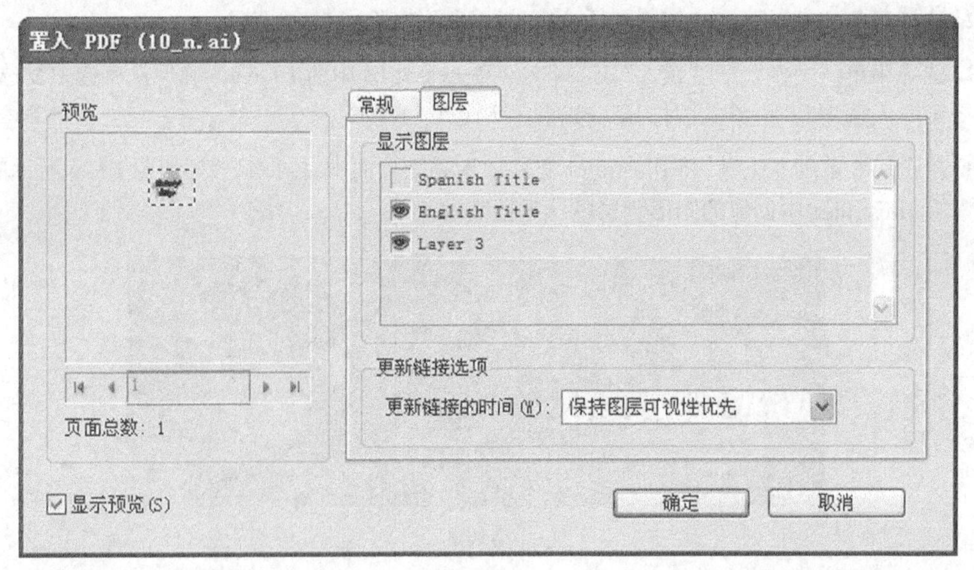

图10.26

8. 在该图形仍被选中的情况下，选择菜单“对象”→“对象图层选项”。如果必要，移动“对象图层选项”对话框以便能够看到文档中的图形。

9. 选中复选框“预览”，然后单击图层 English Title 左边的眼睛图标（ ）将该图层隐藏。接下来单击图层 Spanish Title左边的空框以显示该图层。单击“确定”按钮，再单击粘贴板以取消选择图形，结果如图 10.27 所示。

图10.27

使用包含多个图层的 Illustrator 文件能够将插图用于不同的用途，而无需根据每种用途创建不同的文档。

10. 选择菜单“文件”→“存储”保存所做的工作。

10.10 使用库来管理对象

对象库能够存储和组织常用的图形、文本和页面，对象库作为文件存储在硬盘中。也可以将标尺参考线、网格、绘制的形状和编组的图像加入库中。每个库都出现在一个独立的面板中，可以根据喜好将其同其他面板编组。可根据需要创建任意数量的库，如每个项目或客户一个库。在本节中，将导入存储在库中的图形，然后创建自己的库。

1. 如果当前不在第 5 页，在文档窗口左下角的下拉列表“页面”中输入 5 并按 Enter 键。

2. 选择菜单“视图”→“使页面适合窗口”以便能够看到整个页面。

3. 选择菜单“文件”→“打开”,选择文件夹 Lesson10 中的文件 10_k.indl,再单击“打开”按钮。

拖曳库面板 10_k 的右下角以显示更多项目。

4. 在库面板 10_k 中单击“显示库子集”按钮（ ）。在“显示子集”对话框中的“参数”选项组的最后一个文本框中输入 tree，再单击“确定”按钮，如图 10.28 所示。这将在库中搜索名称包含 tree 的所有对象，最终找到了两个这样的对象。

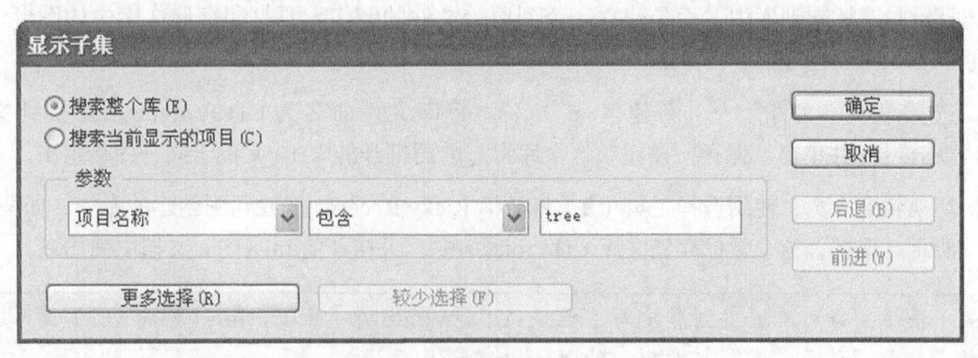

图10.28

5. 在图层面板中确保图层 Graphics 为目标图层，打开链接面板。

6. 库面板 10_k 中有两个可见的对象，将其中的 Tree.psd 拖放到第 5 页。该图像将加入第 5 页，同时其文件名出现在链接面板中。

> 注意：由于将 Tree.psd 从配套光盘复制到了硬盘中，因此将它拖放到页面中后，链接面板可能显示一个链接丢失图标（ ）或警告图标（ ）。要消除这种警告，可单击链接面板中的“更新链接”按钮；也可单击“重新链接”按钮，然后切换到文件夹 Lesson10 并选择文件 Tree.psd。

7. 使用选择工具（ ）移动图像 Tree.psd 的位置，使其框架的左边缘与页面的左边缘对齐，而上、下边缘分别与蓝色框架的上、下边缘对齐。该图形应位蓝色框架中央，其有边缘与蓝色框架的右边缘对齐，如图 10.29 所示。

图10.29

10.11 创建库

接下来将创建自己的库并向其中添加文本和图形。将图形加入 InDesign 库中时，InDesign 并不会将原始文件复制到库中，而是建立一个到原始文件的链接。要打印存储在库中的图形，需要使用高分辨率的原始文件。

1. 选择菜单“文件”→“新建”→“库”。将库文件命名为 CD Projects，切换到文件夹 Lesson10 并单击“保存”按钮。这个库将与前面打开的库 10_k 位于同一面板组中。

2. 切换到第 3 页，使用选择工具（）将徽标 Ricky Records 拖放到刚创建的库中，如图 10.30 所示。现在，这个徽标存储在库 CD Projects 中，可在其他 InDesign 文档中使用它。

> **提示：**将对象拖曳到库中时，按住 Alt（Windows）或 Option（Mac OS）键可打开“项目信息”对话框，能够给对象命名。

图10.30

3. 在库 CD Projects 中双击徽标 Ricky Records，在文本框“项目名称”中输入 Logo，再单击“确定”按钮。

4. 使用选择工具将地址文本块拖曳到库面板 CD Projects 中。

5. 在库面板 CD Projects 中双击该地址文本块，在文本框“项目名称”中输入 Address，再单击“确定”按钮，结果如图 10.31 所示。

现在，这个库包含文本和图形。用户对库进行修改后，InDesign 将立刻存储所做的修改。

6. 单击库面板组右上角的关闭按钮将两个库面板关闭，再选择菜单“文件”→“存储”。

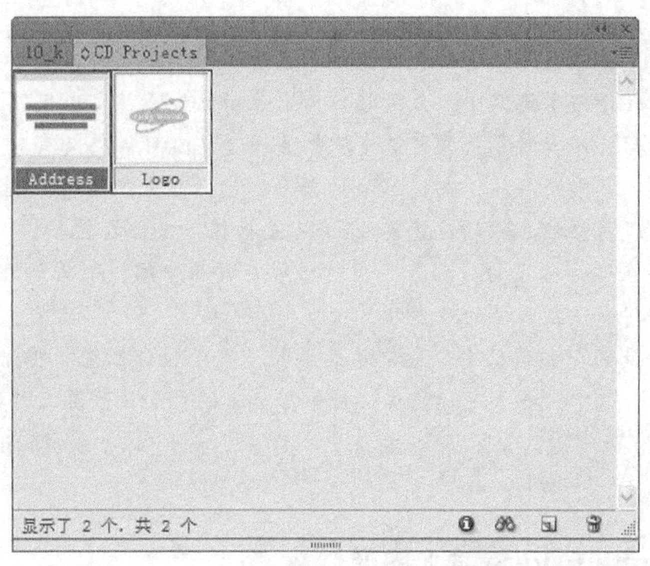

图10.31

使用片段

片段是一个文件，它用于存放对象并描述对象在页面或页面跨页中彼此之间的相对位置。使用片段可以方便地再次使用页面对象及调整其位置。通过将对象存储在片段文件中可以创建片段，其扩展名为“.IDMS”（以前的InDesign版本使用扩展名.INDS）。将片段文件置入InDesign中时，可以决定是将对象按其原始位置放置，还是将对象放在单击鼠标的位置。可以将片段存储在对象库和Adobe Bridge中，也可以存储在硬盘中。

置入时，片段内容将保留其图层关联。如果片段包含资源定义，且这些定义也包含在片段被复制到的文档中，则片段将使用该文档中的资源定义。

在InDesign CS6中创建的片段无法在以前的InDesign版本中打开。

要创建片段，可以执行如下操作之一。

- 使用选择工具选择一个或多个对象，然后选择菜单“文件”→“导出”。从下拉列表“保存类型”（Windows）或“存储格式”（MacOS）中选择“InDesign片段”。输入文件名称，然后单击“保存”按钮。
- 使用选择工具选择一个或多个对象，然后将所选项目拖放到桌面。这将创建一个片段文件。重命名该文件。
- 将“结构视图”中的项目拖放到桌面。

要将片段添加到文档中，可以按照以下步骤操作。

1. 选择菜单“文件”→“置入”。

2. 选择一个或多个片段（*.IDMS或*.INDS）文件，再单击“打开”按钮。

3. 在左上角希望片段文件出现的位置单击。

如果光标位于文本框架中，片段将作为定位对象置于该文本框架中。

置入片段后，所有对象将保持选中状态。通过拖曳可调整所有对象的位置。

4. 如果载入了多个片段，则通过滚动并单击鼠标可置入其他片段。

可以将片段对象按其原始位置置入，而不是根据单击位置置入片段对象。例如，如果文本框架在作为片段的一部分导出时出现在页面中间，则将该文本框架作为片段置入时，它将出现在同样的位置。

在“文件处理”首选项中，选中单选按钮“置于原始位置”将保留对象在片段中的原始位置；选中“置于光标位置”将根据单击的页面位置置入片段。

——摘自 InDesign 帮助

10.12 使用 Adobe Bridge 导入图形

Adobe Bridge 是一个随 Adobe InDesign CS6 一起安装的独立应用程序。它是一个跨平台应用程序，让用户能够在本地和网络计算机上查找文件，然后将其导入到 InDesign 中。

1. 选择菜单“文件”→“在 Bridge 中浏览”打开 Adobe Bridge。

在 Adobe Bridge 窗口中，左上角的收藏夹面板和文件夹面板列出了各种位置，使用 Bridge 浏览这些地方的文档。

提示：除使用 Adobe Bridge 导入图形外，还可使用 Mini Bridge 面板。要打开该面板，选择菜单“窗口”→ Mini Bridge。使用该面板中的控件可找到并选择要导入的图形，再将它们拖曳到版面中。

2. 根据文件夹 Lesson10 所在的位置执行如下操作之一：

- 如果文件夹 Lesson10 位于桌面，单击收藏夹面板中的“桌面”，找到该文件夹并双击它，以便在 Adobe Bridge 窗口中显示其内容。
- 如果文件夹 Lesson10 位于其他地方，单击文件夹面板中的“我的电脑”，再不断单击每个文件夹左边的三角形，直到切换到文件夹 Lesson10。单击文件夹图标可在 Adobe Bridge 窗口中央显示其内容，如图 10.32 所示。

3. Adobe Bridge 提供了一种查找并重命名文件的简单途径。单击名为 Leaf.psd 的图形，再单击文件名。将其重命名为 10_o.psd 并按 Enter 键提交修改，如图 10.33 所示。

4. 要缩小 Bridge 窗口，单击窗口右上角的“切换到紧凑模式”按钮（ ），然后将文件 10_o.psd 拖放到 InDesign 文档的粘贴板中。单击一次切换到 InDesign 文档，再次单击置入该图形，如图 10.34 所示。

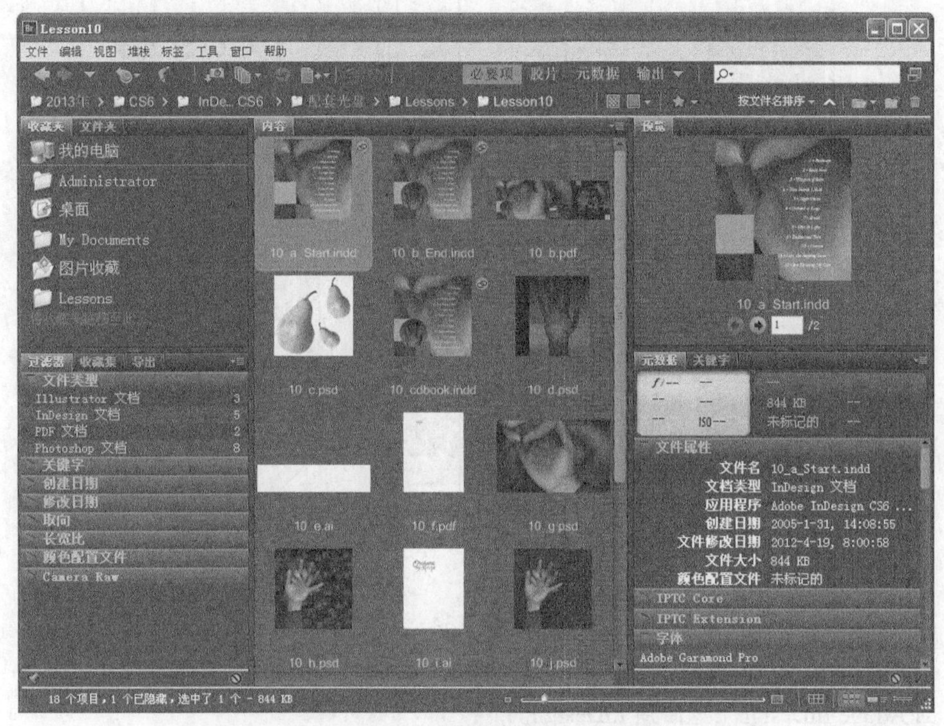
Lesson10
文件 编辑 视图 堆栈 标签 工具 窗口 帮助
必要项 胶片 元数据 输出
2013年 > CS6 > InDe...CS6 > 配套光盘 > Lessons > Lesson10
按文件名排序
收藏夹 文件夹
我的电脑
Administrator
桌面
My Documents
图片收藏
Lessons
内容
10_a_Start.indd
10_b_End.indd
10_b.pdf
10_c.psd
10_cdbook.indd
10_d.psd
10_e.ai
10_f.pdf
10_g.psd
10_h.psd
10_i.ai
10_j.psd
过滤器 收藏集 导出
文件类型
Illustrator 文档 3
InDesign 文档 5
PDF 文档 2
Photoshop 文档 8
关键字
创建日期
修改日期
取向
长宽比
颜色配置文件
Camera Raw
预览
10_a_Start.indd
元数据 关键字
844 KB
未标记的
文件属性
文件名 10_a_Start.indd
文档类型 InDesign 文档
应用程序 Adobe InDesign CS6 ...
创建日期 2005-1-31, 14:08:55
文件修改日期 2012-4-19, 8:00:58
文件大小 844 KB
颜色配置文件 未标记的
IPTC Core
IPTC Extension
字体
Adobe Garamond Pro
18 个项目，1 个已隐藏，选中了 1 个 - 844 KB

图10.32

Lesson10
文件 编辑 视图 堆栈 标签 工具 窗口 帮助
必要项 胶片 元数据
2013年 > CS6 > InDe...CS6 > 配套光盘 > Lessons > Lesson10
内容
10_a_Start.indd
10_b_End.indd
10_b.pdf
10_c.psd
10_cdbook.indd
10_d.psd
10_e.ai
10_f.pdf
10_g.psd
10_h.psd
10_i.ai
10_j.psd
10_k.indl
10_l.psd
10_n.ai
10_o.psd
CD Projects.indl
Tree.psd
18 个项目，1 个已隐藏，选中了 1 个 - 30 KB

图10.33

图10.34

5. 单击 Bridge 窗口右上角的“切换到完整模式”按钮放大该窗口，再选择菜单“文件”→“返回 Adobe InDesign”返回到 InDesign。

6. 打开图层面板。注意到图层 Text 上有个小型红色方框，表明图形放在这个图层中。这是因为置入该图形时，选择了图层 Text。将这个红色方框向下拖曳到 Graphics 图层，注意到图形的框架边缘从红色变成了绿色——图层 Graphics 的颜色。

7. 选择菜单“视图”→“使跨页适合窗口”，再使用选择工具将叶子图形放在第 4 页右上角的紫色框上，如图 10.35 所示。

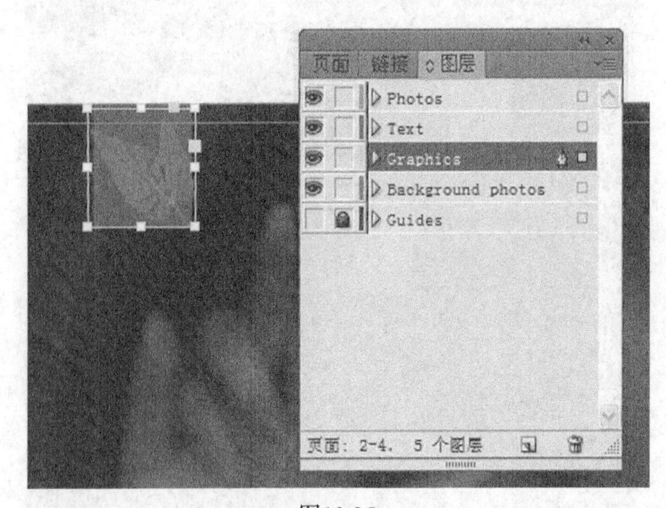

图10.35

将图形文件导入 InDesign 后，便可利用 Adobe Bridge 和 Adobe InDesign 之间的集成关系轻松地找到并访问原始文件。

8. 在链接面板中单击文件 10_j.psd，再在该链接上单击鼠标右键（Windows）或按住 Control 并单击（Mac OS），然后从上下文菜单中选择“在 Bridge 中显示”。

> **提示：** 如果你更喜欢在资源管理器（Windows）或 Finder（Mac OS）中选择文件 10_j.psd，可从上下文菜单中选择“在资源管理器中显示”（Windows）或“在 Finder 中显示”（Mac OS）。

这将从 InDesign 切换到 Bridge，并在 Bridge 中选择文件 10_j.psd。

9. 返回 InDesign 并保存文件。

祝贺你！通过导入、更新和管理多种图形文件格式的图形，你制作了一个 CD 封套。

10.13 练习

有一些处理导入文件的经验后，请读者自己完成下面的练习：

1. 置入不同格式的文件，在“置入”对话框中选中复选框“显示导入选项”，以了解对于每种格式将出现哪些导入选项。有关每种格式的所有导入选项的完整描述，请参阅 InDesign 帮助。

2. 置入一个多页 PDF 文件，在“置入”对话框中选中复选框“显示导入选项”，以便从该文件中导入不同的页面。

3. 根据你的工作需要创建包含文本和图形的库。

复习

复习题

1. 如何获悉导入到文档中的图形的文件名？
2. 在“剪切路径”对话框中，下拉列表“类型”中包含哪4个选项。导入的图形中必须包含什么，这些选项才可用？
3. 更新文件的链接和重新链接文件之间有何不同？
4. 当图形的更新版本可用时，如何确保在InDesign文档中该图形是最新的？

复习题答案

1. 先选择图形，然后选择菜单“窗口”→“链接”，并在链接面板中查看该图形的文件名是否被选中。如果图形是通过选择菜单“文件”→“置入”或其从资源管理器（Windows）、Finder（Mac OS）、Bridge、Mini Bridge面板拖曳到版面中来导入的，其文件名将出现在链接面板中。
2. 在“剪切路径”对话框中，可使用下列选项根据导入的图形创建剪切路径。

- “检测边缘”：图形包含纯黑色或纯白色背景时。
- “Photoshop路径”：导入的Photoshop文件包含一条或多条路径。
- “Alpha通道”：图形包含一个或多个Alpha通道。
- “用户修改的路径”：如果选定的剪切路径被修改过，将显示该选项。

3. 更新文件的链接只是使用链接面板来更新屏幕上的图形表示，使其呈现原稿的最新版本。重新链接是使用“置入”命令在选定图形的位置插入另一个图形。如果要修改已置入图形的导入选项，必须替换图形。
4. 在链接面板中，确保没有警告图标。如果有警告图标，只需选择对应的链接并单击“更新链接”按钮（如果文件没有移到其他地方）；如果文件被移到其他地方，可单击“重新链接”按钮并找到它。

第11课 制作表格

在本课中，读者将学习以下内容：

- 将文本转换为表格、从其他应用程序导入表格以及新建表格；
- 修改行数和列数；
- 调整行高和列宽；
- 使用描边和填色设置表格的格式；
- 为长表格指定重复的表头和表尾；
- 在单元格中置入图形；
- 创建和应用表样式和单元格样式。

本课需要大约45分钟。

Perfect Pizza Pickup

Check your preferences and write in any additional ingredients.
Hand this to your server.

CRUST (CIRCLE ONE): THIN REGULAR DEEP DISH			
INGREDIENT	LEFT SIDE	ENTIRE PIZZA	RIGHT SIDE
Pepperoni			
Ham			
Sausage			
Bacon			
Olives			
Green Peppers			
Jalapeños			
Mushrooms			
Pineapple			
Onions			

Pizzas are all large and cut into eight slices.
Deep Dish pizzas take an extra 15 minutes to cook.

在 InDesign 中，可轻松地创建表格、将文本转换为表格或导入在其他程序中创建的表格。可将众多格式选项（包括表头、表尾以及行和列的交替模式）存储为表样式和单元格样式。

11.1 概述

在本课中，读者将处理一个虚构的披萨点菜单，旨在让该点菜单具有吸引力、易于使用和修改。读者先将文本转换为表格，再使用“表”菜单和表面板中的选项设置表格的格式。如果这个表横跨多页，将包括重复的表头行。最后创建表样式和单元格样式，以便将这种格式快速、一致地应用于其他表格。

> **注意：** 如果还没有从配套光盘将本课的资源文件复制到硬盘中，现在请复制它们，详情请参阅“前言”中的“复制课程文件”。

1. 为确保 Adobe InDesign CS6 首选项和默认设置与本课使用的一样，将文件 InDesign Defaults 移到其他文件夹，详情请参阅“前言”中的“存储和恢复文件 InDesign Defaults”。
2. 启动 Adobe InDesign CS6。为确保面板和菜单命令与本课使用的相同，选择菜单“窗口”→“工作区”→“高级”，再选择菜单“窗口”→“工作区”→“重置‘高级’”。
3. 选择菜单“文件”→“打开”，打开硬盘中文件夹 InDesignCIB\Lessons\Lesson11 中的文件 11_Start.indd。
4. 选择菜单“文件”→“存储为”，将文件重命名为 11_Tables.indd，并存储到文件夹 Lesson11 中。
5. 如果要查看最终的文档，可打开文件夹 Lesson11 中的 11_End.indd，如图 11.1 所示。可让该文件打开供工作时参考。查看完毕后，单击文档窗口左上角的标签 11_Tables.indd 切换到该文档。

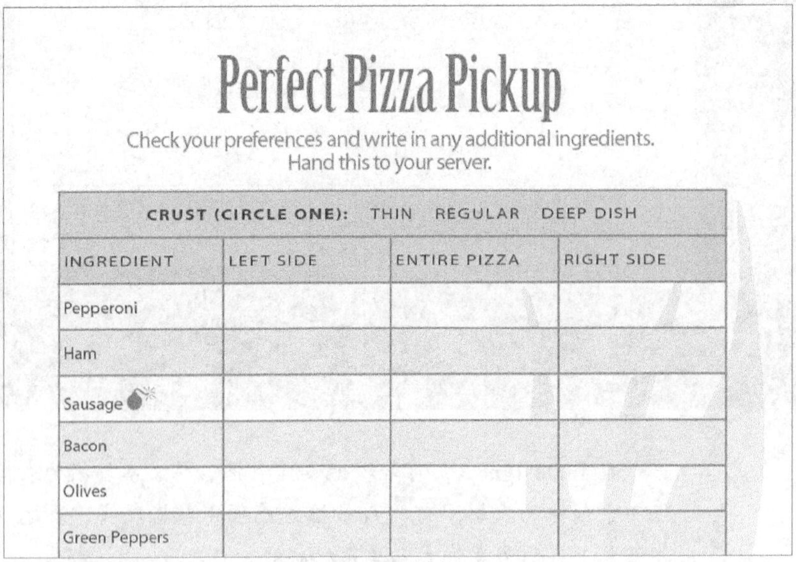

Perfect Pizza Pickup

Check your preferences and write in any additional ingredients.
Hand this to your server.

CRUST (CIRCLE ONE): THIN REGULAR DEEP DISH			
INGREDIENT	LEFT SIDE	ENTIRE PIZZA	RIGHT SIDE
Pepperoni			
Ham			
Sausage			
Bacon			
Olives			
Green Peppers			

图11.1

11.2 将文本转换为表格

表格是一组排成行（垂直）和列（水平）的单元格。通常，表格使用的文本已经以“用制表符分隔的文本”形式存在，即列之间用制表符分隔，行之间用段落标记分隔。在这里，菜单信息是披萨店通过电子邮件发送过来的，再粘贴到文档中。下面选择这些文本并将其转换为表格。

1. 由于显示了隐藏字符，注意到列之间是用制表符分隔的，而行之间是用段落标记分隔的。

2. 使用文字工具（T）选择 INGREDIENT 到 Onions 之间的文本，包括最后的段落标记，如图 11.2 所示。

> **提示**：你将使用文字工具完成所有的表格创建、格式设置和编辑任务。

> **注意**：在本课中，请根据你的显示器和视力调整缩放比例。

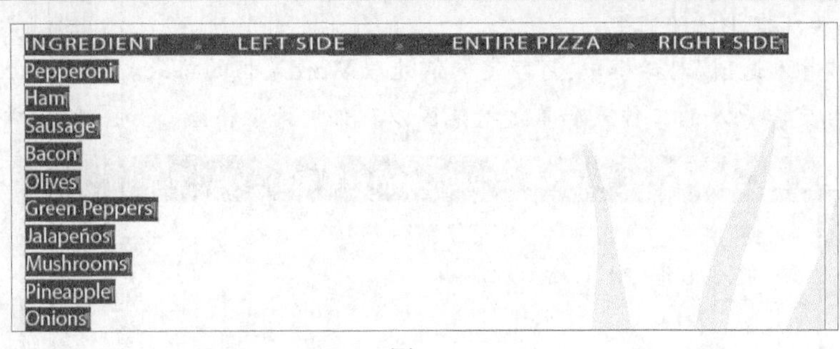

图11.2

3. 选择菜单“表”→“将文本转换为表”。

在“将文本转换为表”对话框中，要指出选定文本当前是如何分隔的。

4. 从“列分隔符”下拉列表中选择“制表符”，从“行分隔符”下拉列表中选择“段落”，再单击“确定”按钮，如图 11.3 所示。

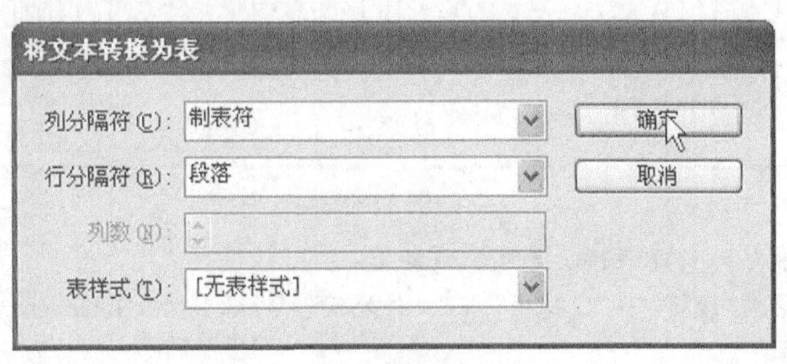

图11.3

提示：如果当前文档包含表样式，可在将文本转换为表格时指定表样式。

新表格将自动定位于包含文本的文本框架中。在 InDesign 中，表格总是定位于文本框架中。

5. 选择菜单“文件”→“存储”。

导入表格

InDesign 可以导入在其他应用程序（包括 Microsoft Word 和 Microsoft Excel）中创建的表格。置入表格时，可创建到外部文件的链接，这样如果更新了 Word 或 Excel 文件，将可轻松地在 InDesign 文档中更新相应的信息。

导入表格：

1. 使用文字工具通过单击将光标放在文本框架中。

2. 选择菜单“文件”→“置入”。

3. 在“置入”对话框中，选中复选框“显示导入选项”。

4. 选择包含表格的 Word 文件（.doc 或 .docx）或 Excel 文件（.xls 或 .xlsx）。

5. 单击“打开”按钮。

6. 在“导入选项”对话框中，可指定如何处理 Word表格的格式。对于 Excel 文件，可指定要导入的工作表和单元格范围以及如何处理格式，如图 11.4 所示。

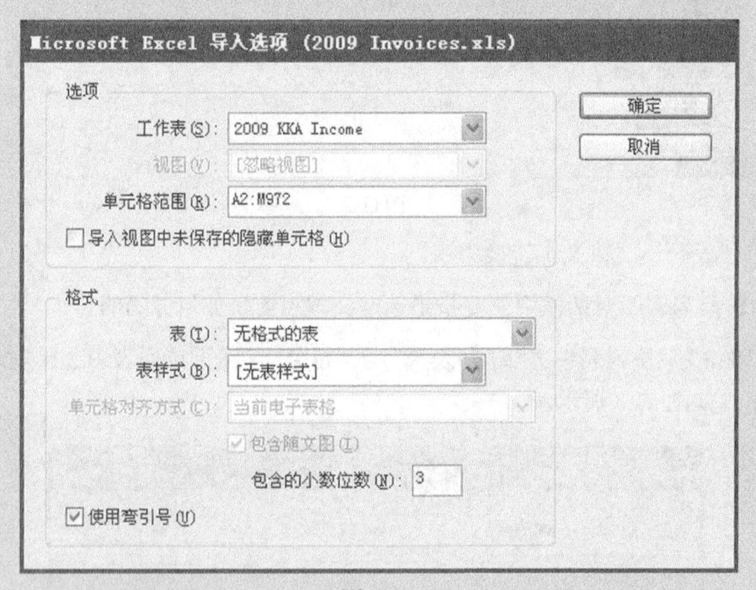

图 11.4

在导入表格时创建链接，具体步骤如下。

1. 选择菜单“编辑”→“首选项”→“文件处理”（Windows）或 InDesign →“首选项”→

"文件处理"（Mac OS）。

2. 在"链接"部分，选中复选框"置入文本和电子表格文件时创建链接"，然后单击"确定"按钮。

3. 如果源文件中的数据被修改了，使用链接面板更新 InDesign 文档中的表格。

请注意，要确保 Excel 文件更新时，链接的 InDesign 表格的格式保持不变，给 InDesign 表格的单元格指定格式时，必须使用单元格样式和表样式。更新链接后，必须重新指定表头行和表尾行的格式。

11.3 设置表格的格式

表格是一组排成行（垂直）和列（水平）的单元格。表格边框是整个表格周围的描边。单元格描边是表格内部将各个单元格彼此分隔的线条。InDesign 包含很多易于使用的表格格式选项，使用这些选项可让表格更具吸引力且让阅读者更容易找到所需的信息。在本节中，读者将添加和删除行、合并单元格以及指定表格的填色和描边。

11.3.1 添加和删除行

可以在选定行的上方或下方添加行，也可删除选定行。添加或删除列的控件与添加和删除行的一样。下面在表格顶部添加一行用于包含表头，再删除表格底部多余的一行。

1. 使用文字工具（T）单击表格第一行（该行以 INGREDIENT 打头）以选择它。

2. 选择菜单"表"→"插入"→"行"。

> 提示：要选择多行并将其删除，可将文字工具指向表格的左边缘，等鼠标变成箭头后拖曳以选择这些行。要选择多列以便将其删除，可将文字工具指向表格的上边缘，等鼠标变成箭头后拖曳以选择这些列。

3. 在"插入行"对话框中，在"行数"文本框中输入 1，选中单选按钮"上"（如图 11.5 所示），再单击"确定"按钮添加一行。

4. 单击表格的最后一行。

5. 选择菜单"表"→"删除"→"行"。

6. 选择菜单"文件"→"存储"保存所做的工作。

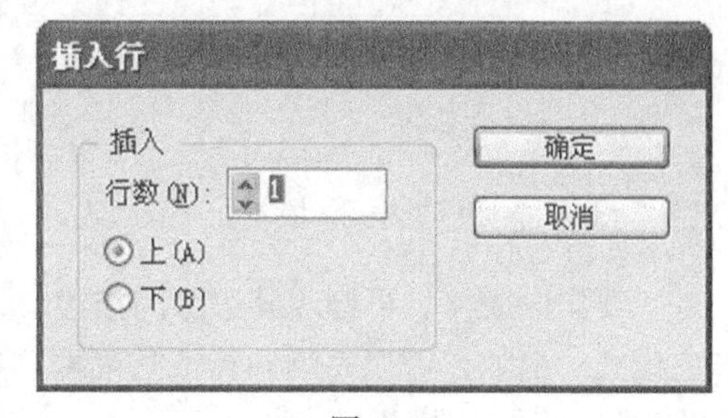

图11.5

11.3.2 合并单元格及调整单元格的大小

可将选定的几个相邻单元格合并成一个单元格。下面合并第一行的单元格，让表头横跨整个表格。

1. 使用文字工具在新增行的第一个单元格中单击，再拖曳以选择该行的所有单元格。
2. 选择菜单“表”→“合并单元格”，如图 11.6 所示。

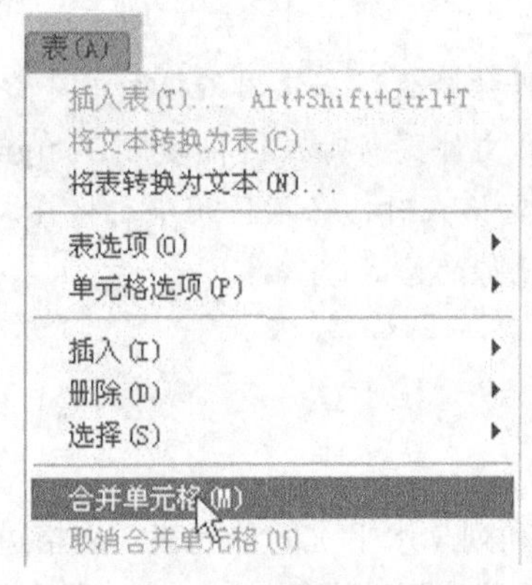

图11.6

注意：在本课中，你将尝试使用各种调整行、列大小以及选择表格的方式。等熟悉表格处理方法后，就可选择使用最合适的方式了。

3. 在合并得到的单元格中单击，并输入“CRUST (CIRCLE ONE): THIN REGULAR DEEP DISH”。使用全角空格将三种披萨分开，方法是在 THIN 和 REGULAR 后面按 Ctrl + Shift + M（Windows）或 Command + Shift + M（Mac OS）。
4. 在控制面板中，单击“字符格式控制”按钮（A）。
5. 通过拖曳选择文本“CRUST (CIRCLE ONE):”，再从“字体样式”下拉列表中选择 Bold。
6. 将鼠标指向第一行下方的描边，当鼠标变成双箭头（↕）后向下拖曳以增加该行的高度，如图 11.7 所示。

CRUST (CIRCLE ONE): THIN — REGULAR — DEEP DISH#			
INGREDIENT#	LEFT SIDE#	ENTIRE PIZZA#	RIGHT SIDE#
Pepperoni#	#	#	#

图11.7

11.3.3 添加边框和填色

要定制表格，可修改其边缘的描边。另外，还可以给整个表格指定填色以及给行或列指定填色模式。例如，可以每隔一行或每隔两列应用填充色。下面给这个表格的边缘描边以创建边框，并每隔一行应用填色。

1. 选择文字工具（T），将鼠标指向表格左上角，当鼠标变成斜箭头（↘）时单击以选择整个表格，如图 11.8 所示。如果斜箭头没有出现，请提高缩放比例。

提示：另一种选择整个表格的方法是，在表格内单击，再选择菜单“表”→“选择”→“表”。

图11.8

2. 选择菜单“表”→“表选项”→“表设置”打开“表选项”对话框。

3. 在“表设置”选项卡的“表外框”选项组的“粗细”文本框中输入1.5。

4. 从“颜色”下拉列表中选择红色色板（C=15、M=100、Y=100、K=0），如图11.9所示。

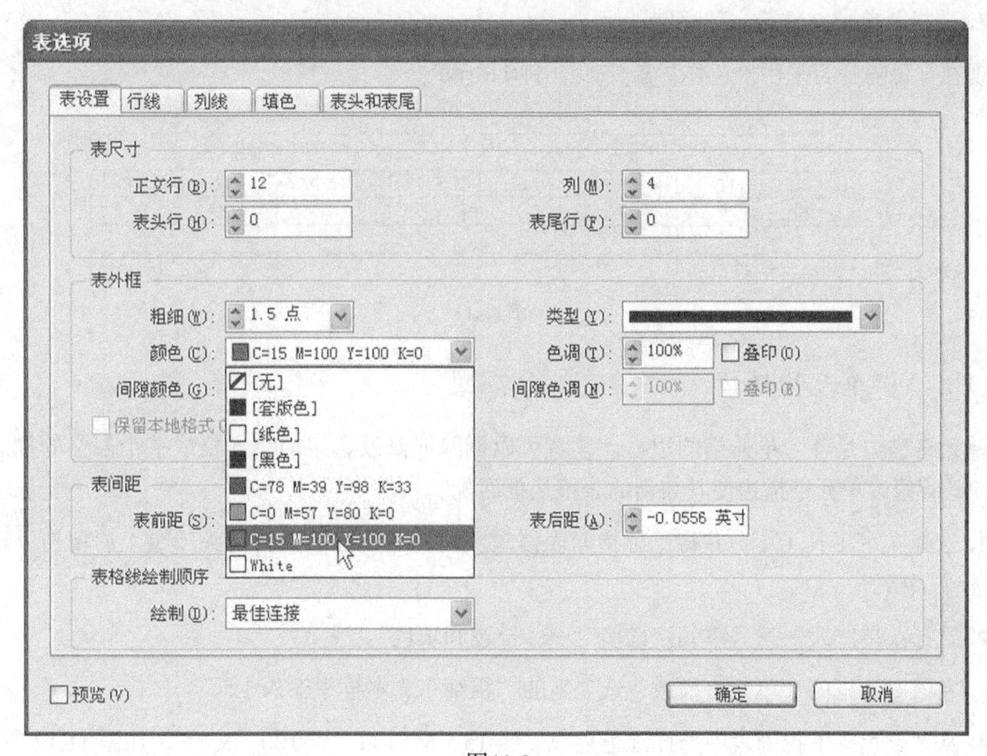

图11.9

5. 在“表选项”对话框的顶部，单击“填色”标签并做如下设置（如图11.10所示）。

- 从“交替模式”下拉列表中选择“每隔一行”。
- 从左边的“颜色”下拉列表中选择橙色色板（C=0、M=57、Y=80、K=0），确认“色调”设置为20%。

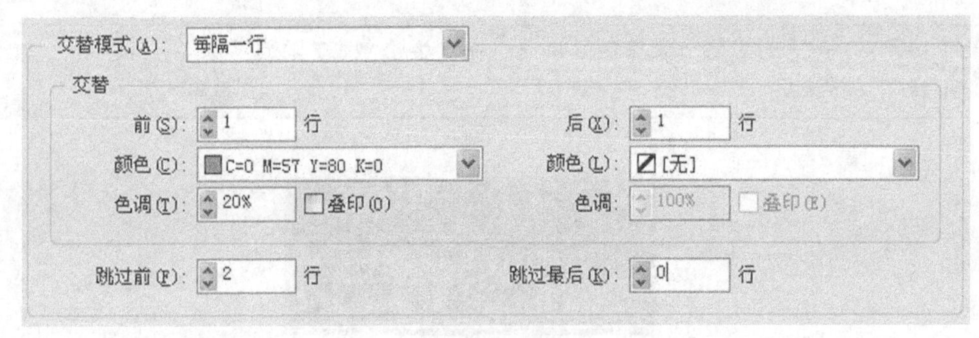

图11.10

- 确认右边的“颜色”下拉列表中选择的是“无”。
- 在“跳过前”文本框中输入 2，以便从第三行开始应用填色（前两行为表头行）。

6. 单击“确定”按钮，再选择菜单“编辑”→“全部取消选择”以便能够看清结果。

7. 选择菜单“文件”→“存储”。

现在，每隔一行采用橙色作背景，如图 11.11 所示。

CRUST (CIRCLE ONE): THIN — REGULAR — DEEP DISH#			
INGREDIENT#	LEFT SIDE#	ENTIRE PIZZA#	RIGHT SIDE#
Pepperoni#	#	#	#
Ham#	#	#	#
Sausage#	#	#	#

图11.11

11.3.4 编辑单元格描边

单元格描边是各个单元格的边框。读者可以删除或修改选定的单元格或整个表格的描边。在本节中，将修改单元格描边使其与新的表格边框匹配。

1. 选择文字工具（T）并将鼠标指向表格左上角，等鼠标变成斜箭头（↘）后单击以选择整个表格。

2. 选择菜单“表”→“单元格选项”→“描边和填色”。

3. 在该对话框的“单元格描边”选项组的“粗细”文本框中输入 1.5。

4. 从“颜色”下拉列表中选择红色色板（C=15、M=100、Y=100、K=0），如图 11.12 所示。

> **提示：**在“单元格选项”对话框中选中复选框“预览”，并尝试使用“类型”下拉列表中的其他选项和各种色调，使选定单元格的描边获得不同的外观。

5. 单击“确定”按钮，再选择菜单“编辑”→“全部取消选择”以查看格式设置结果。

6. 选择菜单“文件”→“存储”。

图11.12

11.3.5 调整行高和列宽

默认情况下，表格中的单元格向垂直方向扩大以容纳其内容，因此如果不断地在一个单元格中输入文字，该单元格将扩大。可指定固定行高，也可让 InDesign 在表格中创建高度相等的行和宽度相等的列。在这里，读者将指定固定行高、调整各行中文本的位置以及调整列宽。

提示：控制面板也提供了很多设置表格格式的选项。

1. 使用文字工具（T）在表格中单击，再选择菜单“表”→“选择”→“表”。
2. 选择菜单“窗口”→“文字和表”→“表”打开表面板。
3. 在表面板中，从“行高”下拉列表中选择“精确”，再在该下拉列表右边的文本框中输入 0.5in 并按 Enter 键。
4. 在依然选择了表格的情况下，单击表面板中的“居中对齐”按钮，如图 11.13 所示。

这让每个单元格中的文本垂直居中对齐。

图11.13

5. 在表格内的任何地方单击以取消选择单元格。

6. 选择文字工具，将鼠标指向两列之间的垂直描边，当鼠标变成双箭头（↔）时向左或右拖曳以调整列宽，如图 11.14 所示。

提示：拖曳列分界线可调整列宽，而右边的所有列都将相应地向右或左移动（这取决于是增大还是缩小列宽）。为确保拖曳列分界线时，整个表格的宽度不变，可在拖曳时按住 Shift 键。这样，边界线两边的列将一个更宽、一个更窄，而整个表格的宽度保持不变。

CRUST (CIRCLE ONE): THIN—REGULAR—DEEP DISH#			
INGREDIENT#	LEFT SIDE#	ENTIRE PIZZA#	RIGHT SIDE#
Pepperoni#	#	#	#

图11.14

7. 选择菜单“编辑”→“还原‘调整列大小’”。

8. 再次选择整个表，选择菜单“表”→“均匀分布列”，结果如图 11.15 所示。

CRUST (CIRCLE ONE): THIN—REGULAR—DEEP DISH#			
INGREDIENT#	LEFT SIDE#	ENTIRE PIZZA#	RIGHT SIDE#
Pepperoni#	#	#	#
Ham#	#	#	#
Sausage#	#	#	#
Bacon#	#	#	#
Olives#	#	#	#
Green Peppers#	#	#	#

图11.15

9. 选择菜单“编辑”→“全部取消选择”，再选择菜单“文件”→“存储”。

11.4 创建表头行

通常对表格名称和列标题应用格式，使其在表格中更突出。为此，可选择包含表头信息的单元格并设置其格式。如果表格横跨多页，将需要重复表头信息。在 InDesign 中，可以指定表格延续到下一栏或下一页时需要重复的表头行和表尾行。下面首先设置表格前两行（表格名称和列标题）的格式，并将它们指定为重复的表头行。

> **提示**：编辑表头行的文本时，其他表头行的文本也将自动更新，只能编辑源表头行的文本，其他表头行将被锁定。

1. 选择文字工具（T），将鼠标指向第一行的左边缘，直到鼠标变成水平箭头（➜）。
2. 单击以选择第一行，再拖曳鼠标以选择前两行，如图 11.16 所示。

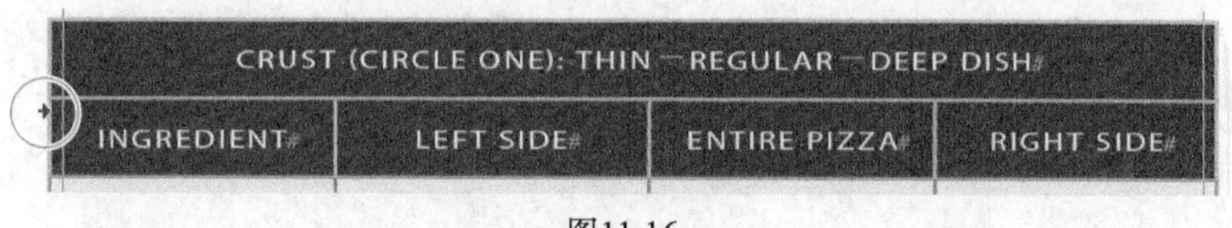

图11.16

3. 选择菜单“表”→“单元格选项”→“描边和填色”。
4. 在“单元格填色”选项组的“颜色”下拉列表中选择橙色色板（C=0、M=57、Y=80、K=0）。
5. 在“色调”文本框中输入 50，再单击“确定”按钮，如图 11.17 所示。

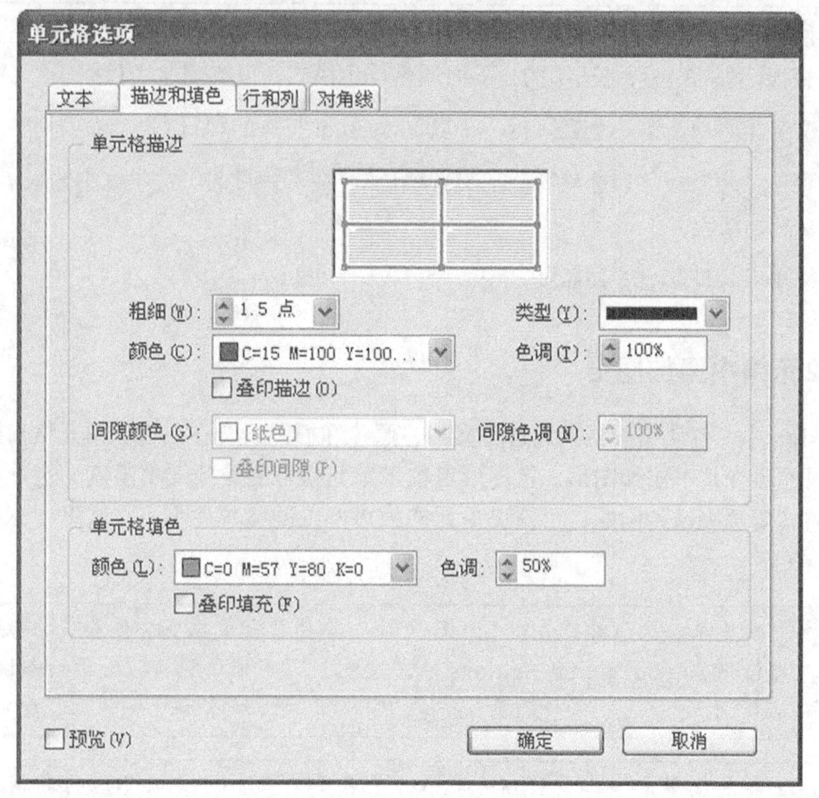

图11.17

6. 在依然选择了这两行的情况下，选择菜单“表”→“转换行”→“到表头”。

为查看表头行的行为，下面在该表格中添加行，让它延续到下一页。在披萨点菜单中添加项目时，只需在表格中输入它们，并按 Tab 键在单元格之间切换。

7. 单击表格的最后一行，再选择菜单“表”→“插入”→“行”。

8. 在“插入行”对话框中的“行数”文本框中输入 15，选中单选项“下”，再单击“确定”按钮。

9. 选择菜单“版面”→“下一页”，以查看第二页重复的表头行，如图 11.18 所示，返回到文档第 1 页。

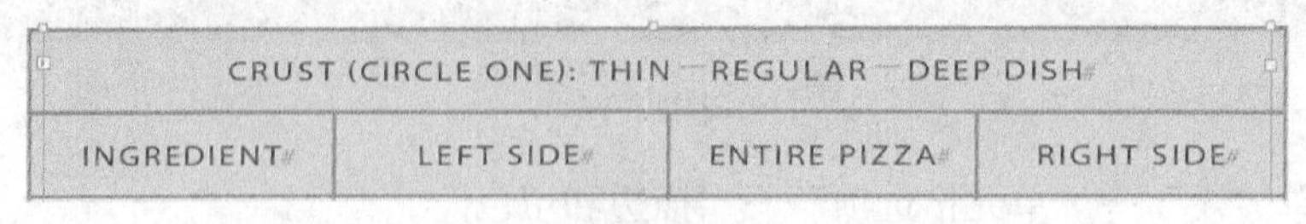

图11.18

> **提示：**在“表选项”对话框的“表头和表尾”选项卡中，可指定什么时候重复表头和表尾。

你可能注意到了，交替填色模式针对的是表头行后面的行。这导致紧接着表头行的两行都是透明的，但我们希望只有一行是透明的，下面调整填色模式，以实现这个目标。

10. 使用文字工具单击第一个表体行——以 Pepperoni 打头的那行。

11. 选择菜单“表”→“表选项”→“交替填色”。在“跳过前”文本框中输入 1，再单击“确定”按钮。

12. 选择菜单“文件”→“存储”。

11.5 在单元格中添加图形

在 InDesign 中，可使用表格高效地将文本、照片和插图组合在一起。单元格实际上就是小型文本框架，因此可在其中添加图形。将图形定位于单元格可能导致文本溢流，这是在单元格中使用红点指出的。要解决这种问题，可拖曳单元格的边框以调整其大小。在这里，你将在辛辣披萨旁边添加鞭炮图案。

> **提示：**在本课末尾，你将导出 EPUB 文件。要查看和管理 EPUB 和其他数字出版物，可使用 Adobe Digital Editions，该软件可从 Adobe 网站（www.adobe.com）免费下载。

> **提示：**必须使用文字工具将内容置入或粘贴到单元格中，而不能将其拖曳到单元格中。通过拖放只能将图像放在表格的上面或下面，而不能将其放到单元格内。

1. 选择菜单“视图”→“使页面适合窗口”，注意到左边的粘贴板上有鞭炮图案。

2. 使用选择工具（ ）选择粘贴板中的鞭炮图案。如果必要，调整缩放比例以便能够看清表格中的文本。

3. 选择菜单“编辑”→“复制”。

4. 选择文字工具（ T ）（或在表格中双击自动切换到文字工具）。在表格第一列中的INGREDIENT 下方的 Sausage 右边单击。

5. 按空格键在鞭炮图案前面添加一个空格，再选择菜单“编辑”→“粘贴”。

除将图形粘贴到文本插入点处外，还可选择菜单“文件”→“置入”来导入图形文件并将其定位到单元格中。

6. 重复第 4 步和第 5 步，将鞭炮图案放在INGREDI ENT 列的 Jalapeños 右边，结果如图 11.19 所示。

7. 使用选择工具（ ）选择粘贴板上的鞭炮图案，再选择菜单“编辑”→“复制”。

8. 选择菜单“文件”→“存储”。

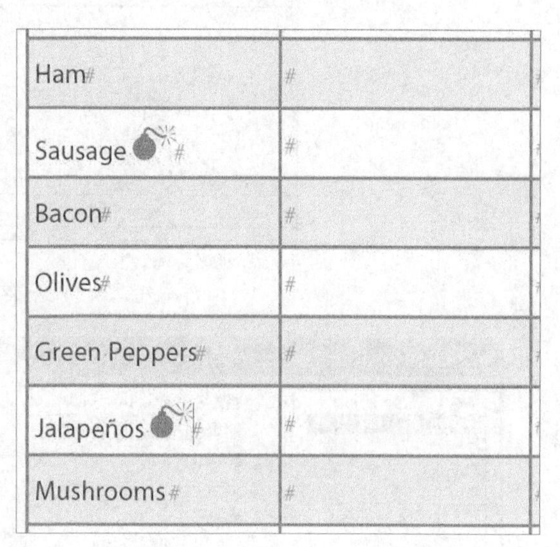

图11.19

11.6 创建并应用表样式和单元格样式

为快速而一致地设置表格的格式，可创建表样式和单元格样式。表样式适用于整个表格，而单元格样式适用于选定的单元格、行和列。下面创建表样式和单元格样式，以便将这种格式迅速应用于点菜单的其他部分。

11.6.1 创建表样式和单元格样式

在这个练习中，读者将创建一种表样式（用于设置表格的格式）和一种单元格样式（用于设置表头行的格式）。这里将基于表格使用的格式创建样式，而不是指定样式中的格式。

1. 使用文字工具（ T ）在表格中的任何位置单击。

2. 选择菜单“窗口”→“样式”→“表样式”。

3. 在表样式面板菜单中选择“新建表样式”，如图 11.20 所示。

4. 在“样式名称”文本框中输入 Menu Table，单击左边列表中的“表设置”，以查看选定表格的“表外框”设置，如图 11.21 所示。

5. 单击“确定”按钮，新建的样式将出现在表样式面板中。

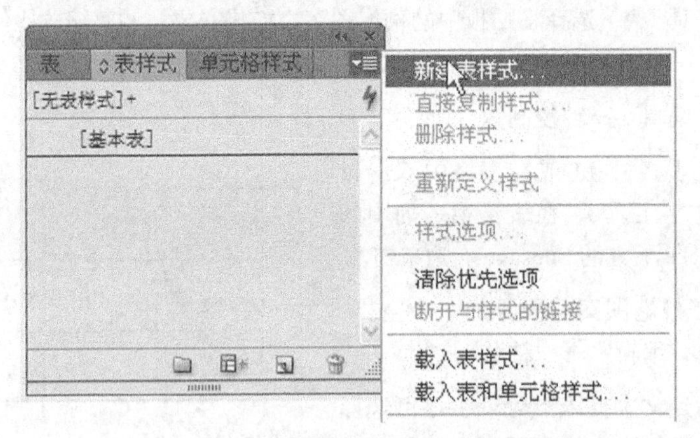

图11.20

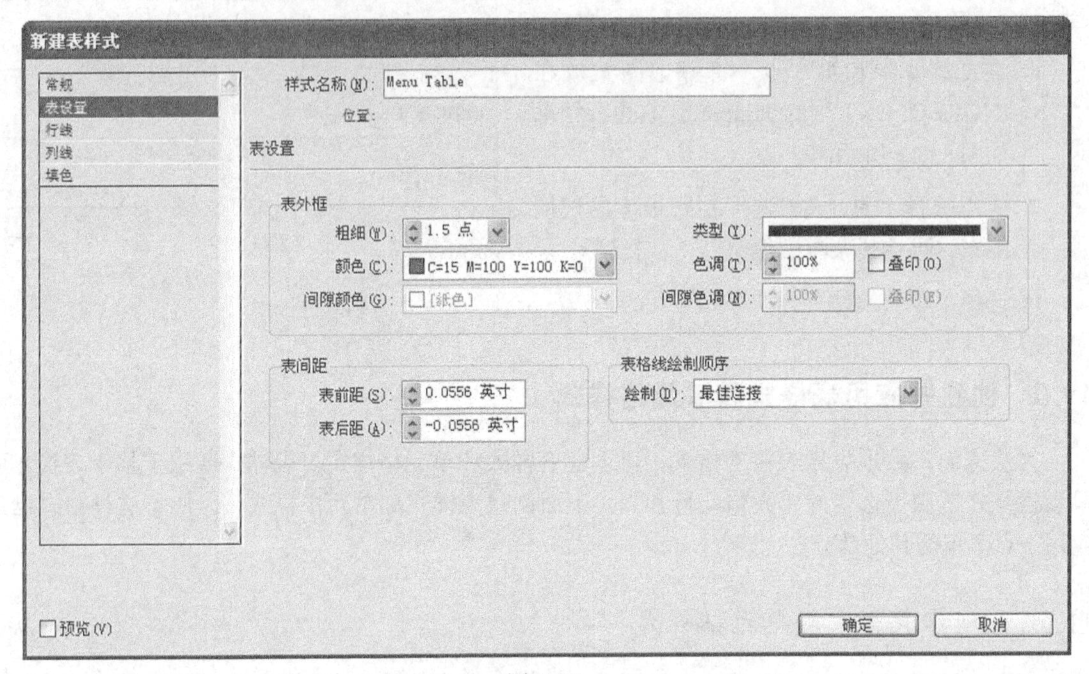

图11.21

6. 使用文字工具（T）在表头行的任何地方单击。

7. 选择菜单“窗口”→“样式”→“单元格样式”。

8. 从单元格样式面板菜单中选择“新建单元格样式”命令，如图 11.22 所示。

9. 在“样式名称”文本框中输入 Header Rows。

下面修改单元格样式 Header Rows 的段落样式。

10. 从“段落样式”下拉列表中选择 Table Header 选项（如图 11.23 所示），这是已应用于表头行文本的段落样式。

表
表样式
单元格样式
[无]+
[无]+
[无]
新建单元格样式...
直接复制样式...
删除样式...
重新定义样式
样式选项...
清除优先选项
清除非样式定义属性
断开与样式的链接
载入单元格样式...
载入表和单元格样式...

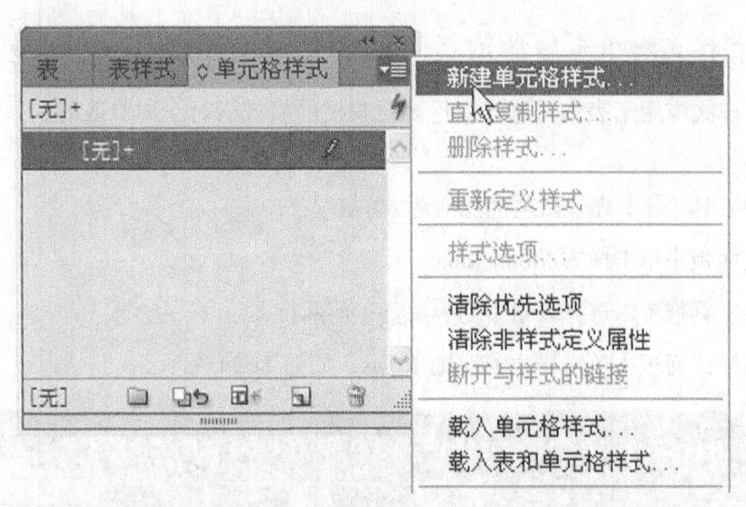

图11.22

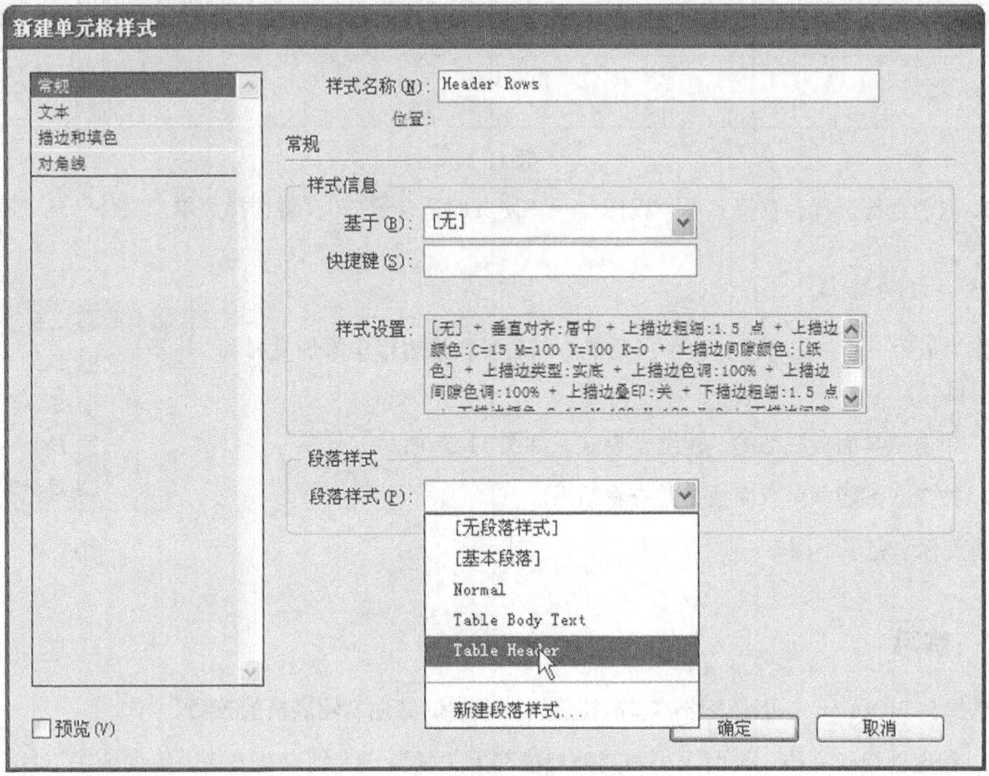

新建单元格样式
常规
文本
描边和填色
对角线
样式名称(N): Header Rows
位置:
常规
样式信息
基于(B): [无]
快捷键(S):
样式设置: [无] + 垂直对齐:居中 + 上描边粗细:1.5 点 + 上描边颜色:C=15 M=100 Y=100 K=0 + 上描边间隙颜色:[纸色] + 上描边类型:实底 + 上描边色调:100% + 上描边间隙色调:100% + 上描边叠印:关 + 下描边粗细:1.5 点
段落样式
段落样式(P):
[无段落样式]
[基本段落]
Normal
Table Body Text
Table Header
新建段落样式...
预览(V)
确定
取消

图11.23

11. 单击“确定”按钮，新建的样式出现在了单元格样式面板中。

12. 选择菜单“文件”→“存储”。

11.6.2 应用表样式和单元格样式

下面将这些样式应用于表格。这样以后要对表格的格式进行全面修改时，只需编辑表样式或单元格样式即可。

1. 使用文字工具（T）在表格内的任何地方单击。

2. 在表样式面板中单击样式 Menu Table。

3. 使用文字工具拖曳以选择表格中的表头行（前两行）。

4. 在单元格样式面板中单击样式 Header Rows，如图 11.24 所示。

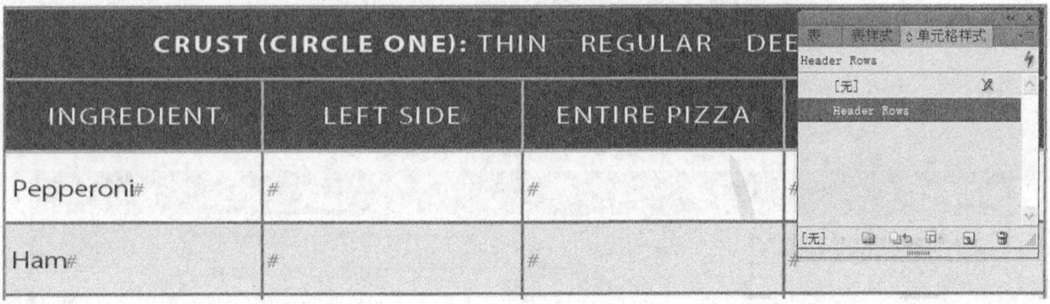

图11.24

5. 取消全部选择，选择菜单“视图”→“使页面适合窗口”，再选择菜单“文件”→“存储”。

11.6.3 大功告成

作为最后一步，你将预览这个点菜单。以后可在该表格中添加食材和其他项目。

1. 单击工具面板底部的“预览”模式，如图 11.25 所示。

2. 按 Tab 键隐藏所有面板，并查看结果。

祝贺你学完了本课。

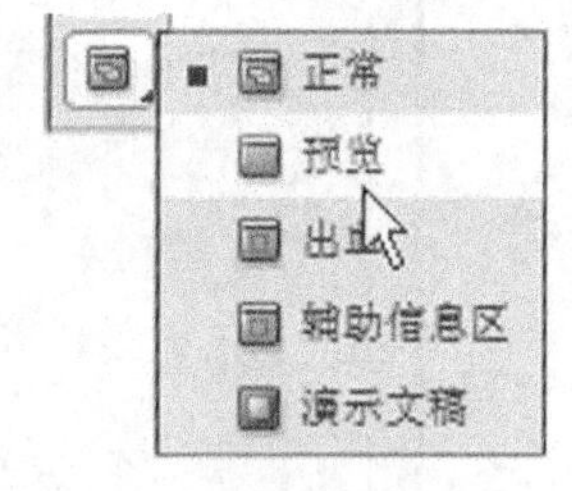

图11.25

11.7 练习

掌握在 InDesign 中处理表格的基本技能后，可尝试其他创建表格的技巧。

1. 首先创建新文档，页面大小和其他规格都无关紧要。为创建新表格，拖曳文字工具创建文本框架，再选择菜单“表”→“插入表”并输入要创建表格的行数和列数。

2. 为在表格中输入信息，确保光标位于第一个单元格中并输入。要移到右边的单元格，按 Tab 键；要移到下面的单元格，按下方向键。

3. 要通过拖曳添加一列，将文字工具指向表格中某列的右边缘，当鼠标变成双箭头（↔）后，按住 Alt（Windows）或 Option（Mac OS）并向右拖曳一小段距离（大约半英寸）。当松开鼠标后，将出现一个新列，其宽度与拖曳的距离相等。

4. 要将表格转换为文本，选择菜单“表”→“将表转换为文本”；可以使用制表符来分隔同一行中不同列的内容，使用换行符来分隔不同行的内容，也可以修改这些设置。同样，要将用制表符分隔的文本转换为表格，可选择这些文本，然后选择菜单“表”→“将文本转换为表”。

5. 要旋转单元格中的文本，可使用文字工具在单元格中单击以放置插入点。选择菜单“窗口”→“文字和表”→“表”，再在表面板中从下拉列表“排版方向”中选择“直排”，然后在单元格中输入文本。

复习

复习题

1. 与输入文本并使用制表符将各列分开相比，使用表格有何优点？
2. 什么情况下单元格可能溢流？
3. 处理表格时最常用的是哪种工具？

复习题答案

1. 表格提供了更大的灵活性，格式化起来更容易。在表格中，文本可在单元格中自动换行，因此无需添加额外的行，单元格就能容纳很多文本。另外，可给选定的单元格、行或列指定样式（包括字符样式甚至段落样式），因为每个单元格都类似于一个独立的文本框架。
2. 当单元格无法容纳其内容时将发生溢流。仅当指定了单元格的行高时，才会发生溢流，否则，将文本置入单元格时，文本将在单元格中换行，而单元格将沿垂直方向扩大以容纳所有文本。将图形置入没有固定行高的单元格时，单元格也会沿垂直方向扩大，但不会沿水平方向扩大，因此列宽保持不变。
3. 要对表格做任何处理，必须选择文字工具。可以使用其他工具来处理单元格中的图形，但要处理单元格本身，如选择行或列、插入文本或图形内容、调整表格的尺寸等，必须使用文字工具。

第12课 处理透明度

在本课中，读者将学习以下内容：

- 给导入的黑白图像着色；
- 修改在InDesign中绘制的对象的不透明度；
- 给导入图形指定透明度设置；
- 给文本指定透明度设置；
- 设置重叠对象的混合模式；
- 羽化对象；
- 将多种效果应用于对象；
- 编辑和删除效果。

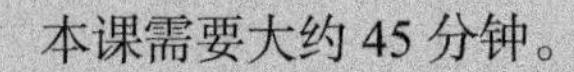

本课需要大约45分钟。

Adobe InDesign CS6 提供了一系列的透明度功能，以满足用户的想象力和创造性，这包括控制不透明度、效果和颜色混合。用户还可导入有透明度设置的文件并对其应用其他透明度效果。

12.1 概述

本课的项目是一家虚构餐厅 bistro Nouveau 的菜单。读者将通过使用一系列图层来应用透明度效果，创建出视觉效果丰富的设计。

> **注意**：如果还没有从配套光盘将本课的资源文件复制到硬盘中，现在请复制它们，详情请参阅“前言”中的“复制课程文件”。

1. 为确保你的 Adobe InDesign CS6 首选项和默认设置与本课使用的一样，将文件 InDesign Defaults 移到其他文件夹，详情请参阅“前言”中的“存储和恢复文件 InDesign Defaults”。
2. 启动 Adobe InDesign CS6。为确保面板和菜单命令与本课使用的相同，选择菜单“窗口”→“工作区”→“高级”，再选择菜单“窗口”→“工作区”→“重置‘高级’”。

为开始工作，读者将打开一个已部分完成的 InDesign 文档。

3. 选择“文件”→“打开”，打开硬盘中文件夹 InDesignCIB\Lessons\Lesson12 中的文件 12_a_Start.indd。
4. 选择“文件”→“存储为”，将文件重命名为 12_Menu.indd，并存储到文件夹 Lesson12 中。

由于所有图层都被隐藏，因此该菜单呈现为一个狭长的空页面。读者将在需要时显示各个图层，以便能够将注意力集中在特定对象及本课要完成的任务上。

5. 如果想查看最终的文档，选择菜单“文件”→“打开”，打开文件夹 Lesson12 中的文件 12_b_End.indd，如图 12.1 所示。
6. 查看完毕后，可关闭文件 12_b_End.indd，也可让它打开供工作时参考。要返回到课程文档，可选择菜单“窗口”→“12_Menu.indd”，也可单击文档窗口左上角的标签“12_Menu.indd”。

图12.1

12.2 导入黑白图像并给它着色

首先将处理菜单的 Background 图层，该图层用作带纹理的菜单背景，将透过它上面的带透明度设置的对象显示出来。通过应用透明度效果，可创建透明对象，可透过它看到下面的对象。

由于图层 Background 位于图层栈的最下面，因此无需对该图层中的对象应用透明效果。

1. 选择菜单“窗口”→“图层”打开图层面板。
2. 如果必要，在图层面板中向下滚动，找到并选择位于最下面的图层 Background。将把导入的图像放到该图层中。

3. 确保该图层可见（有眼睛图标）且没有被锁定（没有图层锁定图标（🔒）），如图 12.2 所示。图层名右边的钢笔图标（✒）表明，导入的对象和新建的框架将放在该图层中。

4. 选择菜单“视图”→“网格和参考线”→“显示参考线”，你将使用页面中的参考线来对齐导入的背景图像。

5. 选择菜单“文件”→“置入”，再打开文件夹 Lesson12 中的文件 12_c.tif，是一个灰度 TIFF 图像。

6. 鼠标将变成载入图形图标（）），将其指向页面左上角的外面，并单击红色出血参考线的交点。这样置入的图像将占据整个页面，包括页边距和出血区域。让图形框架处于选中状态，如图 12.3 所示。

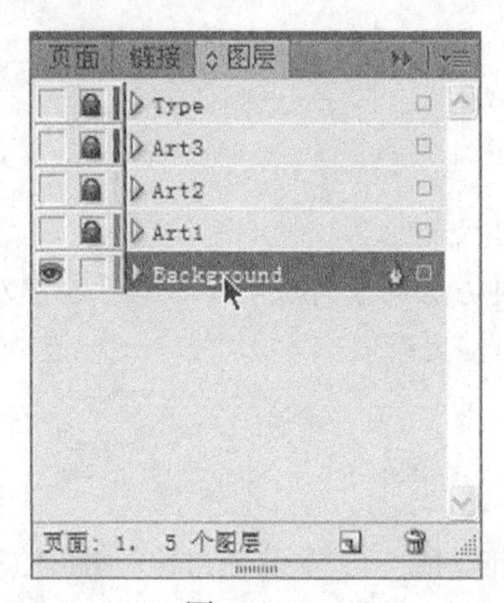

图12.2

图12.3

7. 选择菜单“窗口”→“颜色”→“色板”。要使用色板面板给这幅图像着色，但首先需要调整要使用的色板 . 的色调。

8. 在色板面板中，选择填色框（）。向下滚动色板列表，找到色板 Light Green 并选择它；单击色板面板顶部的“色调”下拉列表，并将滑块拖曳到 76%。

> **提示：**也可选择工具面板底部的填色框。

图形框架的白色背景变成了 76% 的绿色，但图形的灰色区域没有变化。

9. 切换到选择工具（），将鼠标指向内容抓取工具的圆环形状，等鼠标变成手形（）后单击以选择框架中的图形，再在色板面板中选择 Light Green。颜色 Light Green 将替换图像中的灰色，但颜色为 Light Green 76% 的区域不变，如图 12.4 所示。

在 InDesign 中，可将颜色应用于下述格式的灰度和位图图像：PSD、TIFF、BMP 和 JPEG。如果选择了图形框架中的图形再应用填色，填色将应用于图像的灰色部分，而不像第 8 步选择了框架时那样应用于框架的背景。

10. 在图层面板中单击图层名 Background 左边的空框将该图层锁定，如图 12.5 所示。让图层

Background 可见，以便能够看到设置其他图层的透明度的结果。

给框架应用填色和色调后　　给图形应用颜色后

图12.4

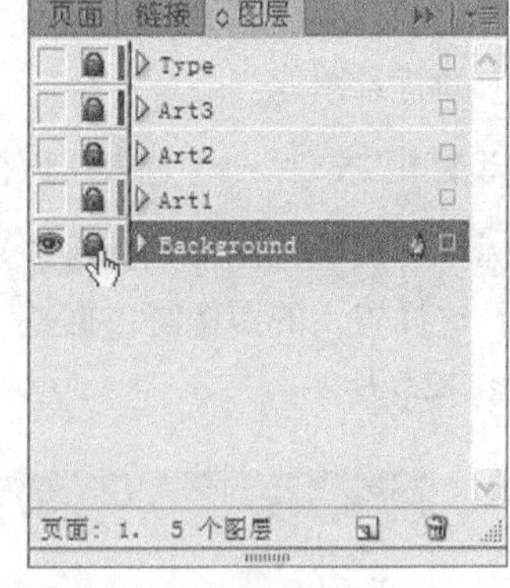

图12.5

11. 选择菜单“文件”→“存储”保存所做的工作。

你学习了给灰度图像快速着色的方法。虽然这种方法对于合成图像很有效，但对于创建最终的作品而言，Adobe Photoshop CS6 的颜色控制功能可能更有效。

12.3　设置透明度

InDesign CS6 有大量透明度控件。例如，通过降低对象、文本设置和导入图形的不透明度，可让它下面原本不可见的对象显示出来。另外，诸如混合模式、投影、边缘羽化和发光以及斜面和浮雕效果等透明度功能提供了大量的选项，让用户能够创建特殊视觉效果，本课后面将介绍这些功能。

在本节中，将对菜单的每个图层使用各种透明度选项。

12.3.1　效果面板简介

使用效果面板（可选择菜单“窗口”→“效果”打开它）可指定对象或对象组的不透明度和混合模式、对特定组执行分离混合、挖空组中的对象或应用透明度效果，如图 12.6 所示。

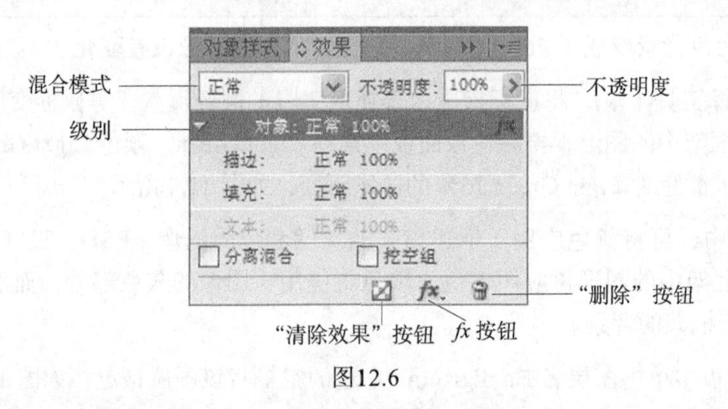

图12.6

效果面板概述

- 混合模式：指定如何混合重叠对象的颜色。
- 级别：指出选定对象的“对象”、“描边”、“填色”和“文本”的不透明度设置以及是否应用了透明度效果。单击字样“对象”(“组”或“图形”)左侧的三角形可隐藏或显示这些级别设置。为某级别应用透明度设置后，该级别将显示 fx 图标，双击该 fx 图标可编辑这些设置。
- 清除效果：清除对象（描边、填色或文本）的效果，将混合模式设置为“正常”，并将选定的整个对象的不透明度设置更改为 100%。
- fx 按钮：打开透明度效果列表。
- 删除：删除应用于对象的效果，但不删除混合模式和不透明度。
- 不透明度：降低对象的不透明度时，对象将更透明，因此它下面的对象将更清晰。
- 分离混合：将混合模式应用于选定对象组，但不影响下面的不属于该组的对象。
- 挖空组：使组中每个对象的不透明度和混合属性挖空或遮蔽组中的底层对象。

12.3.2 修改纯色对象的不透明度

处理好背景图形后，便可给它上面的图层应用透明度效果了。首先处理一系列使用 InDesign CS6 绘制的简单形状。

1. 在图层面板中，选择图层 Art1 使其成为活动图层，再单击图层名左边的锁图标解除对该图层的锁定。单击图层 Art1 最左边的方框以显示眼睛图标，这表明该图层是可见的，如图 12.7 所示。

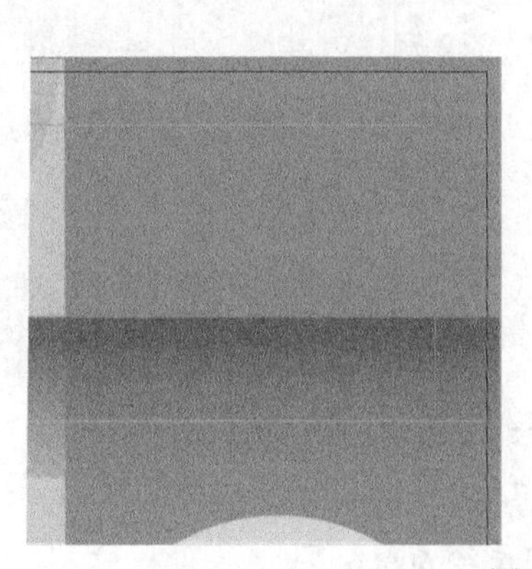

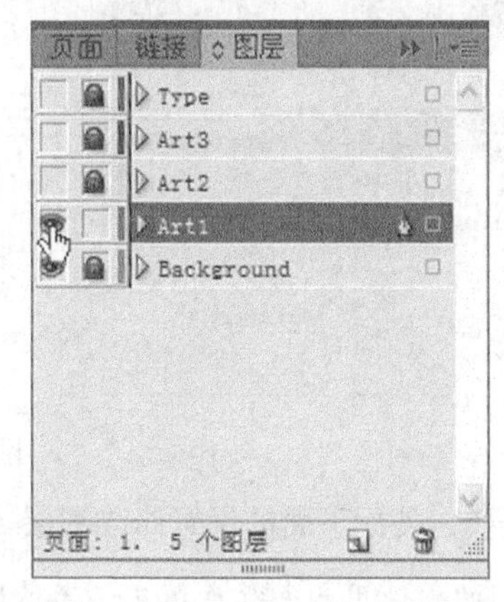

图12.7

2. 使用选择工具（ ）单击页面右边使用绿 / 黄颜色填充的圆圈，这是一个在 InDesign 中绘制的使用纯色填充的椭圆形框架。

注意：如果色板面板没有打开，选择菜单“窗口”→“颜色”→“色板”打开它。本节提到形状时，使用用于填充它的色板作为其名称。

3. 选择菜单“窗口”→“效果”打开效果面板。

4. 在效果面板中单击下拉列表“不透明度”右边的箭头，这将打开不透明度滑块。将该滑块拖曳到 70%，如图 12.8 所示。也可在文本框“不透明度”中输入 70% 并按 Enter 键。

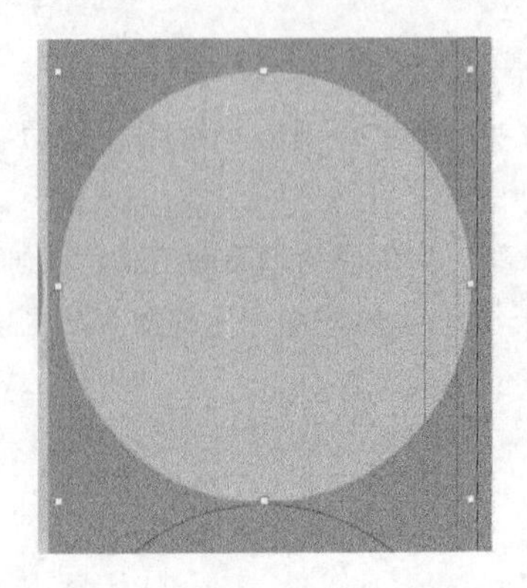

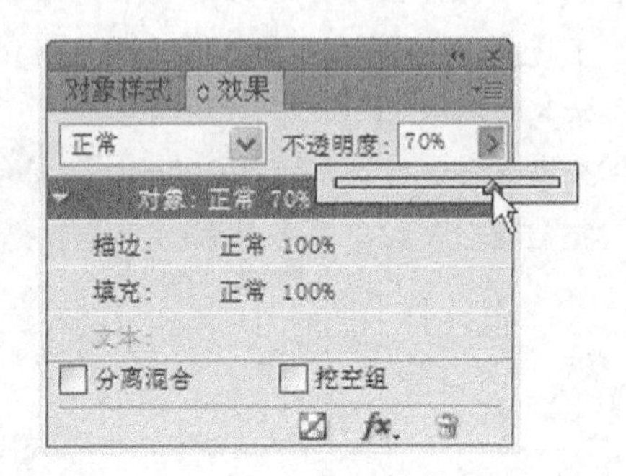

图12.8

调整圆圈黄 / 绿的不透明度后，它将变成半透明的，最终的颜色是由圆圈的填充色黄 / 绿和它下面覆盖页面右半部分的紫色混合而成的。

5. 选择页面左上角使用浅绿色填充的半圆；在效果面板中将不透明度设置为 50%。由于背景的影响，该半圆的颜色发生了细微的变化，如图 12.9 所示。

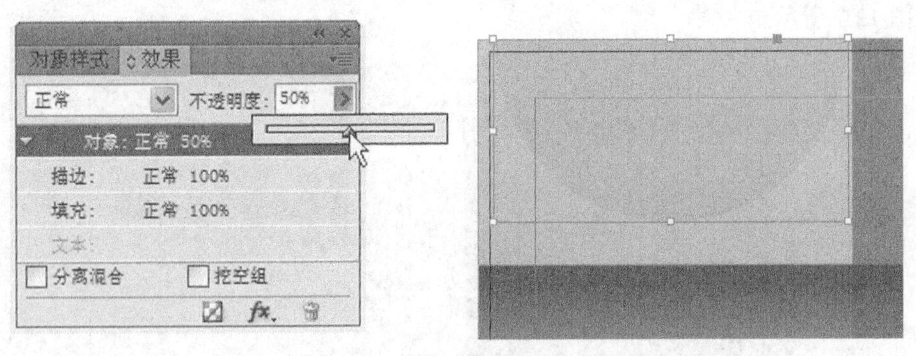

图12.9

6. 重复第 5 步，使用下面的设置修改图层 Art1 中其他圆圈的不透明度：

- 左边中间的圆使用颜色绿色填充：不透明度 = 60%；

- 左边底部的圆使用颜色浅紫色填充：不透明度 = 70%；
- 右边底部的半圆使用颜色浅绿色填充：不透明度 = 50%。

7. 选择菜单“文件”→“存储”保存所做的工作。

12.3.3 指定混合模式

修改不透明度后，将得到当前对象颜色及其下面对象颜色相组合而得到的颜色。混合模式提供了另一种指定不同图层对象如何交互的途径。

在本小节中，将对页面中的三个对象应用混合模式。

1. 使用选择工具（ ）选择页面右边使用黄 / 绿填充的圆。

2. 在效果面板中，从下拉列表“混合模式”中选择“叠加”命令，如图 12.10 所示，请注意颜色的变化。

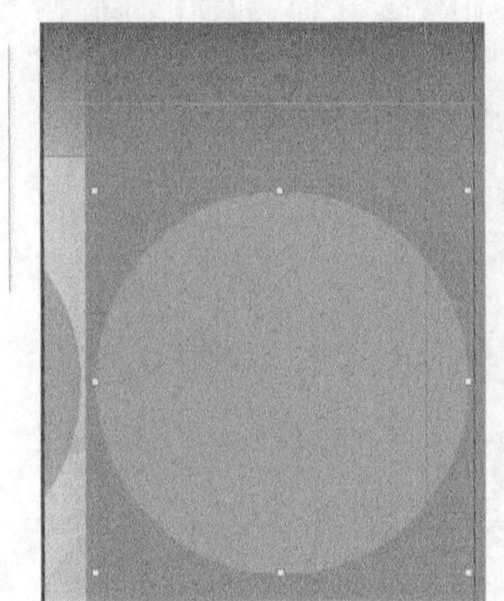

应用 70% 的不透明度

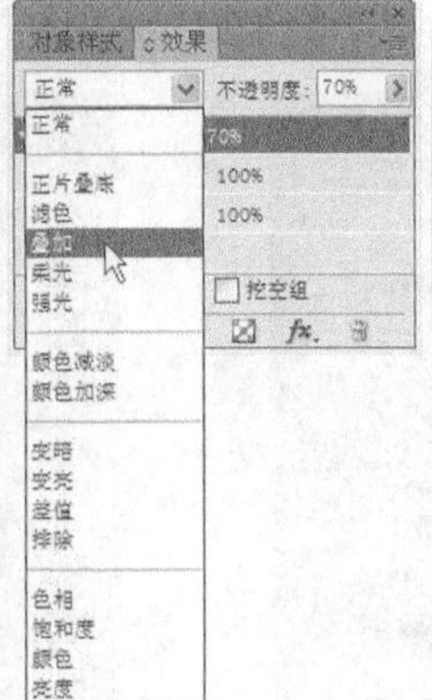

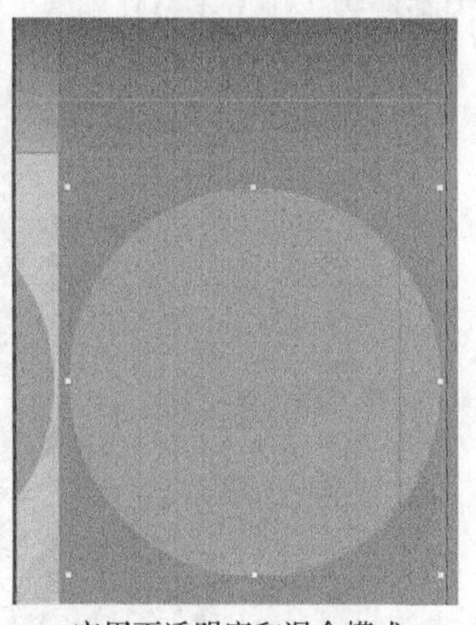

应用不透明度和混合模式

图12.10

3. 选择页面右下角使用浅绿色填充的半圆，再按住 Shift 键并选择页面左上角使用浅绿色填充的半圆。

4. 在效果面板中，从下拉列表“混合模式”中选择“正片叠底”命令。

5. 选择菜单“文件”→“存储”。

有关各种混合模式更详细的信息，请参阅 InDesign 帮助中的“指定颜色混合方式”。

12.4 对导入的矢量和位图图形应用透明度效果

前面给在 InDesign 中绘制的对象指定了各种透明度设置，对于使用其他程序（如 Adobe Illustrator 和 Adobe Photoshop）创建并被导入的图形，也可设置其不透明度和混合模式。

12.4.1 设置矢量图形的不透明度

1. 在图层面板中，解除对 Art2 图层的锁定并使其可见。
2. 在工具面板中，确保选择的是选择工具（ ）。
3. 在页面左边，选择包含黑色螺旋图像的图形框架，方法是将鼠标指向该框架，等鼠标形状为箭头（ ）后单击。不要单击框架内的内容抓取工具，指向的是内容抓取工具时，鼠标为手形（ ），此时单击将选择图形而不是图形框架。这个图形框架位于使用颜色绿色填充的圆圈上面。
4. 在选择了左边的黑色螺旋框架的情况下，按住 Shift 键并选择页面右边包含黑色螺旋的框架。这个框架位于使用浅紫色填充的圆圈上面。同样，确保选择的是图形框架而不是图形。现在，两个包含螺旋的图形框架都被选中。
5. 在效果面板中，从“混合模式”下拉列表中选择“颜色减淡”，并将不透明度设置为 30%，结果如图 12.11 所示。

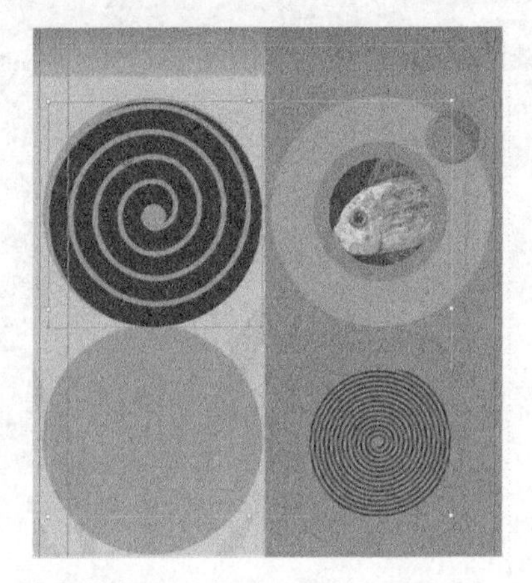

设置混合模式和不透明度前，先选择框架

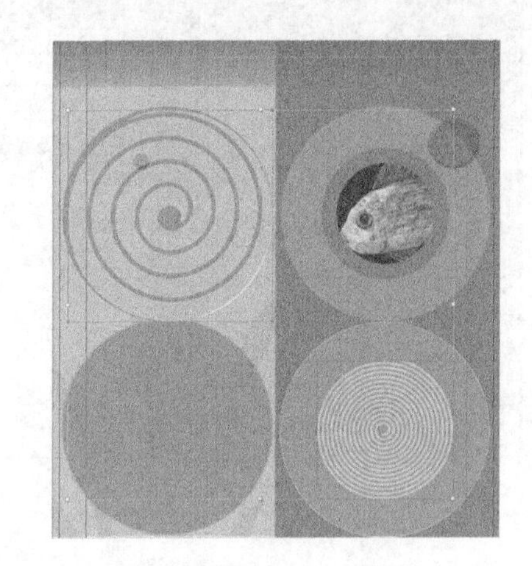

设置混合模式和不透明度后

图12.11

下面设置小鱼图像的描边的混合模式。

6. 使用选择工具（ ）选择页面右边包含小鱼图像的图形框架。确保单击时鼠标形状为箭头（ ）而不是手形（ ）。
7. 在效果面板中，单击“对象”下方的“描边”命令（如图 12.12 所示），这样对不透明度或混合模式所做的修改将应用于选定对象的描边。

级别包括“对象”、“描边”、“填色”和“文本”等，它指出了当前的不透明度设置、混合模式以及是否应用了透明度效果。要隐藏 / 显示这些级别设置，可单击“对象”（“组”或“图形”）左边的三角形。

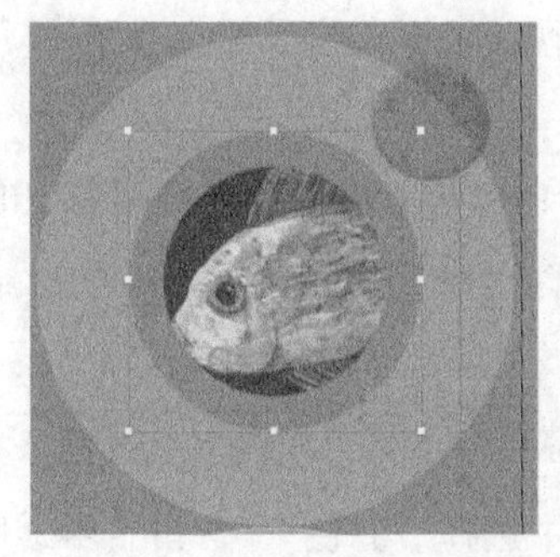

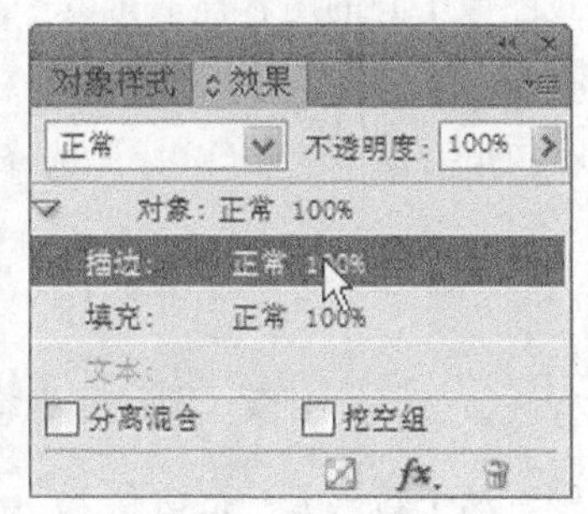

图12.12

8. 从下拉列表“混合模式”中选择“强光”选项，如图 12.13 所示。

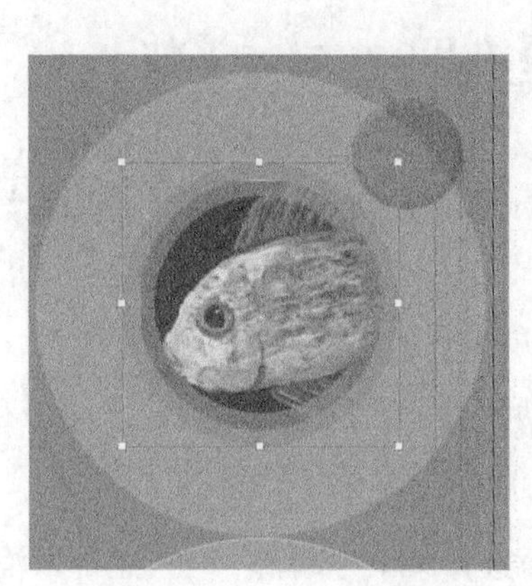

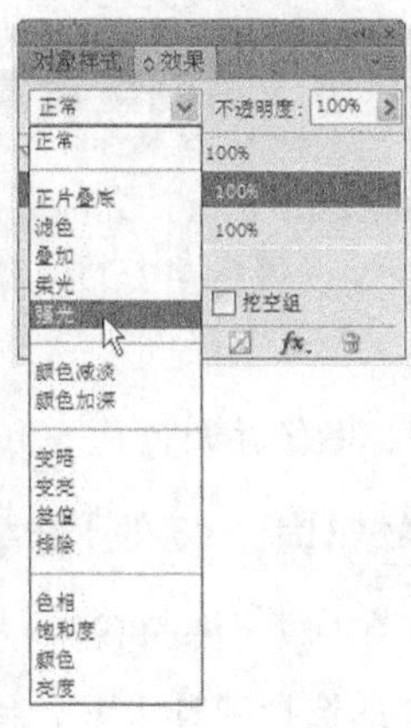

图12.13

9. 选择菜单“文件”→“存储”保存所做的工作。

12.4.2 调整位图图像的透明度

下面设置导入位图图形的透明度。虽然这里使用的是单色图像，但也可在 InDesign 中设置彩色照片的透明度，方法与设置其他 InDesign 对象的不透明度相同。

1. 在图层面板中选择图层 Art3，解除对该图层的锁定并使其可见。可隐藏图层 Art1 和 Art2 以便处理起来更容易。务必至少让 Art3 下面的一个图层可见，以便能够看到设置透明度后的结果。

2. 使用选择工具（ ）选择页面右边包含黑色星爆式图像的图形框架，如图 12.14 所示。

3. 在效果面板中将“不透明度”设置为 70%。

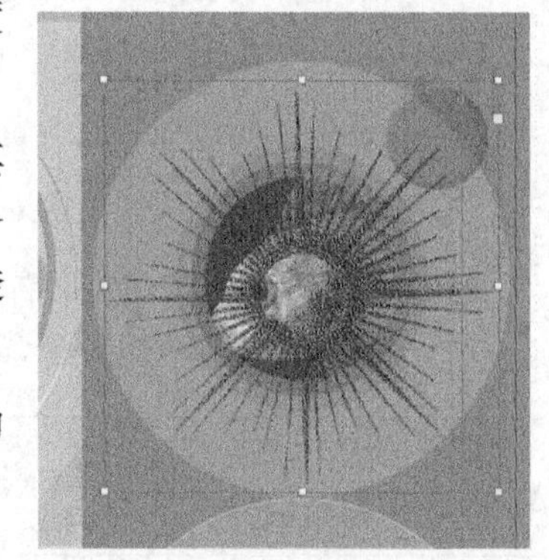

图12.14

4. 在黑色星爆式图像中间的内容抓取工具中移动鼠标，当鼠标变成手形（ ）后单击，以选择框架中的图像。

5. 在色板面板中，单击填色框（ ），再选择色板 Red 用红色替换图像中的黑色。

如果图层 Art3 下面有其他图层可见，星爆式图像将为淡橙色；如果没有其他图层可见，星爆式图像将为红色。

6. 如果当前没有选择星爆式图像，通过在内容抓取工具上单击来选择它。

7. 在效果面板中，从下拉列表“混合模式”中选择“滤色”，保留“不透明度”为 100%。星爆式图像将根据其下面可见的图层改变颜色。

8. 选择菜单“文件”→“存储”保存所做的工作。

12.5 导入并调整使用了透明度设置的 Illustrator 文件

用户将 Adobe Illustrator（.ai）文件导入 InDesign 文档时，InDesign CS6 能够识别并保留在 Illustrator 中应用的透明度设置。在 InDesign 中，用户还可调整其不透明度设置、添加混合模式和应用其他透明度效果。

下面置入一幅玻璃杯图像并调整其透明度设置。

1. 在图层面板中确保图层 Art3 处于活动状态，且图层 Art3、Art2、Art1 和 Background 都可见。

2. 锁定图层 Art2、Art1 和 Background 以防修改它们。

3. 选择工具面板中的选择工具（ ），再选择菜单“编辑”→“全部取消选择”以防将导入的图像置入选定框架中。

4. 选择菜单“视图”→“使页面适合窗口”。

5. 选择菜单“文件”→“置入”。在弹出的“置入”对话框中，选中复选框“显示导入选项”，如图 12.15 所示。

6. 找到文件夹 Lesson12 中的文件 12_d.ai，再双击以置入它。

7. 在“置入 PDF”对话框中，确保从下拉列表“裁切到”中选择了“定界框（所有图层）”，并选中了复选框“透明背景”，如图 12.16 所示。

8. 单击“确定”按钮关闭对话框，鼠标将变成载入图形图标（ ）。

9. 将鼠标（ ）指向页面右边用 Light Purple 填充的圆圈，再单击以置入图像。如果必要，拖曳该图像使其大概位于紫色圆圈中央，如图 12.17 所示。

> 提示：调整该图像在紫色圆圈内的位置时，可利用智能参考线让它位于紫色圆圈的正中央。

图12.15

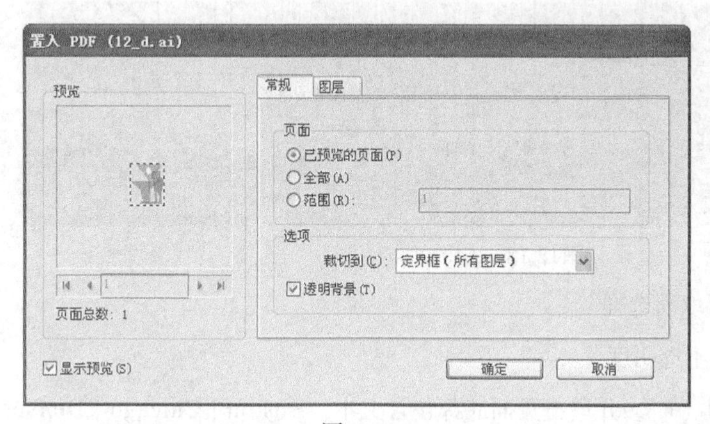

图12.16

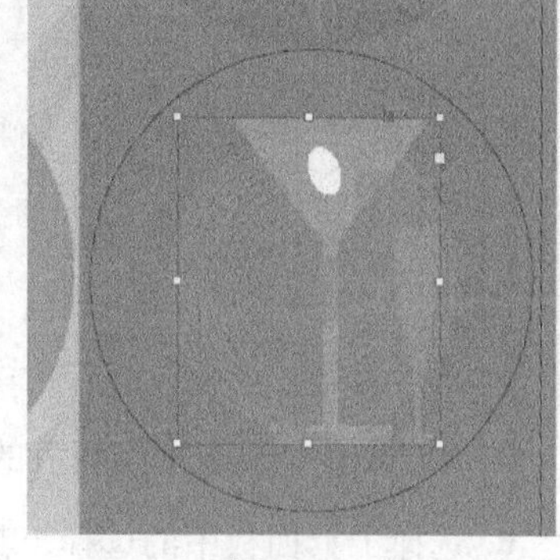

图12.17

10. 在图层面板中，通过单击隐藏图层 Art2、Art1 和 Background，使得只有图层 Art3 可见，这让你能够看清置入图像的透明度。

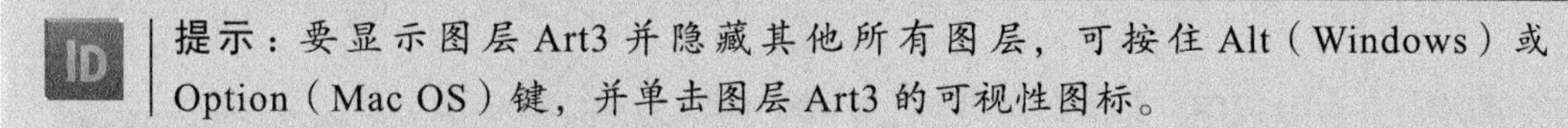

提示：要显示图层 Art3 并隐藏其他所有图层，可按住 Alt（Windows）或 Option（Mac OS）键，并单击图层 Art3 的可视性图标。

11. 在图层面板中通过单击使图层 Art2、Art1 和 Background 可见。注意到白色橄榄形状完全不透明，而玻璃杯形状是部分透明的。

12. 在依然选择了玻璃杯图像的情况下，在效果面板中将“不透明度”设置为60%。不要取消选择该图像。

13. 在效果面板中将“混合模式”设置为“颜色加深”，该图像的颜色和透明度截然不同。

14. 选择菜单“文件”→“存储”命令保存所做的工作。

12.6 设置文本的透明度

修改文本的不透明度就像对图形对象应用透明度设置一样容易，下面修改一些文本的不透明度，这将同时改变文本的颜色。

1. 在图层面板中，锁定图层 Art3，再解除对图层 Type 的锁定并使其可见。

2. 选择工具面板中的选择工具( )，再单击文本框“I THINK, THEREFORE I DINE”。如果必要，放大视图以便能够看清文本。

要对文本或文本框架及其内容应用透明度设置，必须使用选择工具选择框架。如果使用文字工具选择文本，将无法指定其透明度设置。

3. 在效果面板中选择“文本”，以便对不透明度或混合模式所做的修改只影响文本。

4. 从下拉列表“混合模式”中选择“叠加”命令，并将“不透明度”设置为70%，如图12.18所示。

图12.18

5. 选择菜单“编辑”→“全部取消选择”。

下面修改一个文本框架填色的不透明度。

6. 选择工具面板中的选择工具( )，并单击页面底部包含文本“Boston | Chicago | Denver | Huston | Minneapolis”的文本框架。如果必要，放大视图以便能够看清文本。

7. 在效果面板中选择“填充”，并将不透明度改为70%，如图12.19示。

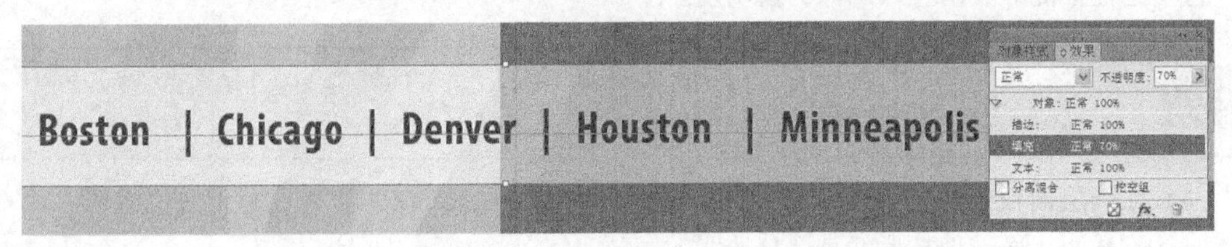

图12.19

8. 选择菜单“编辑”→“全部取消选择”，再选择菜单“文件”→“存储”。

12.7 使用效果

在本课前面，读者学习了如何修改在 InDesign 中绘制的对象、导入的图形以及文本的混合模式和不透明度。另一种应用透明度设置的方法是使用 InDesign 提供的 9 种透明度效果。创建这些效果时，很多设置和选项都是类似的。

下面尝试使用一些透明度效果来调整菜单。

透明度效果

- 投影：在对象、描边、填色或文本的后面添加阴影。
- 内阴影：紧靠在对象、描边、填色或文本的边缘内添加阴影，使其具有凹陷外观。
- 外发光和内发光：添加从对象、描边、填色或文本的边缘外或内发射出来的光。
- 斜面和浮雕：添加各种高亮和阴影的组合使文本和图像有三维外观。
- 光泽：添加形成光滑光泽的内部阴影。
- 基本羽化、定向羽化和渐变羽化：通过使对象的边缘渐隐为透明，实现边缘柔化。

——摘自InDesign帮助

12.7.1 对图像边缘应用基本羽化

羽化是另一种对对象应用透明度的方法。通过羽化，可在对象边缘创建从不透明到透明的平滑过渡效果，从而能够透过羽化区域看到下面的对象或页面背景。InDesign CS6 提供了三种羽化效果：

- 基本羽化对指定距离内的对象边缘进行柔化或渐隐；
- 定向羽化通过将指定方向的边缘渐隐为透明来柔化边缘；
- 渐变羽化通过渐隐为透明来柔化对象的区域。

下面首先应用基本羽化，再应用渐变羽化。

1. 在图层面板中，如果图层 Art1 被锁定，解除该图层的锁定。

2. 如果必要，选择菜单“窗口”→“使页面适合窗口”，以便能够看到整个页面。

3. 选择工具面板中的选择工具（），并选择页面左边用浅紫色填充的圆圈。

4. 选择菜单“对象”→“效果”→“基本羽化”，这将打开“效果”对话框，其中左边是透明效果列表，而右边是配套的选项。

5. 在“选项”选项组做如下设置：

- 在“羽化宽度”文本框中输入 0.375 英寸；
- 将“收缩”和“杂色”都设置为 10%；
- 将“角点”设置为“扩散”。

6. 确保选中了复选框“预览”。如果必要，将对话框移到一边以便查看效果。注意到紫色圆圈的边缘变得模糊了，如图 12.20 所示。

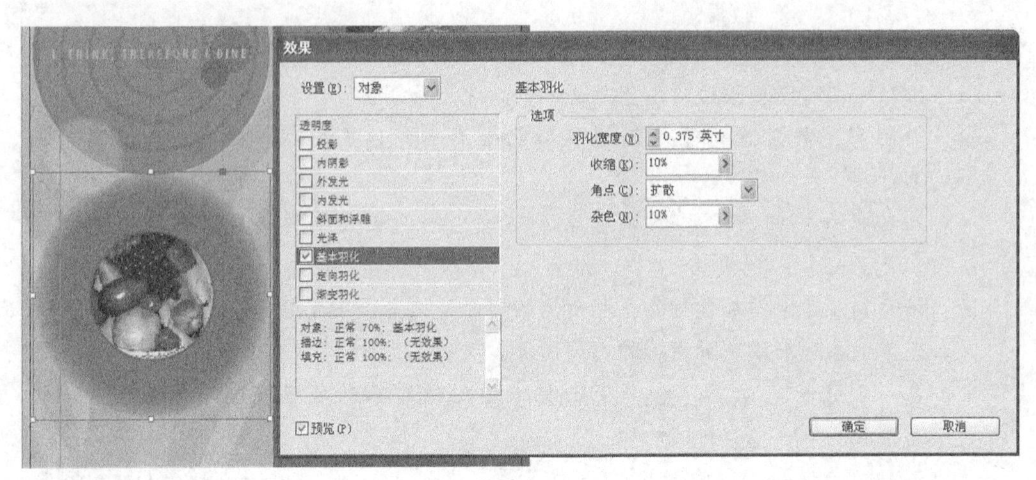

图12.20

7. 单击“确定”按钮让设置生效并关闭“效果”对话框。

8. 选择菜单“文件”→“存储”保存所做的工作。

注意：要应用透明度效果，除选择菜单“对象”→“效果”中的菜单项外，还可从效果面板菜单中选择“效果”或单击效果面板底部的 FX 按钮，再从子菜单中选择一个菜单项。

12.7.2 应用渐变羽化

可使用渐变羽化效果让对象区域从不透明逐渐变为透明。

1. 使用选择工具（ ）单击页面右边用颜色浅紫色填充的垂直矩形。

2. 单击效果面板底部的 fx 按钮（ ）并从下拉列表中选择“渐变羽化”命令，如图 12.21 所示。

这将打开“效果”对话框，并显示渐变羽化的选项。

3. 在“效果”对话框的“渐变色标”选项组，单击“反向渐变”按钮（ ）以反转纯色和透明的位置，如图 12.22 所示。

注意：在“效果”对话框中，指出了哪些效果（对话框左边被选中的效果）被应用于选定对象，用户可将多种效果应用于同一个对象。

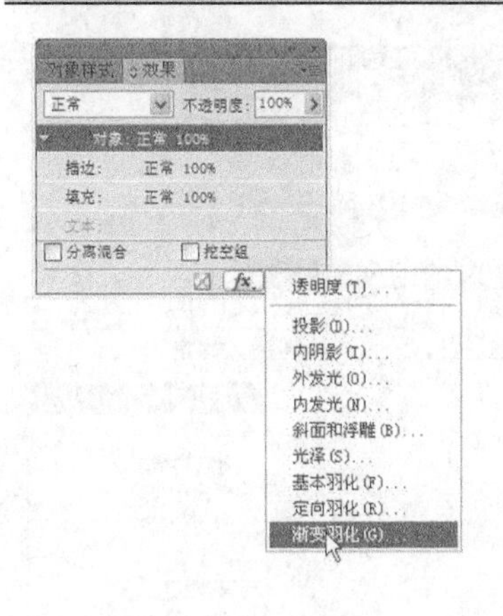

图12.21

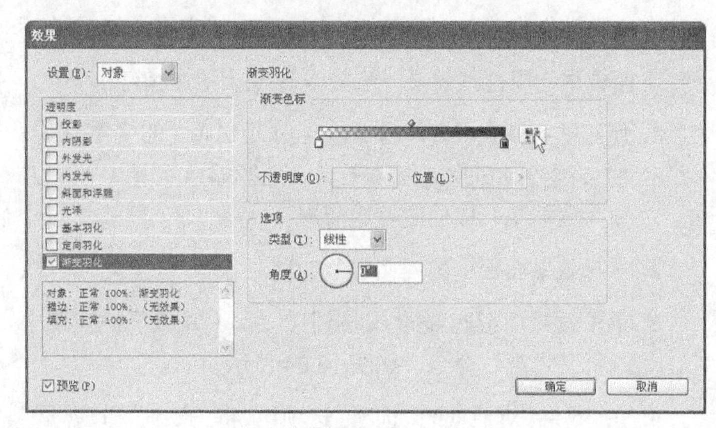

图12.22

4. 单击“确定”按钮，紫色矩形将从右到左渐隐为透明。

下面使用渐变羽化工具调整渐隐的方向。

5. 在工具面板中选择渐变羽化工具（ ）。按住 Shift 键并从紫色矩形底部拖曳到顶部以修改渐变方向，结果如图 12.23 所示。

图12.23

6. 选择菜单“编辑”→“全部取消选择”，再选择菜单“文件”→“存储”。

下面将多种效果应用于同一个对象，再编辑这些效果。

12.7.3 给文本添加投影效果

给对象添加投影效果时，将让对象看起来像漂浮在页面上一样，并在页面和下面的对象上投射阴影，从而呈现出三维效果。可给任何对象添加投影，还可独立地给对象的描边 / 填色或文本框架中的文本添加投影。

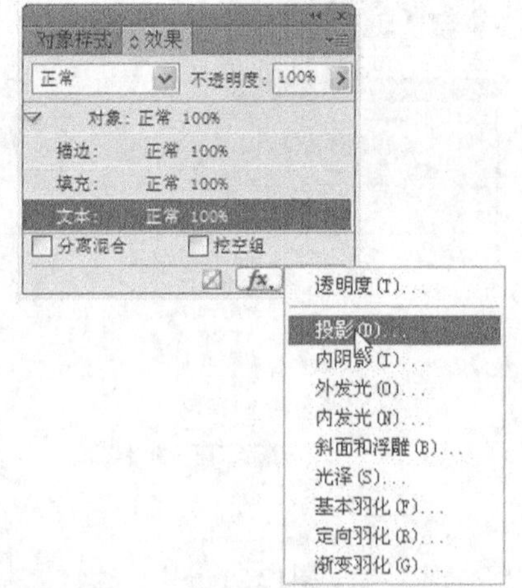

图12.24

下面尝试使用这种效果，给文本 bisto 添加投影。

1. 使用选择工具（）选择包含单词 bistro 的文本框架。按 Z 键暂时切换到缩放工具或选择缩放工具（）并放大该框架，以便能够看清它。
2. 选择效果面板中的“文本”选项。
3. 单击效果面板底部的 fx 按钮（）并从下拉列表中选择“投影”命令，如图 12.24 所示。
4. 在“效果”对话框的“选项”选项组，将“大小”和“扩展”分别设置为 0.125 英寸和 20%。确保选中了复选框“预览”以便能够在页面中看到效果，如图 12.25 所示。

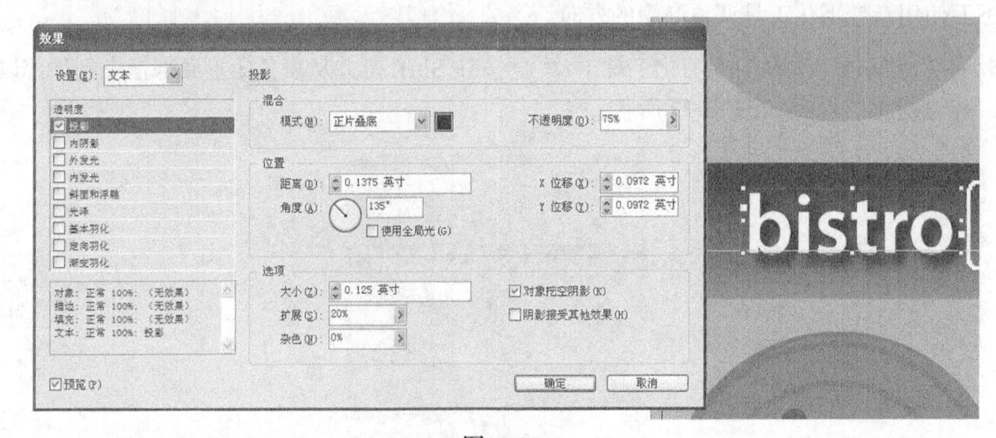

图12.25

5. 单击“确定”按钮将投影效果应用于文本。
6. 选择菜单“文件”→“存储”保存所做的工作。

12.7.4 将多种效果应用于同一个对象

可将多种透明度效果应用于同一个对象，例如，可使用斜面和浮雕效果让对象看起来是凸出的，还可使用发光效果让对象周围发光。

下面将斜面和浮雕效果以及外发光效果应用于页面中的两个半圆。

1. 选择菜单“视图”→“使页面适合窗口”。

2. 使用选择工具（ ）选择页面左上角使用浅绿色填充的半圆。

3. 单击效果面板底部的 fx 按钮（ ）并从下拉列表中选择“斜面和浮雕”选项。

4. 在“效果”对话框中，确保选中了复选框“预览”以便能够在页面上查看效果。在“结构”部分做如下设置（如图 12.26 所示）。

- 大小：0.3125 英寸。
- 柔化：0.3125 英寸。
- 深度：30%。

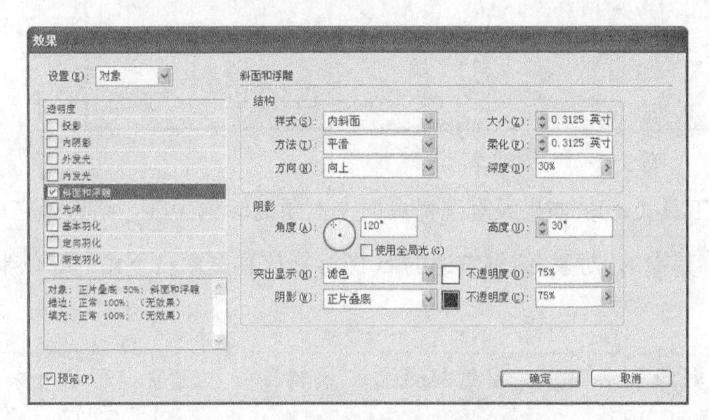

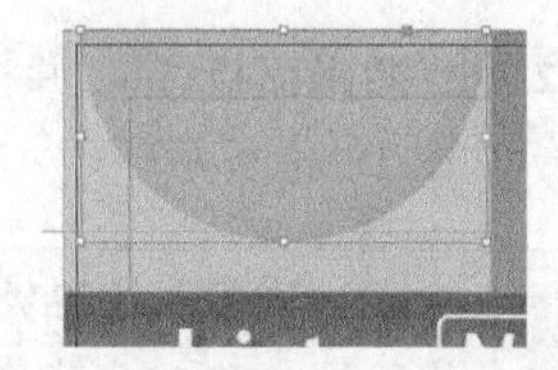

图12.26

5. 保留其他设置不变，且不要关闭该对话框。

6. 单击“效果”对话框左边的复选框“外发光”，给选定的半圆添加外发光效果。

7. 单击“外发光”字样以便能够编辑这种效果，再进行如下设置。

- 模式：“正片叠底”。
- 不透明度：80%。
- 大小：0.25 英寸。
- 扩展：10%。

8. 单击“模式”下拉列表右边的“设置发光颜色”色板。在出现的“效果颜色”对话框中，确保从“颜色”下拉列表中选择了“色板”，从颜色列表中选择黑色，再单击“确定”按钮。此时的“效果”对话框如图 12.27 所示。

9. 单击“确定”按钮让多种效果的设置生效。

下面将同样的效果应用于页面中的另一个半圆，方法是将效果面板中的 fx 图标拖放到该半圆上。

10. 双击抓手工具（ ）让页面适合窗口。

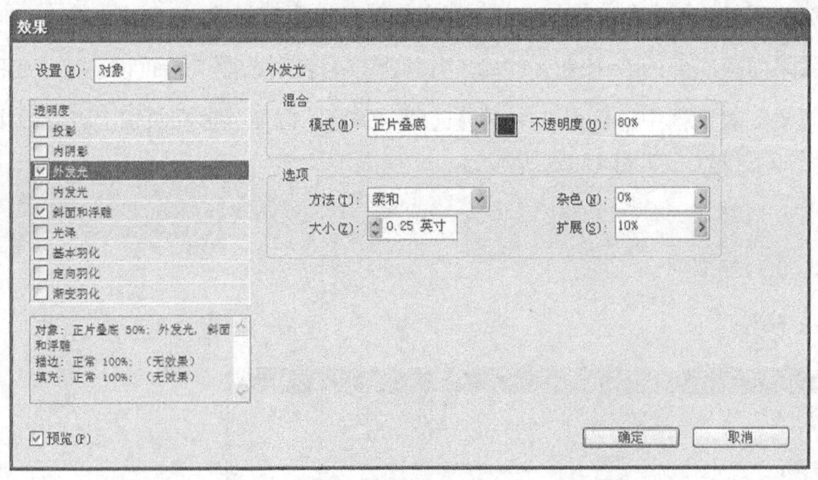

图12.27

11. 选择工具面板中的选择工具（ ），如果没有选择页面左上角的绿色半圆，请选择它。

12. 确保效果面板可见，并将其中的“对象”级别右边的 fx 图标拖放到页面右下角的绿色半圆上，如图 12.28 所示。

> **注意**：如果未能拖放到绿色半圆上，可选择菜单“编辑”→“还原‘移动对象效果’”，然后重试。

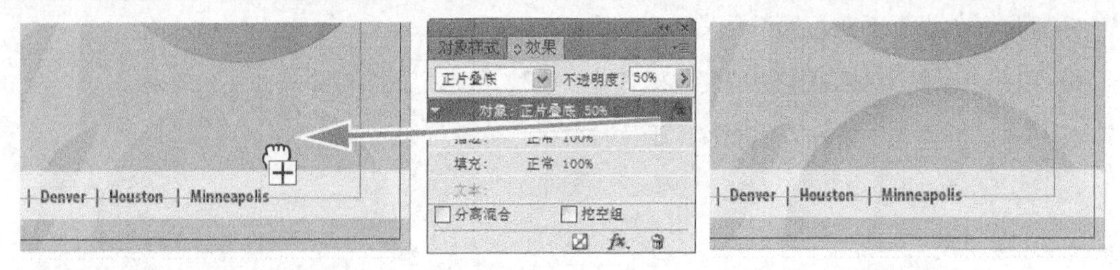

将 fx 图标拖放到半圆上（左图和中间图）　　结果（右图）

图12.28

下面将这些效果应用于页面中的小型灰色圆圈中。

13. 在图层面板中，单击图层 Art3 的眼睛图标将该图层隐藏，并解除对图层 Art2 的锁定。

14. 确保依然选择了页面左上角的绿色半圆。在效果面板中，单击 fx 图标并将其拖放到小鱼图像右上方的灰色圆圈上。

15. 选择菜单“文件”→“存储”保存所做的工作。

12.7.5　编辑和删除效果

使用 In Design 可轻松地编辑和删除效果，还可快速获悉是否对对象应用了效果。

下面首先编辑餐馆名称后面的渐变填充，再删除应用于一个圆圈的效果。

1. 在图层面板中，确保图层 Art1 没有锁定且可见。

2. 使用选择工具（ ）单击文本 bistro Nouveau 后面使用渐变填充的框架。

3. 单击效果面板底部的 fx 按钮（ ），在出现的下拉列表中，注意到“渐变羽化”效果左边有一个勾号，这表明对选定对象应用了该效果。从该下拉列表中选择“渐变羽化”选项。

提示：要快速获悉文档的哪些页面包含透明效果，可从页面面板菜单中选择“面板选项”选项，再选中复选框“透明度”。这样，如果页面包含透明效果，其页面图标右边将有一个小图标。

4. 在“效果”对话框的“渐变色标”选项组，单击渐变条右边的色标，再将“不透明度”改为 30%，将“角度”改为 90° ，如图 12.29 所示。

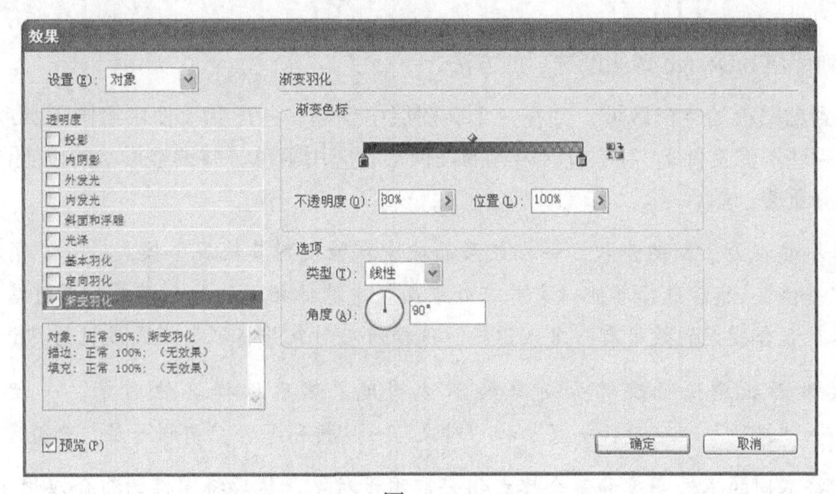

图12.29

5. 单击“确定”按钮更新渐变羽化效果。

下面删除应用于一个对象的所有效果。

6. 在图层面板中，让所有图层都可见。

7. 使用选择工具（ ）单击页面右边的小型灰色圆圈，它位于小鱼图像的右上方。

8. 单击效果面板底部的“清除效果”按钮（ ），将应用于该圆圈的所有效果都删除，如图 12.30 所示。

注意：单击“清除效果”按钮也将导致对象的混合模式和不透明度设置分别恢复到“正常”和 100%。

9. 选择菜单“文件”→“存储”保存所做的工作。

祝贺你学完了本课。

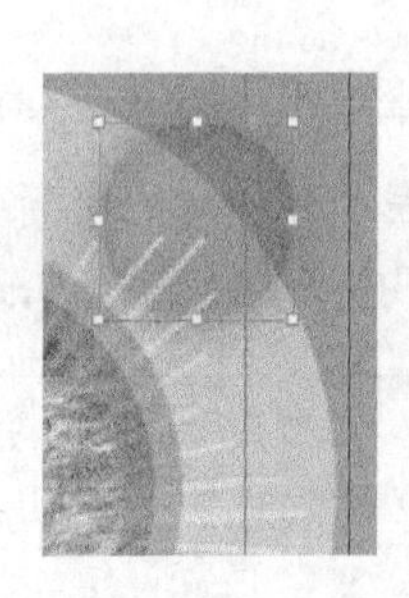

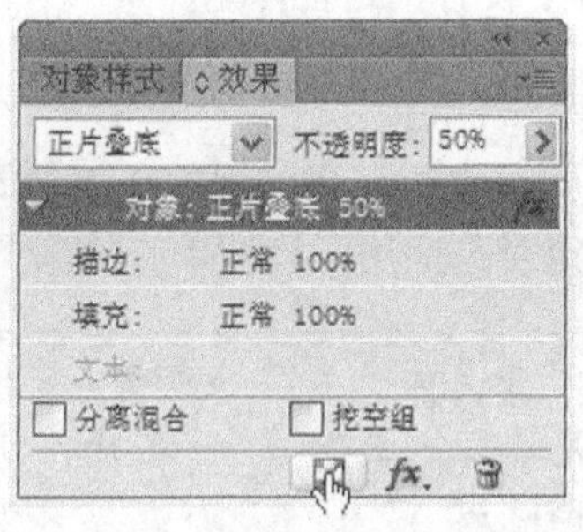

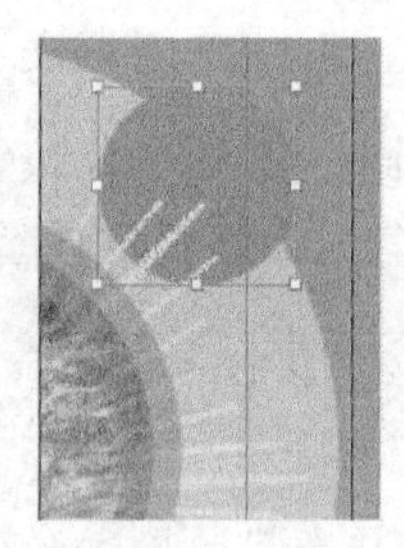

图12.30

12.8 练习

尝试下列使用 InDesign 透明度选项的方法。

1. 滚动到粘贴板的空白区域，并在一个新图层中创建一些形状（使用绘画工具或导入本课使用的一些图像文件）。对不包含内容的任何形状应用填色，并调整形状的位置让这些形状至少部分重叠，然后：

- 选择堆叠在最上面的形状，并在效果面板中试验使用其他混合模式，如“亮度”、“强光”和“差值”。然后选择其他对象并在效果面板中选择相同的混合模式，再对结果进行比较。对各种混合模式的效果有一定认识后，选择所有对象并将混合模式设置为“正常”。
- 在效果面板中，修改部分对象的不透明度；然后选择其他对象，并使用命令“对象”→“排列”→“后移一层”和“对象”→“排列”→“前移一层”来查看结果。
- 尝试将不同的不透明度和混合模式组合应用于对象，然后将同样的组合应用于与该对象部分重叠的其他对象，以探索可创建的各种效果。

2. 在页面面板中，双击第 1 页的图标让该页位于文档窗口中央。然后尝试每次隐藏 / 显示一个 Art 图层，并查看文档的整体效果。

3. 在图层面板中，确保所有图层都没有锁定。在文档窗口中，通过单击选择玻璃杯图像，然后使用效果面板对其应用投影效果。

复习

复习题

1. 如何修改黑白图像中白色区域的颜色？灰色区域呢？
2. 在不修改对象的不透明度的情况下，如何修改透明度效果？
3. 处理透明度时，图层及其中的对象的堆叠顺序有何重要意义？
4. 将透明度效果应用于对象后，要将这些效果应用于其他对象，最简单的方法是什么？

复习题答案

1. 要修改黑白图像的白色区域的颜色，使用选择工具选择图形框架，然后在色板面板中选择所需的颜色；要修改灰色区域的颜色，可在内容抓取工具上以单击选择框架中的图形，再在色板面板中选择所需的颜色。
2. 除选择对象并在效果面板中修改不透明度外，还可通过修改混合模式、以多种方式羽化图像以及添加投影、斜面和浮雕等效果来创建透明度效果。混合模式决定了如何合并基色和混合色以得到最终的颜色。
3. 对象的透明度决定了它后面（下面）的对象是否可见。例如，透过半透明的对象，可看到它下面的对象，就像彩色胶片后面的对象一样。不透明的对象会遮住它后面的区域，不管它后面对象的不透明度是否更低以及羽化设置、混合模式和其他效果如何。
4. 选择已对其应用了透明度效果的对象，然后将效果面板右边的 fx 图标拖放到另一个对象上。

第13课 打印及导出

在本课中，读者将学习以下内容：

- 检查文档是否存在潜在的印刷问题；
- 确认 InDesign 文件及其元素可以打印；
- 收集所有必需的文件以便打印或提交给服务提供商或印刷厂；
- 生成用于校样的 Adobe PDF 文件；
- 打印前在屏幕上预览文档；
- 为字体和图形选择合适的打印设置；
- 打印文档的校样；
- 创建打印预设以自动化打印工作；
- 管理文档中的颜色。

本课需要大约 45 分钟。

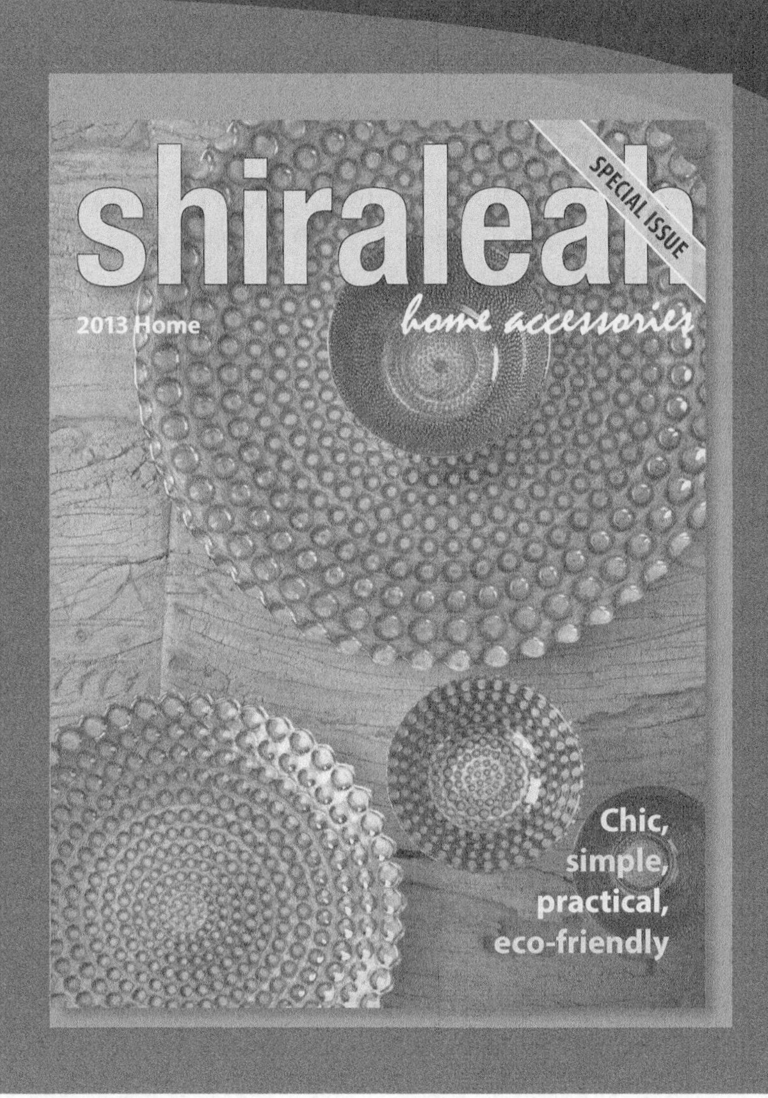

不管输出设备是什么，都可使用 Adobe InDesign CS6 的高级打印和印前功能来管理打印设置。可轻松地将文档发送给激光打印机、喷墨打印机、高分辨率胶片或印版机进行打印。

13.1 概述

在本课中，将处理一个杂志封面，该杂志封面中有彩色图像并使用了专色。将使用彩色喷墨打印机或激光打印机打印校样，再在高分辨率印刷设备（如印版机或胶印机）上印刷。打印前，将在 Adobe InDesign CS6 中将文件导出为 Adobe PDF 文件，并发送以供审阅。

> 注意：如果还没有从配套光盘将本课的资源文件复制到硬盘中，现在请复制它们，详情请参阅“前言”中的“复制课程文件”。

> 注意：即使没有打印机或只有黑白打印机，也可完成本课的操作步骤。在这种情况下，可使用一些默认打印设置，以更深入地了解 InDesign CS6 在打印和成像方面提供的控制和功能。

1. 为确保你的 InDesign 首选项和默认设置与本课使用的一样，将文件 InDesign Defaults 移到其他文件夹，详情请参阅“前言”中的“存储和恢复文件 InDesign Defaults”。
2. 启动 Adobe InDesign CS6。为确保面板和菜单命令与本课使用的相同，选择菜单“窗口”→“工作区”→“高级”，再选择菜单“窗口”→“工作区”→“重置‘高级’”。
3. 选择菜单“文件”→“打开”，打开硬盘中文件夹 InDesignCIB\Lessons\Lesson13 中的文件 13_Start.indd，如图 13.1 所示。

图13.1

4. 将出现一个消息框，指出文档包含缺失或已修改的链接。单击“不更新链接”按钮，本课后面将修复这种问题。

> 提示：InDesign CS6 有个首选项，让用户指定打开包含缺失或已修改连接的文档时是否显示警告消息。要禁止显示警告消息，可取消选中复选框“打开文档前检查链接”，该复选框位于“首选项”对话框的“文件处理”部分。

用户打印 InDesign 文档或生成用于打印的 Adobe PDF 文件时，InDesign CS6 必须使用置入版面中的原稿。如果原稿已移动、其名称已修改或其存储位置不存在，InDesign CS6 将发出警告，指出原稿找不到或已修改。这种警告会在文档打开、打印或导出以及使用印前检查面板对文档进行印前检查时发出。InDesign 在链接面板中显示打印所需的所有文件的状态。

5. 选择菜单“文件”→“存储为”，将文件重命名为 13_Cover.indd，并将其存储到文件夹 Lesson13。

13.2 印前检查

InDesign 集成了对文档质量进行检查的控制，可在打印文档或将文档交给印刷服务提供商前执行这样的检查，这被称为印前检查。在第 2 课的“在工作时执行印前检查”一节，读者学习了如何使用 InDesign 的实时印前检查功能，并在制作文档的早期指定印前检查配置文件。这让用户能够在制作文档期间对其进行监视，以防发生潜在的印刷问题。

可通过印前检查面板核实文件使用的所有图形和字体都可用且没有溢流文本。在这里，读者将使用印前检查面板，找出示例文档中两幅缺失的图形。

1. 选择菜单“窗口”→“输出”→“印前检查”。

> **提示：**也可这样打开印前检查面板，即双击文档窗口底部的“3 个错误”字样。

2. 在印前检查面板中，确保选中了复选框“开”并从下拉列表“配置文件”中选择了“[基本]（工作）”。注意到列出了一种错误（链接错误），括号内的 3 表明有三个与链接相关的错误。

在“错误”部分，注意到没有“文本”错误，这表明该文档没有缺失的字体或溢流文本。

3. 单击“链接”左边的三角形，再单击“缺失的链接”左边的三角形，这将显示两个缺失图形文件的名称。双击 Title_Old.ai，该图形将显示在文档窗口中央，且其所属的图形框架被选中。

4. 在印前检查面板底部，单击“信息”左边的三角形以显示有关这个缺失文件的信息，如图 13.2 所示。

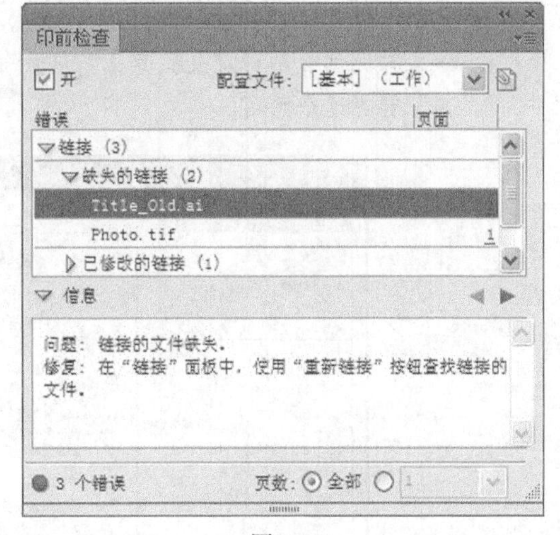

图13.2

在这里，问题是链接的文件缺失，修复方法是使用链接面板找到链接的文件。下面使用修订后的版本（修改了颜色）替换杂志名的老版本。

5. 单击链接面板图标或选择菜单“窗口”→“链接”，以打开链接面板。在链接面板中，确保选择了文件 Title_Old.ai，再从面板菜单中选择“重新链接”。切换到文件夹 Lesson13\Links，并双击文件 Title_New.ai。现在链接的是新文件，而不是原始文件。

重新链接到图形 Title_New.ai 后，杂志名的颜色变了，且图形的显示分辨率较低——导入的 Adobe Illustrator 文件默认使用较低的分辨率显示。

6. 为了以高分辨率显示杂志名，使用选择工具选择其框架，再选择菜单“对象”→“显示性能”→“高品质显示”。

7. 重复第 5 步和第 6 步，重新链接图形 Photo.tif，并以高分辨率显示它。

8. 图形 Tagline.ai 已修改，为更新到它的链接，在链接面板中选择它，再从面板菜单中选择“更新链接”命令。

9. 选择菜单“文件”→“存储”保存对文档所做的修改。

13.3 将文件打包

可使用“打包”命令将 InDesign 文档及其链接的项目（包括图形）组合到一个文件夹中；InDesign 还将复制所有的字体供打印时使用。下面将杂志封面所需的文件打包，以便将它们发送给印刷提供商，这可确保提供了输出时所需的所有文件。

1. 选择菜单“文件”→“打包”。在“打包”对话框中的“小结”部分，列出了另外两个印刷方面的问题（如图 13.3 所示）。

- 由于该文档包含 RGB 图形，InDesign 指出了这一点。在本课后面，读者将把它转换为 CMYK。
- 该文档还包含两种重复的专色，这会导致打印错误。在本课后面，读者将使用“油墨管理器”解决这个问题。

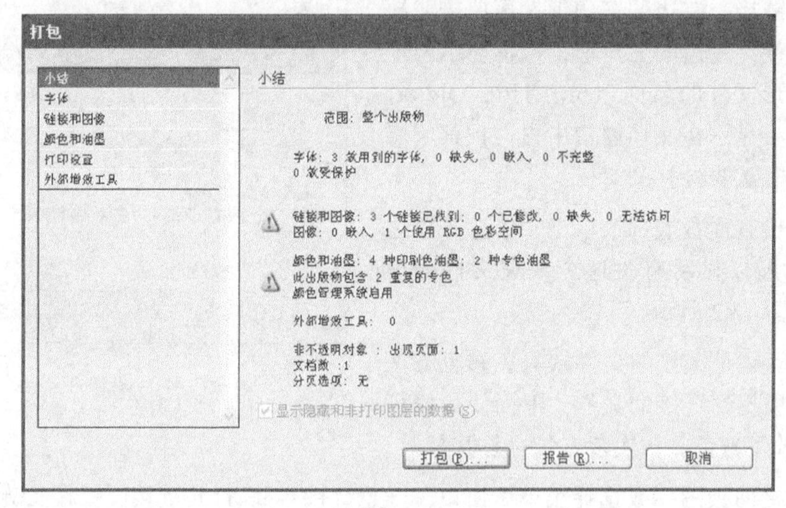

图13.3

2. 单击“打包”按钮。

3. 在“打印说明”对话框中，输入将随 InDesign 文档一起提供的说明文件的文件名（如 Info for Printer），并提供联系信息，单击“继续”按钮。

InDesign 将使用这些信息创建说明文件，它将随 InDesign 文档、链接和字体一起存储在包文件夹中，接收方可根据该文件了解你要做什么以及有问题时如何与你联系。

4. 在“打包出版物”对话框中，切换到文件夹 Lesson13。注意到为这个包创建的文件夹名为“‘13_Cover’文件夹”，InDesign 自动根据本课开始时指定的文档名给该文件夹命名。

提示：在“打包出版物”对话框中，可单击“说明”按钮来编辑说明文件。

5. 确保选中了下列复选框：

- “复制字体（CJK 除外）”；
- “复制链接图形”；
- “更新包中的图形链接”。

提示：如果“打包出版物”对话框中选中了复选框“复制字体（CJK 除外）”，InDesign 将在包文件夹中生成一个名为 Document fonts 的文件夹。如果打开与 Document fonts 文件夹位于同一个文件夹中的文件，InDesign 将自动安装这些字体，并且这些字体只用于该文件。当你关闭该文件时，这些字体将被卸载。

6. 单击“打包”按钮，如图 13.4 所示。

图13.4

7. 阅读出现的“警告”消息框，其中指出了各种许可限制，可能影响你能否复制字体，然后单击“确定”按钮。

8. 打开资源管理器（Windows）或 Finder（Mac OS），切换到硬盘中的文件夹 InDesignCIB\Lessons\Lesson13，并打开文件夹“‘13_Cover’文件夹”。

注意到 InDesign 创建了 InDesign 文档以及高分辨率打印所需的所有字体、图形和其他链接文件的拷贝。由于选中了复选框“更新包中的图形链接”，因此该 InDesign 文档拷贝链接的是包文件夹中的图形文件，而不是原来链接的文件。这让印刷商和服务提供商更容易管理该文档，同时使包文件适合用于存档。

9. 查看完毕后，关闭文件夹“‘13_Cover’文件夹”并返回到 InDesign。

创建印前检查配置文件

启用实时印前检查功能（在印前检查面板中选中复选框“开”）时，将使用默认的印前检查配置文件（“[基本]（工作）”）对文档进行印前检查。该配置文件检查基本的输出条件，如缺失或已修改的图形文件、溢流文本和缺失字体。

用户可自己创建印前检查配置文件，也可载入印刷提供商或他人提供的印前检查配置文件。创建自定义的印前检查配置文件时，可定义要检测的条件。下面创建一个配置文件，它在文档中使用了非 CMYK 颜色时发出警告。

1. 选择菜单“窗口”→“输出”→“印前检查”，再从印前检查面板菜单中选择“定义配置文件”。

2. 单击“印前检查配置文件”对话框左下角的“新建印前检查配置文件”按钮（）以新建一个印前检查配置文件。在文本框“配置文件名称”中输入 CMYK Colors Only。

3. 单击“颜色”左边的三角形以显示与颜色相关的选项，再选中复选框“不允许使用色彩空间和模式”。

4. 单击复选框“不允许使用色彩空间和模式”左边的三角形，再选中除 CMYK 外的其他所有模式（RGB、灰度、Lab 和专色），如图 13.5 所示。

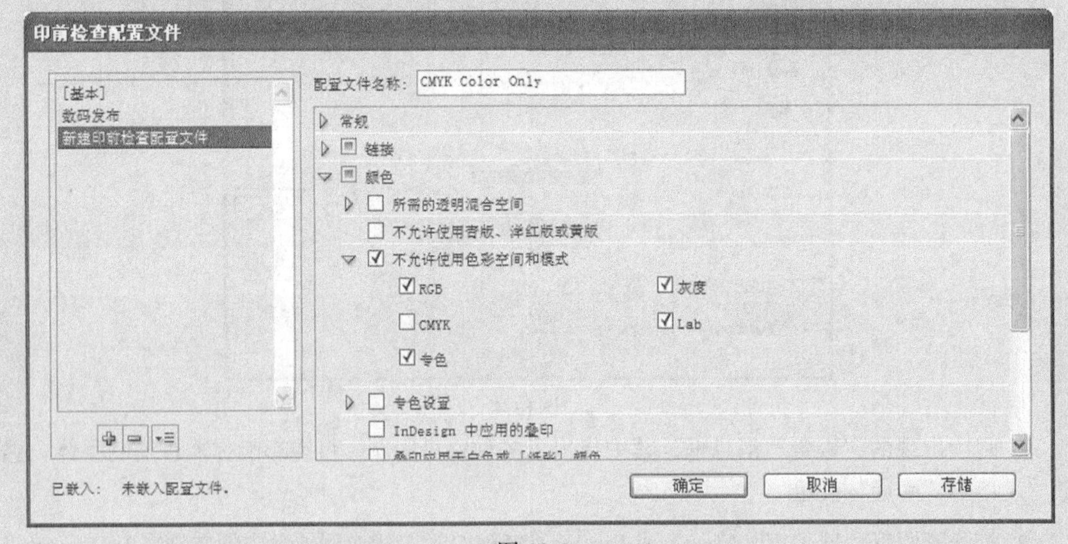

图 13.5

5. 保留“链接”、“图像和对象”、“文本”和“文档”的印前检查条件不变，单击“存储”按钮，再单击“确定”按钮。

6. 在印前检查面板中，从下拉列表“配置文件”中选择CMYK Colors Only，注意到“错误”部分列出了其他错误。

7. 单击“颜色”左边的三角形，再单击“不允许使用色彩空间”左边的三角形，将看到一个没有使用CMYK颜色模型对象的列表。确保印前检查面板中的“信息”部分可见。如果看不到“信息”部分，单击“信息”左边的三角形以显示该部分。单击各个对象，以查看有关问题及如何修复的信息。

8. 在印前检查面板中，从下拉列表“配置文件”中选择“[基本]（工作）”，以返回到本课使用的默认配置文件。

13.4 创建 Adobe PDF 校样

如果文档需要由他人审阅，可轻松地创建 Adobe PDF（便携文档格式）文件以便传输和共享。使用这种文件格式有多个优点：文件被压缩得更小、所有字体和链接都包含在单个复合文件中、在屏幕上显示和打印的字体都相同（不管在 Mac 还是 PC 中打开）。InDesign 可将文档直接导出为 Adobe PDF 文件。

在印刷时，将文档存储为 Adobe PDF 格式也有很多优点：将创建更紧凑的可靠文件，你或服务提供商可查看、编辑、组织和校样。然后，服务提供商可直接输出 Adobe PDF 文件，也可使用各种工具执行印前检查、陷印、整版、分色等。

下面将创建适合用于审阅和校样的 Adobe PDF 文件。

1. 选择菜单“文件”→“导出”。

2. 从下拉列表“保存类型”（Windows）或“格式”（Mac OS）中选择“Adobe PDF（打印）”，并在“文件名”文本框中输入 13_Cover_Proof。如果必要，切换到文件夹 Lesson13，再单击“保存”按钮，将出现“导出 Adobe PDF”对话框。

3. 从下拉列表“Adobe PDF 预设”中选择“[高质量打印]”。该设置创建适合在屏幕上校样以及在桌面打印机和校样机上输出的 PDF 文件。

注意：下拉列表“Adobe PDF 预设”中的预设可用于创建各种 Adobe PDF 文件：从适合在屏幕上观看的小文件到适合高分辨率输出的文件。

4. 从下拉列表“兼容性”中选择“Acrobat 6 (PDF 1.5)”，这是第一个支持在 PDF 文件中使用较高级的功能（如图层）的版本。

5. 在对话框的“选项”选项组中，选中下列两个复选框（如图 13.6 所示）：

- 导出后查看 PDF；
- 创建 Acrobat 图层。

“导出后查看 PDF”是一种检查文件导出结果的高效方式；复选框“创建 Acrobat 图层”将 InDesign CS6 文档中的图层转换为可在 Adobe PDF 文件中查看的图层。

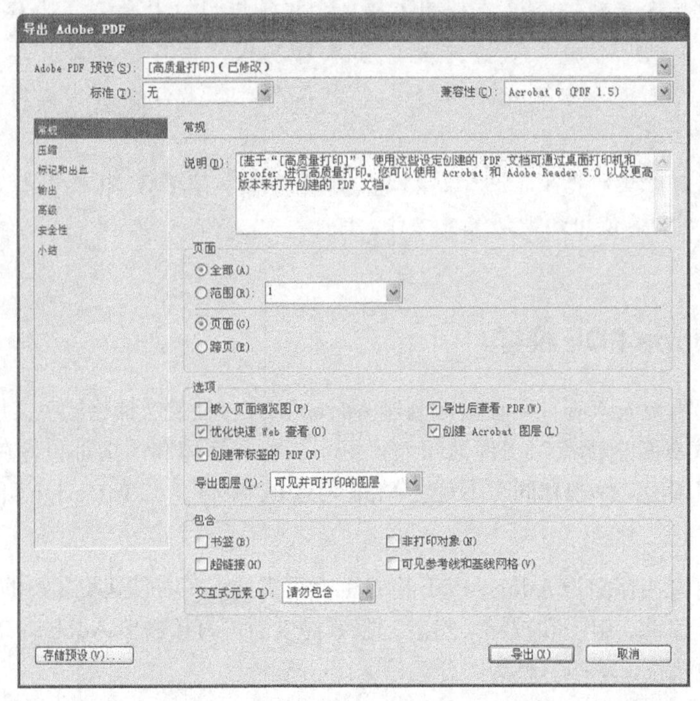

图13.6

通过下拉列表“导出图层”可指定创建 PDF 时要导出的图层，这里使用默认设置“可见并可打印的图层”。

> **注意：**在 InDesign CS6 中，导出 Adobe PDF 是在后台完成的，这让你能够在创建 Adobe PDF 时还能继续工作。在这个后台进程结束前，如果你试图关闭文档，InDesign 将发出警告。

6. 单击“导出”按钮。

将生成一个 Adobe PDF 文件，并在 Adobe Acrobat 或 Adobe Reader 中打开它。

> **提示：**要查看导出进度，可选择菜单“窗口”→“后台任务”打开后台任务面板。

7. 检查该 Adobe PDF 文件，再返回到 Adobe InDesign CS6。

使用 Adobe Acrobat X 查看包含图层的 Adobe PDF 文件

在 InDesign 文档中使用图层（选择菜单“窗口”→“图层”）有助于组织出版物中的文本和图形元素，例如可将所有文本元素放在一个图层中，而将所有图形元素放在另一个图层中。可以显示 / 隐藏图层以及锁定 / 解除锁定图层，这让你能够进一步控制设计元素。除在 InDesign 中显示和隐藏图层外，还可在 Adobe Acrobat X 中打开从 InDesign 文档导出的 Adobe PDF 文件，并显示和隐藏图层。按下面的步骤来查看刚导出的 Adobe PDF 文件（13_Cover_Proof）中的图层：

1. 单击文档窗口左边的“图层”按钮或选择菜单“视图”→“显示 / 隐藏”→“导览面板”→“图层”，打开图层面板。
2. 在图层面板中单击文档名左边的加号（Windows）或三角形（Mac OS）。

文档中的图层将显示出来。

3. 单击图层 Text 左边的眼睛图标（ ），眼睛图标被隐藏，该图层中的所有对象也被隐藏。
4. 单击图层名 Text 左边的空框以重新显示文本。
5. 选择菜单“文件”→“关闭”关闭该文档，再返回到 InDesign。

13.5 预览分色

如果文档需要分色以进行商业印刷，可使用分色预览面板来深入地了解文档各个部分将如何被打印。下面就尝试使用这项功能。

1. 选择菜单“窗口”→“输出”→“分色预览”。
2. 在“分色预览”面板中，从下拉列表“视图”中选择“分色”。移动面板以便能够看到页面，调整面板的高度以便能够看到列出的所有颜色，如图 13.7 所示。选择菜单“视图”→“使页面适合窗口”。
3. 单击每种 CMYK 颜色左边的眼睛图标（ ），以便隐藏使用 CMYK 颜色的所有元素，而只显示使用专色（Pantone）的元素。
4. 单击 PANTONE 3375 C 旁边的眼睛图标，页面上没有任何元素，这表明余下的所有元素使用的都是这种颜色。

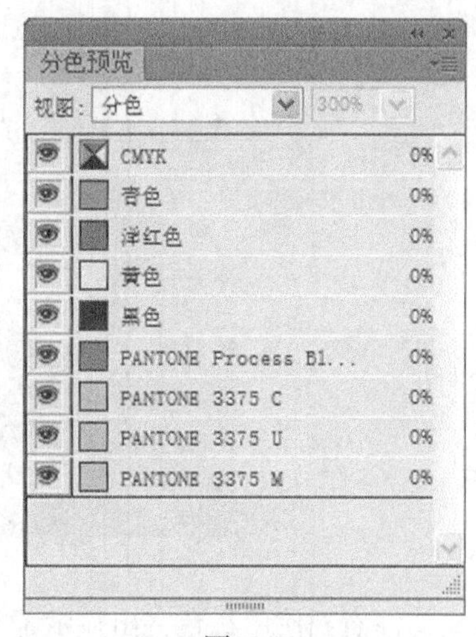

图13.7

你可能注意到了，三种 Pantone 颜色名中的数字相同，虽然这些颜色类似，但它们表示三类用于不同打印用途的油墨。这在输出时可能令人迷惑或使用不必要的印版而增加成本，本课后面将使用“油墨管理器”修复这种问题。

注意：Pantone 油墨公司使用 PMS（Pantone Matching System）表示其油墨。其中的数字表示颜色色相，而字母表示与该油墨最匹配的纸张类型。数字相同而字母不同的油墨的颜色类似，但适合使用不同的纸张打印。U 表示无涂层纸，C 表示蜡光纸，而 M 表示亚光纸。

5. 在分色预览面板中，从下拉列表“视图”中选择“关”以显示所有颜色。

13.6 透明度拼合预览

如果对文档中的对象应用了透明度效果（如不透明度和混合模式），则打印或输出这些文档时，通常需要进行一种叫做拼合的处理，可将透明作品分割成基于矢量的区域和光栅化的区域。

在这个杂志封面中，有些对象使用透明度效果调整过。下面将使用拼合预览面板来确定哪些对象应用了透明度效果以及页面中的哪些区域受到了透明度的影响。

1. 选择菜单“窗口”→“输出”→“拼合预览”。
2. 双击工具面板中的抓手工具（ ）让页面适合当前窗口，移动拼合预览面板以便能够看到整个页面。
3. 在拼合预览面板中，从下拉列表“突出显示”中选择“透明对象”。
4. 从下拉列表“预设”中选择“[高分辨率]”，如图 13.8 所示。这是本课后面打印该文档时将使用的设置。

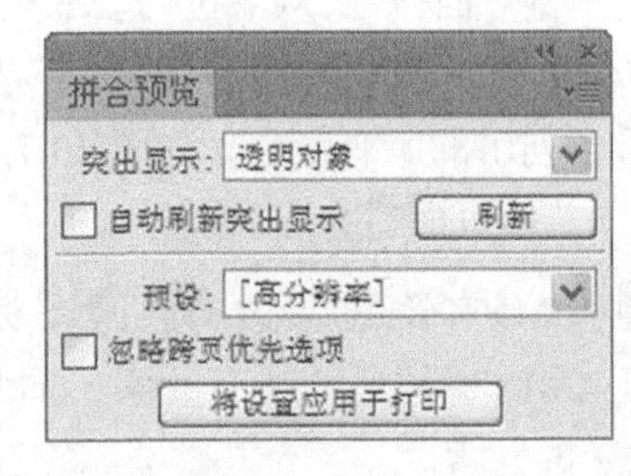

图13.8

注意到使用红色突出显示了有些对象，对这些对象应用了诸如渐变、不透明度和混合模式等透明度效果。可根据这种突出显示确定页面的哪些区域意外地受透明度设置的影响，进而相应地调整版面或透明度设置。

透明度设置可能是在 Photoshop、Illustrator 或 InDesign 中指定的。无论透明度设置是在

InDesign 中指定的还是从其他程序中导入的，拼合预览面板都能识别透明度对象。

5. 从下拉列表“突出显示”中选择“无”不显示拼合预览。

透明度拼合预设简介

如果经常打印或输出包含透明度的文档，通过将拼合设置存储为透明度拼合预设，可自动进行拼合处理。然后，在打印输出、存储以及将文件到导出为 PDF 1.3（Acrobat 4.0）、EPS 和 PostScript 格式时应用这些设置。另外，在 Illustrator 中，将文件存储为早期的 Illustrator 版本或复制到剪贴板中时，可以应用这些设置；在 Acrobat 中，也可以在优化 PDF 时应用它们。

这些设置还控制了将文件导出为不支持透明度的格式时如何拼合。

可在“打印”对话框或执行“导出”时出现的格式特定对话框的“高级”面板以及“另存为”对话框中选择拼合预设。可创建自己的拼合预设或选择软件提供的默认预设。默认预设的设置根据文档的以下预期用途，使拼合质量及速度与栅格化透明区域的分辨率匹配。

- [高分辨率] 用于最终印刷输出和高品质校样（如基于分色的彩色校样）。
- [中分辨率] 用于桌面校样以及要在 PostScript 彩色打印机上打印的打印文档。
- [低分辨率] 用于要在黑白桌面打印机上打印的快速校样以及要通过网页发布的文档或要导出为 SVG 的文档。

——摘自 InDesign 帮助

13.7 预览页面

前面预览了分色和版面中的透明区域，下面预览页面以了解封面打印出来是什么样的。

1. 如果要让页面适合窗口，双击抓手工具（ ）。

2. 在工具面板底部的“模式”按钮（ ）上按下鼠标，并从下拉列表中选择“预览”命令，这将隐藏所有参考线、框架边缘和其他非打印项目。

提示： 要在不同的屏幕模式之间切换，也可从应用程序栏的“屏幕模式”下拉列表中选择所需的模式。

3. 在“模式”按钮上按下鼠标，并从下拉列表中选择“出血”（ ）选项，这将显示最终文档周围的区域。这表明将打印文档边缘外的彩色背景，完全覆盖了打印区域。作业打印出来后，将根据最终文档大小裁剪掉多余的区域。

4. 在工具面板右下角的“模式”按钮上按下鼠标，并从下拉列表中选择“辅助信息区”选项，将显示文档底部下方的额外区域。该区域通常用于提供有关作业的制作信息，要查看该区域，可使用文档窗口右边的滚动条。要设置出血或辅助信息区域，可选择菜单“文件”→“文档设置”，再单击“更多选项”按钮显示出血和辅助信息区选项。

提示：通常在新建InDesign文档时设置出血和辅助信息区。为此，在选择菜单“文件”→“新建”→“文档”后，在“新建文档”对话框中单击“更多选项”按钮以显示出血和辅助信息区控件。

5. 双击抓手工具（ ）让页面适合窗口。

确认文档的外观可接受后，便可打印它。

13.8 打印激光或喷墨校样

InDesign使得使用各种输出设备打印文档非常容易。在本节中，你将创建一种打印预设来存储设置，这样以后使用相同的设备打印时，无需分别设置每个选项，从而可节省时间。

1. 选择菜单“文件”→“打印”。

2. 从下拉列表“打印机”中选择喷墨或激光打印机。

注意到InDesign自动选择了安装该打印机时关联的PPD（打印机描述），如图13.9所示。

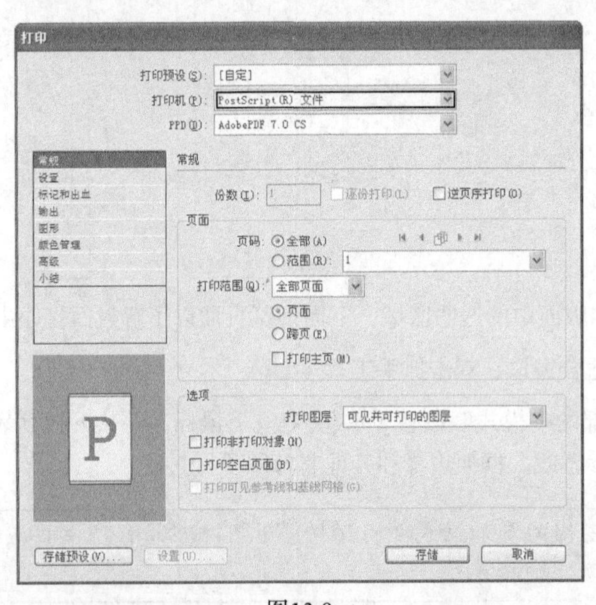

图13.9

注意：如果你的计算机没有连接打印机，可从下拉列表“打印机”中选择“PostScript文件”；如果有打印机，可选择一种Adobe PDF PPD（如果有的话）并完成下面的全部步骤。如果没有其他PPD，可将PPD设置为“设备无关”，但本节介绍的一些控件将无法使用。

3. 单击“打印”对话框左边的“设置”按钮，并做如下设置（如图 13.10 所示）：

- 将纸张大小设置为 Letter；
- 将页面方向设置为纵向；
- 选中单选按钮“缩放以适合纸张”单选项。

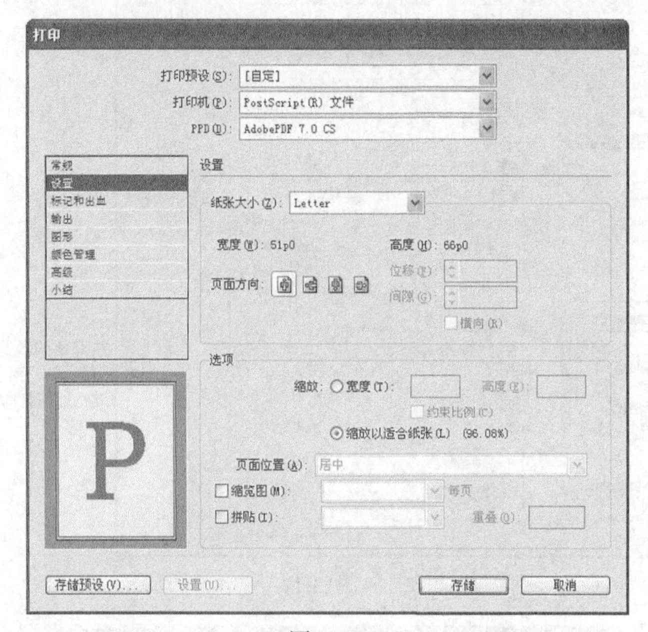

图13.10

4. 单击“打印”对话框左边的“标记和出血”选项，然后选中下列复选框：

- 裁切标记；
- 页面信息；
- 使用文档出血设置。

5. 在文本框“位移”中输入 1p3，如图 13.11 所示。这个值决定了指定的标记和页面信息离页面边缘的距离。

裁切标记打印在页面区域的外面，指出了打印最终文档后在什么地方进行裁切。选中复选框“页面信息”时，将在文档底部自动加入文档的名称以及打印日期和时间。由于裁切标记和页面信息打印在页面边缘的外面，因此需要选中单选项“缩放以适合纸张”，将所有内容打印到 8.5 英寸 ×11 英寸的纸张上。

选中复选项“使用文档出血设置”将导致 InDesign 打印超出页面区域边缘的对象，这使得无需指定要打印的额外区域。

6. 单击“打印”对话框左边的“输出”选项,从下拉列表“颜色”中选择“复合 CMYK”选项，如图 13.12 所示。如果要打印到黑白打印机，请选择“复合灰度”选项。

该设置导致打印时任何 RGB 颜色（包括 RGB 图像中的 RGB 颜色）都将被转换为 CMYK。该设置不会修改置入图形的原稿，也不会修改应用于对象的任何颜色。

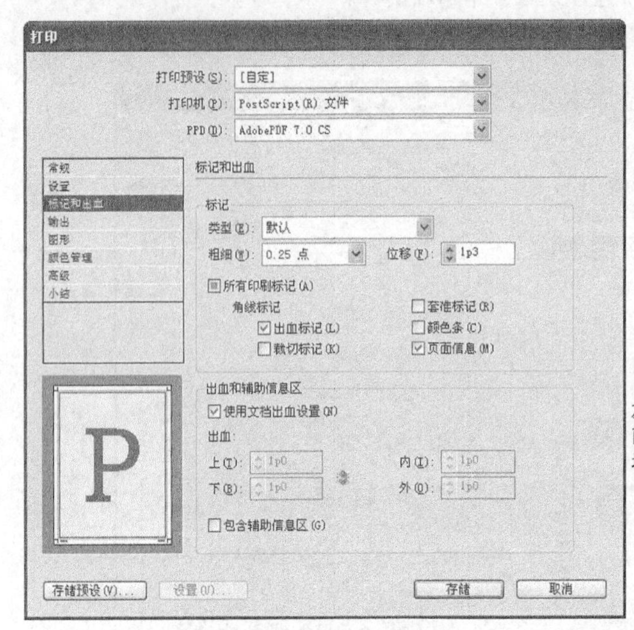

左下角的预览指出了页面区域、标记和出血区域将如何打印

图13.11

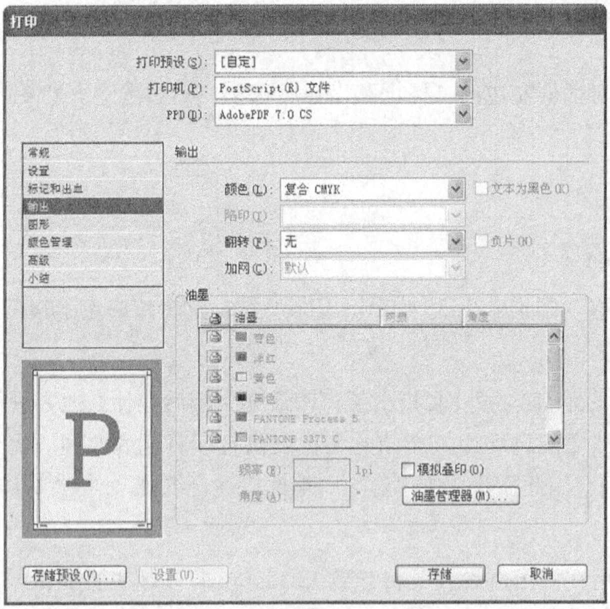

打印
打印预设(S): [自定]
打印机(P): PostScript(R) 文件
PPD(D): AdobePDF 7.0 CS
常规
设置
标记和出血
输出
图形
颜色管理
高级
小结
输出
颜色(L): 复合 CMYK
文本为黑色(K)
陷印(T):
翻转(F): 无
负片(N)
加网(C): 默认
油墨
油墨
青色
洋红
黄色
黑色
PANTONE Process 5
PANTONE 3375 C
频率(Q): lpi
模拟叠印(O)
角度(A):
油墨管理器(M)...
存储预设(V)...
设置(N)...
存储
取消

图13.12

注意：可从下拉列表“颜色”中选择“复合保持不变”，让 InDesign 保持作业中使用的已有颜色。另外，如果你是印刷商或服务提供商，需要在 InDesign 中打印分色，可根据使用的工作流程选择“分色”或“In-RIP 分色”。另外，使用有些打印机（如 RGB 校样机）时，无法选择“复合 CMYK”。

提示：如果你的文档包含将在打印时被拼合的透明设置，请选中复选项“模拟叠印”，以获得最佳的打印效果。

7. 单击“打印”对话框左边的“图形”选项。从下拉列表“发送数据”中选择“优化次像素采样”。

选择“优化次像素采样”后，InDesign 只发送在“打印”对话框中选择的打印机所需的图像数据，这可缩短为打印而发送文件所需的时间。要将高分辨率图像的完整信息发送给打印机（这可能增长打印时间），从下拉列表“发送数据”中选择“全部”。

注意：如果将 PPD 设置为“设备无关”，将不能修改“优化次像素采样”选项，因为这种通用的驱动程序无法确定选择的打印机需要哪些信息。

8.（可选）从下拉列表“下载字体”中选择“子集”，这将导致只将打印作业实际使用的字体和字符发送给输出设备，从而提高单页文档和文本不多的短文档的打印速度。

9. 单击“打印”对话框左边的“高级”选项，并在“透明度拼合”部分从“预设”下拉列表中选择“[中分辨率]”。

拼合预设决定了包含透明度设置的置入图稿或图像的打印质量。它还会影响在 InDesign 中使用了透明度功能和效果的对象的打印质量，这包括应用了投影或羽化效果的对象。可根据输出需求选择合适的透明度拼合预设。本课前面的“透明度拼合预览”一节有个补充说明，其中详细介绍了三种默认的透明度拼合预设。

10. 单击“打印”对话框底部的“存储预设”按钮，将其命名为 Proof，并单击“确定”按钮。

提示：要使用预设快速打印，可从菜单“文件”→“打印预设”中选择一种设备预设。如果这样做时按住 Shift 键，将直接打印，而不显示“打印”对话框。

通过创建打印预设，可存储这些设置，这样无需每次打印到相同的设备时都要分别设置每个选项。可创建多种预设，以满足可能使用的每种打印机的各种质量需求。以后要使用这些设置时，可从“打印”对话框顶部的“打印预设”下拉列表中选择它们，如图 13.13 所示。

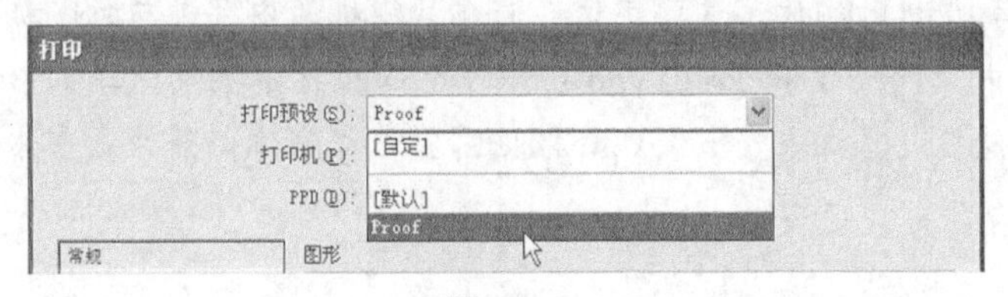

图13.13

打印图形的选项

导出或打印包含复杂图形（如高分辨率图像、EPS 图形、PDF 页面或透明效果）的文档时，通常需要更改分辨率和栅格化设置以获得最佳输出效果。

在“打印”对话框的“图形”面板中选择下列选项，可指定输出过程中如何处理图形。

- 发送数据：控制置入的位图图像发送给打印机或文件的图像数据量。
- 全部：发送全分辨率数据（适合于任何高分辨率打印或打印高对比度的灰度或彩色图像），如同在使用一种专色的黑白文本。该选项需要的磁盘空间最大。
- 优化次像素采样：只发送足够的图像数据供输出设备以最高分辨率打印图形（高分辨率打印机比低分辨率打印机使用的数据更多）。当你处理高分辨率图像而将校样打印到台式打印机时，请选择该选项。

注意，即使选中“优化次像素采样”选项，InDesign 也不会对 EPS 或 PDF 图形进行次像素采样。

- 代理：发送置入位图图像的屏幕分辨率版本（72 dpi），从而可缩短打印时间。
- 无：打印时暂时删除所有图形，并用带交叉线的图形框替换这些图形，以缩短打印时间。图形框架的尺寸与导入图形的尺寸相同，因此你仍可检查大小和位置。如果要将文本校样分发给编辑或校样人员，禁止打印导入的图形将很有用。分析导致打印问题的原因时，不打印图形也很有用。

——摘自 InDesign 帮助

11. 单击“打印”按钮。如果你是创建 PostScript 文件，单击“存储”按钮，将文件存储到文件夹 Lesson13，并命名为 13_End.indd.ps。可将 PostScript 文件提供给服务提供商或商业印刷商，也可使用 Adobe Acrobat Distiller 将其转换为 Adobe PDF。

将字体下载到打印机的选项

在“打印”对话框的“图形”面板中选择下列选项，可控制将字体下载到打印机的方式。

- 驻留打印机的字体：这些字体存储在打印机的内存或与打印机相连的硬盘驱动器中。Type 1 和 TrueType 字体可存储在打印机或计算机中；位图字体只能存储在计算机中。InDesign 根据需要下载字体，条件是字体安装在计算机的硬盘中。

- 无：包含到PostScript文件中字体的引用，该文件告诉RIP或后续处理器应包括字体的位置。如果字体驻留在打印机中，应该使用该选项。TrueType字体是根据字体中的PostScript名称命名的，但是，并非所有的应用程序都能够解释这些名称。为确保正确地解释TrueType字体，请使用其他字体下载选项，如“子集”或“下载PPD字体”。
- 完整：在打印作业开始时下载文档所需的所有字体。将下载字体中的所有字形和字符，即使文档中没有使用它们。字体包含的字形数多于“首选项”对话框中指定的最大字形（字符）数时，InDesign将取字体子集。
- 子集：仅下载文档中使用的字符（字形）。每页下载一次字形。用于单页文档或包含较少文本的短文档时，该选项通常可生成快速的小PostScript文件。
- 下载PPD字体：下载文档中使用的所有字体，包括驻留在打印机中的字体。使用该选项可确保InDesign使用计算机中的字体轮廓打印常用字体，如Helvetica、Times等。使用该选项可解决字体版本问题，如计算机和打印机的字符集不匹配或陷印中的轮廓变化。但是，除非经常使用扩展字符集，否则不必将将选项用于桌面草稿打印。

——摘自InDesign帮助

13.9 使用“油墨管理器”

“油墨管理器”能够在输出时控制油墨。使用“油墨管理器”所做的修改将影响输出，而不会影响文档中的颜色定义。

打印彩色出版物的分色时，“油墨管理器”选项对印刷服务提供商来说尤其有用。例如，使用CMYK印刷色打印使用了专色的出版物时，“油墨管理器”提供了将专色转换为等价CMYK印刷色的选项。如果文档包含两种相似的专色，但只有一种专色是必不可少的，或如果一种专色有两个名称时，“油墨管理器”能够将这些变种映射到一种专色。

下面读者将学习如何使用“油墨管理器”将专色转换为CMYK印刷色，还将创建油墨别名，以便文档输出为分色时创建所需的分色数。

1. 单击色板面板图标或选择菜单“窗口”→“颜色”→“色板”打开色板面板，再从色板面板菜单中选择“油墨管理器”选项。

提示：要打开油墨管理器，也可从分色预览面板菜单中选择“油墨管理器”选项。

2. 在“油墨管理器”对话框中，单击颜色色板Pantone 3375 C左边的专色图标（），它将变成 CMYK 图标（▣）。这样，该颜色将以 CMYK 颜色组合的方式打印，而不是在独立印版上打印。

这是一种不错的解决方案，可以限制为使用 4 种印刷色印刷，而无需在导入图形的源文件中修改这种专色。对话框底部的复选框“所有专色转换为印刷色”能够将所有专色转换为印刷色。

3. 单击颜色色板 Pantone 3375 C 左边的 CMYK 图标（▣），将其转换为专色。

4. 单击颜色色板 Pantone 3375 M，再从下拉列表“油墨别名”中选择 Pantone 3375 C，如图 13.14 所示。

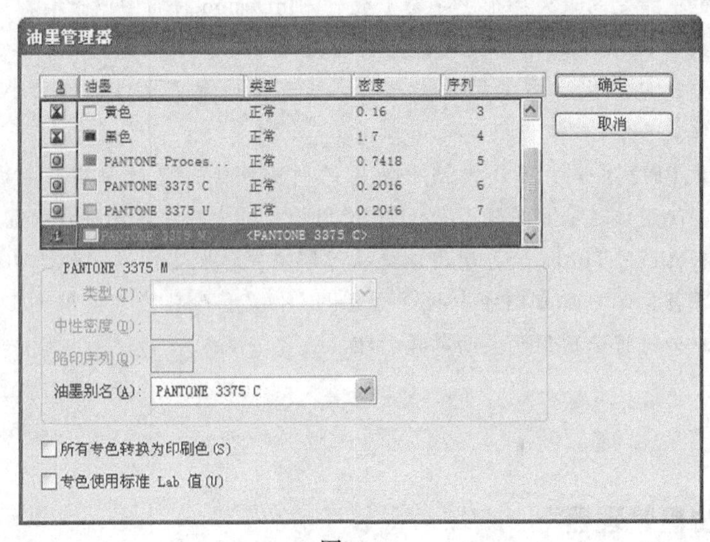

图13.14

通过指定油墨别名，所有使用颜色 Pantone 3375 M 的对象都将在别名颜色（Pantone 3375 C）的分色中打印，你将得到一种分色，而不是两种。

5. 单击颜色色板 Pantone 3375 U，再从下拉列表“油墨别名”中选择 Pantone 3375 C。现在，使用这三种 Pantone 3375 颜色的元素都将打印在一个分色中（但这个文档只使用了颜色 Pantone 3375 C）。不需要对 Pantone Process Blue C 做任何处理，本课前面将杂志名重新链接到另一个图形文件后，该文档就没有任何元素使用颜色 Pantone Process Blue C 了。

6. 单击“确定”按钮关闭“油墨管理器”对话框。

7. 选择菜单“文件”→“存储”保存所做的工作，再关闭文件。

祝贺你学完了本课！

13.10 练习

1. 通过选择菜单“文件”→“打印预设”→“定义”来创建新的打印预设。使用打开的对话框，创建用于特大型打印或各种可能使用的彩色或黑白打印机的打印预设。

2. 打开文件 13_Cover.indd，研究如何使用分色预览面板来启用或禁用各种分色。在该面板中，从下拉列表“预览”中选择“油墨限制”，并研究创建 CMYK 颜色时使用的总油墨量设置将如何影响各种图像的打印。

3. 在文件 13_Cover.indd 中，选择菜单“文件”→“打印”。然后单击“打印”对话框左边的“输出”选项，并查看各种用于打印彩色文档的选项。

4. 从色板面板菜单中选择“油墨管理器”，尝试给专色指定油墨别名以及将专色转换为印刷色。

复习

复习题

1. 在印前检查面板中，使用配置文件“[基本]（工作）”进行印前检查时，InDesign 将检查哪些问题?

2. InDesign 打包时收集哪些元素?

3. 如果要在一台低分辨率的激光打印机或校样机上打印扫描图像的最高质量版本，可选择哪个选项?

复习题答案

1. 通过选择菜单“窗口”→“输出”→“印前检查”，可确认高分辨率打印所需的所有项目是否都可用。默认情况下，印前检查面板检查文档使用的所有字体以及所有置入的图形是否可用。InDesign 还查找链接的图形文件和链接的文本文件，看它们在导入后是否被修改，并在文本框架有溢流文本时发出警告。

2. InDesign 收集 InDesign 文档及其使用的所有字体和图形的拷贝，而保留原件不动。

3. 默认情况下，InDesign 只将必需的图像数据发送给输出设备。如果要发送完整的图像数据（虽然这会增加打印时间），可在“打印”对话框的“图形”面板中，从下拉列表“发送数据”中选择“全部”。

第14课 创建包含表单域的Adobe PDF文件

在本课中，读者将学习以下内容：

- 添加各种 PDF 表单域；
- 使用预制的表单域；
- 添加表单域描述；
- 设置表单域的跳位顺序；
- 在表单中添加提交按钮；
- 导出并测试包含表单域的 Adobe PDF 交互式文件。

本课需要大约 45 分钟。

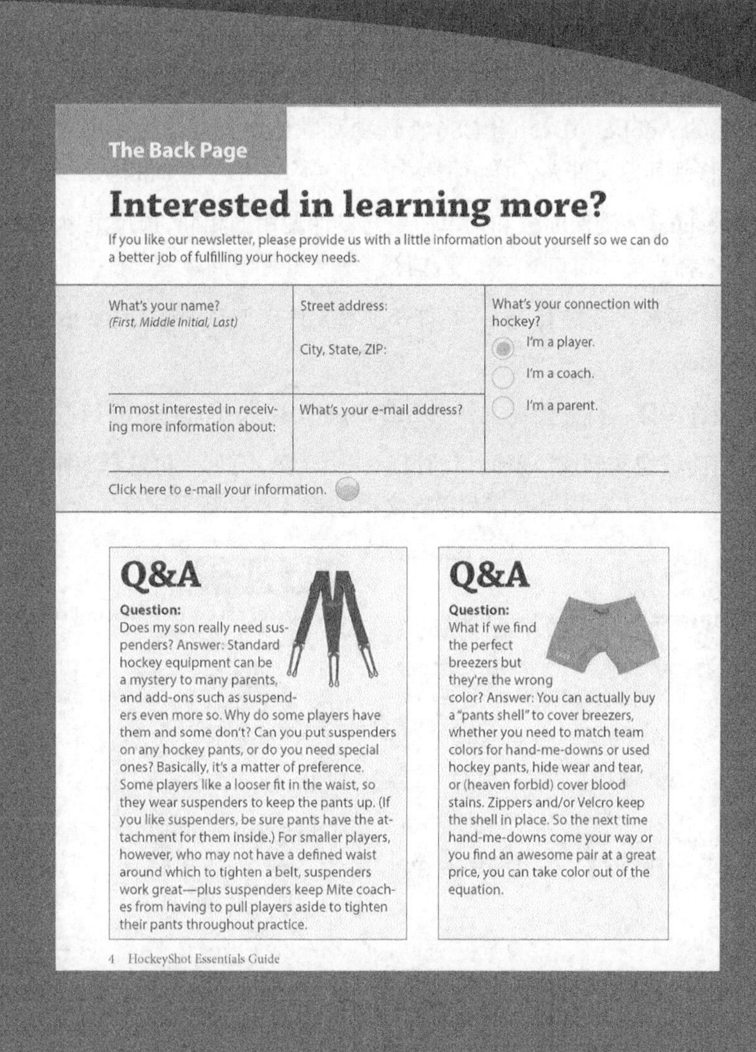
The Back Page

Interested in learning more?

If you like our newsletter, please provide us with a little information about yourself so we can do a better job of fulfilling your hockey needs.

What's your name?
(First, Middle Initial, Last)

Street address:

City, State, ZIP:

What's your connection with hockey?

I'm a player.

I'm a coach.

I'm a parent.

I'm most interested in receiving more information about:

What's your e-mail address?

Click here to e-mail your information.

Q&A

Question:
Does my son really need suspenders? Answer: Standard hockey equipment can be a mystery to many parents, and add-ons such as suspenders even more so. Why do some players have them and some don't? Can you put suspenders on any hockey pants, or do you need special ones? Basically, it's a matter of preference. Some players like a looser fit in the waist, so they wear suspenders to keep the pants up. (If you like suspenders, be sure pants have the attachment for them inside.) For smaller players, however, who may not have a defined waist around which to tighten a belt, suspenders work great—plus suspenders keep Mite coaches from having to pull players aside to tighten their pants throughout practice.

Q&A

Question:
What if we find the perfect breezers but they're the wrong color? Answer: You can actually buy a "pants shell" to cover breezers, whether you need to match team colors for hand-me-downs or used hockey pants, hide wear and tear, or (heaven forbid) cover blood stains. Zippers and/or Velcro keep the shell in place. So the next time hand-me-downs come your way or you find an awesome pair at a great price, you can take color out of the equation.

4 HockeyShot Essentials Guide

在以前的InDesign版本中，用户只能创建表单域占位符，再使用Adobe Acrobat给这些域添加交互功能。InDesign CS6提供了创建简单表单所需的全部工具，但用户依然可使用Acrobat来添加InDesign未提供的功能。

14.1 概述

在本课中，将在一篇新闻稿中添加多个类型各异的表单域，将新闻稿导出为 Adobe PDF 交互式文件，再打开导出的文件，并对使用 InDesign 创建的域进行测试。

注意：如果还没有从配套光盘将本课的资源文件复制到硬盘中，现在请复制它们，详情请参阅“前言”中的“复制课程文件”。

1. 为确保你的 Adobe InDesign CS6 首选项和默认设置与本课使用的一样，将文件 InDesign Defaults 移到其他文件夹，详情请参阅“前言”中的“存储和恢复文件 InDesign Defaults”。
2. 启动 InDesign。为确保面板和菜单命令与本课使用的相同，选择菜单“窗口”→“工作区”→“高级”，再选择菜单“窗口”→“工作区”→“重置‘高级’”。
3. 选择菜单“文件”→“打开”，并打开硬盘文件夹 InDesignCIB\Lessons\Lesson14 中的文件 14_Start.indd。
4. 要查看最终文档，打开硬盘文件夹 InDesignCIB\Lessons\Lesson14 中的文件 14_End.indd。
5. 使用页面面板切换到这篇新闻稿的最后一页（第 4 页），再选择菜单“视图”→“使页面适合窗口”。图 14.1 对初始文档和最终文档的第 4 页进行了比较。

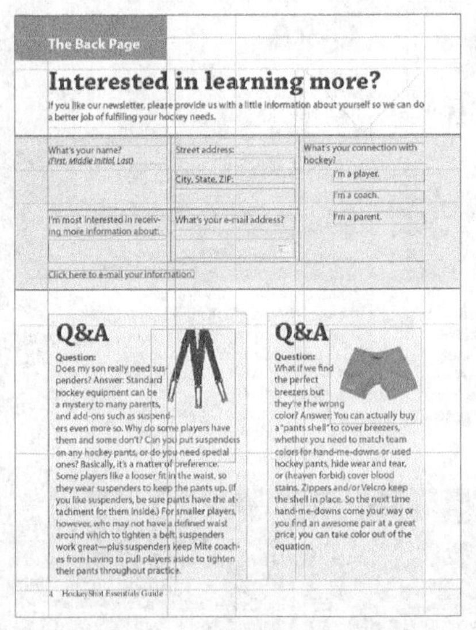

初始文件

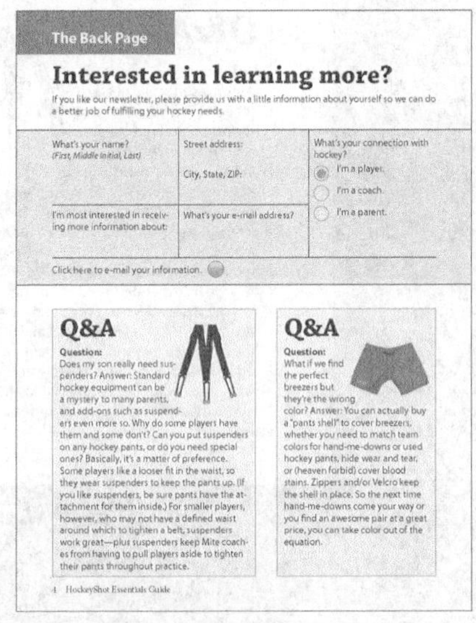

最终文档

图14.1　初始文件和最终文档对比

6. 查看完毕后关闭文件 14_End.indd，也可让它打开供后面参考。
7. 选择菜单“文件”→“存储为”，将文档 14_Start.indd 重命名为 14_PDF_Form.indd，并存储到文件夹 Lesson14 中。

14.2 添加表单域

该文档包含表单半成品，为完成这个表单，将添加几个域，并修改一些现有域。

14.2.1 添加文本域

在 PDF 表单中，文本域是一个容器，填写表单的人可在其中输入文本。

1. 选择菜单“窗口”→“工作区”→“交互式 PDF”,为在本课完成的工作提供最佳面板布局，能够快速访问本课将使用的众多控件。

> 提示：如果愿意，也可放大第 4 页上半部分的淡红色框架，本课的所有工作都将在这里进行。

2. 选择文字工具，在包含标题“What's your name?”的文本框架下方新建一个文本框架，并让其上、下边缘分别与这个地方的两条水平参考线对齐，且与当前栏等宽。
3. 选择工具面板中的工具，这个新文本框架将被选中，如图 14.2 所示。

> 注意：导出为 Adobe PDF 时，只保留纯色描边和填色，调整组合框、列表框、文本域或签名域的外观时，请别忘了这一点。用户在 Adobe Reader 或 Adobe Acrobat 中打开导出的 PDF 文件时，如果没有按下按钮“高亮现有域”，看到的将是表单域的这些属性。

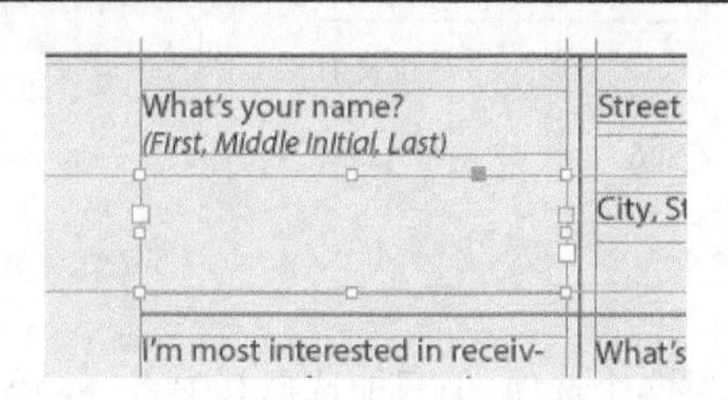

图14.2

4. 选择菜单“窗口”→“交互”→“按钮和表单”或单击按钮和表单面板图标，以显示按钮和表单面板。
5. 在按钮和表单面板中，从“类型”下拉列表中选择“文本域”选项，并在文本框“名称”中输入 Full Name 以指定名称，按 Enter 键让修改生效。

> 提示:根据创建域的类型，可指定域是否是可打印的、必需的、需要密码的、只读的、多行的或可滚动的，甚至可以指定输入文本的字体大小。例如，对于“打印”按钮，可能想取消选中复选项“可打印”。这样，用户在 Adobe Reader 或 Adobe Acrobat 中打开表单时，该按钮可见，但将表单打印出来后，就看不到该按钮了。

这个文本框架将被转换为文本域，且右下角有个小型的文本域图标，如图 14.3 所示。

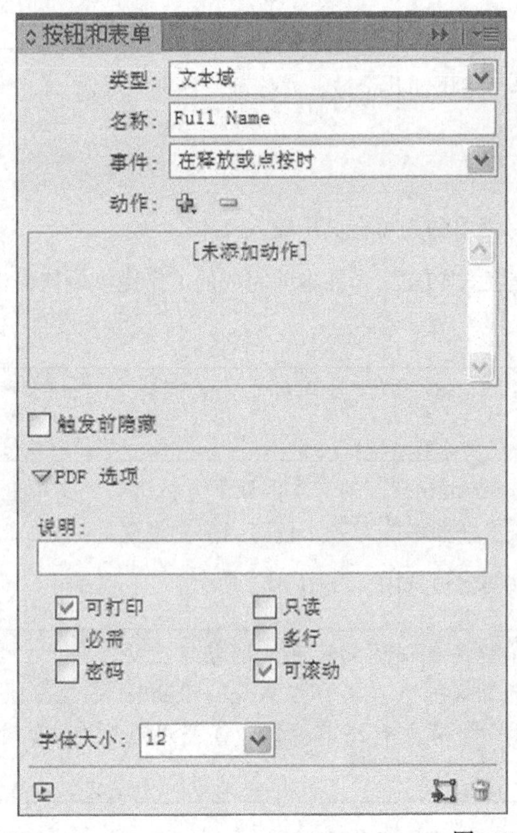

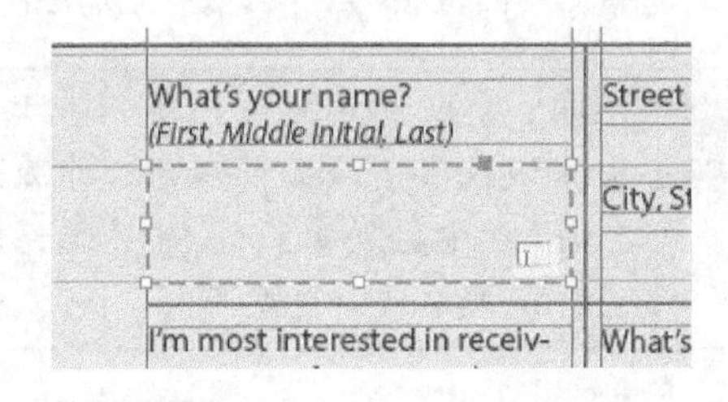

图14.3

6. 选择菜单“文件”→“存储”。

14.2.2　添加单选按钮

单选按钮向表单填写人提供两个选项，但只能选择其中之一。单选按钮通常用简单的圆圈表示，但可自己设计更优雅的单选按钮，也可选择 InDesign 提供的几种样式之一。在这里，将使用简单的单选按钮。

1. 选择菜单“窗口”→“使页面适合窗口”，再放大第 4 页的表单的“What's your connection with hockey?”部分。

2. 从按钮和表单面板菜单中选择“样本按钮和表单”或单击样本按钮和表单面板图标（![]），以显示样本按钮和表单面板。如果必要，调整这个面板的位置，以免它遮住表单的“What's your connection with hockey?”部分。

3. 拖曳样本按钮和表单面板中名为 016 的单选按钮，将其放在包含“What's your connection with hockey?”的文本框架下方。让最上面的单选按钮与上述文本框架下方的水平参考线对齐，并让单选按钮的左边缘与第 3 栏的左边距对齐。

4. 在控制面板中，确保在参考点定位器（▦）中选择了左上角的参考点，在文本框“X 缩放百分比”中输入 60%，再按 Enter 键，结果如图 14.4 所示。

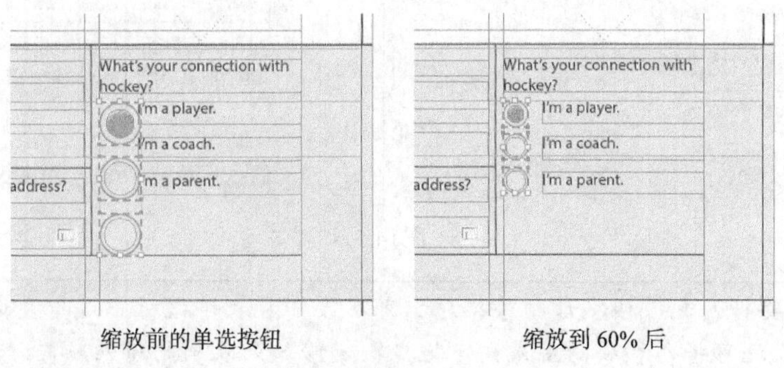

缩放前的单选按钮　　缩放到 60% 后

图14.4

5. 在按钮和表单面板中的文本框“名称”中输入 Hockey Connection 并按 Enter 键。
6. 选择菜单“编辑”→“全部取消选择”，也可单击页面或粘贴板的空白区域。
7. 使用选择工具选择第一个单选按钮（文本“I'm a player”左边的那个）。
8. 在按钮和表单面板中，在文本框“按钮值”中输入 Player 并按 Enter 键。
9. 重复第 7 步和第 8 步，将中间和最下面的按钮分别命名为 Coach 和 Parent。
10. 选择菜单“文件”→“存储”。

14.2.3 添加组合框

组合框是一个下拉列表，包含多个预定义的选项，表单填写人只能选择其中的选项之一。下面创建一个包含 3 个选项的组合框。

1. 使用选择工具选择标题“I would like to receive more information about:”下方的文本框架。
2. 在按钮和表单面板中，从“类型”下拉列表中选择“组合框”选项，再在文本框“名称”中输入 More Information，如图 14.5 所示。

> ID | 注意：列表框类似于组合框，但组合框只允许选择一个选项。对于列表框，如果选中了复选框“多重选择”，表单填写人将能够从中选择多个选项。

为向 PDF 表单填写人提供不同的选择，下面添加 3 个列表项。

3. 在按钮和表单面板的下半部分，在文本框“列表项目”中输入 Hockey Camps，再单击该文本框右边的加号按钮。注意到输入的文本出现在下方的列表中。
4. 重复第 3 步，再添加列表项 Hockey Equipment 和 Hockey Videos/DVDs，如图 14.6 所示。

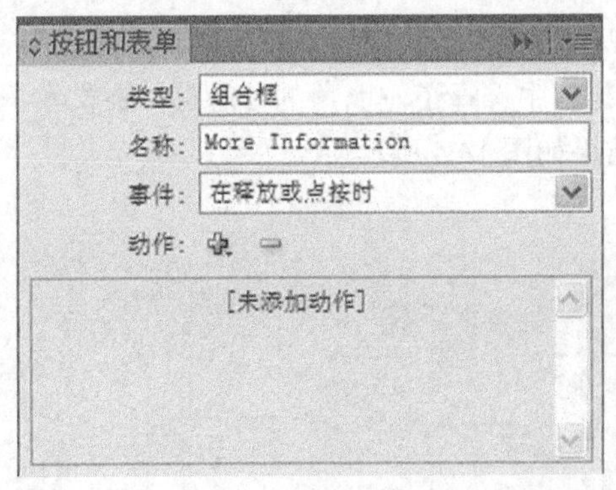

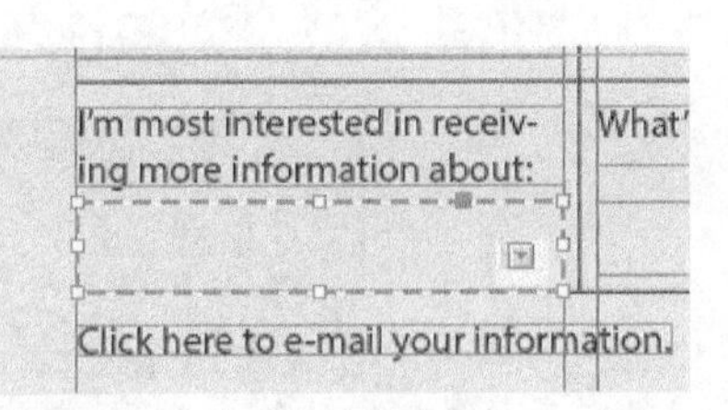

图14.5

> **提示**：要将列表项按字母顺序排序，可在按钮和表单面板中选中复选框“排序项目”，还可将列表项向上或向下拖曳，以修改列表项的排列顺序。

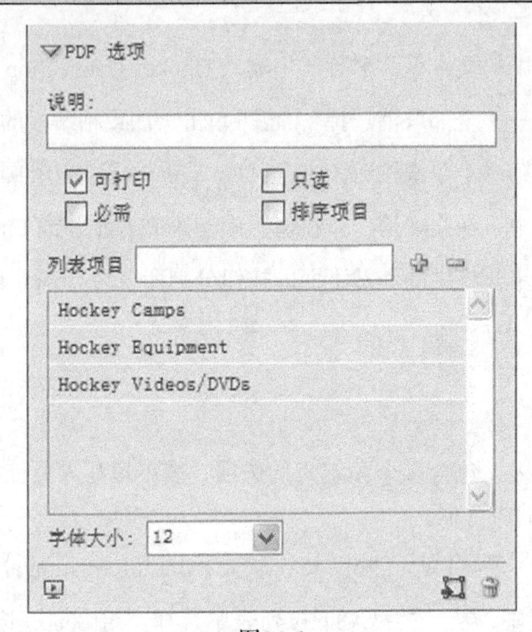

图14.6

5. 单击列表项 Hockey Camps，将其指定为默认设置。这样，表单填写人打开导出的 PDF 文件时，便已选择了列表项 Hockey Camps。

6. 选择菜单“文件”→“存储”保存所做的工作。

14.2.4 添加表单域描述

可添加表单域描述，向表单填写人提供额外的指南。表单填写人将鼠标指向表单域时，其描述将显示出来，下面给一个文本域添加描述。

1. 使用选择工具选择标题“City, State, ZIP”下方的文本域。

2. 在按钮和表单面板中，在文本框“描述”中输入 Please provide your four-digit ZIP code extension if possible，再按 Enter 键，如图 14.7 所示。

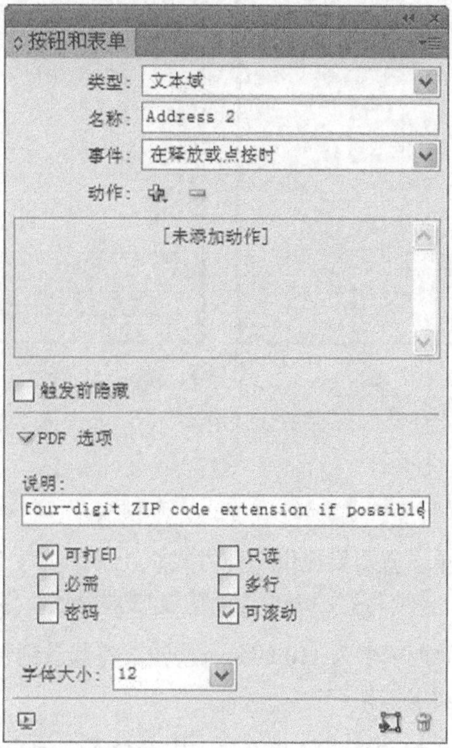

图14.7

3. 选择菜单“文件”→“存储”。

14.2.5 设置表单域的跳位顺序

给 PDF 表单指定的跳位顺序，决定了表单填写人不断按 Tab 键时，将以什么样的顺序选择各个域。下面设置该页面中表单域的跳位顺序。

1. 选择菜单“对象”→“交互”→“设置跳位顺序”。

2. 在“跳位顺序”对话框中，单击 Full Name（创建的用于输入表单填写人姓名的文本域的名称），再单击“上移”按钮 3 次，将其移到列表开头（如图 14.8 所示），再单击“确定”按钮。

> **提示：**要调整跳位顺序，也在“跳位顺序”对话框中可向上或向下拖曳列表项，还可使用文章面板（要打开文章面板，可选择菜单“窗口”→“文章”）。

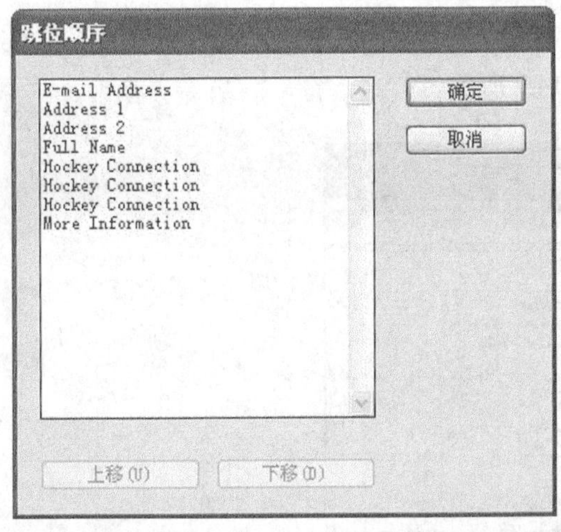

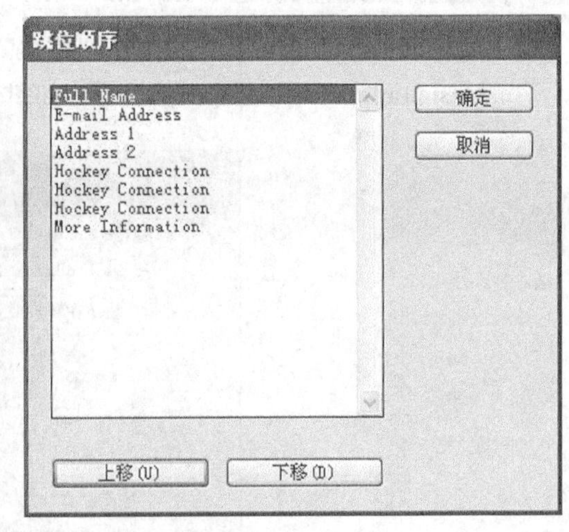

图14.8

3. 选择菜单“文件”→“存储”保存所做工作。

14.2.6 添加提交表单的按钮

如果你打算分发PDF表单，就需要提供一种方式，让表单填写人能够将填好的表单返还给你。为此，要创建一个按钮，用于将填写好的表单通过电子邮件返还给你。

1. 拖曳样本按钮和表单面板中名为110的绿色按钮，将其放到包含文本“Click here to e-mail your information.”的文本框架右边。

2. 在控制面板中，确保在参考点定位器（▦）中选择了左上角的参考点，在文本框“X缩放百分比”中输入60%，再按Enter键。

3. 使用选择工具将按钮放到前述文本框架右边，并利用水平智能参考线让其与文本框架垂直居中对齐，如图14.9所示。

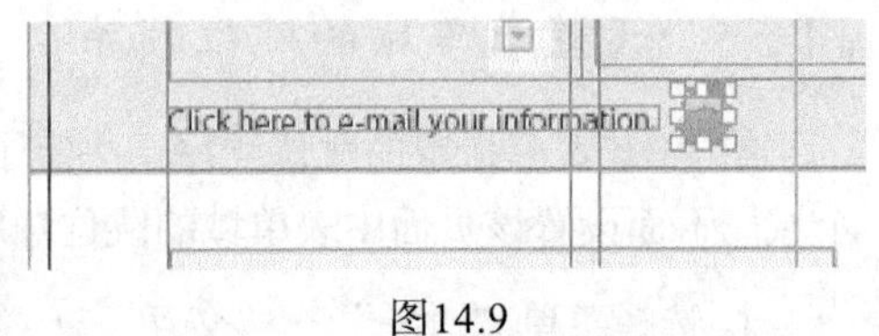

图14.9

4. 在依然选择了这个按钮的情况下，在按钮和表单面板的文本框“名称”中输入Submit Form。

5. 单击“转至URL”，单击“删除所选动作”按钮（▭），再单击“确定”按钮确认要删除该动作。

6. 单击“为所选事件添加新动作”按钮（▭），并从下拉列表中选择“提交表单”选项。

7. 在文本框URL中输入“mailto:”。确保在mailto后面输入了冒号，且冒号前后都没有空格。

8. 在“mailto:”后面输入电子邮件地址（如pat_smith@domain.com），指定将填写好的表单发送到哪个信箱，如图14.10所示。

9. 按Enter键让修改生效，再选择菜单“文件”→“存储”。

图14.10

14.3 导出为交互式 Adobe PDF 文件

至此表单域就制作好了，可导出为交互式 Adobe PDF 文件，再对导出的文件进行测试。

1. 选择菜单“文件”→“导出”。

2. 在“导出”对话框中，从下拉列表“保存类型”（Windows）或“格式”（Mac OS）中选择 Adobe PDF（交互）。切换到硬盘文件夹 InDesignCIB\Lessons\Lesson14，保留默认文件名 14_PDF_Form.pdf，并单击“保存”按钮。

3. 在“导出至交互式 PDF”对话框中，选中单选按钮“范围”并输入 4（在这个文档中，只有第 4 页包含 PDF 表单域，因此就测试而言，没有必要导出其他页面）。确保选中了单选按钮“包含全部”和复选框“导出后查看”，并保留其他设置不变（如图 14.11 所示），再单击“确定”按钮。

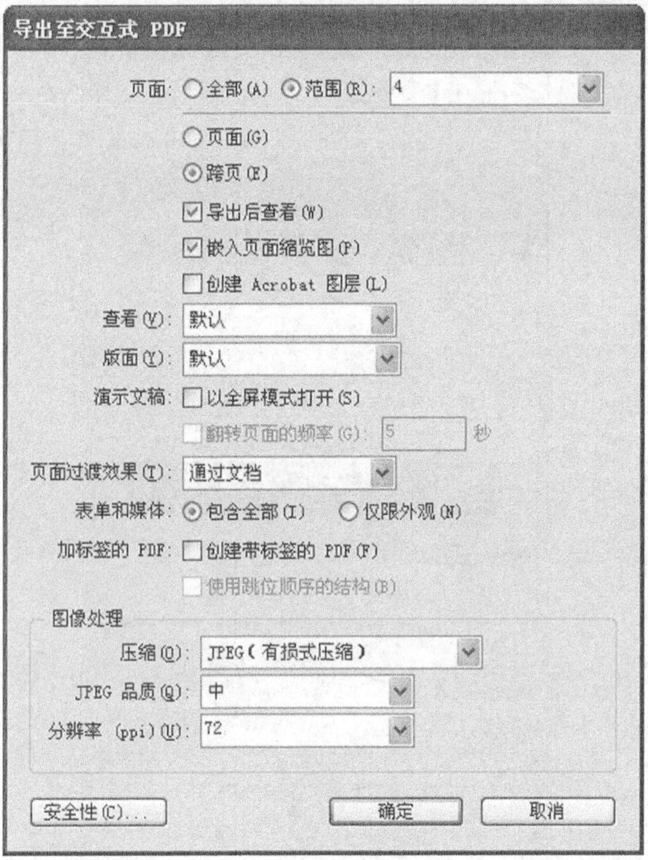

图14.11

如果计算机上安装了 Adobe Acrobat Profesional 或 Adobe Reader，将自动打开导出的 PDF 文件，能够对前面创建的域进行测试。填写完表单后，单击表单底部的按钮，通过电子邮件将填写好的表单发送给自己。

4. 选择菜单“文件”→“存储”。

> 注意：将包含表单域的文档导出为 Adobe PDF 交互式文件后，要让 Adobe Reader 用户能够填写并提交表单，必须在 Adobe Acrobat X 中打开它，并选择菜单“文件”→“另存为”→“Reader 扩展的 PDF”。如果使用的是 Adobe Acrobat 9，则应选择菜单“高级”→“高级”→“Adobe Reader 扩展功能”。

祝贺你创建了一个 PDF 表单。

14.4 练习

创建简单的 PDF 表单后，你可做进一步的探索，创建其他类型的表单域和自定义按钮。

1. 创建文本框架，并使用按钮和表单面板将其转换为签名域。PDF 表单中的签名域让用于能够对 PDF 文件进行数字签名。请给这个签名域指定名称，再导出为 Adobe PDF 交互文件。打开导出的 Adobe PDF 文件，在签名域中单击，再按屏幕说明做。
2. 使用椭圆工具（◯）创建一个小型的圆形框架。在渐变面板中，使用径向渐变填充这个圆。如果愿意，使用色板面板修改渐变的颜色。使用按钮和表单面板将这个框架转换为按钮。给按钮指定“转到首页”动作，这样将本课的新闻稿导出为 PDF 文件后，单击该按钮将显示该新闻稿的封面。为测试这个按钮，导出为 Adobe PDF 交互文件时，确保包含所有的页面，而不仅仅是第 4 页。
3. 尝试使用样本按钮和表单面板中的其他预制表单域：将其拖曳到页面上，并在按钮和表单面板中查看其属性。可原样使用这些表单域，也可修改其外观和某些属性。然后将其导出并进行测试。

复习

复习题

1. 哪个面板能够将对象转换为 PDF 表单域以及指定表单域的设置？
2. 可给按钮指定哪种操作，让 PDF 表单填写人能够将填写好的表单发送到指定电子邮件地址？
3. 可使用哪些程序来打开并填写 Adobe PDF 表单？

复习题答案

1. 按钮和表单面板（可选择菜单“窗口”→“按钮和表单”来打开它）能够将对象转换为 PDF 表单域及指定表单域的设置。
2. 要让表单填写人能够返回填写好的表单，可使用按钮和表单面板给按钮指定“提交表单”操作，再在文本框 URL 中输入“mailto:”和电子邮件地址（如 mailto:pat_smith@domain.com）。
3. 要打开并填写 PDF 表单，可使用 Adobe Acrobat Profesional 或 Adobe Reader。Acrobat Profesional 还提供了其他 PDF 表单域处理功能。

第15课 制作并导出电子书

在本课中，将制作一个 InDesign 文档，并将其导出为可在电子阅读设备上阅读的 EPUB 文件。为此，将完成如下任务：

- 对文档做最后的润色，添加定位图形，将段落样式和字符样式映射到导出标签，制作目录；
- 指定要在导出的 EPUB 文件中包含的内容，并重新排列这些内容；
- 在 InDesign 文档和 EPUB 文件中添加元数据信息；
- 导出并预览 EPUB 文件。

本课需要大约 45 分钟。

Adobe InDesign CS6 新增了 EPUB 文件导出功能，这有助于改进制作流程，能够制作可在各种电子阅读设备、平板电脑和智能手机上阅读的电子书。

15.1 概述

在本课中，将对一个包含菜谱的小册子做最后的润色，将该文档导出为 EPUB，再预览导出的文档。

> **注意**：如果还没有从配套光盘将本课的资源文件复制到硬盘中，现在请复制它们，详情请参阅“前言”中的“复制课程文件”。

鉴于在几个重要的方面，电子出版物与印刷出版物都截然不同，一些 EPUB 基本知识可能对完成本课大有裨益。

制定 EPUB 标准旨在让出版商能够制作可重排的内容，从而可使用支持“.epub”格式的各种电子阅读设备和软件来阅读，如 Barnes & Noble Nook、Kobo eReader、Apple's iBooks for iPad、iPhone、Sony Reader 和 Adobe Digital Editions。由于电子阅读器的屏幕尺寸各异，且 InDesign 文档的内容按线性排列,因此不要求页面采用特定尺寸,这就是本课采用标准页面尺寸 8.5 英寸 ×11 英寸的原因所在。

> **注意**：本书出版时，Amazon Kindle 还不支持 EPUB 标准，而将提交的 EPUB 文件转换为其专用的 Kindle 格式。

1. 为确保你的 Adobe InDesign CS6 首选项和默认设置与本课使用的一样，将文件 InDesign Defaults 移到其他文件夹，详情请参阅“前言”中的“存储和恢复文件 InDesign Defaults”。
2. 启动 InDesign。为确保面板和菜单命令与本课使用的相同,选择菜单“窗口”→“工作区”→“高级”，再选择菜单“窗口”→“工作区”→“重置‘高级’”。为开始工作，你将打开一个半成品 InDesign 文档。

> **注意**：虽然有些设备支持固定版面的 EPUB，但本课不介绍这种 EPUB。

3. 选择菜单“文件”→“打开”，打开硬盘文件夹 InDesignCIB\Lessons\Lesson15 中的文件 15_Start.indd。
4. 要查看最终文档，打开硬盘文件夹 Lesson15 中的文件 15_End.indd。

> **提示**：在本课末尾，将导出为 EPUB 文件。要查看和管理 EPUB 和其他数字出版物，可使用 Adobe Digital Editions，该软件可从 Adobe 网站（www.adobe.com）免费下载。

5. 在最终文档中导航，查看封面（如图 15.1 所示）及 4 个菜谱。
6. 查看完毕后关闭文件 15_End.indd，也可让它打开供后面参考。
7. 切换到文档 15_Start.indd，选择菜单“文件”→“存储为”，将该文档重命名为 15_Recipes

Booklet.indd，并存储到文件夹 Lesson15 中。

图15.1

15.2 完成小册子的制作

要将该文档导出为 EPUB 文件，还需做些润色和准备工作。首先将添加一些图形，并将它们定位到文本中。然后，对于包含这些定位图形的段落，使用段落样式来设置其格式。这种段落样式将在导出的 EPUB 文件中自动添加分页符。最后，为制作好这个小册子，将创建简单的目录并添加一些元数据。

15.2.1 添加定位的图形

这个小册子包含 4 个菜谱：开胃菜、主菜、蔬菜和甜点。这些菜谱被串接在一起，将在每道菜的菜名前添加一幅定位的图片，再应用一种段落样式，该段落样式用于在导出的 EPUB 文件中添加分页符。为简化这项任务，笔者已将图形文件存储在一个库中。

> ID 注意：通过将图形定位到文本中，可对它们在导出的 EPUB 文件中相对于文本的位置进行控制。

1. 选择菜单“文件”→“打开”，并打开文件夹 Lesson15 中的文件 15_Library.indl。
2. 切换到第 3 页。为此，可使用页面面板；也可按 Ctrl + J（Windows）或 Command + J（Mac OS），再在“页面”文本框中输入 5 并单击“确定”按钮。

> ID 提示：如果愿意，可显示隐藏字符（如换行符和空格），方法是选择菜单“文字”→“显示隐含的字符”。

3. 使用文字工具将光标插入菜名 Guacamole 前面，再按 Enter 键。

4. 使用选择工具将库项目 Avocados.tif 拖放到粘贴板上——放在页面的哪边都行。

5. 按住 Shift 键，并拖曳图形框架右上角附近的蓝色方块，将图形拖曳到第 3 步创建的空行，当菜名上方出现一条竖线时松开鼠标，如图 15.2 所示，这样，这个图形框架就是内嵌的定位图形，将随其周围的文本一起移动。

提示：要将库项目作为内嵌图形插入文本中，也可先将光标放到文本中，再在库中选择项目，最后从库面板菜单中选择“置入项目”选项。项目将作为内嵌图形插入文本中。

图15.2

6. 使用文字工具单击该定位图形的左边或右边，从而将光标放到单击的地方。

7. 选择菜单“文字”→“段落样式”或单击面板停放区域中的段落样式面板图标，以打开段落样式面板。

8. 单击段落样式名列表中的 Graphics，将该段落样式应用于包含定位图形的那个单行段落。

本课后面导出为 EPUB 文件时，将使用段落样式 Graphics 将 4 个菜谱划分为 4 个 HTML 文件。通过将长文档划分为小块，可提高 EPUB 的显示效率，并让每个菜谱都从下一页开始。

9. 重复第 4 步～第 8 步，将其他 3 个库项目（Salmon.tif、Asparagus.tif 和 Strawberries.tif）分别定位到其他 3 个菜名的前面。确保在每个图形框架后面都换行，并将段落样式 Graphics 应用于包含这些框架的单行段落。

10. 选择菜单“文件”→“存储”将所做的工作保存。

15.2.2 定制定位图形的导出选项

除在 EPUB 导出期间除给对象（如图像）指定全局导出选项外，还可在导出为 EPUB 前给各个对象指定导出设置，下面给 4 幅定位的图形指定导出设置。

1. 切换到第 3 页。

2. 使用选择工具选择包含图形 Avocados.tif 的图形框架。

3. 选择菜单“对象”→“对象导出选项”。

4. 在“对象导出选项”对话框中，单击标签“EPUB 和 HTML”。

5. 选中复选框“自定栅格化”，从“大小”下拉列表中选择“相对于页面宽度”选项，再从下拉列表“分辨率（ppi）”中选择 150，如图 15.3 所示。

> **提示**：通过从“大小”下拉列表中选择“相对于页面宽度”选项，可确保图像的大小与电子阅读器设备的宽度成正比，而不是固定不变。

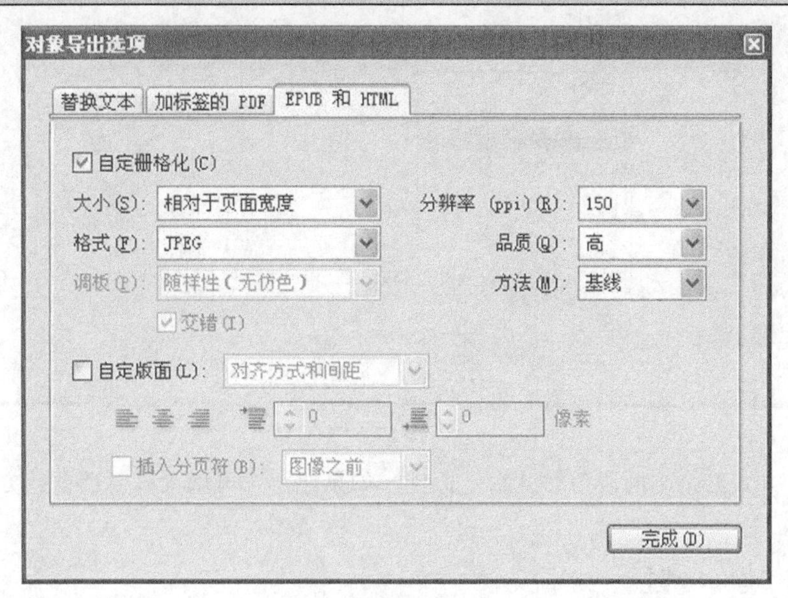

图15.3

6. 在不关闭“对象导出选项”对话框的情况下，切换到其他 3 个定位图形所处的页面，选择包含它们的图形框架，并重复第 5 步。

7. 单击“完成”按钮关闭该对话框。

8. 选择菜单“文件”→“存储”。

15.2.3　将段落样式和字符样式映射到导出标签

EPUB 是一种基于 HTML 的格式。为指定在导出期间如何设置 EPUB 文件中文本的格式，可将段落样式和字符样式映射到 HTML 标签和类。下面将这个文档中的多个段落样式和字符样式映射到 HTML 标签。

1. 选择菜单“文字”→“段落样式”或单击面板停放区域中的段落样式面板图标。

2. 从段落样式面板菜单中选择“编辑所有导出标签”命令。

3. 在“编辑所有导出标签”对话框中，确保选中了单选按钮“EPUB 和 HTML”，再单击样式

Main Headlines 右边的“[自动]”，然后从下拉列表中选择 h1，如图 15.4 所示。这样，导出为 EPUB 时，将给使用样式 Main Headlines 的段落指定 HTML 标签 h1（通常用于最大的标题）。

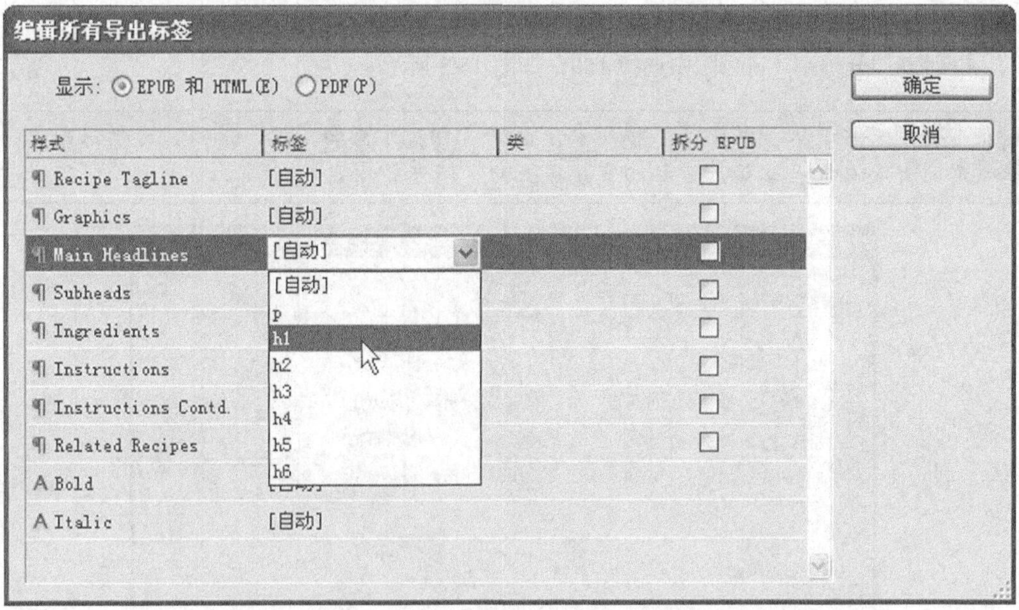

图15.4

4. 按如下方式给余下的段落样式指定标签。如果愿意，可增大该对话框，方法是拖曳其右下角。

- Recipe Tagline：h4。
- Graphics：自动。
- Subheads：h3。
- Ingredients：p。
- Instructions：自动。
- Instructions Continued：自动。
- Related Recipes：自动。

在段落样式后面，还列出了这个文档中的两个字符样式，也需要给它们指定标签。

5. 将字符样式 Bold 和 Italic 分别指定标签。标签 strong 让菜谱中的粗体文本保持不变，而标签 em（突出）保留菜名后面的口号为斜体。

关闭“编辑所有导出标签”对话框前，还需完成一项任务：指定段落样式 Graphics，将 EPUB 拆分为较小的 HTML 文档。每个菜谱都将对应于 EPUB 中的一个 HTML 文件，且每个菜谱都将从下一页开始，并包含其图片。

> **注意**：导出为 EPUB 时，将在生成 EPUB 格式的同时生成 HTML 页面。并非所有电子阅读器都能很好地支持包含长 HTML 页面的 EPUB 文件。在“编辑所有导出标签”对话框中，如果为段落样式选择了“拆分 EPUB”，则在文档中每次应用该段落样式时，都将生成一个 HTML 文件。这样，生成的 EPUB 文件将包含多个 HTML 文件，而不是单个大型 HTML 文件。

6. 选择段落样式 Graphics，再选择它右边的复选框“拆分 EPUB”，如图 15.5 所示。

> **注意**：在“编辑所有导出标签”对话框中，列出了当前文档使用的所有段落样式和字符样式，能够给所有样式指定导出标签，还可在创建和编辑段落样式和字符样式时指定导出标签。

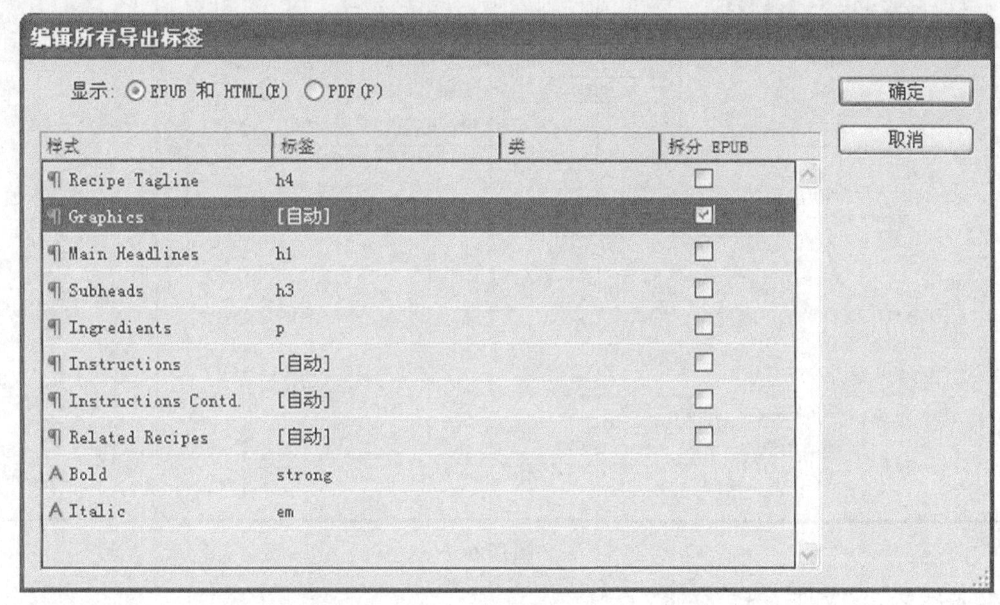

图15.5

7. 单击“确定”按钮关闭该对话框。

如果现在导出这个文档，菜名（其格式是使用段落样式 Main Headlines 设置的）及其后面的口号（其格式是使用段落样式 Recipe Tagline 设置的）将从居中变成左对齐，因为在电子阅读器中，h1 和 h4 等标题标签默认为左对齐。后面给文档指定导出设置时，将确保这些文本在 EPUB 文件中依然居中。

15.2.4 添加目录样式

将 InDesign 文档导出为 EPUB 文件时，可生成用于导航的目录，让阅读者能够轻松地导航到 EPUB 的某些位置。这种目录基于在 InDesign 中创建的目录样式。

1. 选择菜单“版面”→“目录样式”。

2. 在“目录样式”对话框中，单击“新建”按钮打开“新建目录样式”对话框。

3. 在“新建目录样式”对话框的文本框“目录样式”中输入 Recipes Booklet。在“其他样式”列表中，使用滚动条找到并选择段落样式 Main Headlines，再单击“添加”按钮将这个段落样式移到“包含段落样式”列表中，如图 15.6 所示。保留其他设置不变，再单击“确定”按钮关闭“新建目录样式”对话框。再次单击“确定”按钮关闭“目录样式”对话框。

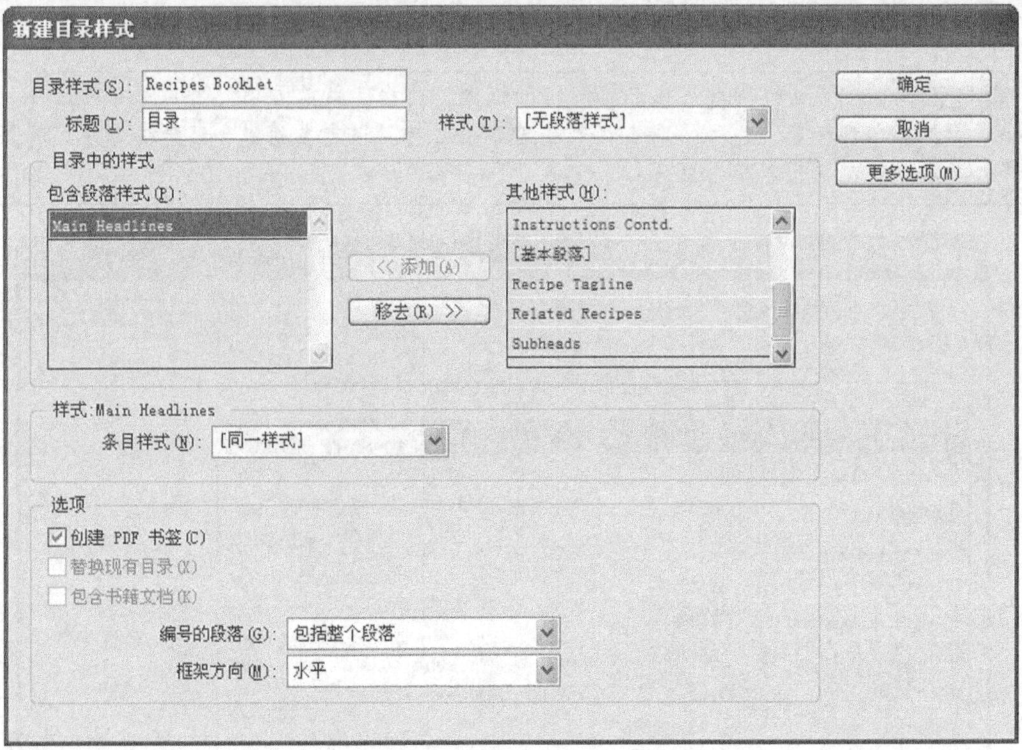

图15.6

4. 选择菜单“文件”→“存储”。

15.3 选择要在电子书中包含的内容

使用文章面板能够轻松地选择要在 EPUB 文件中包含的内容（文本框架、图形框架等），还能够指定对象的导出顺序。下面在文章面板中添加 3 篇文章，并给这些文章命名和调整两个元素的排列顺序。

15.3.1 添加封面

导出为EPUB时，可将文档第 1 页用做封面，也可选择一个并未包含在文档中的JPEG图形文件，并将其用做封面。这里将把文档第 1 页用做封面，但由于它包含多个对象，而你希望保持这一页的外观不变，因此需要将封面内容作为单幅图形（而不是一系列对象）导出。为此，将把第 1 页所有对象编组，再指定导出选项，以便导出时将这个编组转换为单幅图形。

1. 切换到文档的第 1 页。

2. 选择菜单“窗口”→“文章”打开文章面板。

3. 如果必要，切换到选择工具。然后，选择菜单“编辑”→“全选”，再选择菜单“对象”→“编组”。

4. 选择菜单“对象”→“对象导出选项”打开“对象导出选项”对话框。

5. 在选项卡“EPUB 和 HTML”中，选中复选框“自定栅格化”，从“大小”下拉列表中选择“相对于页面宽度”选项，再从下拉列表“分辨率（ppi）”中选择 150，如图 15.7 所示。单击“完成”按钮关闭该对话框。

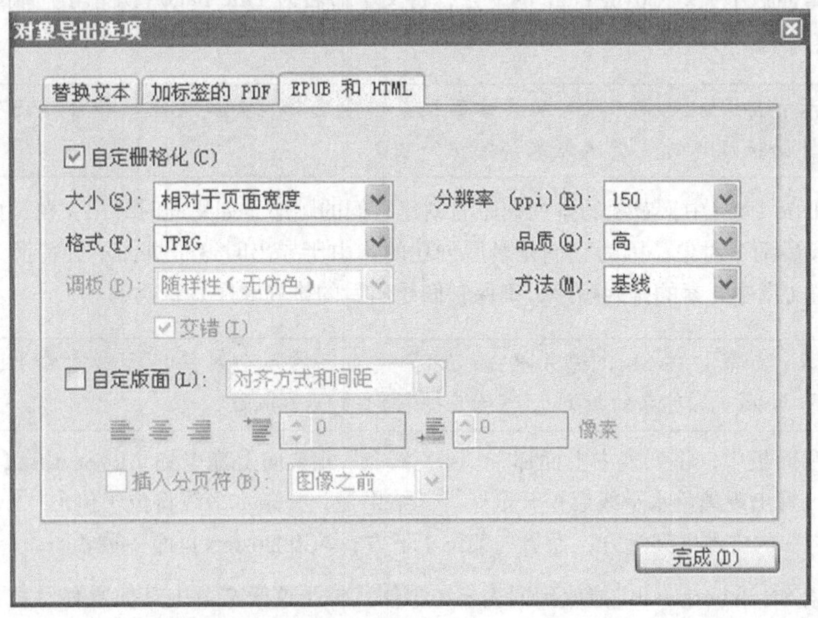

图15.7

6. 将第 1 页的对象组拖放到文章面板中，这将打开“新建文章”对话框。在文本框“名称”中输入 Cover Page，确保选中了复选框“导出时包含”，再单击“确定”按钮，如图 15.8 所示。

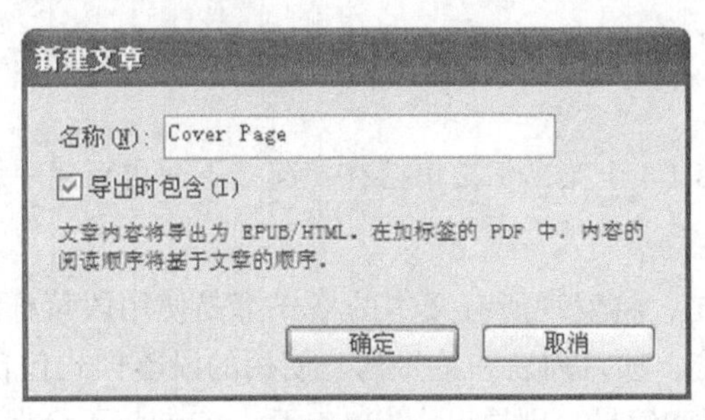

图15.8

注意到在文章面板中添加了文章 Cover Page。

7. 选择菜单“文件”→“存储”。

15.3.2 添加书名页并调整内容的排列顺序

这个文档的第 2 页是书名页，只包含几个对象。这一页的设计并不复杂，没有必要像第 1 页那样转换为图形。因此，这里不在新建文章前将对象编组并定制导出设置，而直接将这些对象都拖放到文章面板中，再修改文章——调整其中两个元素的排列顺序。

1. 切换到文档的第 2 页。

2. 使用选择工具选择这个页面的所有对象（或选择菜单“编辑”→“全选”），再将它们拖曳到文章面板中文章 Cover Page 的下方，将文章命名为 Title Page，并单击“确定”按钮关闭“新建文章”对话框。

> **提示**：要添加文章，也可从文章面板菜单中选择“新建文章”命令，还可单击文章面板底部的“新建文章”按钮（ ）。

在文章 Title Page 中，对象的排列顺序为创建它们的顺序。如果此时导出文档，两条水平线将是该页面的最后两个对象，因为它们是最后创建的。由于导出时这个页面不会转换为图形，因此需要调整这篇文章中元素的排列顺序，确保它们导出后的排列顺序是正确的。

> **提示**：如果按住 Shift 键并单击以选择页面上的多个对象，再创建文章，则在文章面板中，对象的排列顺序与选择它们的顺序相同。

3. 在文章面板中，将列表中上面那个“< 直线 >”元素向上拖曳到“Everything you need…”上方，等出现黑色水平线后松开鼠标。其结果是，一条水平线将位于包含“Everything you need…”的文本框架上方，而另一条位于下方，与 InDesign 页面一致。

4. 将元素 Strawberries.tif 拖放到列表末尾，使其位于这篇文章中其他所有元素下方。这使得在 EPUB 文件中，这幅图形将位于书名页的底部。这意味着这个页面的 EPUB 布局稍微不同于 InDesign 布局。

5. 选择菜单“文件”→“存储”保存所做的工作。

15.3.3 添加菜谱页面

这本小册子的余下内容（4 个菜谱）被串接在一起。下面再新建一篇包含菜谱的文章，但在此之前，有必要看一下这些文本。

如果在菜谱文本中单击，将发现所有文本的格式都是使用段落样式设置的。文档被导出时，有助于确保文本的样式不变。项目列表和编号列表使用的段落样式包含自动生成的项目符号和编号（如果手工添加项目符号和编号，则导出为 EPUB 后，它们将不会保留下来）。

1. 切换到第 3 页。使用选择工具将包含菜谱的文本框架拖放到文章面板中文章 Title Page 下方，并将文章命名为 Recipes，结果如图 15.9 所示。

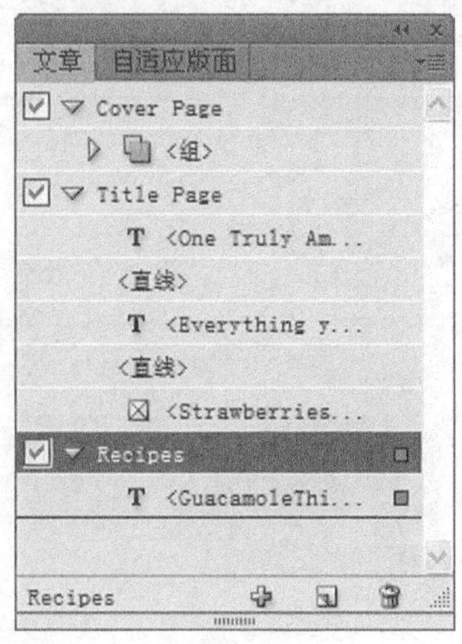

图15.9

注意到文章 Recipes 只包含一个元素：一个文本框架。前面定位的图形并未单独列出，这是因为它们是菜谱文本的一部分。

2. 选择菜单“文件”→“存储”。

15.4 添加元数据

元数据是有关文件的一组标准化信息，如文件名、作者姓名、描述和关键字。导出为 EPUB 文件时，可自动在 EPUB 文件中包含元数据。在电子阅读器中，可使用这些元数据在 EPUB 库中显示文档标题和作者。下面在 InDesign 文档中添加元数据。这些信息将包含在导出的 EPUB 中，并在 EPUB 文件被打开时显示出来。

1. 选择菜单“文件”→“文件信息”。
2. 在“文件信息”对话框中的文本框“文档标题”中输入 One Truly Amazing Meal，在文本框“作者”中输入姓名，再单击“确定”按钮关闭对话框，如图 15.10 所示。
3. 选择菜单“文件”→“存储”。

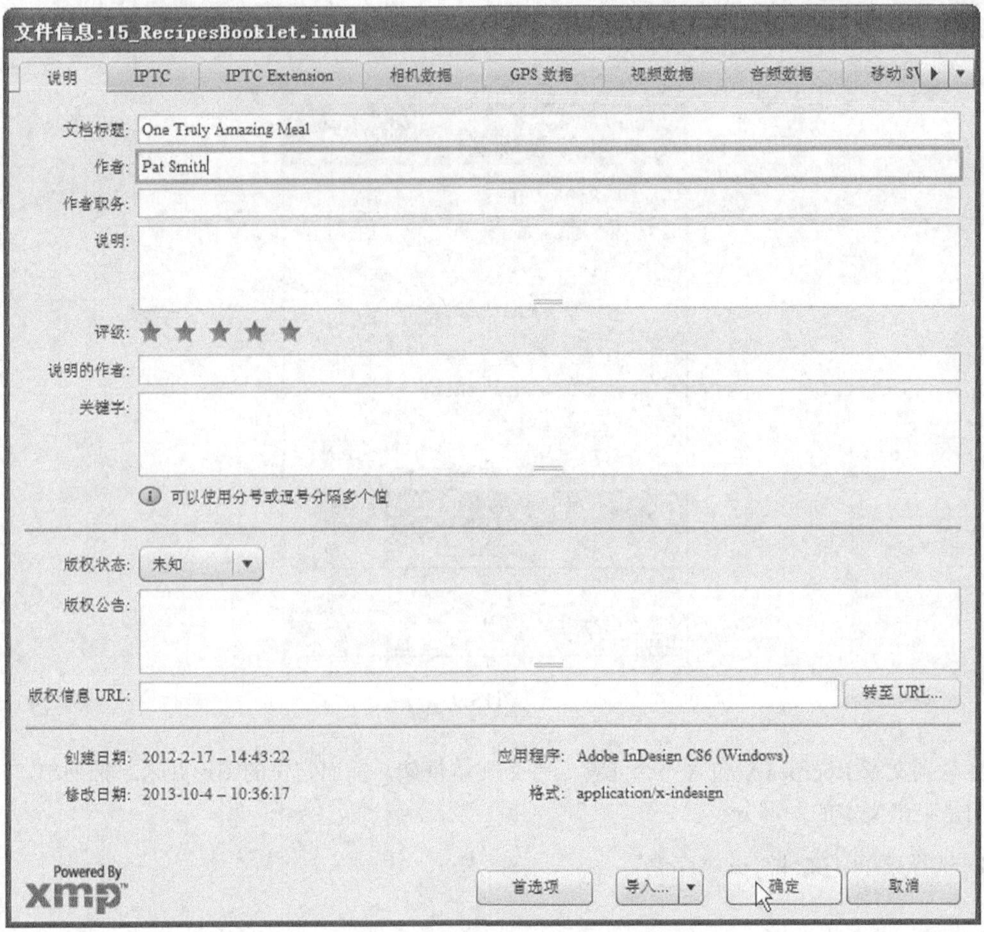

文件信息:15_RecipesBooklet.indd

说明 | IPTC | IPTC Extension | 相机数据 | GPS 数据 | 视频数据 | 音频数据 | 移动 SV

文档标题: One Truly Amazing Meal

作者: Pat Smith

作者职务:

说明:

评级:

说明的作者:

关键字:

可以使用分号或逗号分隔多个值

版权状态: 未知

版权公告:

版权信息 URL: 转至 URL...

创建日期: 2012-2-17 – 14:43:22

应用程序: Adobe InDesign CS6 (Windows)

修改日期: 2013-10-4 – 10:36:17

格式: application/x-indesign

Powered By xmp

首选项 导入... 确定 取消

图15.10

15.5 导出为 EPUB 文件

至此，所有的准备工作都已完成，可将文档导出为 EPUB 文件了。在这里，将指定多个自定导出选项，以利用在本课前面所做的工作来优化 EPUB。

15.5.1 指定导出设置

就像“打印”对话框中的设置决定了打印出来的页面的外观一样，将 InDesign 文档导出为 EPUB 时，所做的设置决定了 EPUB 文件的外观，将指定一些常规设置和高级设置。

1. 选择菜单“文件”→“导出”。

2. 在“导出”对话框中，从下拉列表“保存类型”（Windows）或“格式”（Mac OS）中选择 EPUB。

3. 在文本框“文件名”（Windows）或“存储为”（Mac OS）中，将文件命名为 15_Recipes.epub，并将其存储到硬盘文件夹 InDesignCIB\Lessons\Lesson15 中。

4. 在“EPUB 导出选项”对话框的“常规”部分，确保从下拉列表“版本”中选择了 EPUB 2.0.1，再指定如下“设置”选项。

- 封面：无（封面将为文档的第 1 页）。
- 目录样式：Recipes Booklet。
- 边距：24。
- 内容顺序：与文章面板相同。

5. 在“文本选项”部分，确保从下拉列表“项目符号”中选择了“映射到无序列表”选项，并从下拉列表“编号”中选择了“映射到静态有序列表”选项。这确保在 EPUB 中保留菜谱文本中的项目符号列表和编号列表。

6. 选中复选框“导出后查看 EPUB”，并保留其他“常规”设置不变，如图 15.11 所示。

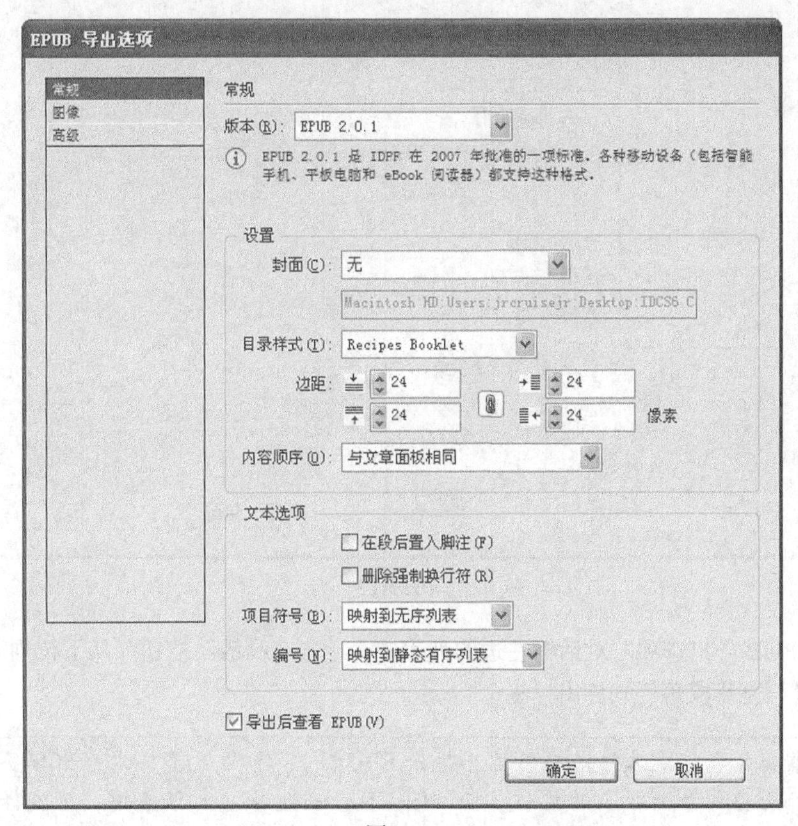

图15.11

7. 在“EPUB 导出选项”对话框左边的列表中，单击“图像”按钮。确保选中了复选框“从版面保留外观”，以保留非内嵌图形的图像裁剪设置，并保留旋转和透明度效果等属性。

提示：在“EPUB 导出选项”对话框的“图像”部分，复选框“忽略对象导出设置”让你能够覆盖你单独为对象和对象组指定的导出设置。

8. 从下拉列表“图像大小”中选择“相对于页面”，并保留其他设置不变，如图 15.12 所示。

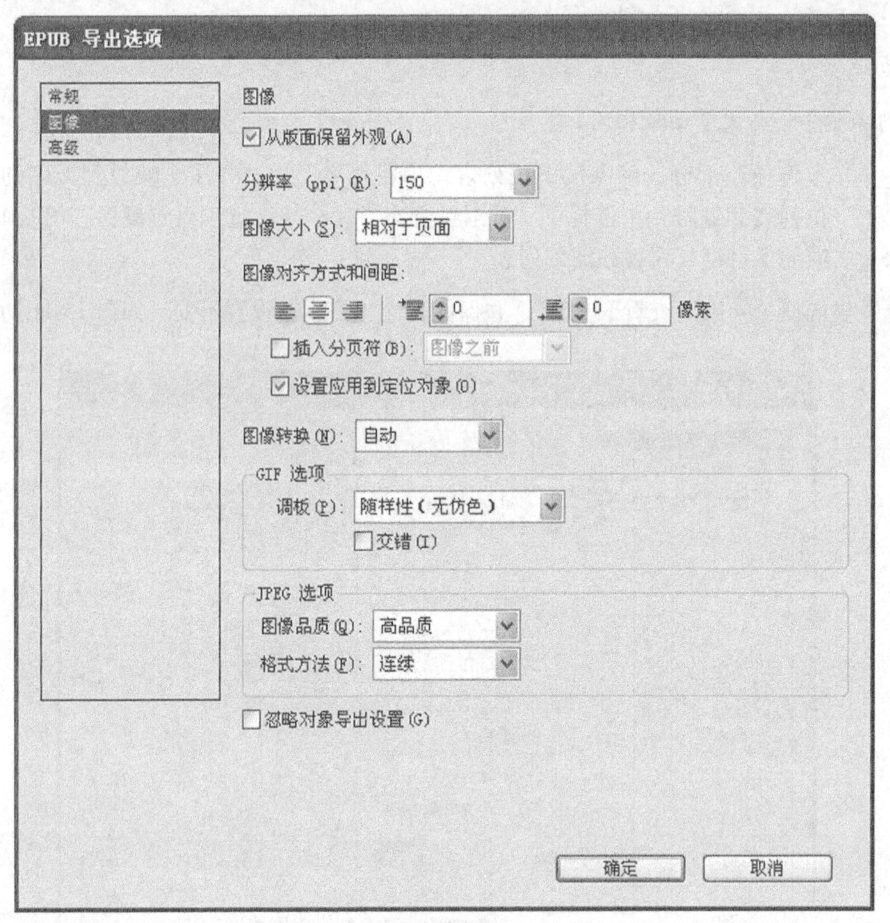

图15.12

9. 在“EPUB 导出选项”对话框左边的列表中，单击“高级”按钮。从下拉列表“拆分文档”中选择“基于段落样式导出标签”。

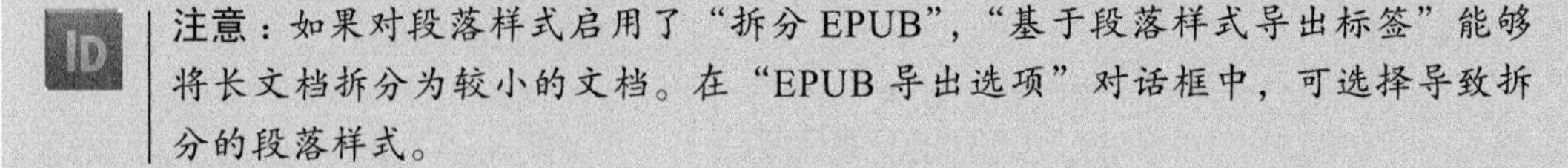
注意：如果对段落样式启用了“拆分 EPUB”，“基于段落样式导出标签”能够将长文档拆分为较小的文档。在“EPUB 导出选项”对话框中，可选择导致拆分的段落样式。

在本课前面给段落样式指定标签时，已经要求为段落样式 Graphics 创建较小的 HTML 片段，因此选择“基于段落样式导出标签”将在菜谱中的每个定位图形前插入分页符。

10. 确保选中了复选框“包括文档元数据”，这样 EPUB 将包含在前面添加的元数据。

11. 确保选中了复选框“包括样式定义”、“保留页面优先选项”和“包括可嵌入字体”，再单击“添加样式表”按钮。

注意：如果手工给使用了样式的段落和字符指定了大量局部格式，并选中了复选框“保留页面优先选项”，则 InDesign 导出 EPUB 时 HTML 和 CSS 生成负担将激增。如果不选中该复选框，就需编辑 CSS，以进一步控制 EPUB 的外观。编辑 CSS 已超出了本书的范围。

12. 选择文件夹 Lesson15 中的文件 Recipes.css，再单击“打开”按钮，此时的“EPUB 导出选项”对话框如图 15.13 所示。

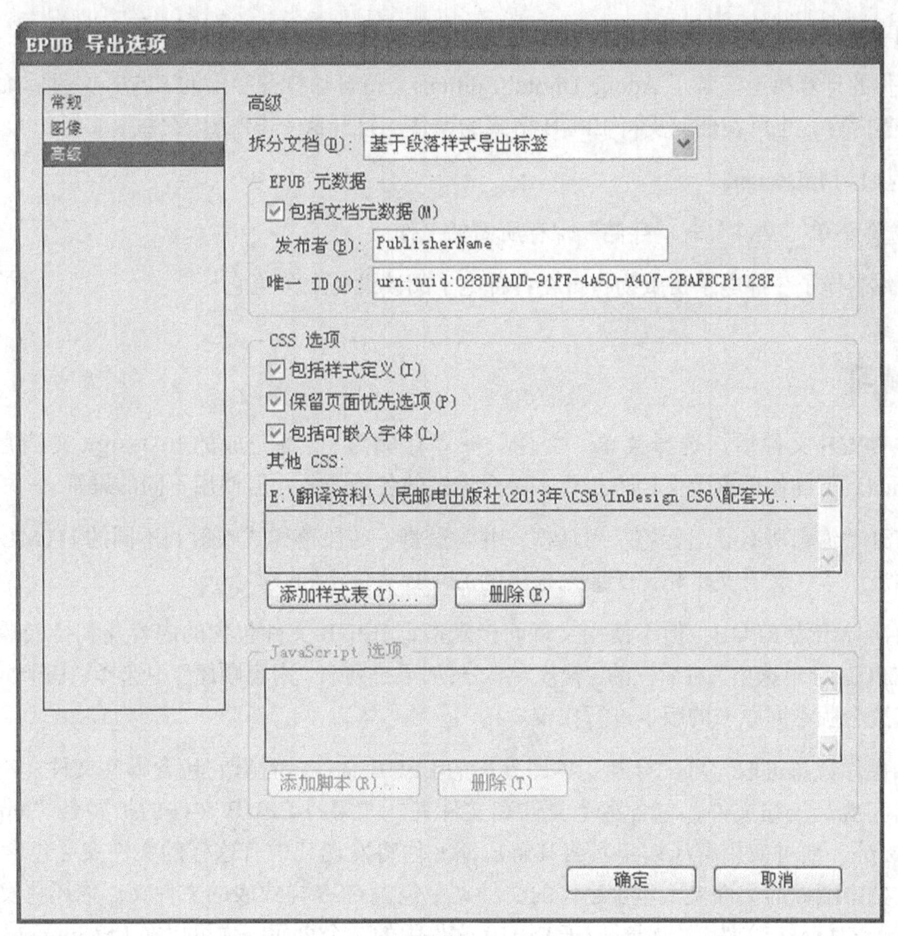

图15.13

注意：InDesign 为 EPUB 自动生成唯一 ID，但对于商用 EPUB，需要输入 ISBN。

这个 CSS 样式表包含少量 HTML 代码，让样式 h1 和 h4 居中而不是左对齐。

注意：并非所有电子阅读器都支持字体嵌入。应尽可能在各种设备上测试 EPUB，确保对输出满意。为进一步控制 HTML 标签和类在电子阅读器上的显示方式，可编辑 CSS 文件。

提示：要将长文档拆分为小型 HTML 文档，另一种方法是使用单独的 InDesign 文档创建 EPUB 的各个部分，再将这些文档组合为 InDesign 书籍，然后从书籍面板菜单中选择“将书籍导出到 EPUB”以生成 EPUB。

13. 单击“确定”按钮导出为 EPUB。

如果你的计算机上安装了 Adobe Digital Editions，将自动打开导出的 EPUB 文件，而你可通过滚动查看其内容，也可在任何支持 EPUB 格式的设备上打开这个 EPUB 文件。

14. 返回到 InDesign。

15. 选择菜单“文件”→“存储”保存所做的工作。

祝贺你制作了一部电子出版物，可在各种电子阅读设备上浏览它！

15.6 练习

创建 EPUB 文件后，选择菜单“文件”→“存储为”，将完成的 InDesign 文档存储为 15_Practice.indd。下面使用这个文档来执行本课介绍过的各种任务，但使用不同的设置。

1. 打开“编辑所有导出标签”对话框，并尝试将一些段落样式映射到不同的 HTML 标签。导出新版本，看看文本相比于原来导出的 EPUB 有何不同。
2. 再次导出为 EPUB，但不使用文章面板来指定 EPUB 文件包含的内容及其排列顺序，而在“EPUB 导出选项”对话框的“常规”部分,从下拉列表“内容顺序”中选择“基于页面布局”。将这个版本同原来的版本进行比较。
3. 如果你锐意进取，可“打开”本课导出的 EPUB 文件，看看它包含哪些文件。EPUB 文件其实就是压缩文件，包含多个文件和文件夹。如果将 EPUB 文件的扩展名“.epub”改为“.zip”，便可使用解压缩工具将其解压缩。你将发现其中有这样的文件夹：包含 InDesign 文档中图像的文件夹；包含字体的文件夹；包含 CSS 样式表的文件夹。你还将发现其中有 7 个 XHTML 文件，分别对应于 EPUB 文件中的 7 个页面。你可以在 Dreamweaver 中打开这些页面，以查看源代码、预览页面以及添加其他信息和功能。

注意：有多款编辑器可用于打开“.epub”文件做进一步编辑，如 <oXygen/> XML Editor 和 Bare Bones Software TextWrangler。

Adobe Digital Publishing Suite 简介

Adobe Digital Publishing Suite 是一套完整的解决方案，适用于个人设计师、传统媒体出版商、广告代理以及需要制作、分发和优化平板电脑内容和出版物的各种公司。

- 企业版：提供完全可定制的解决方案，可帮助企业出版商、跨国公司和世界级广告代理通过利润丰厚的收益源、更深入的客户关系及经济高效的平板电脑出版实现数字业务转型。
- 专业版：提供现成的平板电脑出版解决方案，适用于中等规模的传统媒体、商业出版商及会员组织。可助你快速设计出引人入胜的精美内容，并跨各种市场和设备进行发布，从而通过数字出版推动业务增长。
- 单机版：为中小型设计工作室和自由设计师提供价格低廉而直观的解决方案。无需编写代码或依赖开发人员就能制作出小册子、作品选集和美观图书等 iPad 应用；利用既有的 Adobe InDesign CS6 技能，充分发挥创造力，制作出引人入胜、发人深思的内容。

有关 Adobe Digital Publishing Suite 的更详细信息，请访问 www.adobe.com/products/ digital-publishing-suite-family.html。

要详细了解如何制作平板电脑出版物及获取开发人员资源，请访问 Adobe Digital Publishing Suite 开发中心（www.adobe.com/devnet/digitalpublishingsuite.html）。

在线 iPad 教程

除本书提供的 16 个课程外，网上还有一个附加课程，你只需前往 www.peachpit.com/idcs6cib 注册本书即可获得。该附加课程演示了如何在版面中添加幻灯片、全景图、视频和音频、可平移和缩放的图形及其他元素，还演示了如何生成可在 iPad 上浏览的文件。

复习

复习题

1. 创建要导出为 EPUB 的文档时,如何确保图形相对于周边文本的位置不变?
2. 何为元数据? 可在 EPUB 中包含哪些类型的元数据?
3. 哪个面板能够指定在 EPUB 中包含的内容以及导出后元素的排列顺序?
4. 导出为 EPUB 时,如果要根据文章面板(而不是页面布局)决定内容的顺序,必须选择哪个选项?
5. 假定为多个文本框架指定了自定导出设置,如何在导出为 EPUB 期间覆盖这些对象的导出设置?

复习题答案

1. 要确保导出为 EPUB 时,图形相对于文本的位置不变,可将其作为内嵌图形定位到文本中。
2. 元数据是有关文件的信息,如文件名、作者、描述和关键字。EPUB 可包含有关文档名和作者姓名的元数据。
3. 文章面板(可选择菜单"窗口"→"文章"打开它)让你能够指定要在 EPUB 中包含的内容及其导出顺序。
4. 要指定由文章面板(而不是页面布局)决定内容的顺序,在"EPUB 导出选项"对话框的"常规"部分,必须从下拉列表"内容顺序"中选择"与文章面板相同"。
5. 在"EPUB 导出选项"对话框的"图像"部分,如果选中复选框"忽略对象导出设置",将忽略指定的任何自定导出设置,而将在"图像"部分指定的设置应用于 EPUB 中的所有图像。

第16课 处理长文档

在本课中，读者将学习以下内容：

- 将多个 InDesign 文档合并成书籍；
- 控制书籍中文档的页码编排方式；
- 创建用于动态页眉或页脚的文本变量；
- 添加脚注；
- 创建交叉引用；
- 指定用于定义书籍样式的源文档；
- 为书籍创建目录；
- 生成索引并设置其格式。

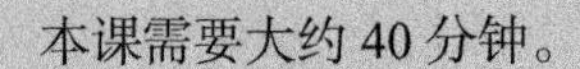

本课需要大约 40 分钟。

CONTENTS

ii CONTENTS

在书籍和杂志等较长的出版物中，通常每章或每篇文章为一个文档。InDesign的书籍功能让用户能够合并文档以便跟踪各章的页码、创建目录、索引、交叉引用和脚注以及全局性更新样式以及将书籍作为一个文件进行输出。

16.1 概述

在本课中，将把多个文档合并成一个 InDesign 书籍文件。通过使用书籍文件，用户可对所有的文档执行众多操作，如创建目录或更新样式，同时可分别打开并编辑各个文章。在本课中，读者将处理 4 个示例文档，它们分别是一本书的目录、第 1 章、第 2 章和索引。读者在本课学到的技能可用于长文档（如报告）和多文档项目（如书籍）。

注意：如果还没有从配套光盘将本课的资源文件复制到硬盘中，现在请复制它们，详情请参阅“前言”中的“复制课程文件”。

1. 为确保你的 Adobe InDesign CS6 首选项和默认设置与本课使用的一样，将文件 InDesign Defaults 移到其他文件夹，详情请参阅“前言”中的“存储和恢复文件 InDesign Defaults”。
2. 启动 Adobe InDesign CS6。为确保面板和菜单命令与本课使用的相同，选择菜单“窗口”→“工作区”→“高级”，再选择菜单“窗口”→“工作区”→“重置‘高级’”。

16.2 定义书籍

在 InDesign 中，书籍是一种特殊的文件，显示为一个面板，这与库极其相似。书籍面板显示了添加到书籍中的文档，并让你能够快速访问大部分与书籍相关的功能。在本节中，读者将创建一个书籍文件、添加文章（章）并指定各章的页码编排方式。

16.2.1 创建书籍文件

定义书籍前，最好将该书籍的所有 InDesign 文档放到同一个文件夹中。该文件夹是存储所有字体、图形文件、库、印前检查配置文件、颜色配置文件以及完成出版物所需其他文件的理想场所。

在这里，InDesign 文档已经存储在课程文件夹中，读者将新建书籍文件并将其存储到课程文件夹中。

1. 选择菜单“文件”→“新建”→“书籍”。
2. 在“新建书籍”对话框中，输入文件名 CIB.indb，并将其保存到文件夹 Lesson16 中。
3. 将弹出书籍面板 CIB，如图 16.1 所示。如果必要，关闭 InDesign 欢迎屏幕，以免它遮住这个书籍面板。

提示：打开和关闭书籍文件的方式与打开和关闭库相同：选择菜单“文件”→“打开”来打开书籍，单击书籍面板的关闭按钮来关闭书籍。

图16.1

16.2.2 在书籍文件中添加文档

对于书籍中的每个文档，书籍面板都将显示一个链接：书籍文件并不实际包含文档。可以每次添加一个文档，也可一次性添加全部文档。如果开始只有几个文档，且以后需要添加其他文档，总是可在必要时调整文档的顺序以及更新页码编排方式、样式、目录等。书籍能够添加和重新组织章节，非常适合用于将多位用户提供的文档组织成出版物。在本小节中，读者将一次性添加全部 4 个文档。

1. 从书籍面板菜单中选择“添加文档”，如图 16.2 所示。

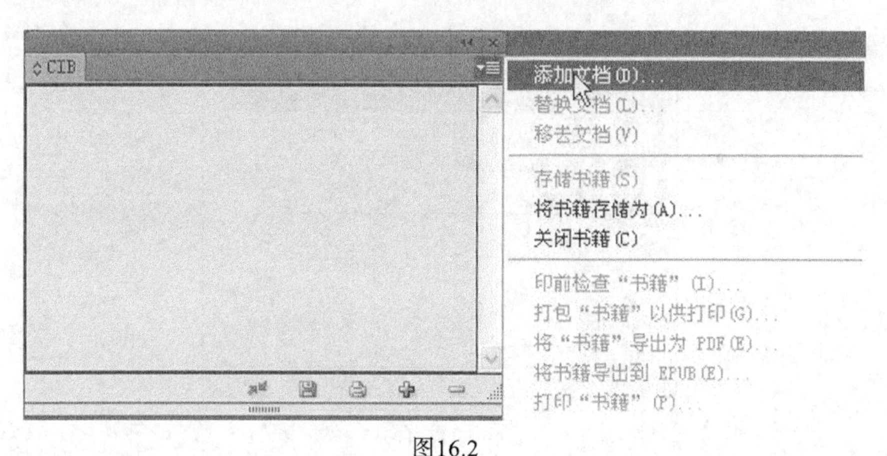

图16.2

> 提示：要将文档添加到书籍中，也可单击书籍面板底部的“添加文档”按钮。

2. 在“添加文档”对话框中，选择文件夹 Lesson16 中的全部 4 个 InDesign 文档，如图 16.3 所示。要选择一系列相邻的文件，可按住 Shift 键并单击第一个和最后一个文件。

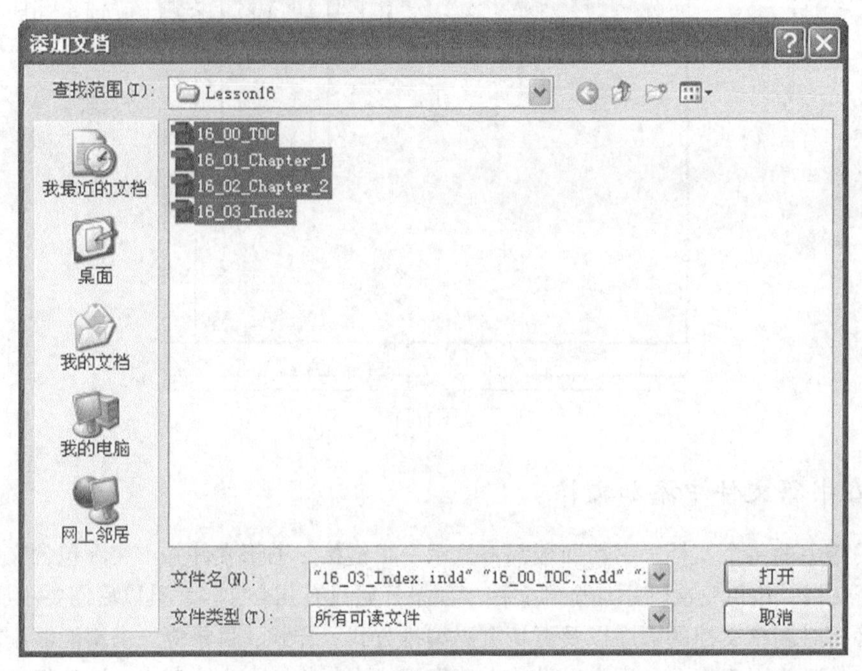

图16.3

3. 单击“打开”按钮，这些文档将显示在书籍面板中，如图 16.4 所示。如果出现针对每个文档的“存储为”对话框，单击“保存”按钮即可。

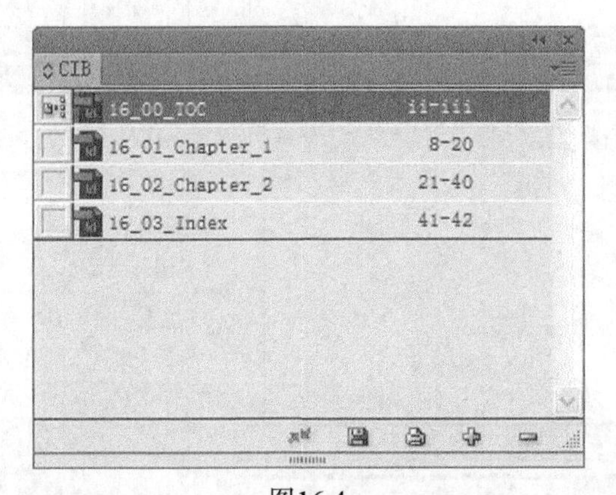

图16.4

注意：在书籍面板中，按添加顺序列出了文档。可在书籍面板中上下拖曳文档以调整它们的顺序。为方便组织，大多数出版人员按顺序给文档命名，用 00 表示文前页，01 表示第 1 章，02 表示第 2 章，依次类推。

4. 如果必要，重新组织各章，按如下顺序排列它们：16_00_TOC、16_01_Chapter_1、16_02_

Chapter_2 和 16_03_Index。

5. 从书籍面板菜单中选择“存储书籍”。

16.2.3 指定书籍的页码编排方式

处理包含多个文档的出版物时，最大的挑战之一是跟踪各个文档的页码。InDesign 的书籍功能可自动为用户完成这项任务：从头到尾给多个文档编排页码。如果必要，用户可覆盖默认的页码编排方式，方法是修改文档页码选项或在文档中添加章节。

在本小节中，读者将指定页码选项，以确保添加新文档或调整文档顺序后，页码将更新且是连续的。

1. 在书籍面板中，注意到每个文档旁边都有页码。
2. 从书籍面板菜单中选择“书籍页码选项”选项。
3. 在“书籍页码选项”对话框中，选中单选按钮“在下一偶数页继续”。
4. 选中复选框“插入空白页面”以确保每章以右对页结束。对于以左对页结束的章，将自动添加一个空白页面。
5. 如果必要，选中复选框“自动更新页面和章节页码”（如图 16.5 所示），确保更新整本书的页码。

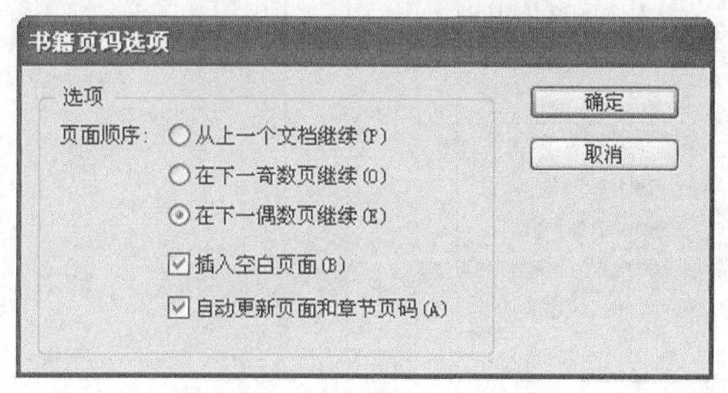

图16.5

6. 单击“确定”按钮，注意到书籍面板中每个文档的第一个页码都是偶数。从书籍面板菜单中选择“存储书籍”。

> **提示**：要保存书籍，也可单击书籍面板底部的“存储书籍”按钮。

16.2.4 定制页码

当前，包含两页的目录使用的页码是罗马数字。第 1 章开始了一个新章节，起始页码为 8，使用的页码是阿拉伯数字，且其他章的页码顺延。在本小节中，将第 1 章的起始页码改为 4。

1. 在书籍面板中，通过单击选择第 2 个文档：16_01_Chapter_1。

2. 从书籍面板菜单中选择“文档编号选项”选项。

> **注意：**当你从书籍面板菜单中选择“文档编号选项”时，将自动打开选定的文档。还可通过双击书籍面板中的文档来将其打开。

3. 在“文档编号选项”对话框中，将文本框“起始页码”中的值从 8 改为 4。

4. 确保从“样式”下拉列表中选择了阿拉伯数字（1, 2, 3, 4…），如图 16.6 所示。

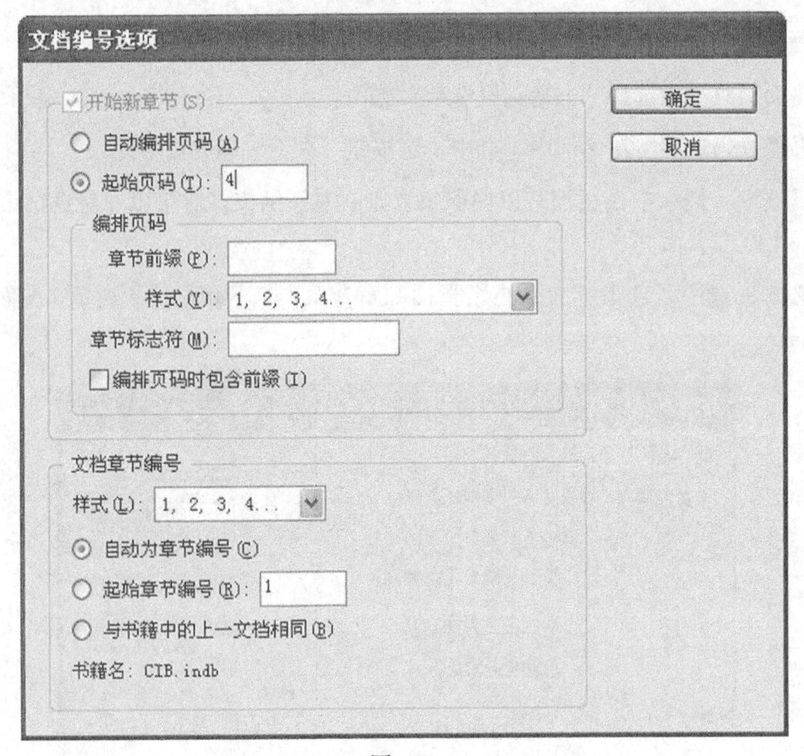

图16.6

5. 单击“确定”按钮，再选择菜单“文件”→“存储”并关闭文档。

6. 检查书籍的页码。现在，第 1 个文档（包含目录）的页码还是 ii-iii，但余下文档的起始页码为 4 并顺延到末尾，如图 16.7 所示。尝试将最后一个文档（16_03_Index）拖曳到 16_02_Chapter_2 上方，并查看页码将如何变化。完成后，将文档恢复到正确的顺序。

> **提示：**当你添加、编辑文档或重新排列文档时，可从书籍面板菜单中选择“更新编号”命令之一，以强制更新页码。

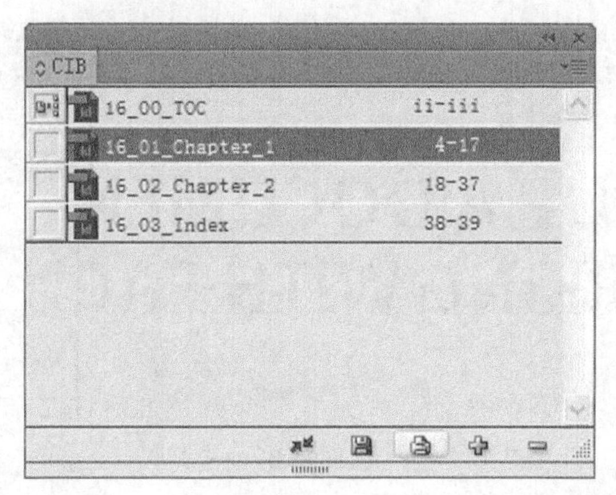

图16.7

16.3 创建动态页脚

动态页眉（running header）或页脚是出现在每页的文本，如页眉中的章号和页脚中的章标题。InDesign 可根据章标题自动填写动态页脚文本，为此，可创建一个指向源文本（这里为章标题）的文本变量，再将它放在主页的页脚中（或任何希望它出现的地方）。

提示：指定动态页眉和页脚只是文本变量的用途之一。例如，还可使用文本变量在文档中插入并更新日期。

与在主页中输入章标题相比，使用文本变量的优点是，如果修改了章标题（或使用模板新建一章），页脚将自动更新。由于可将文本变量放在任何地方，因此创建动态页眉和页脚的方法相同。

在本节中，读者将创建指向第 3 个文档的章标题的文本变量，再将它放到主页中，并观察该文档的各个页面都将更新。

16.3.1 定义文本变量

首先，将创建一个用于存储章标题的文本变量。

1. 在书籍面板中，双击文档 16_02_Chapter_2。如果必要，在页面面板中双击第 1 页的图标，让该页在文档窗口中居中显示。
2. 选择菜单“文字”→“段落样式”打开段落样式面板。
3. 使用文字工具（T）在章标题 Setting Up a Document and Working with Pages 中单击，以获悉对它应用的段落样式——Chapter Title，如图 16.8 所示。

下面根据这项信息创建文本变量，它将使用段落样式 Chapter Title 的文本放到页脚中。

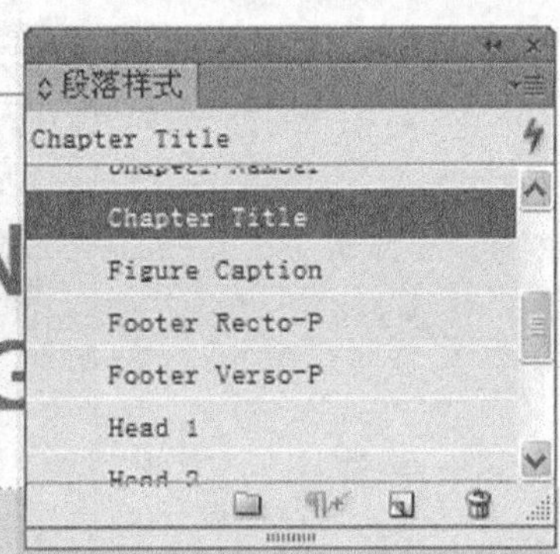

图16.8

4. 关闭段落样式面板。

5. 选择菜单“文字”→“文本变量”→“定义”。

6. 在“文本变量”对话框中，单击“新建”按钮，如图 16.9 所示。

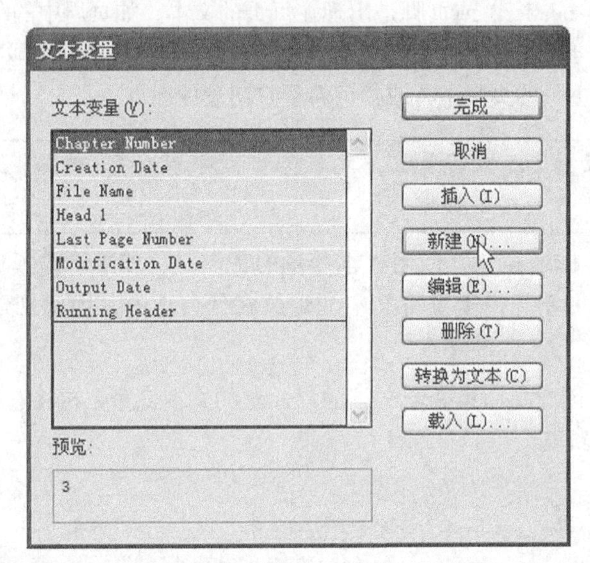

图16.9

7. 在“名称”文本框中输入 Chapter Title for Footer。

下面指定将使用哪种段落样式的文本用作动态页眉（或这里的动态页脚）。

8. 从“类型”下拉列表中选择“动态标题（段落样式）”。在“样式”下拉列表选择包含该文档中的所有段落样式。

下面选择章标题使用的样式。

9. 从“样式”下拉列表中选择 Chapter Title，如图 16.10 所示。

10. 保留其他设置为默认值，并单击“确定”按钮。新文本变量将出现在变量列表中，单击“完成”按钮关闭“文本变量”对话框。

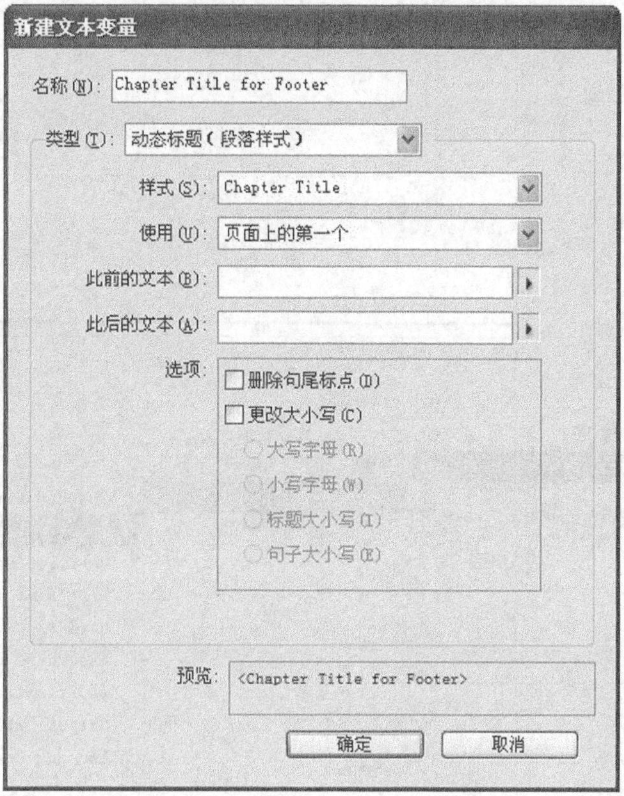

图16.10

11. 选择菜单“文件”→“存储”保存所做的工作。

16.3.2 插入文本变量

创建文本变量后，便可将其插入到主页（或文档的任何地方）。

1. 单击文档窗口左下角的“页码”下拉列表，向下滚动并选择 B-Body，如图 16.11 所示。

2. 放大主页的左下角。

3. 使用文字工具（T）通过单击将光标放在制表符（—）后面，如图 16.12 所示，将把文本变量放在这个地方。

4. 选择菜单“文字”→“文本变量”→“插入变量”→ Chapter Title for Footer，如图 16.13 所示。

一个表示该文本变量的占位符将出现在尖括号（<>）内，如图 16.14 所示。

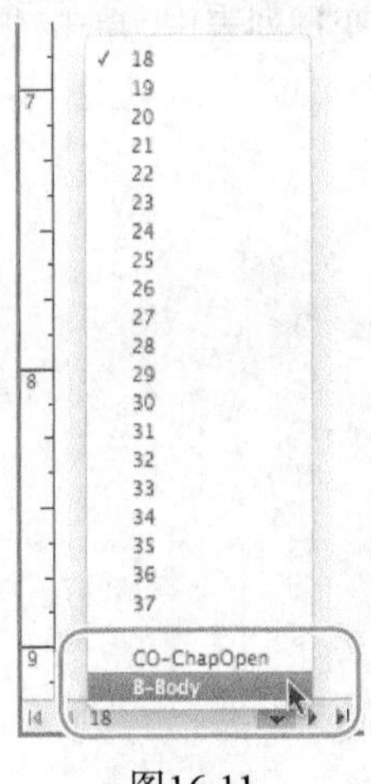

图16.11

图16.12

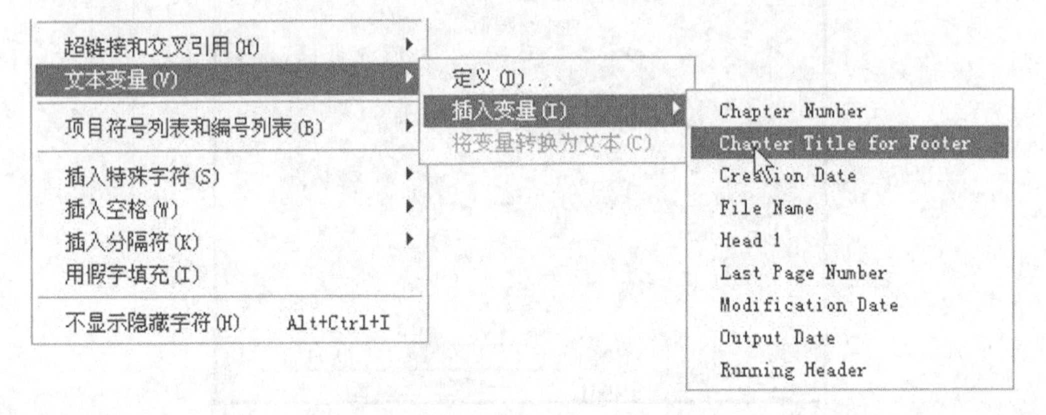

图16.13

提示：如果修改源文本（这里为第一个使用段落样式 Chapter Title 的文本实例），将自动修改每个页面的动态页脚。

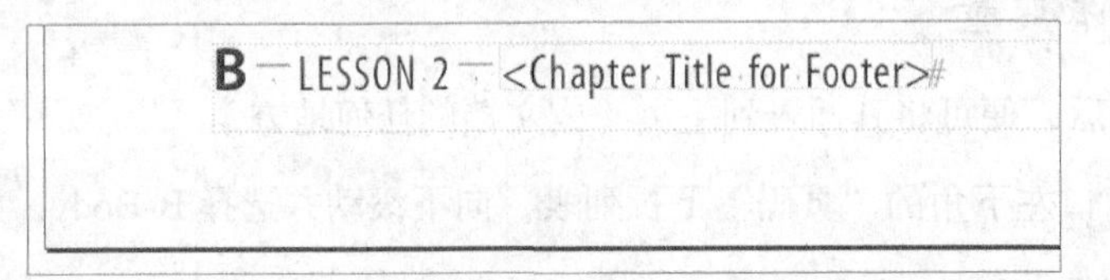

图16.14

5. 从文档窗口左下角的下拉列表“页码”中选择 20。

在第 20 页中，注意到章标题放到了动态页脚中，如图 16.15 所示。

注意：别忘了，使用源文本填充文本变量时，文本变量的行为类似于单个字符。这意味着即便源文本很长，在文本变量所在的位置也只显示一行文本。

20 — LESSON 2 — Setting Up a Document and Working with Pages#

图16.15

6. 选择菜单“视图”→“使跨页适合窗口”，并滚动到不同页面，注意到每页的动态页脚都更新了。

7. 选择菜单“文件”→“存储”。让该文档打开供下一节使用。

书籍的每章都可使用相同的文本变量，但动态页脚将因章标题而异。

16.4 添加脚注

在 InDesign 中，可创建脚注，也可从 Microsoft Word 文档或富文本格式（RTF）文件中导入脚注。在后一种情况下，InDesign 将自动创建并放置脚注，而用户可通过“文档脚注选项”对话框进行微调。

在本节中，读者将添加一个脚注并定制其格式。

1. 在书籍面板中，双击文档 16_01_Chapter_1。

2. 从文档窗口左下角的“页面”下拉列表中选择 9。

3. 如果必要，缩放视图以便能够看清子标题 Reviewing the document window 后面的正文段落。

4. 使用文字工具（T）选择该段的倒数第 2 个句子，它以 Bleeds are used 打头，如图 16.16 所示。

5. 选择菜单“编辑”→“剪切”。这些文本将放在脚注而不是正文中。

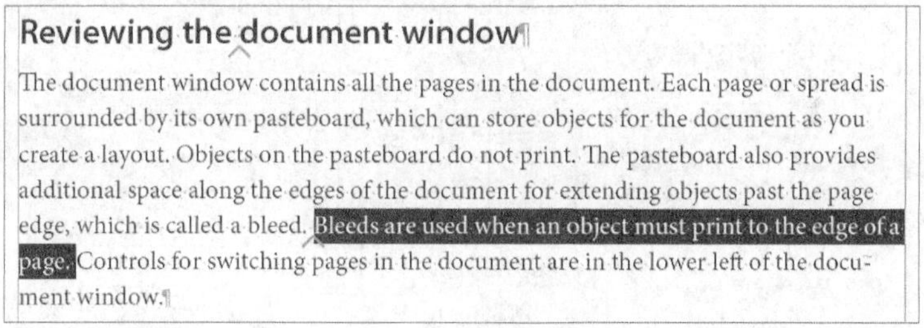

Reviewing the document window¶

The document window contains all the pages in the document. Each page or spread is surrounded by its own pasteboard, which can store objects for the document as you create a layout. Objects on the pasteboard do not print. The pasteboard also provides additional space along the edges of the document for extending objects past the page edge, which is called a bleed. Bleeds are used when an object must print to the edge of a page. Controls for switching pages in the document are in the lower left of the document window.¶

图16.16

6. 将光标放在 bleed 后面。

7. 选择菜单“文字”→“插入脚注”。

正文将出现一个脚注引用号。另外，页面底部将出现脚注文本框架和占位符，同时闪烁的光标出现在脚注编号的后面。

> 注意：不能在表格文本或其他脚注中插入脚注。

8. 选择菜单“编辑”→“粘贴”，结果如图 16.17 所示。

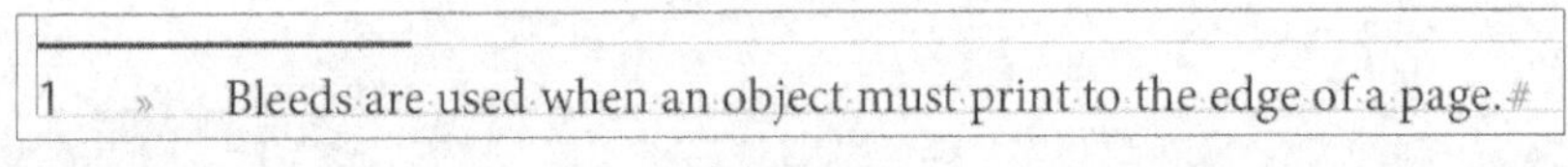

图16.17

9. 在光标依然位于脚注中的情况下，选择菜单“文字”→“文档脚注选项”。

注意到对话框中都是用于定制脚注编号和格式的选项。在这里，用户可指定编号样式以及整个文档的脚注引用编号和脚注文本的外观。

10. 在“脚注选项”对话框的“脚注格式”部分，从下拉列表“段落样式”中选择 Tip/Note Text，如图 16.18 所示。选中复选框“预览”以查看脚本文本的格式有何变化。

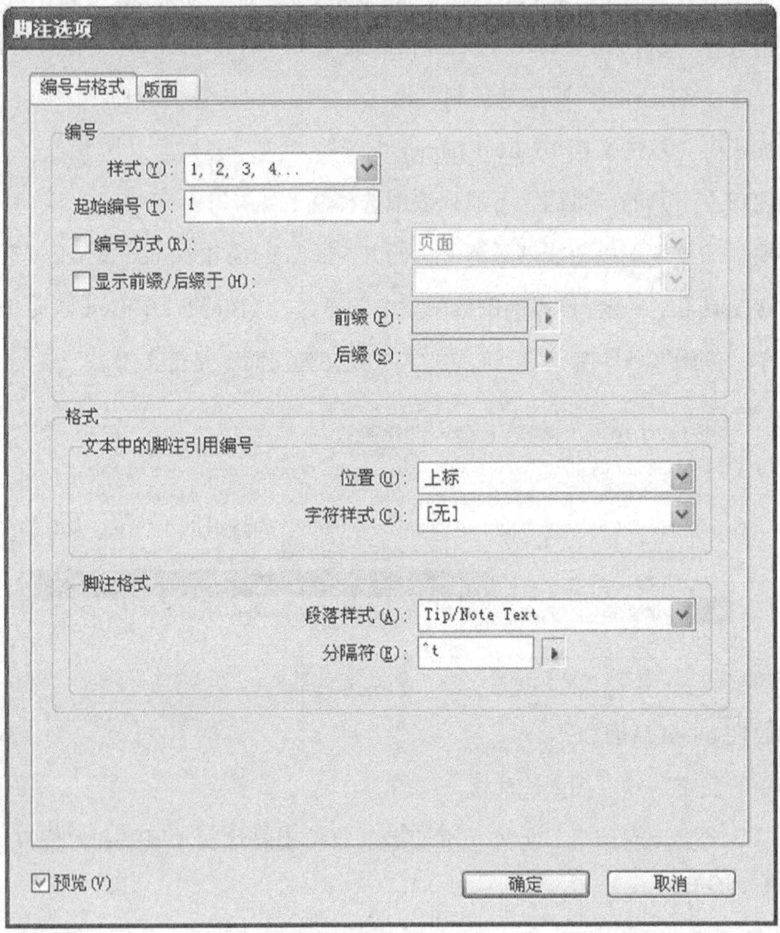

图16.18

11. 单击“版面”标签以显示用于定制整个文档的脚注位置和格式的选项。保留所有设置为默认值。

12. 单击“确定”按钮设置脚注的格式，结果如图 16.19 所示。

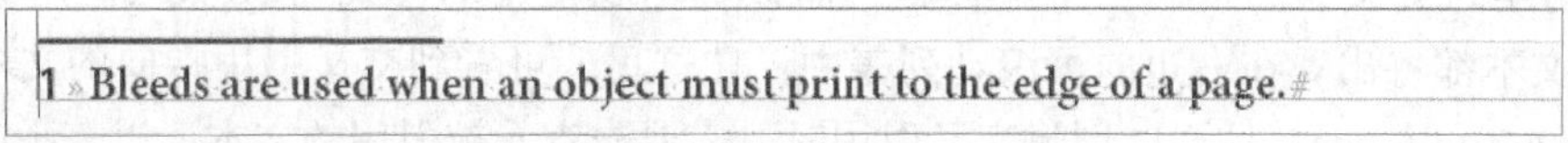

1 » Bleeds are used when an object must print to the edge of a page.#

图16.19

13. 选择菜单“文件”→“存储”，让这个文档打开供后面使用。

16.5 添加交叉引用

交叉引用在技术书籍中很常见，它引导读者参阅书籍的另一部分以获悉更详细的信息。编辑和修订书籍的章节后，确保交叉引用相应地更新是项艰巨而耗时的任务。在 InDesign 中，用户可插入自动交叉引用，它们能够自动更新。用户可控制交叉引用中使用的文本及其外观。

在本节中，读者将添加一条交叉引用，它引导读者阅读书籍的另一个章节。

1. 在文档 16_01_Chapter_1 中，从文档窗口左下角的下拉列表“页码”中选择 13。

> 注意：如果必要，滚动页面以便能够看到子标题 Using the Zoom tool。

2. 根据需要进行缩放，以便能够看清子标题 Using the Zoom tool 后面的段落。

3. 使用文字工具（T）在这个段落末尾单击，再输入文本“For information on selecting the Zoom tool, see”并在 see 后面添加一个空格，如图 16.20 所示。

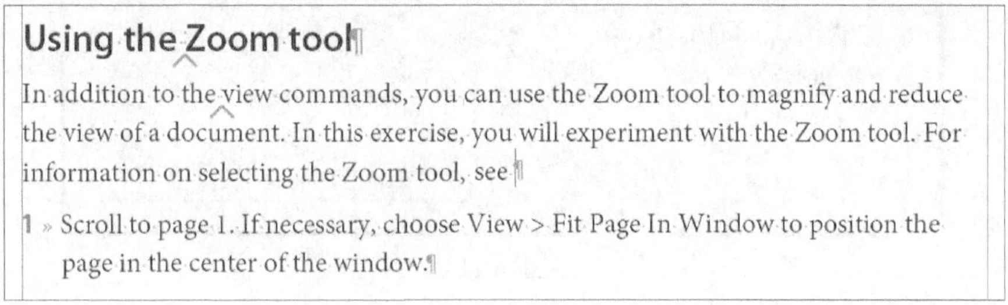

Using the Zoom tool¶

In addition to the view commands, you can use the Zoom tool to magnify and reduce the view of a document. In this exercise, you will experiment with the Zoom tool. For information on selecting the Zoom tool, see ¶

1 » Scroll to page 1. If necessary, choose View > Fit Page In Window to position the page in the center of the window.¶

图16.20

4. 选择菜单“文字”→“超链接和交叉引用”→“插入交叉引用”。

> 提示：可在任何文档和书籍章节中创建交叉引用。另外，还可创建指向当前书籍的其他章节的交叉引用。

5. 在“新建交叉引用”对话框中，保留“链接到”的设置为“段落”。

下面把该交叉引用链接到当前文档中使用特定段落样式的文本。

6. 在左边的可滚动列表中，选择被引用文本使用的段落样式 Head 2。

当前创建的交叉引用指向一个节标题，而该节标题使用的样式为 Head 2。所有使用样式 Head 2 的文本都将出现在右边的可滚动列表中。在这里，可看到交叉引用指向的文本位于子标题 About the Tools panel 后面。创建交叉引用时，需要先查看被引用的文本，以获悉它们使用的是哪种样式。

7. 在右边的可滚动列表中，选择 About the Tools panel。

8. 确定在“交叉引用格式”选项组中，从下拉列表“格式”中选择了 Full Paragraph & Page Number，如图 16.21 所示。

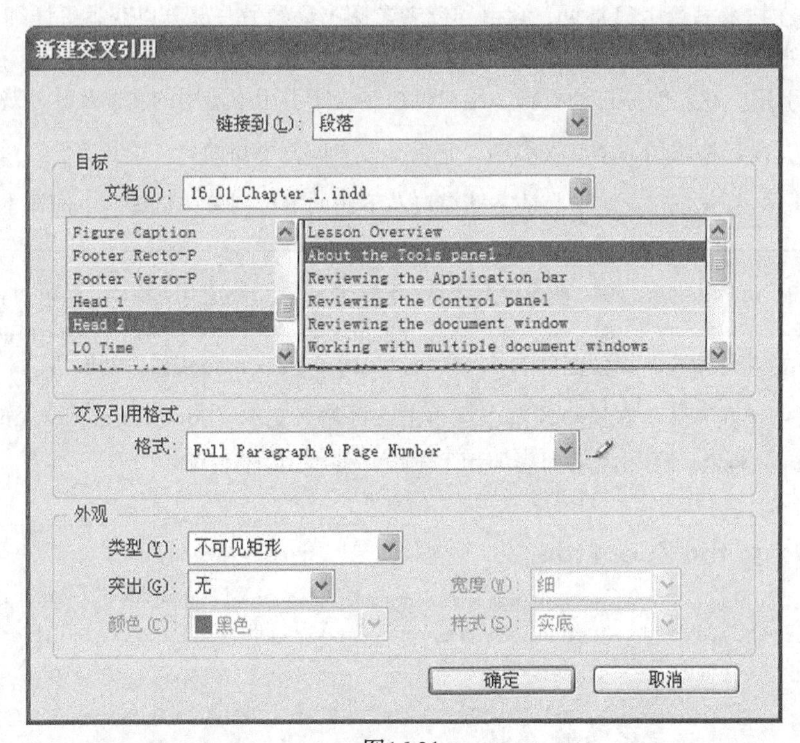

图16.21

9. 单击“确定”按钮创建交叉引用并关闭对话框。

10. 在新插入的交叉引用文本中，在 page 7 后面输入一个句点（.），如图 16.22 所示。

提示：文本被编辑或重排后，交叉引用在必要时会自动更新。

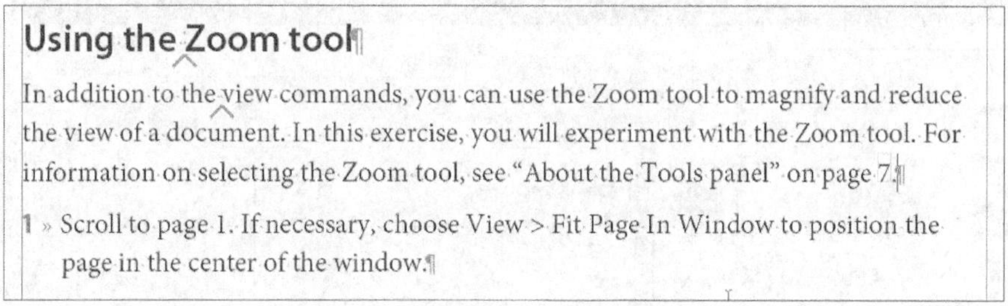

Using the Zoom tool¶

In addition to the view commands, you can use the Zoom tool to magnify and reduce the view of a document. In this exercise, you will experiment with the Zoom tool. For information on selecting the Zoom tool, see “About the Tools panel” on page 7.¶

1 » Scroll to page 1. If necessary, choose View > Fit Page In Window to position the page in the center of the window.¶

图16.22

11. 选择菜单“文件”→“存储”，将文档打开供后面使用。

16.6 同步书籍

为确保书籍中不同文档的一致性，InDesign 允许用户指定源文档，它提供了如段落样式、颜色色板、对象样式、文本变量和主页等规范。随后，用户可将选定文档与源文档同步。

注意：同步文档时，将对文档中的所有样式与源文档进行比较，并添加缺失的样式以及更新不同于源文档的样式，但不会修改源文档中没有的样式。

在本节中，读者将修改标题段落样式使用颜色，再同步书籍以确保使用的颜色一致。

1. 在文档 16_01_Chapter_1 中，选择菜单“视图”→“使页面适合窗口”。当前看到的是哪个页面无关紧要。

2. 选择菜单“文字”→“段落样式”打开段落样式面板。单击粘贴板以确保没有选择任何东西。

3. 双击样式 Head 1 以编辑它。在“段落样式选项”对话框左边的类别列表中，选择“字符颜色”。

4. 在右边的“字符颜色”部分，单击 Bright Red 色板，如图 16.23 所示。

5. 单击“确定”按钮更新该段落样式。

注意：注意到子标题的颜色也发生了变化，这是因为在这本书籍使用的模板中，样式 Head 2 和 Head 3 是基于 Head 1 的，因此对 Head 1 所做的任何修改都将影响这些样式。

6. 选择菜单“文件”→“存储”保存对文档所做的修改。

接下来需要将该文档（Getting Started）指定为书籍的源文档。

7. 在书籍面板中，单击文档名 16_01_Chapter_1 左侧的空框，如图 16.24 所示。

图16.23

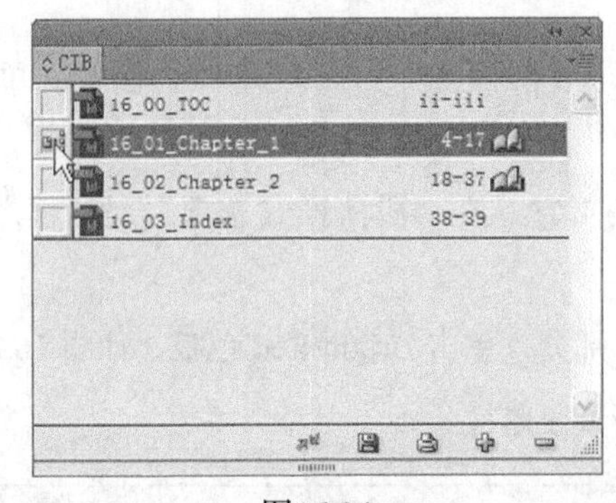

图16.24

8. 从书籍面板菜单中选择“同步选项”。查看“同步选项”对话框中的各种选项（如图16.25所示），再单击“取消”按钮，因为不需要修改任何选项。

下面选择要同步的文档，包括两个正文，而不包括目录和索引。

> **提示**：InDesign允许用户同步书籍中的主页。例如，如果在用于章首页的主页中添加了一个色板，那么就可同步该主页让修改影响每一章。

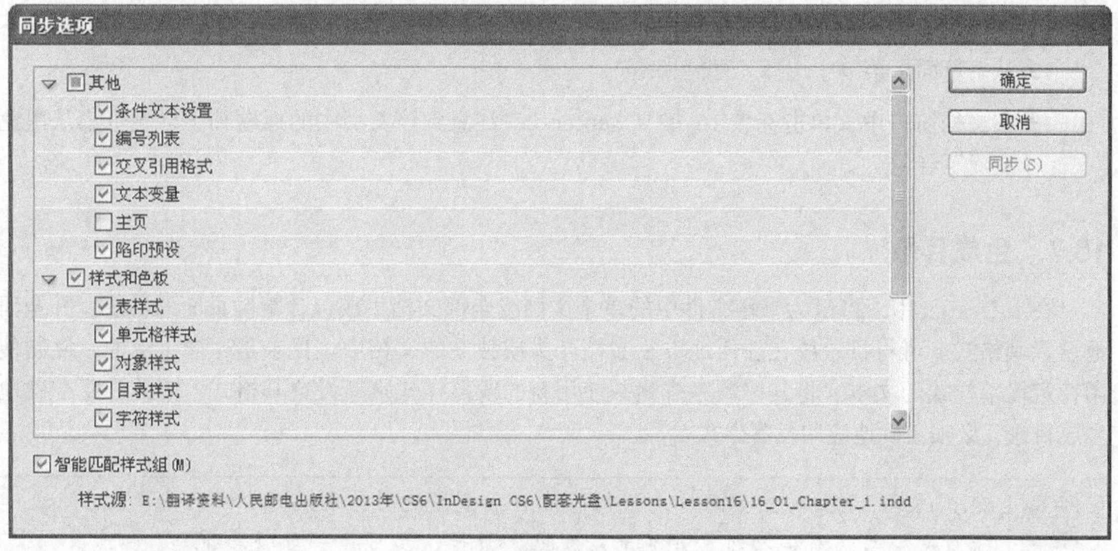

图16.25

9. 在书籍面板中，按住 Shift 并单击以选择文档 16_01_Chapter_1 和 16_02_Chapter_2。

10. 从书籍面板菜单中选择“同步‘已选中的文档’”，如图 16.26 所示。

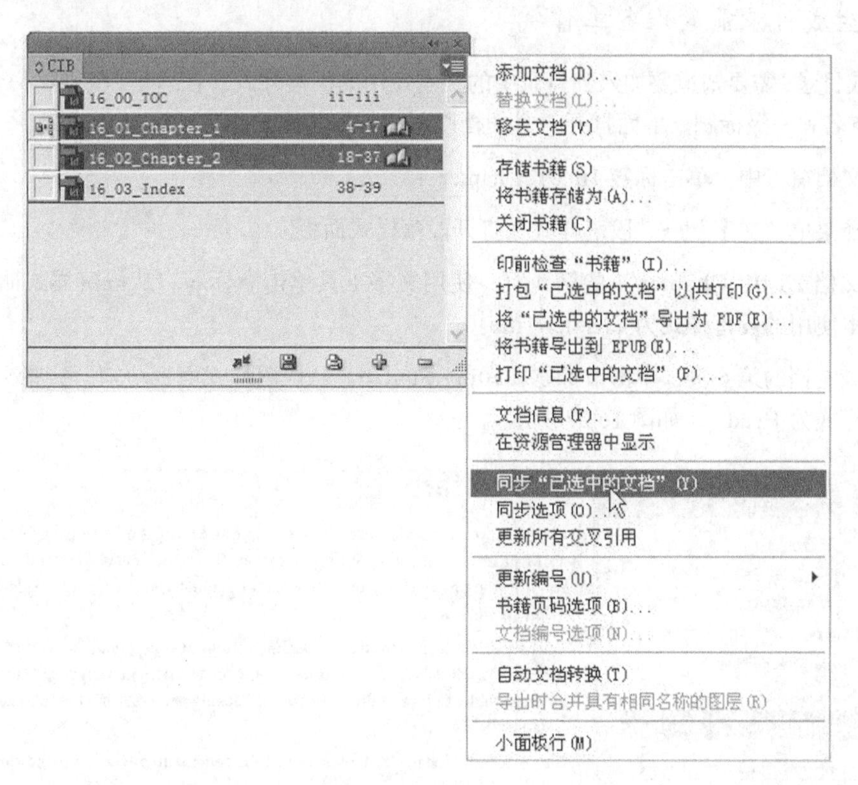

图16.26

11. 出现指出同步已完成的消息框后，单击“确定”按钮。

12. 从书籍面板菜单中选择“存储书籍”。

13. 在文档窗口中，单击标签 16_02_Chapter_2，注意到该文档中的标题和子标题也都从黑色变成了红色。

16.7 生成目录

在 InDesign 中，可以为书籍文件中的单个文档或全部文档生成包含精确页面的目录，并全面地设置其格式。可将目录放在任何地方：文档开头或独立的文档中。目录是这样生成的：复制使用特定段落样式的文本、将其按顺序排列并使用新的段落样式重新设置其格式。因此，要准确地生成目录，必须正确地应用段落样式。

提示：虽然这种功能称为目录，但可使用它根据使用特定段落样式的文本生成任何类型的列表。该列表并非一定要包含页码，而可按字母顺序排列。例如，处理烹调书籍时，可以使用目录功能生成按字母顺序排列的菜谱列表。

在本节中，将为这本书籍生成目录。

16.7.1 生成目录前的准备工作

要生成目录，需要知道要加入到目录中的文本使用的段落样式。在这里，将创建一个二级目录，其中包含章名和一级标题。下面打开一个文档以研究其段落样式。

1. 在文档窗口中，单击标签 16_01_Chapter_1。

2. 选择菜单“文字”→“段落样式”打开段落样式面板。

3. 在文档 16_01_Chapter_1 的第 4 页，使用文字工具单击章标题。从段落样式面板可知，该文本使用的段落样式为 Chapter Title。

4. 在该文档的第 6 页，单击节标题 Getting Started。从段落样式面板可知，这些文本使用的段落样式为 Head 1，如图 16.27 所示。

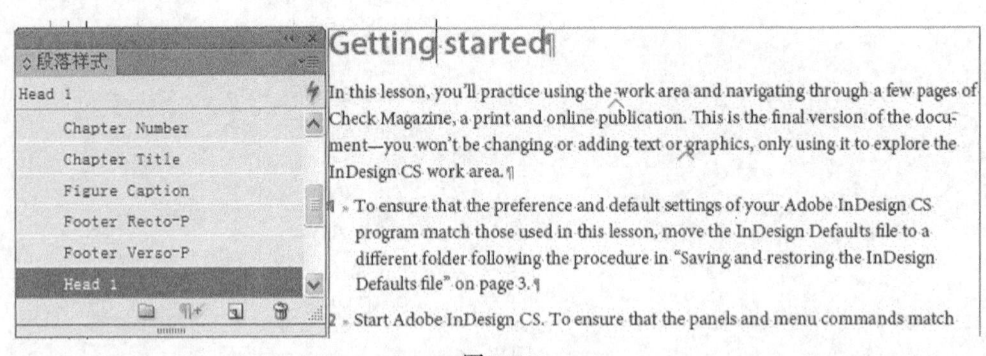

图16.27

5. 保存并关闭文档 16_01_Chapter_1 和 16_02_Chapter_2。

6. 在书籍面板中，双击 16_00_TOC 将该文档打开。

在接下来的两小节中，读者将生成自己的目录。

16.7.2 设置目录

熟悉用于生成目录的段落样式后，下面在“目录”对话框中指定它们。在这里，读者将指定要包含的段落样式以及目录的格式。

1. 选择菜单“版面”→“目录”。

2. 在“目录”对话框中，确保“标题”文本框为空。在这里，主页提供了目录标题。

3. 在“目录中的样式”选项组的“其他样式”列表中找到并选择 Chapter Title，再单击“添加”按钮。

4. 重复第 3 步，找到并选择 Head 1，再单击“添加”按钮，此时的对话框如图 16.28 所示。不要关闭“目录”对话框。

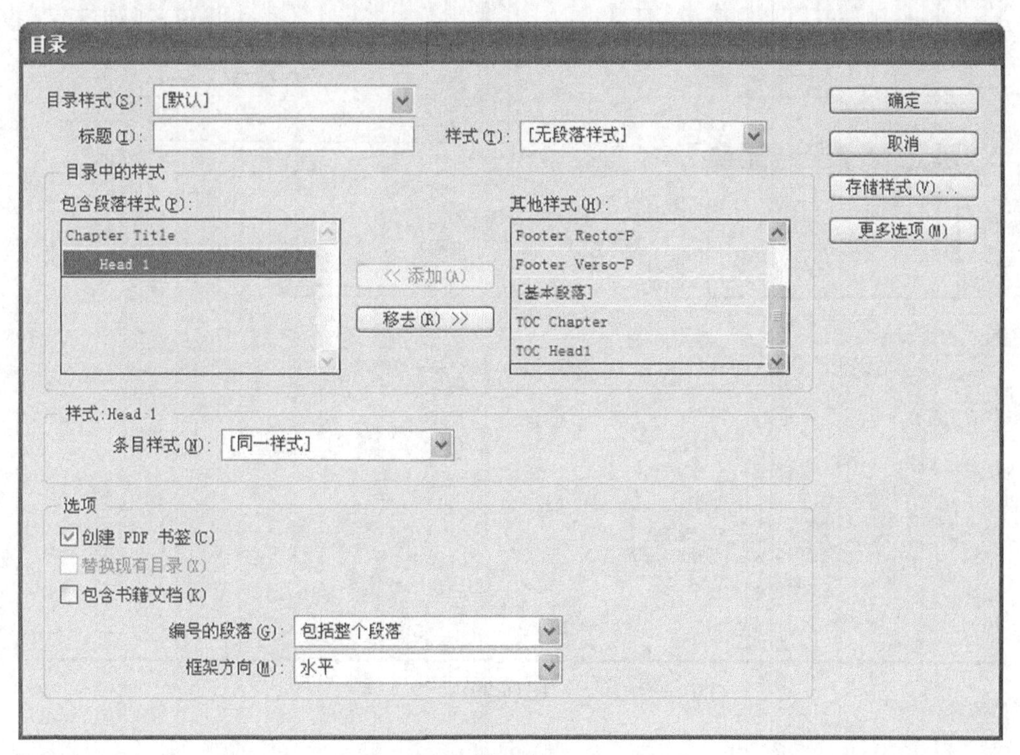

图16.28

指定要添加到目录中的文本（首先是使用样式 Chapter Title 的文本，然后是使用样式 Head 1 的文本）后，需要指定目录的格式。这里的模板包含用于设置目录格式的段落样式。如果预先没有创建这样的段落样式，可从“条目样式”下拉列表中选择“新建段落样式”。

> **提示**：用于设置目录和列表格式的段落样式通常巧妙地利用了嵌套样式和制表符前导符，以自动设置复杂的外观。例如，目录通常以加粗的章号打头，然后是章名、自定义制表符前导符以及加粗的页码。

5. 在“目录”对话框的“包含段落样式”列表中，选择 Chapter Title。

6. 在“样式：Chapter Title”选项组的“条目样式”下拉列表中选择 TOC Chapter，如图 16.29 所示。

> **提示**：在“目录”对话框中，单击“更多选项”可显示用于省略页码、按字母排序以及应用更复杂格式的控件。如果要生成多个列表（如目录和插图列表），可单击“存储样式”按钮保存每种列表的设置。

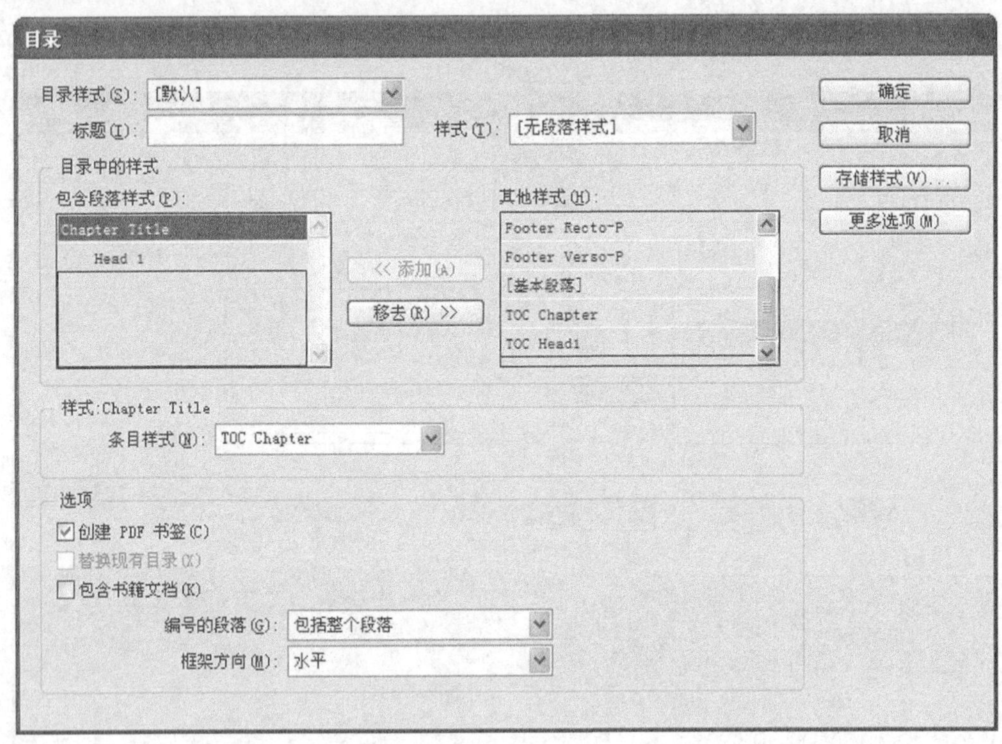

图16.29

7. 在“包含段落样式”列表中选择 Head 1，在“样式：Head 1”选项组的“条目样式”下拉列表中选择 TOC Head1。

8. 选中复选框“包含书籍文档”，为书籍文件中的所有文档生成目录，如图 16.30 所示。

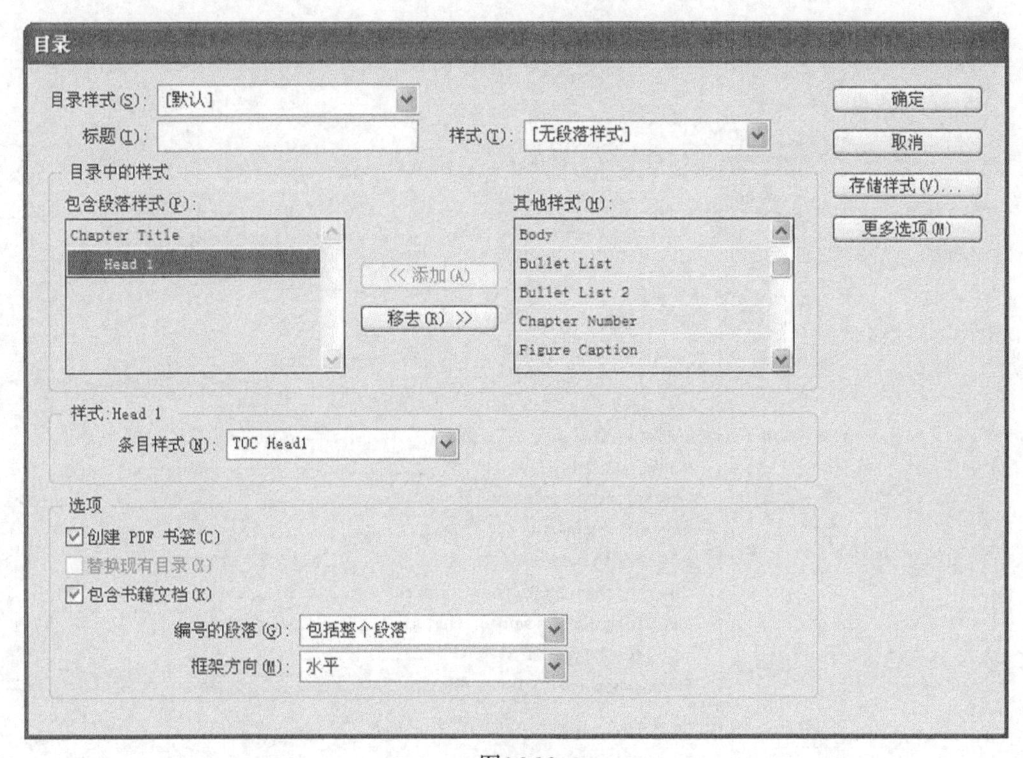

图16.30

9. 单击“确定”按钮（如果出现对话框，询问是否要包含溢流文本中的条目，单击“是”按钮）。鼠标将变成加载文本图标，并加载了目录文本。

16.7.3 排入目录

排入目录文本的方式与排入其他导入文本相同，可在现有文本框架中单击，也可通过拖曳新建文本框架。

提示：在书籍中添加文档以及对文档进行编辑和重排后，可选择菜单“版面”→“更新目录”来更新目录。如果目录导致在书籍开头添加了页面，页码将发生变化，此时需要更新目录。

1. 在单词 Contents 下方的文本框架中单击，目录将排入其中，如图 16.31 所示。

2. 选择菜单“文件”→“存储”，再关闭该文档。

3. 从书籍面板菜单中选择“存储书籍”，保存对书籍文件所做的所有修改。

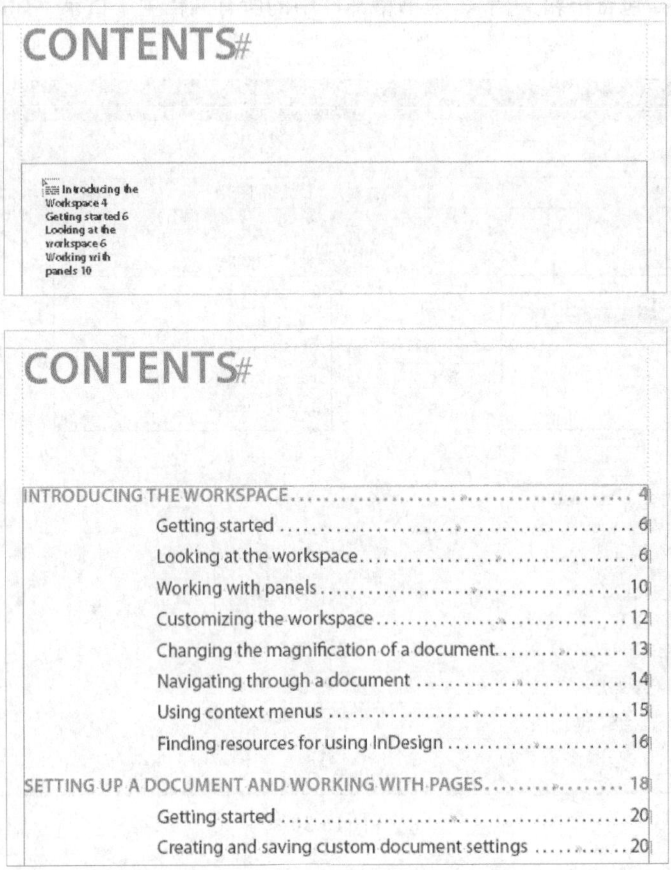

CONTENTS#

Introducing the Workspace 4
Getting started 6
Looking at the workspace 6
Working with panels 10

CONTENTS#

INTRODUCING THE WORKSPACE 4
Getting started 6
Looking at the workspace 6
Working with panels 10
Customizing the workspace 12
Changing the magnification of a document 13
Navigating through a document 14
Using context menus 15
Finding resources for using InDesign 16
SETTING UP A DOCUMENT AND WORKING WITH PAGES 18
Getting started 20
Creating and saving custom document settings 20

图16.31

16.8 创建索引

在 InDesign 中，要创建索引，需要对文本应用非打印标记。标记指定了索引主题——显示在索引中的文本；它还指定了引用——显示在索引中的页面范围或交叉引用。对于书籍文件或文档，最多可创建包含交叉引用的 4 级索引。用户生成索引时，InDesign 将应用段落样式和字符样式，并插入标点。虽然建立索引是一项编辑技能，需要专门的训练，但设计人员可根据标记的文本生成简单索引。

提示：处理长文档时，可选择菜单“窗口”→“工作区”→“书籍”，以显示索引面板、条件文本面板、超链接面板和书签面板。

16.8.1 查看索引标记

在本小节中，你将查看索引标记，并熟悉它们。

1. 在书籍面板中，双击 16_01_Chapter_1 将该文档打开。切换到第 7 页，并放大第 1 段。

2. 选择菜单“窗口”→“文字和表”→“索引”打开索引面板。

3. 注意到文本中有索引标识符（^），而索引面板中列出了主题，如图 16.32 所示。在索引面板中单击箭头可查看主题。

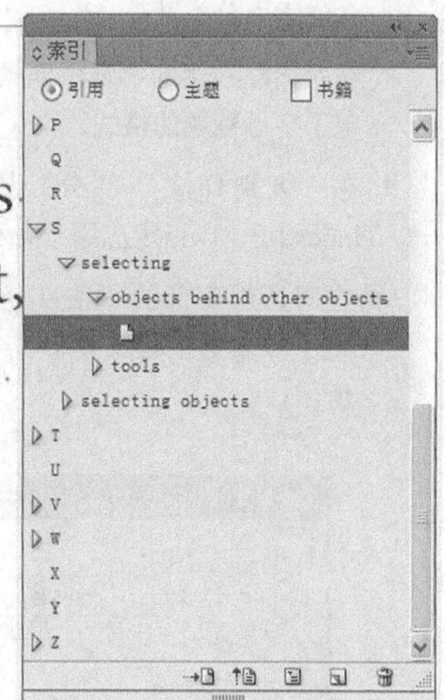

图16.32

4. 关闭文档 16_01_Chapter_1。

16.8.2 生成索引

和目录一样，生成索引时也需要指定段落样式，还可使用字符样式和自定义标点来微调索引。InDesign 提供了用于索引的默认样式，可在生成索引后对这种样式进行定制，也可使用书籍模板中的样式。

下面生成索引，并使用既有样式设置其格式。

提示：在 InDesign 中，可从其他 InDesign 文档导入索引主题。还可以创建独立于索引引用的主题列表。有了主题列表后，就可添加引用了。

1. 在书籍面板中，双击 16_03_Index 打开这个包含索引的文档。

2. 在索引面板中，选中右上角的复选框“书籍”以显示书籍中所有文档的索引。

3. 在索引面板中，从面板菜单中选择“生成索引”。

4. 在“生成索引”对话框中，删除“标题”文本框中呈高亮显示的字样“索引”，因为标题已经放在页面的另一个文本框架中。

5. 单击“更多选项”按钮以显示全部索引控件。

6. 在对话框顶部，选中复选框“包含书籍文档”，从书籍的所有文档收集索引。

7. 选中复选框“包含索引分类标题”，以添加字母标题（A、B、C 等）。确保没有选中复选框“包含空索引分类”。

8. 在对话框右边的“索引样式”部分，从下拉列表“分类标题”中选择 Index Head-P，这指定了字母标题的格式。

9. 在“级别样式”部分，从下拉列表“级别 1”和“级别 2”中分别选择 Index1-P 和 Index2-P，以指定应用于各种级别的索引条目的段落样式。

10. 在对话框底部的“条目分隔符”选项组的文本框“主题后”中输入逗号和空格，这指定了在索引主题及其第 1 个引用之间插入的标点，此时的“生成索引”对话框如图 16.33 所示。

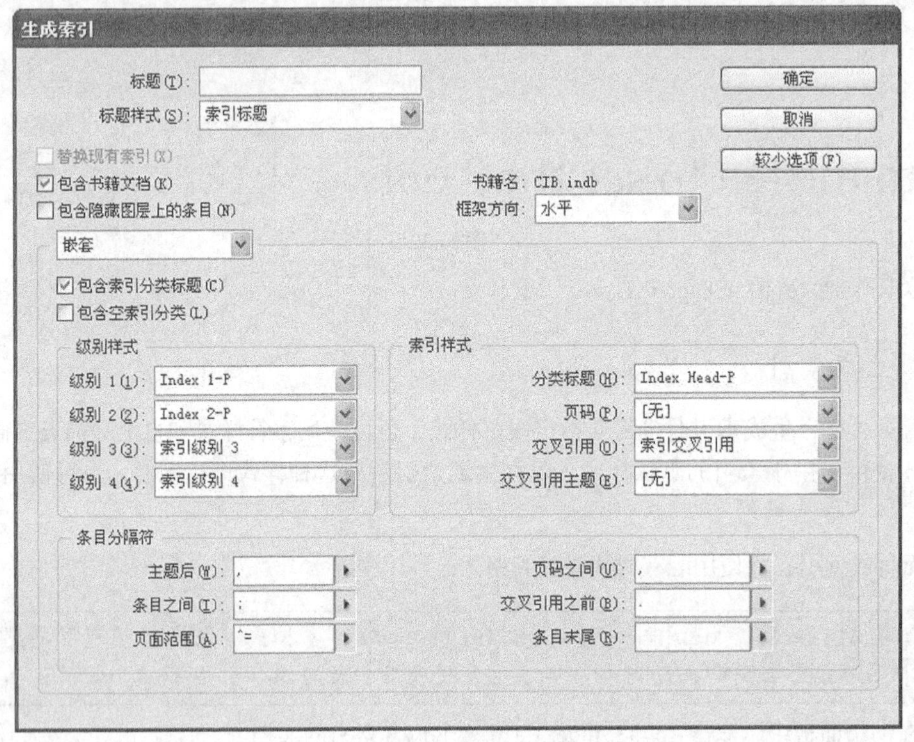

图16.33

11. 单击“确定”按钮，鼠标将变成加载文本图标。下面将索引排入文本框架中。

12. 在主文本框架中单击鼠标，将索引排入其中，如图 16.34 所示。

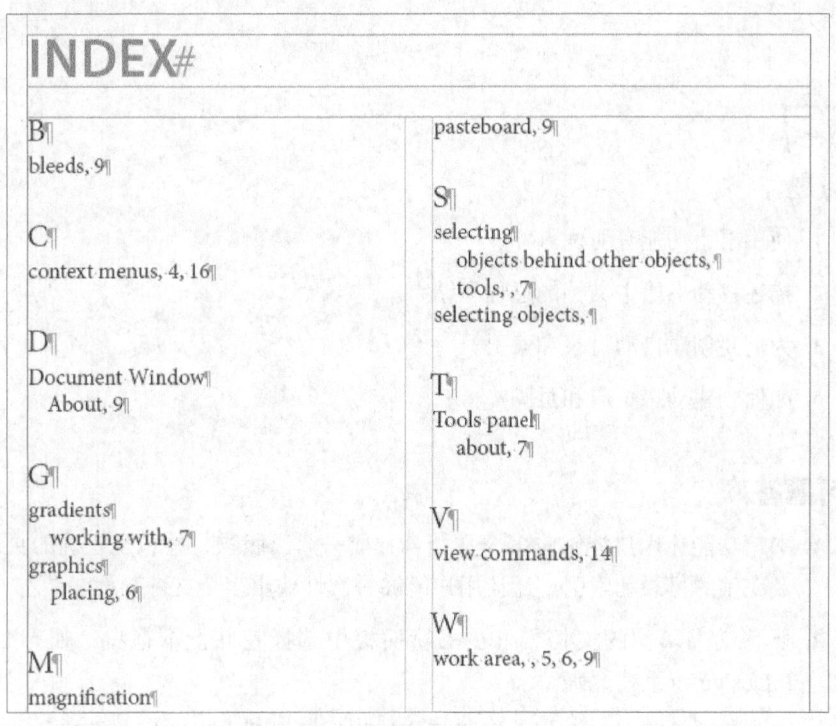

图16.34

13. 选择菜单“文件”→“存储”，再关闭该文档。

祝贺你学完了本课!

16.9 练习

为更多地尝试长文档功能，可以执行下述几项操作。

1. 在书籍文件的一个文档中，添加和删除页面，发现书籍面板中的页码将自动更新。

2. 在源文档的主页中修改一个对象，然后从书籍面板菜单中选择“同步选项”选项，并在“同步选项”对话框中选中复选框“主页”。同步书籍，发现基于该主页的所有页面都将更新。

3. 添加一个脚注，并尝试使用版面和格式控件。

4. 在书籍中创建交叉引用，它们引用章标题或节标题而不是页码。

5. 添加各种级别的索引主题和引用。

复习

复习题

1. 使用书籍功能有何优点？
2. 描述移动书籍中文档的过程和结果。
3. 为何要创建自动目录和索引？
4. 如何创建动态页眉和页脚？

复习题答案

1. 书籍功能让用户能够将多个文档合并成一个出版物，并包含正确的页码以及完整的目录和索引；还让用户能够一次性输出多个文件。
2. 要移动书籍中的文档，可在书籍面板中选择它并上下拖曳；如有必要，InDesign 将重编页码。
3. 要创建自动目录和索引，需要仔细地规划和设置，但它们是精确的，易于更新且将自动设置格式。
4. 在主页中使用文本变量来创建动态页眉和页脚。在每个文档页面中，这些文本将根据文本变量的定义自动更新。